線型代数講義

現 代 数 学 へ の 誘 い

Takahashi Reiji
高橋礼司
［著］

日本評論社

まえがき

この講義はそれぞれ異なった性格の三つの部分から成っています.

第 I 部は線型代数の骨子を説き，全体への導入の役割を果たすものです.

第 II 部では基礎体を実数体 $\boldsymbol{R}$ から複素数体 $\boldsymbol{C}$ にするとか，やや抽象度のより高くなる商空間，双対空間などの概念を学んだ後に，線型代数の華ともいうべきジョルダンの標準形について述べています.

第 III 部はそれまでの道具立てを用いてのさまざまな各論の展開とでもいえるでしょうか.

この本の前身は 1995–96 年に放送大学のために印刷教材として準備したものです. 毎回 45 分という制約もあって，どのようにそれを組み立てるかについては，かなり悩んだものでしたが，そのときずっと念頭にあったのは，学生時代以来親しんでいた吉田洋一著の『函数論』(1938 年初版，1965 年第 2 版) の序文にある

> 初学者が気安く読めるようにするために，“定理つづいて証明，定理つづいて証明，……”といった教科書風な体裁を避けて，いわば座談の形式で物語ることを試みたい

という言葉でした.

もう一つ，これは内容に関してですが，筆者の個人的な好みもあって，群論の視点を早くから取り入れたいという願いもありました.

執筆の当時は毎週の収録に追われて，大変忙しい思いで苦労したのでした. この教材が亀書房の亀井哲治郎さんの眼にとまって，まとめて刊行して下さることになったのは，非常にうれしいことで，改めて読み返してみれば，当然いろいろ手直しの必要も多いのですが，それなりに一応まとまっていると判断して，いく

つかの明らかな誤りと舌足らずの部分に手を入れるだけに止めました．記号も用語も常用のものを大きく越えないようにつとめました．

2014 年 5 月 31 日

高橋礼司

目次

第 II 部

第 III 部

第 I 部

第1章　線型代数とは何か？

数学の分野として，大きく分ければ

　　代数学

　　幾何学

　　解析学 (微分積分学)

があることはよく御存知のことと思います．基礎的な部分の学習は，現在日本では (諸外国でもほぼ同様ですが)

線型代数学	と	微分積分学
(幾何と代数)		(解析学)

の二本柱によって行われています．この講義はその一つです．

代数学の基本的な問題の一つは方程式を解くことです．線型代数学では，とくにもっとも簡単な一次 (線型) 方程式 (またはそれらを連立させた方程式系) を解くことが取り扱われます．ここに方程式の次数が 1 であることと，幾何学的に平面上の直線の方程式が 1 次であることから，ラテン語の直線 *linea* に由来する linear 線型という言葉が生まれたわけです．この言葉が示唆しているように，線型代数学には，古典的なユークリッド幾何学の現代的理論としての面があります．個人的なことを話させていただくならば，私は学生時代，線型代数を彌永昌吉先生から習ったのですが，それは幾何学の講義でありましたし，それが先生の『幾何学序説』（岩波書店）としてまとめられています．

多くの現代数学の記述がそうであるように，線型代数の講義の最初の部分でも，抽象的な概念が洪水のようにおしよせる感じがします．

その理由の一つとして次のように考えられるのではないでしょうか．

数学のはじめはそもそも現実世界から抽象されて得られる数とか図形の概念を

もととして構築される，いわば第一世代の抽象世界です．

線型代数学はさまざまな数学理論——連立一次方程式の解法，二次形式の標準形，射影幾何学，行列式，ハミルトンの四元数，マクスウェル，ギブス，ヘヴィサイドらによるベクトル解析，多元環の理論などなど——に共通な性質，概念をさらに抽象して得られるという意味で，第二世代の抽象世界であるといえます．この共通の性質，概念がいわゆる線型空間の構造とよばれるものです．

もっとも簡単で基本的な構造は，当然のことながらしばしばいちばん最後になって現れます．それが骨組だけの無味乾燥なものと受け取られやすいのももっとものことではあります．そのためしばしば線型代数は抽象的で退屈であるという印象を与えかねないのです．

しかしこれらの基本的概念は，その由来から当然のことですが，数学者にとっても，また数学を利用する人々にとっても，欠くことのできない言葉，道具であるといえます．

その反面，いくら重要であるとはいえ，この言葉自体が主役になってはなりません．その危険をさけるためには，基本的なやさしい実例をいくつかよく身につけておくことが望ましいのです．

現代の数学を記述するのに集合論の言葉と記号を用いるのは，いまや常識となっています．しかし数学基礎論の立場からの厳密な取扱いをすることは容易ではありませんし，またそれは線型代数の講義の目指すところでもありません．さしあたってわれわれの考察の対象となるのは通常の数を用いて構成される概念ですから，いわゆる素朴な集合論の知識があれば十分と思われます．

そこで，まずはじめに数について復習をしておきましょう．

- 複素数 $\boldsymbol{C}$
  - 実数 $\boldsymbol{R}$
    - 有理数 $\boldsymbol{Q}$
      - 整数 $\boldsymbol{Z}$
        - 自然数 $\boldsymbol{N}$　$0, 1, 2, \cdots$
        - 負数　$-1, -2, \cdots$
      - 分数　$\dfrac{p}{q}$
      - 十進小数
        - 有限小数
        - 循環小数
    - 無理数
      - 無限(非循環)小数
      - $\sqrt{2}$，$\pi = 3.14159\cdots$
  - 虚数　$i = \sqrt{-1}$

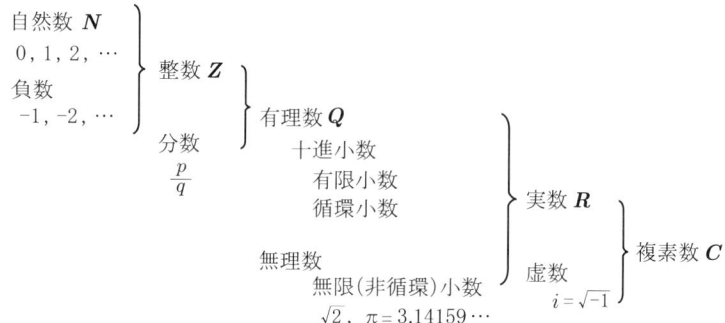

0を自然数としない流儀もあるのですが，物の個数を表すという意味で，0も自

然数と考える方が自然であろうというわけです．

a が集合 A の元であることを $a \in A$ と表し，その否定を $a \notin A$ と書きます．また A の元はすべて B の元であるとき (記号で書けば $a \in A$ ならば $a \in B$) A は B の部分集合であるといって，$A \subset B$ または $B \supset A$ と書きます．したがって $A \subset B$，$B \subset A$ ならば $A = B$ となります．その他の記号については必要に応じて，その都度説明することとします．

1.1. 数ベクトル空間 $\boldsymbol{R}^n$

正の自然数 n に対して，n 個の実数の組

$$\begin{pmatrix} x_1 \\ x_2 \\ \vdots \\ x_n \end{pmatrix}$$

の全体 $\boldsymbol{R}^n$ を考えます：

$$\boldsymbol{R}^n := \left\{ \begin{pmatrix} x_1 \\ x_2 \\ \vdots \\ x_n \end{pmatrix} \middle| \, x_1, \cdots, x_n \in \boldsymbol{R} \right\}$$

ここで二つの新しい記号を用いています：$A := B$ と書けば，A が B によって定義されるという意味です．またある性質 $P(a)$ をみたす元 a の集合のことを $\{a|P(a)\}$ と書きます．

二つの組 $\begin{pmatrix} x_1 \\ x_2 \\ \vdots \\ x_n \end{pmatrix}$ と $\begin{pmatrix} y_1 \\ y_2 \\ \vdots \\ y_n \end{pmatrix}$ とが相等しいとは，$x_1 = y_1$，$x_2 = y_2$，$\cdots$，$x_n = y_n$ となっていることと定義します．

たとえば $n = 1$ のときは，実質的には $\boldsymbol{R}^1$ と $\boldsymbol{R}$ とは何ら異なるところはなく，幾何学的直観を用いて，$\boldsymbol{R}^1$ は原点 O と長さの単位 1 のそなわった直線，いわゆる実数直線と考えられます．

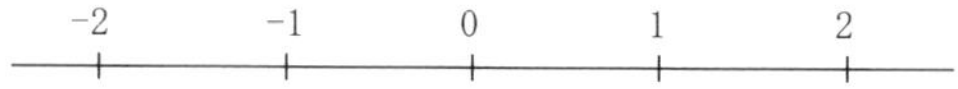

図 1-1

次に $n = 2$ のときは，$\boldsymbol{R}^2$ は座標軸をもつ平面と解釈されます：平面上の点 P に対して，座標軸と平行な直線と軸の交点として，二つの座標 $x_1(\mathrm{P})$，$x_2(\mathrm{P})$ が定まり，P に対して $\begin{pmatrix} x_1(\mathrm{P}) \\ x_2(\mathrm{P}) \end{pmatrix} \in \boldsymbol{R}^2$ が対応する．このようにして平面上の点の全体と $\boldsymbol{R}^2$ の元の全体がうまく対応するというのがデカルト (1595–1650) の創始した解析幾何学の思想です．

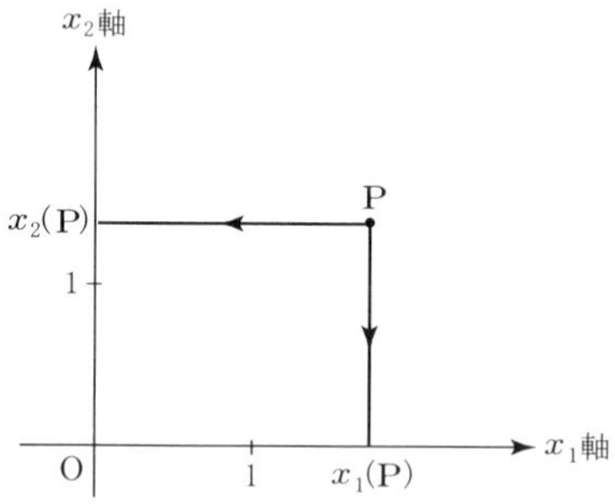

図 1-2

同様の考察はもちろん空間の場合 ($n = 3$ のとき) にも成り立ち，《点に関して代数的に計算する》ことが可能となるわけです．デカルトがメルセンヌ神父に宛てた一つの手紙の中で「円錐曲線をアポロニウスたちよりも明確に説明することはやさしいが，代数学を用いればもっとやさしくできる」とのべている通りです．歴史的にはこれが解析幾何学とよばれるのですが，実際にはそこに用いられる手法は今日の意味での解析学 (微分積分学) ではなく，むしろ線型代数学，そしてそれに続く代数幾何学です．それが線型代数学はユークリッド幾何学の現代的理論であると申し上げたことの意味です．

$n > 3$ のときには，それまでと同様な幾何学的直観に訴える解釈は困難です．日本の数学書きってのロングセラー高木貞治著『解析概論』にもあるように《文字に拘泥して，n 次元空間に関しての奇怪な空想をほしいままにする必要はない》のです．

n 次元空間の言葉を用いることは，一つには《言語を短縮し》，《印象を鮮明にする》ためです．たとえば n 種類の品物の在庫状況を表すのに，i 番目の品の在庫

数量を x_i として $\begin{pmatrix} x_1 \\ x_2 \\ \vdots \\ x_n \end{pmatrix}$ によって $\boldsymbol{R}^n$ の元として表示することもできるわけです．

さて，このように元 $\boldsymbol{x} = \begin{pmatrix} x_1 \\ x_2 \\ \vdots \\ x_n \end{pmatrix}$ の集合として与えられた $\boldsymbol{R}^n$ に二つの基本的な代数的な算法を導入していよいよ線型代数がはじまります．

和：二つの元 $\boldsymbol{x} = \begin{pmatrix} x_1 \\ x_2 \\ \vdots \\ x_n \end{pmatrix}$ と $\boldsymbol{y} = \begin{pmatrix} y_1 \\ y_2 \\ \vdots \\ y_n \end{pmatrix}$ に対して，その和 $\boldsymbol{x} + \boldsymbol{y}$ を

$$\boldsymbol{x} + \boldsymbol{y} := \begin{pmatrix} x_1 + y_1 \\ x_2 + y_2 \\ \vdots \\ x_n + y_n \end{pmatrix}$$

と定め，

スカラー倍：実数 λ と元 $\boldsymbol{x} = \begin{pmatrix} x_1 \\ x_2 \\ \vdots \\ x_n \end{pmatrix}$ に対して，$\boldsymbol{x}$ の λ 倍 $\lambda\boldsymbol{x}$ を

$$\lambda\boldsymbol{x} := \begin{pmatrix} \lambda x_1 \\ \lambda x_2 \\ \vdots \\ \lambda x_n \end{pmatrix}$$

によって定めます．

こうして $\boldsymbol{R}^n$ の中に定義された演算が以下の条件を満たすことがわかります：

$\boldsymbol{x}$, $\boldsymbol{y}$, $\boldsymbol{z} \in \boldsymbol{R}^n$ のとき

(1)　$(\boldsymbol{x} + \boldsymbol{y}) + \boldsymbol{z} = \boldsymbol{x} + (\boldsymbol{y} + \boldsymbol{z})$　(結合法則)

(2) $\boldsymbol{x}+\boldsymbol{y}=\boldsymbol{y}+\boldsymbol{x}$ (交換法則)

(3) $\boldsymbol{0}:=\begin{pmatrix}0\\0\\\vdots\\0\end{pmatrix}$ とおけば $\boldsymbol{x}+\boldsymbol{0}=\boldsymbol{x}$

(4) $\boldsymbol{x}=\begin{pmatrix}x_1\\x_2\\\vdots\\x_n\end{pmatrix}$ に対して $-\boldsymbol{x}:=\begin{pmatrix}-x_1\\-x_2\\\vdots\\-x_n\end{pmatrix}$ とおけば

$$\boldsymbol{x}+(-\boldsymbol{x})=\boldsymbol{0}$$

また，$\lambda,\ \mu\in\boldsymbol{R},\ \ \boldsymbol{x},\ \boldsymbol{y}\in\boldsymbol{R}^n$ に対して

(5) $\lambda(\mu\boldsymbol{x})=(\lambda\mu)\boldsymbol{x}$

(6) $1\boldsymbol{x}=\boldsymbol{x}$

(7) $\lambda(\boldsymbol{x}+\boldsymbol{y})=\lambda\boldsymbol{x}+\lambda\boldsymbol{y}$ (分配法則)

(8) $(\lambda+\mu)\boldsymbol{x}=\lambda\boldsymbol{x}+\mu\boldsymbol{x}$

$n=1$ のときは，実数の和と積そのものです．

$n=2$ のときは，平面上の点 P と (原点と座標軸をえらんで) 座標の組 $\begin{pmatrix}x_1(\mathrm{P})\\x_2(\mathrm{P})\end{pmatrix}$ とを対応させて，平面と $\boldsymbol{R}^2$ とを同一視したとき，さらに原点 O と P とを結ぶ矢印つきの線分，すなわちベクトル $\overrightarrow{\mathrm{OP}}$ を考えることにすれば，これらの二つの算法が，実はベクトルの合成と伸縮に対応していることは図の示している通りです．

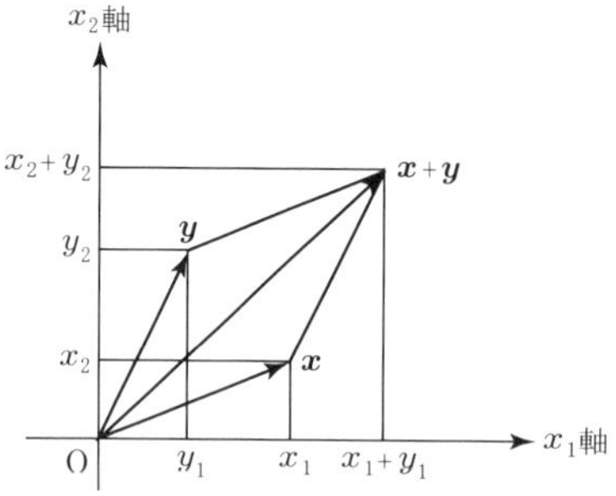

図 1-3

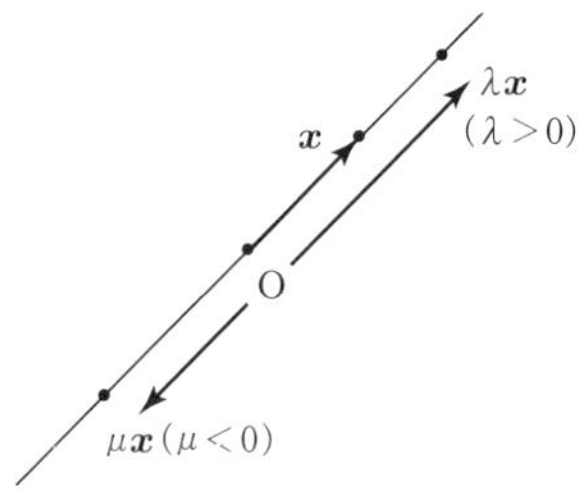

図 1-4

フランスの数学者ポアンカレ (1854–1912) は「数学とは相異なる物に同じ名前

をつける術である」(l' art de donner le même nom à des choses différentes) といいましたが，ここにまさしくその良い例が見られます．点に対応するベクトルの合成を**和**とよび，伸縮演算にも**スカラー倍**と，数のときと同じよび方を用いるのです．われわれは今後もこのスローガンのあてはまる多くの例を見ることとなりましょう．

ここで言葉づかいについて一言ことわっておきます．$\boldsymbol{R}^n$ の元のことをわれわれは，ときに点，ときにベクトルとよぶことがあります．幾何学的な背景が強調されるときには点とよぶわけです．

1.2. 関数空間 $\mathscr{F}$

閉区間 $[-1, 1]$ 上で定義された実数値関数の全体を $\mathscr{F}$ とします：

$$\mathscr{F} := \{f \mid f : [-1, 1] \to \boldsymbol{R}\}$$

ここでは区間 $[-1, 1]$ 上の関数を，この区間から実数の集合への写像としてとらえています．したがって $t \in [-1, 1]$ すなわち $-1 \leqq t \leqq 1$ のとき，そこでの関数 f の値は $f(t)$ と記されることになります．

さて，二つの関数 f, g と実数 λ に対して，和 $f+g$ とスカラー倍 λf とを

$$\begin{aligned}(f+g)(t) &:= f(t)+g(t) \\ (\lambda f)(t) &:= \lambda f(t)\end{aligned} \qquad (-1 \leqq t \leqq 1)$$

によって定義します．このとき以下の性質が成り立つことが容易にわかります．

(1)′　$(f+g)+h = f+(g+h)$

(2)′　$f+g = g+f$

(3)′　$f+0 = f$

(4)′　$f+(-f) = 0$

(5)′　$\lambda(\mu f) = (\lambda\mu)f$

(6)′　$1f = f$

(7)′　$\lambda(f+g) = \lambda f+\lambda g$

(8)′　$(\lambda+\mu)f = \lambda f+\mu f$

ただし (3)′ において，0 はすべての t に対して値 0 をとる定数関数を表します．また (4)′ において，$-f$ は $(-f)(t) := -f(t)(-1 \leqq t \leqq 1)$ によって定義される関数を表します．数 0 と関数 0 とを同じ記号で表すことに多少の不安を感ずるかも

しれませんが，混乱のおこるおそれはないのです．ここでもポアンカレの言葉を思い出してください．

上に見た n 次元数ベクトル空間 $\boldsymbol{R}^n$ と区間 $[-1, 1]$ 上の実数値関数の空間 $\mathscr{F}$ とは，(1)–(8) と (1)′–(8)′ とをくらべてみればわかるように，まったく同様の性質をもつ和とスカラー倍という二つの演算をそなえています．そこで，これら二つの対象から同じ構造のところを抽出して線型空間の概念が得られることとなります．

1.3. 直線の方程式

代数的な計算を用いる幾何学のもっとも簡単な (同時にもっともよくその特長が現れている) 例として直線についての議論をしてみましょう．

$\boldsymbol{R}^n$ の任意の 1 点 $\boldsymbol{p}$ と $\boldsymbol{a} \neq \boldsymbol{0}$ が与えられたとき，

$$L_{\boldsymbol{p}\,;\,\boldsymbol{a}} := \{\boldsymbol{p} + \alpha\boldsymbol{a} \mid \alpha \in \boldsymbol{R}\}$$

を点 $\boldsymbol{p}$ を通り向き $\boldsymbol{a}$ の**直線**とよびます．

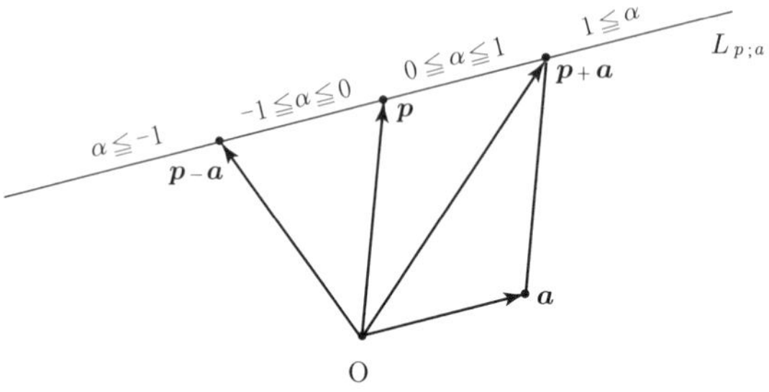

図 1-5

> **命題 (i)**　λ, μ が実数で，$\mu \neq 0$ ならば
>
> $$L_{\boldsymbol{p}\,;\,\boldsymbol{a}} = L_{\boldsymbol{p}+\lambda\boldsymbol{a}\,;\,\mu\boldsymbol{a}}$$

証明

$$\boldsymbol{p} + \alpha\boldsymbol{a} = (\boldsymbol{p} + \lambda\boldsymbol{a}) + \frac{\alpha - \lambda}{\mu}(\mu\boldsymbol{a})$$

$$(\boldsymbol{p} + \lambda\boldsymbol{a}) + \alpha(\mu\boldsymbol{a}) = \boldsymbol{p} + (\lambda + \alpha\mu)\boldsymbol{a}$$

から明らか(上の式から集合として $L_{\boldsymbol{p}\,;\,\boldsymbol{a}} \subset L_{\boldsymbol{p}+\lambda\boldsymbol{a}\,;\,\mu\boldsymbol{a}}$，下の式から逆に $L_{\boldsymbol{p}+\lambda\boldsymbol{a}\,;\,\mu\boldsymbol{a}} \subset L_{\boldsymbol{p}\,;\,\boldsymbol{a}}$ だから). ∎

命題 (ii)　二つの直線 $L := L_{\boldsymbol{p}\,;\,\boldsymbol{a}}$，$L = L'_{\boldsymbol{p}'\,;\,\boldsymbol{a}'}$ が与えられたとき，$L = L'$ であるための必要十分条件は次の 1)，2) が共に成り立つことである：

1)　L と L' とが少なくとも1点を共有し，

2)　$\boldsymbol{a}' = \gamma\boldsymbol{a}$ となる実数 $\gamma \neq 0$ がある.

証明　必要な条件であることを示すために，まず $L = L'$ であると仮定すれば，もちろん 1) は成り立つ．また $\boldsymbol{p}', \boldsymbol{p}' + \boldsymbol{a}'$ が共に $L_{\boldsymbol{p}\,;\,\boldsymbol{a}}$ の点であることから，実数 α, β があって

$$\boldsymbol{p}' = \boldsymbol{p} + \alpha\boldsymbol{a}, \qquad \boldsymbol{p}' + \boldsymbol{a}' = \boldsymbol{p} + \beta\boldsymbol{a}$$

と書ける．差をとれば $\boldsymbol{a}' = (\beta - \alpha)\boldsymbol{a}$ となっていることがわかる.

逆にこれらの条件が十分であることを示すために，$\boldsymbol{q}$ が L と L' とに共通の点であるとすれば，$\boldsymbol{q} = \boldsymbol{p} + \alpha\boldsymbol{a}$，$\boldsymbol{q} = \boldsymbol{p}' + \alpha'\boldsymbol{a}'$ と書けるから，(i) によって

$$L_{\boldsymbol{p}\,;\,\boldsymbol{a}} = L_{\boldsymbol{p}+\alpha\boldsymbol{a}\,;\,\boldsymbol{a}} = L_{\boldsymbol{q}\,;\,\boldsymbol{a}},$$
$$L_{\boldsymbol{p}'\,;\,\boldsymbol{a}'} = L_{\boldsymbol{p}'+\alpha'\boldsymbol{a}'\,;\,\frac{1}{\gamma}\boldsymbol{a}'} = L_{\boldsymbol{q}\,;\,\boldsymbol{a}}$$ ∎

命題 (iii)　相異なる2点 $\boldsymbol{p}, \boldsymbol{q}$ に対してこれらの点を通る直線がただ一つ存在する.

証明　実際，直線 $L_{\boldsymbol{p}\,;\,\boldsymbol{q}-\boldsymbol{p}}$ は $\boldsymbol{p}$，$\boldsymbol{q} = \boldsymbol{p} + (\boldsymbol{q} - \boldsymbol{p})$ を通る．またもし $L_{\boldsymbol{p}'\,;\,\boldsymbol{a}'}$ も $\boldsymbol{p}$，$\boldsymbol{q}$ を通るとすれば，$\boldsymbol{p} = \boldsymbol{p}' + \alpha\boldsymbol{a}'$，$\boldsymbol{q} = \boldsymbol{p}' + \beta\boldsymbol{a}'$ と書けるから

$$\boldsymbol{q} - \boldsymbol{p} = (\beta - \alpha)\boldsymbol{a}'$$

となって，(ii) によって $L_{\boldsymbol{p}\,;\,\boldsymbol{q}-\boldsymbol{p}} = L_{\boldsymbol{p}'\,;\,\boldsymbol{a}'}$ となる ($\boldsymbol{p} \neq \boldsymbol{q}$ より $\beta \neq \alpha$，すなわち $\beta - \alpha \neq 0$ に注意する). ∎

平面の場合，直線が別の形に表されることを次に示しましょう：

定理　$\boldsymbol{R}^2$ の部分集合 L に対して，次の 2 条件は互いに同値である：

1)　L は直線である：

$$L = L_{\boldsymbol{p}\,;\,\boldsymbol{a}} \qquad (\boldsymbol{p},\ \boldsymbol{a} \in \boldsymbol{R}^2,\ \boldsymbol{a} \neq \boldsymbol{0})$$

2)　実数 λ, μ, ν が存在して，$\lambda \neq 0$ または $\mu \neq 0$ であり

$$L = \left\{ \begin{pmatrix} x \\ y \end{pmatrix} \,\middle|\, \lambda x + \mu y = \nu \right\}$$

が成り立つ (すなわち直線が一次方程式によって定義される).

証明　はじめに 1) ⇒ 2) を示そう.

$\boldsymbol{p} = \begin{pmatrix} x_0 \\ y_0 \end{pmatrix}, \boldsymbol{a} = \begin{pmatrix} x_1 \\ y_1 \end{pmatrix}$ ならば $\boldsymbol{p} + \alpha\boldsymbol{a} = \begin{pmatrix} x_0 + \alpha x_1 \\ y_0 + \alpha y_1 \end{pmatrix}$ だから，$L_{\boldsymbol{p}\,;\,\boldsymbol{a}}$ の点 $\begin{pmatrix} x \\ y \end{pmatrix}$ に対して

$$x = x_0 + \alpha x_1, \qquad y = y_0 + \alpha y_1$$

となる．これから

$$y_1 x - x_1 y = x_0 y_1 - y_0 x_1$$

が出て，$\lambda := y_1$, $\mu := -x_1$, $\nu := x_0 y_1 - y_0 x_1$ とすれば $L_{\boldsymbol{p}\,;\,\boldsymbol{a}}$ の点は $\lambda x + \mu y = \nu$ を満足することがわかる.

逆に方程式 $\lambda x + \mu y = \nu$ を満たす点 $\begin{pmatrix} x \\ y \end{pmatrix}$ は直線 $L_{\boldsymbol{p}\,;\,\boldsymbol{a}}$ に属することを示すには，まず $\lambda = y_1 \neq 0$ の場合には

$$\alpha := \frac{y - y_0}{y_1}$$

とおく．そのとき

$$\begin{aligned} x = \frac{\nu - \mu y}{\lambda} &= \frac{x_0 y_1 - y_0 x_1 + x_1 y}{y_1} \\ &= x_0 + \alpha x_1 \end{aligned}$$

α のえらび方から $y = y_0 + \alpha y_1$ でもあるから

$$\begin{pmatrix} x \\ y \end{pmatrix} = \begin{pmatrix} x_0 \\ y_0 \end{pmatrix} + \alpha \begin{pmatrix} x_1 \\ y_1 \end{pmatrix}$$

となる．$\mu = -x_1 \neq 0$ の場合も同じようにできる．

逆に 2) ⇒ 1) を示すにも，$\lambda \neq 0$ の場合と $\mu \neq 0$ の場合に分けて考えなければならない．

$\lambda \neq 0$ のときは $\boldsymbol{p} := \begin{pmatrix} \nu/\lambda \\ 0 \end{pmatrix}$，$\boldsymbol{a} := \begin{pmatrix} -\mu \\ \lambda \end{pmatrix}$，そして $\alpha = \dfrac{y}{\lambda}$ ととれば，方程式 $\lambda x + \mu y = \nu$ を満たす $\begin{pmatrix} x \\ y \end{pmatrix}$ に対して $\begin{pmatrix} x \\ y \end{pmatrix} = \boldsymbol{p} + \alpha \boldsymbol{a}$ が成り立ち，他方 $L_{\boldsymbol{p};\boldsymbol{a}}$ 上の点に対しては $\lambda x + \mu y = \nu$ となる．$\mu \neq 0$ の場合も同様の議論ができる．■

この定理にのべていることは直線のパラメータ表示と方程式とよばれるものですが，両者の性格はまったく違っています：パラメータ表示では α に任意の値を与えれば必ず直線上の点が得られるのに対して，方程式の方では x，y に任意の値を与えても，一般には直線上の点になりません．むしろそうなる確率は非常に小さいものです．

もしこれを $n = 3$ 以上の場合に一般化しようとすればどうなるでしょうか．すでに $n = 3$ のとき，一般方程式 ($\lambda = \mu = \nu = 0$ ではないとして)

$$\lambda x + \mu y + \nu z = \kappa$$

は平面を定めます．したがって直線の方程式としては二つの平面の交わりとして，連立一次方程式を考えなければなりません．しかしどのようなときに二つの平面が交わるかとかの議論が必要となります．実はこのようなことをすっきりと示すために線型代数が生まれたともいえるわけで，この段階でのこれ以上の深入りは避けなければなりません．

第2章　群の概念

線型代数学は古典的なユークリッド幾何学の現代的理論であるといいました．それではユークリッド幾何学はどのようにして生まれたのでしょうか？　幾何学 Geometry の語源が土地 (geo) の測量 (metry) であって，エジプトのナイル河下流の定期的な氾濫による耕地の再配分の必要から生まれたとされています．ギリシアの哲学者タレスがエジプトに旅してこの幾何学を学び，それをギリシアに持ち帰って論証的な数学としてのスタートが切られたというのが現代の数学史の教えるところです．

ここではこの幾何学の主流とは別の意味で，今日これからお話ししようとする群の理論，いわゆる群論の前史の主要なテーマの一つである紋様の対称性についてまず振り返ってみようと思います．群論がいわゆる対称性の数学的理論であることを感じとっていただけると思います．

群論が数学史にはじめて登場したのは 19 世紀初頭フランスの天才少年ガロアによる代数方程式の研究においてでしたが，ここでは群論と幾何学とのかかわり合いの方に焦点をあててみた次第です．

次ページにエジプト (ルクソール近くのナイル河西岸の墓) とイスラム世界の装飾文様の例をいくつか掲げましたが，いずれも何らかの《規則正しさ》をもっていることにお気付きでしょう：同じ図案の反復，繰り返し，折り返しとか回転による対称性などが見られます．これを正確に記述する言葉を与えるのが実は群論なのです．平面の紋様の場合に現れるのが，いわゆる平面の結晶群とよばれる群で，本質的に異なっているものは 17 個しかありません．このことは 19 世紀末，結晶学者シェーンフリースとフェードロフによって見出され，数学的な証明が与えられたのは 1924 年ポリアによってです．しかし驚くべきことに，たとえば 14 世紀のグラナダのアルハンブラ宮殿にはそのすべてが実現されていたことが確認され

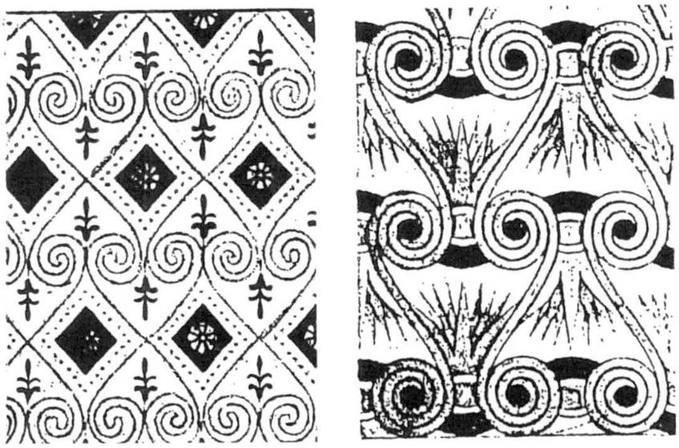

エジプト，テーベの墓

エジプト，カイロのモスク

ています．これらの紋様を研究した工芸家たちはかくれた数学者であったといえるのではないでしょうか．

私が学生の頃，群論の勉強に読んだシュパイザーという人の教科書の序文に次のようなことが書いてありました：「ギリシアやアラビアの紋様の中にひそむ幾何学についてはこれまであまり調べられていない．だから数学史の中でもっとも美しい章の一つがいまだに書かれていないわけだ」．その後のいろいろな文献によればいくつかの興味深い仕事がなされているようです．

群の概念の定義に入る前に，それが数学のいろいろなところに顔を出すことを示す例を三つほどあげましょう．まず最初のものは正三角形の合同群とよばれるものです．

2.1. 正三角形の合同群

正三角形 ABC を考えます．今これが板でできていて，同じ形の箱に入っているものとします．それを取り出してまた入れ直すとき，どう動かしてもよいとします (裏返すことも含めて)．このとき幾通りの相異なる仕方があるでしょうか？これは結局この正三角形を全体として再び同じ位置にくるように置き換えることですから，次の 6 通りがあります：

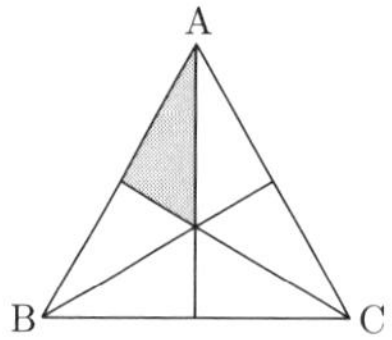

これは何も変化がない場合 (I)

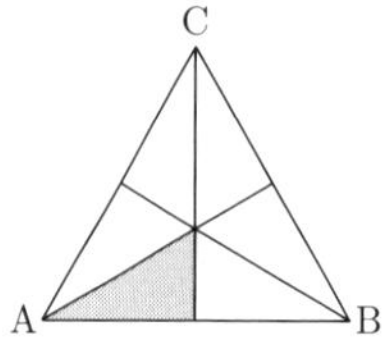

中心のまわりに正の向きに 120° 回転 (R)

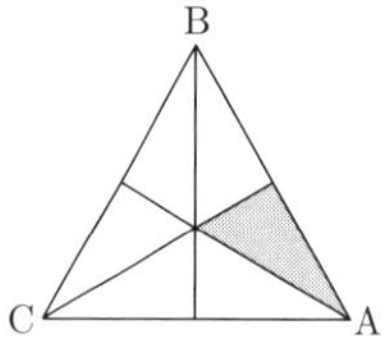

中心のまわりに正の向きに 240° 回転 (負の向きに 120° 回転といっても同じ) (S)

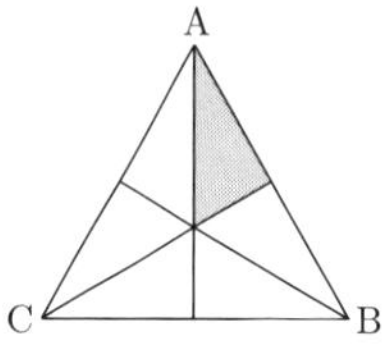

A から対辺に下した垂線に関する折り返し (垂線に関する鏡映) (T)

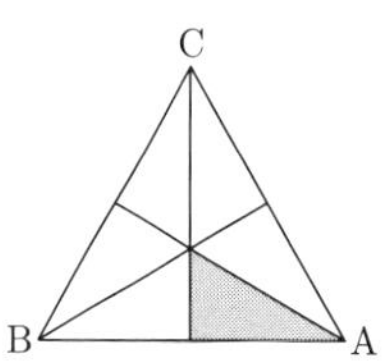

B からの垂線に関する折り返し (U)

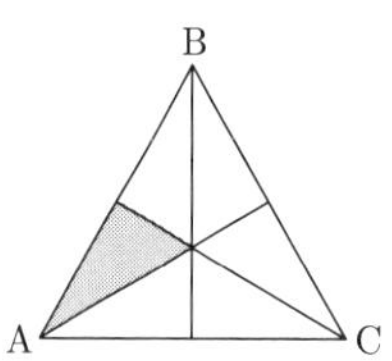

C からの垂線に関する折り返し (V)

これら6個以外にないことは，三頂点A, B, Cの行先について考えてみれば，ただちにわかります(Aの行先は3個，Bの行先は残る2個，Cの行先は残る1個しかないからです．これはまたぬりつぶした三角形の行先を調べてもわかります)．

さて，これらの箱から出してまたもとにもどす操作にそれぞれ名前をつけます：

$$I,\quad R,\quad S,\quad T,\quad U,\quad V.$$

これらの操作を二つ続けて行うことによってその積を定義します．たとえば回転 R と回転 S の積 $R \circ S$ は，まずはじめに S を施して，そのあと R を施すこととするのです(順序に注意)．この場合，正の向きに $240^\circ + 120^\circ = 360^\circ$ 回転するわけですから，結果はもとの位置にもどるわけで $R \circ S = I$ です．

また $R \circ T$ についても

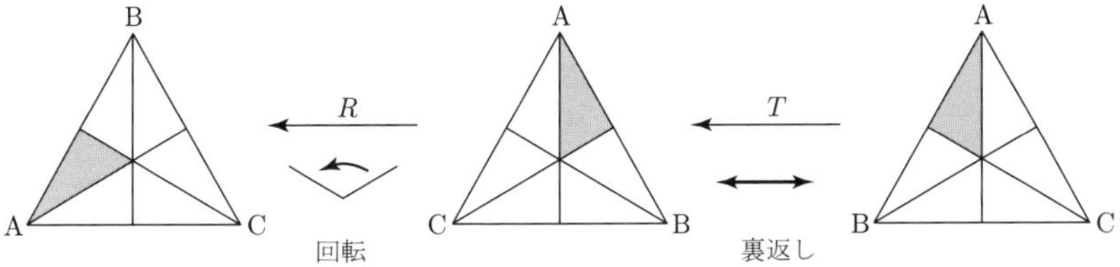

ですから，結果は V となります：$R \circ T = V$

これを全部調べて表にすると，

後＼先	I	R	S	T	U	V
I	I	R	S	T	U	V
R	R	S	I	V	T	U
S	S	I	R	U	V	T
T	T	U	V	I	R	S
U	U	V	T	S	I	R
V	V	T	U	R	S	I

この表のうち，多くの積はすぐにわかります．たとえば第1列，第1行などです．I は何も変えないこと，いわゆる恒等変換ですから，何と積をとっても変えないことは明らかです．

この表から次のことがすぐに見てとれます：それぞれの元はどの行にも，どの

列にもちょうど1回含まれている．行の場合についていいかえれば，

任意の x と任意の y に対して $x \circ w = y$ となる w がちょうど一つ存在するということです．同様に列について考えれば

任意の x と任意の y に対して $z \circ x = y$ となる z がちょうど一つ存在するということができます．

こうして群の概念の最初の記述として次の定義を下すことができます．

> **定義**　集合 G に結合法則を満たす積の演算 $x \circ y$ が定義されているとする．G の任意の元 x, y に対して
>
> $$z \circ x = y, \qquad x \circ w = y$$
>
> を満たす元 z, w が存在するとき，G はこの積に関して**群**をなすという．

この定義の意味でわれわれの集合 $G_1 := \{I, R, S, T, U, V\}$ が群であることがわかります．

ここで積の定義が変換としての合成であることから，結合法則

$$(x \circ y) \circ z = x \circ (y \circ z)$$

も成り立つことは明らかです．実際，操作 x による頂点 A, B, C の行先をそれぞれ $x(\mathrm{A})$, $x(\mathrm{B})$, $x(\mathrm{C})$ と書くことにすれば

$$(x \circ y)(\mathrm{A}) = x(y(\mathrm{A}))$$

ですから

$$((x \circ y) \circ z)(\mathrm{A}) = (x \circ y)(z(\mathrm{A})) = x(y(z(\mathrm{A})))$$
$$(x \circ (y \circ z))(\mathrm{A}) = x((y \circ z)(\mathrm{A})) = x(y(z(\mathrm{A})))$$

となるからです．

2.2. アミダくじ

次の例はアミダくじです．御存知のない方のためにもっとも簡単な三人の場合についてその原理を手短かに説明しましょう．縦に棒を三本とり，隣接している棒

の間に右図のように各自がそれぞれ適当に横棒をわたします．ただしこれらの横棒の端点は重ならないようにしなければなりません．さて，実際くじとして用いるときは上の入口を残して下の方は隠しておき，出口に何が割り当ててあるかがわからないようにしておきます．そこで各自が入口のどれかをえらんだ上で，くじを開いて結果を調べます．そのやり方は，上から下にたどるのですが，横棒に来たら必ずそれを渡って隣の縦棒にうつらなくてはなりません．たとえば右図の場合，それぞれの進み方は下の図のようになります：

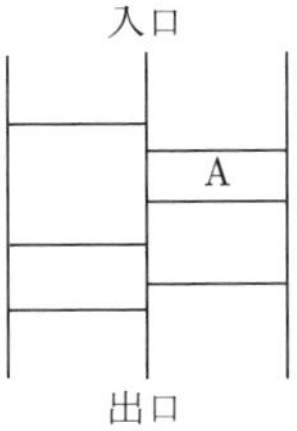

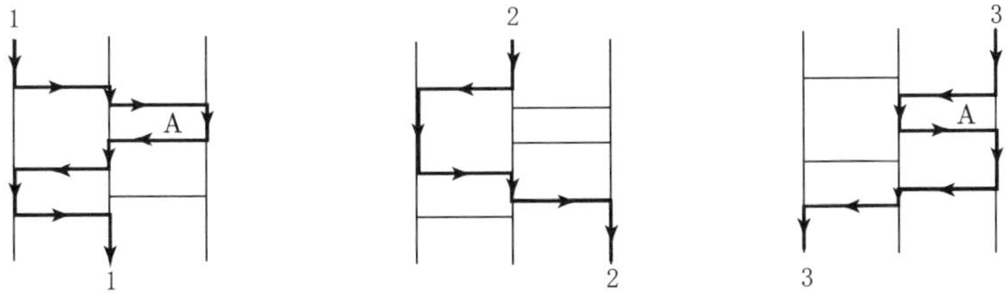

数学的にはこれは結局左，真中，右から入ったのがどこから出るかということで，数字 $1,2,3$ の置き換え (いわゆる置換) にすぎないといえます．上の図では左から $1,2,3$ の順に入ったのが $3,1,2$ と入れ換わって出てくるということです．

すぐわかることは，この図の場合 A と印したところは効果がないことです．左右の交換が続けて二回起こるからです．したがって，

くじ 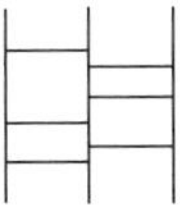 は 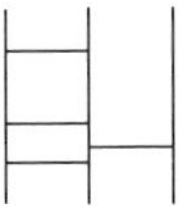 と同じことになります．

同じ理由でこのくじは 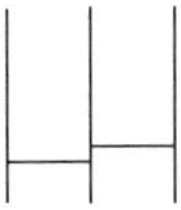 と同じです．

さらに二つのくじ 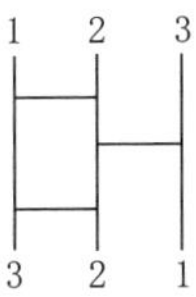

と 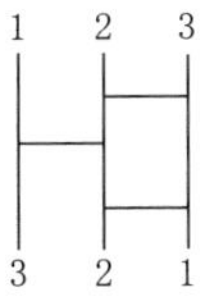

は同じものであることもわかります．こうして結局アミダくじには次の6種類しかないことがわかります：

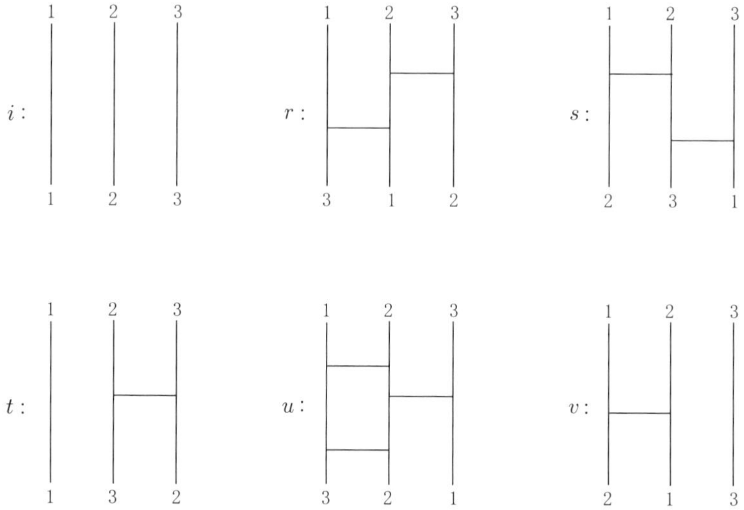

(たとえば 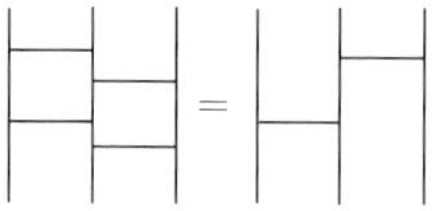 となること，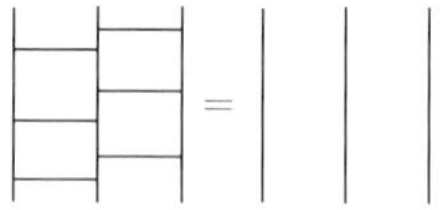 となることなど確かめてみてください).

そこでこのアミダくじの集合 G_2 に**積**を定義します．それは上，下につなげることとするのです：$a \circ b$ は上に b，下に a とします．

この積に結合法則が成り立つことは明らかです．この積を用いれば

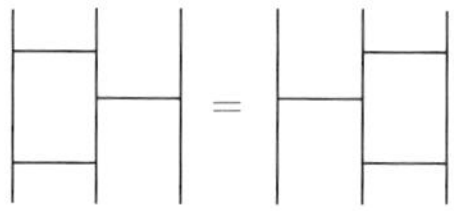

は

$$u = r \circ v = v \circ s = s \circ t = t \circ r$$

を示しています．また

$$r = v \circ t, \qquad s = t \circ v$$

であることもわかります．

ここで積の表を作れば

下＼上	i	r	s	t	u	v
i	i	r	s	t	u	v
r	r	s	i	v	t	u
s	s	i	r	u	v	t
t	t	u	v	i	r	s
u	u	v	t	s	i	r
v	v	t	u	r	s	i

前の場合とまったく同じ理由から，ここでもこのアミダくじの集合 G_2 がこの積に関して群となっていることがわかります．

最後の例は一次分数変換です．

2.3. 一次分数変換の群

次のような変数 x の関数を考えます．

$$\iota(x) := x, \qquad \rho(x) := \frac{1}{1-x}, \qquad \sigma(x) := 1 - \frac{1}{x} = \frac{x-1}{x}$$

$$\alpha(x) := \frac{1}{x}, \qquad \beta(x) := 1 - x, \qquad \gamma(x) := \frac{x}{x-1}$$

関数の合成の意味で積を定めると，たとえば

$$\rho = \alpha \circ \beta, \qquad \sigma = \beta \circ \alpha, \qquad \gamma = \alpha \circ \sigma$$

実際

$$\gamma(x) = \frac{x}{x-1} = \frac{1}{\dfrac{x-1}{x}} = \frac{1}{\sigma(x)} = \alpha(\sigma(x)) = (\alpha \circ \sigma)(x)$$

です (通常の関数の積と混同してはなりません)．

もちろん ι がここでは単位元の役目を果たしています．積の表を例によって計算しますと

後＼先	ι	ρ	σ	α	β	γ
ι	ι	ρ	σ	α	β	γ
ρ	ρ	σ	ι	γ	α	β
σ	σ	ι	ρ	β	γ	α
α	α	β	γ	ι	ρ	σ
β	β	γ	α	σ	ι	ρ
γ	γ	α	β	ρ	σ	ι

ここでも前と同様の性質があることがすぐに見てとれます．この群のことを仮に G_3 と記しましょう．

ここでこれらの三つの表をくらべてみると

G_1	I	R	S	T	U	V
G_2	i	r	s	t	u	v
G_3	ι	ρ	σ	α	β	γ

同じ列に入っている元どうしを対応させることによって，これらの表は互いに移り換わることがわかります．いいかえれば，ここに調べた三つの群は実は同じ構造をもっていることがわかるのです．

このように一つの群の構造が性質の異なったいろいろな集合に共通な解釈を許す機能をもっていることがおわかりになったことと思います．したがって，上の三つに共通な構造の表をもつ抽象的な (三角形とか，くじとか，関数とかいうことと無関係にということです) 群を定義して，それについて調べておけば，そこに得られた結果はこれらの三つの相異なる実例のどれにも適用されることとなるわけです．

2.4. 群の定義

今しがた掲げた群の定義は次のようなものでした．

定義　集合 G の任意の二つの元 a, b に対して，その積とよばれる G の元 $a \circ b$ が定められていて次の条件が満たされているとき G は群であるという：

(1)　結合法則が成り立つ．すなわち G の元 a, b, c に対して

$$(a \circ b) \circ c = a \circ (b \circ c)$$

(2)　任意の a, b に対して

$$x \circ a = b, \qquad a \circ y = b$$

を満たす x, y が存在する．

これから普通使われている群の定義が得られること (実はそれと同値です) を示してみましょう．

2.5. 単位元の存在

今 $a \in G$ を一つとり，条件 (2) で $b = a$ ととれば $e \circ a = a$, $a \circ e' = a$ となる e, e' が存在します．任意の b に対して $a \circ y = b$ となる y を用いて，これから

$$(e \circ a) \circ y = a \circ y$$

(1) を用いて $e \circ (a \circ y) = a \circ y$，つまり

$$e \circ b = b$$

同様にして任意の $b \in G$ に対して

$$b \circ e' = b$$

となることもわかります．上の式で $b = e'$ ととれば $e \circ e' = e'$，下の式で $b = e$ ととれば $e \circ e' = e$ ですから，結局 $e \circ b = b \circ e = b$ がすべての b に対して成り立つことがわかります．

2.6. 逆元の存在

条件 (2) で $b = e$ ととって

$$a' \circ a = e = a \circ a''$$

を満たす a', a'' の存在がわかります．そこで (1) から

$$(a' \circ a) \circ a'' = a' \circ (a \circ a'')$$

ですから，$e \circ a'' = a' \circ e$ すなわち $a'' = a'$ となって $a' \circ a = e = a \circ a'$ を満たす逆元 a' の存在がわかるのです．

このとき (2) の解が $x = b \circ a'$, $y = a' \circ b$ と表されることに注意しておきます．これから単位元 e と逆元 a' の存在から，(2) の解の存在が保証されることになります．

2.7. 単位元，逆元の一意性

すべての a に対して $e \circ a = a$ を満たすような元 e はただ一つしかありません．なぜなら，もしすべての a に対し $f \circ a = a$ が成り立つとすれば，とくに $a = e$ ととって $f \circ e = e$．ところが上に見たようにすべての b に対して $b \circ e = b$ ですから，$b = f$ ととれば $f \circ e = f$ で，$e = f$ がわかるのです．

同様に $a' \circ a = e$, $a'' \circ a = e$ であるとすれば

$$(a'' \circ a) \circ a' = e \circ a' = a'$$

(1) によって左辺は $a'' \circ (a \circ a') = a'' \circ e = a''$ ですから，結局 $a'' = a'$ となります．

このようにして逆元がただ一通りに定まりますので，群の演算を積とよぶのと対応して逆元を a^{-1} と書くのが普通です．

このとき二つの元 a, b に対して

$$(a \circ b)^{-1} = b^{-1} \circ a^{-1}$$

が成り立ちます．実際 $(a \circ b) \circ (b^{-1} \circ a^{-1}) = a \circ (b \circ (b^{-1} \circ a^{-1})) = a \circ ((b \circ b^{-1}) \circ a^{-1}) = a \circ (e \circ a^{-1}) = a \circ a^{-1} = e$ (結合法則を二度用いています)．

また $a \in G$ に対して

$$(a^{-1})^{-1} = a$$

が成り立ちます.

また $a^2 := a \circ a$, $a^3 := (a \circ a) \circ a = a^2 \circ a$, ……, 帰納的に $a^n := a^{n-1} \circ a$ と定義して通常のベキ指数と同じ記法を用います. $a^0 := e$ と約束し, $a^{-n} := (a^n)^{-1}$ と定めれば $a^{-n} = (a^{-1})^n$ となることも示され,

$$a^{m+n} = a^m \circ a^n, \qquad (a^m)^n = a^{mn}$$

などの通常の整数ベキの公式が成り立ちます.

ただ一つ注意しなければならないことは, 一般には必ずしも

$$a \circ b = b \circ a$$

ではない (つまり積が交換法則を満たさないこと) ことです. たとえばわれわれの三つの例ではそうです. したがって

$$(a \circ b)^n = a^n \circ b^n$$

という公式は一般には正しくありません. ただし $a \circ b = b \circ a$ であるときはもちろんこれが成り立ちます. たとえば $n = 2$ として

$$\begin{aligned}(a \circ b)^2 &= (a \circ b) \circ (a \circ b) = a \circ (b \circ (a \circ b)) \\ &= a \circ ((b \circ a) \circ b) = a \circ ((a \circ b) \circ b) \\ &= a \circ (a \circ (b \circ b)) = (a \circ a) \circ (b \circ b) = a^2 \circ b^2\end{aligned}$$

といった具合です.

以上の議論から, $x \circ a = b$ を満たす元 x は

$$x = b \circ a^{-1}$$

と表示されて, 逆元がただ一通りですから x もただ一通りです. 同様に $a \circ y = b$ となる y も

$$y = a^{-1} \circ b$$

と表示されて, ただ一通りです. このようなことを数学語で, それぞれの解は一意的であるといいます.

以上の議論をまとめますと, 群の定義を次のようにのべることができることがわかります. これが通常用いられている形です：

定義　集合 G の任意の二つの元 a, b に対して積 $a \circ b$ が定義されていて，以下の条件が満たされているとき，G はこの積に関して群であるという：

(1)　任意の $a, b, c \in G$ に対して

$$(a \circ b) \circ c = a \circ (b \circ c) \qquad \text{(結合法則)}$$

(2)　任意の $a \in G$ に対して

$$e \circ a = a \circ e = a$$

を満たすような元 $e \in G$ が存在する (単位元)

(3)　G の任意の元 a に対して

$$a' \circ a = a \circ a' = e$$

が成り立つような a' が存在する (逆元).

2.8. 線型空間と群

前章に出てきた二つの線型空間：数ベクトル空間 $\boldsymbol{R}^n$ と関数空間 $\mathscr{F}$ を思い出してください．

そこで見た性質の (1), (4), (1)′, (4)′ を復習すれば，$\boldsymbol{R}^n$ の場合 $\boldsymbol{x} \circ \boldsymbol{y} := \boldsymbol{x} + \boldsymbol{y}$, $\mathscr{F}$ の場合 $f \circ g := f + g$ (関数の和) という演算に関して，**交換法則の成り立つ**群となっていることがわかります．単位元はそれぞれ零ベクトル $\boldsymbol{0}$，定数関数 0 であり，逆元は各成分の符号を変えた逆向きのベクトル $-\boldsymbol{x}$，関数値の符号を変えた $-f$ です．

このように群の算法が交換法則を満たし (**可換群**または**アーベル群**とよばれます)，加法記号で表示されているとき**加法群**，または**加群**であるといいます．

線型空間の定義には群論がもう一箇所で関係しています．それはスカラー倍とよんだ演算に用いられた，上の例では実数の全体の集合 $\boldsymbol{R}$ の性質ですが，集合 $\boldsymbol{R}$ で

$$\lambda \circ \mu := \lambda + \mu \qquad \text{(通常の和)}$$

とすれば $\boldsymbol{R}$ は加法群となり，単位元は 0，λ の逆元は $-\lambda$ です．また $\boldsymbol{R}^{\times} :=$

$\boldsymbol{R}\backslash\{0\}$(これは実数の集合から 0 を取り除いた残りです) で

$$\lambda \circ \mu := \lambda \cdot \mu \qquad (\text{通常の積})$$

とおけば，今度は $\boldsymbol{R}^{\times}$ が可換群で，単位元は 1，x の逆元は $x^{-1} = \dfrac{1}{x}$ です．これを 0 でない実数の作る**乗法群**とよびます．

これら二つの群構造を結びつけるのが

$$\lambda(\mu + v) = \lambda\mu + \lambda v$$

という**分配法則**です．

これをまとめると，実数の全体が次の定義の意味での**体**であることがわかり，これを通常**実数体**とよぶわけです．

定義　集合 F に二種類の演算 $a+b$(和とよぶ)，$a \cdot b$(積とよぶ) が定義されていて，次の条件が満たされているとき，F は**体**であるという．

(1)　F は和 $a+b$ に関して加法群である．その単位元を 0 とする．

(2)　$F^{\times} := F\backslash\{0\}$ は積 $a \cdot b$ に関して可換な群である．

(3)　$a,\ b,\ c \in F$ ならば

$$a \cdot (b+c) = a \cdot b + a \cdot c$$
$$(a+b) \cdot c = a \cdot c + b \cdot c \qquad (\text{分配法則})$$

一口でいうならば**体**とは**通常の四則演算 (加減乗除) が成り立つような範囲**です．

体のもっとも簡単な例は通常の算法：和と積をもつ有理数の全体 $\boldsymbol{Q}$ です．

また平面 $\boldsymbol{R}^2$ に通常の和

$$\begin{pmatrix} a \\ b \end{pmatrix} + \begin{pmatrix} c \\ d \end{pmatrix} := \begin{pmatrix} a+c \\ b+d \end{pmatrix}$$

以外に，積として

$$\begin{pmatrix} a \\ b \end{pmatrix} \cdot \begin{pmatrix} c \\ d \end{pmatrix} := \begin{pmatrix} ac-bd \\ ad+bc \end{pmatrix}$$

を定めれば，体が得られて $\begin{pmatrix} 0 \\ 1 \end{pmatrix} \cdot \begin{pmatrix} 0 \\ 1 \end{pmatrix} = \begin{pmatrix} -1 \\ 0 \end{pmatrix} = -\begin{pmatrix} 1 \\ 0 \end{pmatrix}$ ですから，

$$\begin{pmatrix} a \\ b \end{pmatrix} = a \begin{pmatrix} 1 \\ 0 \end{pmatrix} + b \begin{pmatrix} 0 \\ 1 \end{pmatrix}$$

と書けることから，$a \begin{pmatrix} 1 \\ 0 \end{pmatrix}$ と a とを同一視して，$i := \begin{pmatrix} 0 \\ 1 \end{pmatrix}$ と定めれば $i^2 = -1$ で，$\begin{pmatrix} a \\ b \end{pmatrix} = a + bi$ と書かれて複素数体 $\boldsymbol{C}$ が構成されます．

第3章　行列

この章のテーマは行列です．行列といっても並んで立つ行列のことではありません．もちろん線型代数学における行列です．英語では matrix とよばれるのですが，日本語の《行列》という言葉はよくできていて，まさに「数が行と列に分かれて並んでいるもの」をさしていて，抽象的な部分の多い代数学の中ではもっとも具体的な性格をもっているといえるのではないでしょうか．

通常の線型代数学の教科書ではもっとあとになって出てくることが多いのですが，この講義では，なるべく**手でさわれるもの**を早く出しておきたいという方針でここで取り上げることとしたのです．

3.1. 行列の概念

自然数 m, n が与えられたとき，mn 個の実数 $a_{ij}(i = 1, 2, \cdots, m\ ; j = 1, 2, \cdots, n)$ を図のように

$$\begin{pmatrix} a_{11} & a_{12} & \cdots & \boxed{a_{1j}} & \cdots & a_{1n} \\ a_{21} & a_{22} & \cdots & a_{2j} & \cdots & a_{2n} \\ \vdots & \vdots & & \vdots & & \vdots \\ a_{i1} & a_{i2} & \cdots & a_{ij} & \cdots & a_{in} \\ \vdots & \vdots & & \vdots & & \vdots \\ a_{m1} & a_{m2} & \cdots & a_{mj} & \cdots & a_{mn} \end{pmatrix}$$

と長方形に並べたものを m 行 n 列の**行列**または $(m \times n)$ 行列 (matrix) とよびます．とくに $n = 1$ のときは m 次の縦ベクトル，$m = 1$ のときは，n 次の横ベク

トルとなります．このとき横ベクトル $(a_{i1}\ a_{i2}\ \cdots\ a_{in})$ のことを第 i 行の**行ベクトル**，縦ベクトル $\begin{pmatrix} a_{1j} \\ a_{2j} \\ \cdots \\ a_{mj} \end{pmatrix}$ のことを第 j 列の**列ベクトル**とよびます．この行列のことを省略して $(a_{ij})_{\substack{1\leqq i\leqq m \\ 1\leqq j\leqq n}}$ とか (a_{ij}) と記すこともあります．

また a_{ij} のことを第 i 行，第 j 列の**成分**，もしくは $(i,\ j)$ 成分などとよびます．

この $(m,\ n)$ 行列 $A=(a_{ij})$，$B=(b_{ij})$ に対して $A=B$ とはすべての $(i,\ j)$ 成分が等しいこと：$a_{ij}=b_{ij}\ (i=1,\ 2,\ \cdots,\ m\,;\ j=1,\ 2,\ \cdots,\ n)$ であることと定めます．

これらの $(m,\ n)$ 行列の全体を $M_{m,n}(\boldsymbol{R})$ によって表すこととします．

とくに $m=n$ である場合 $(n,\ n)$ 行列のことを**正方**行列とよび，その全体，$M_{n,n}(\boldsymbol{R})$ のことを $M_n(\boldsymbol{R})$ と略記することとします．

行列についての議論の仕方には本によって次の両極端の間のいろいろなニュアンスがあります．一つは

行列はあくまでも線型空間の線型写像の記述のための補助手段にすぎないとしてなるべく少なく使用する．

他方は

行列それ自体が固有の意義をもつ数学的対象であるとして，研究の目的とする．

われわれの方針は行列がそれなりの具体性をもった数学的対象であるとして，抽象論の理解に役立てようという折衷案です．

また便宜上成分として実数をもつ行列だけとりあえず考えますが，多くの定義はもっと一般な体 (とくに複素数体 $\boldsymbol{C}$) の元を成分としても同様に成り立つものであることを一言注意しておきます．

3. 2. 行列の和とスカラー倍

二つの $(m,\ n)$ 行列 $A=(a_{ij})$, $B=(b_{ij})$ と実数 λ に対して和 $A+B$ とスカラー倍 λA が次のように定義されます．

$$A + B := (a_{ij} + b_{ij})$$
$$\lambda A := (\lambda a_{ij})$$

このようにして $M_{m,n}(\boldsymbol{R})$ は $\boldsymbol{R}^n$ と同様に線型空間の構造をもちます (つまり $\boldsymbol{R}^n$ の性質 (1)–(8) がここでも成り立つ)．これは行列の成分の配置の仕方をかえて，たとえば列ベクトルを i の順序で上から下に並べた mn ベクトルと対応させてみれば，実は $M_{m,n}(\boldsymbol{R})$ は $\boldsymbol{R}^{mn}$ にほかならないことがわかります．

行列を上の形に配置することの意味は後に線型写像との関係によってはっきりとおわかりになると思いますが，次の積の定義のときにその理由の一部がわかります．

3.3. 行列の積

三つの自然数 $m,\ n,\ p$ に対して，$(m,\ n)$ 行列 A と $(n,\ p)$ 行列 B

$$A := (a_{ij})_{\substack{1\leqq i\leqq m\\ 1\leqq j\leqq n}}, \qquad B := (b_{jk})_{\substack{1\leqq j\leqq n\\ 1\leqq k\leqq p}}$$

の**積**として

$$\sum_{j=1}^{n} a_{ij}b_{jk} = a_{i1}b_{1k} + a_{i2}b_{2k} + \cdots\cdots + a_{in}b_{nk}$$

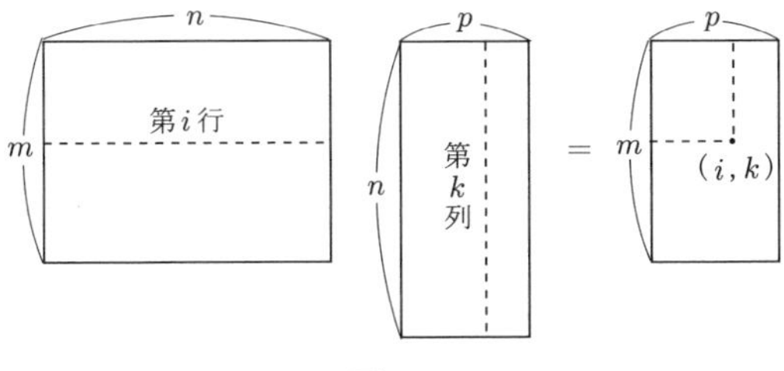

図 3-1

を $(i,\ k)$ 成分とする $(m,\ p)$ 行列を対応させ，それを $A\cdot B$ または単に AB と書きます．

積の定義の大前提は A の列の数と B の行の数が等しいことです．

たとえば $A = \begin{pmatrix} a & b & c \\ a' & b' & c' \end{pmatrix}$，$B = \begin{pmatrix} \alpha & \alpha' & \alpha'' \\ \beta & \beta' & \beta'' \\ \gamma & \gamma' & \gamma'' \end{pmatrix}$ ならば

$$AB = \begin{pmatrix} a\alpha + b\beta + c\gamma & a\alpha' + b\beta' + c\gamma' & a\alpha'' + b\beta'' + c\gamma'' \\ a'\alpha + b'\beta + c'\gamma & a'\alpha' + b'\beta' + c'\gamma' & a'\alpha'' + b'\beta'' + c'\gamma'' \end{pmatrix}$$

とくに $p = 1$ のときは，$B = \begin{pmatrix} x_1 \\ x_2 \\ \vdots \\ x_n \end{pmatrix}$ として

$$\begin{pmatrix} a_{11} & a_{12} & \cdots & a_{1n} \\ a_{21} & a_{22} & \cdots & a_{2n} \\ \vdots & \vdots & \ddots & \vdots \\ a_{m1} & a_{m2} & \cdots & a_{mn} \end{pmatrix} \begin{pmatrix} x_1 \\ x_2 \\ \vdots \\ x_n \end{pmatrix} = \begin{pmatrix} a_{11}x_1 + a_{12}x_2 + & \cdots & + a_{1n}x_n \\ a_{21}x_1 + a_{22}x_2 + & \cdots & + a_{2n}x_n \\ \vdots \qquad \vdots & & \vdots \\ a_{m1}x_1 + a_{m2}x_2 + & \cdots & + a_{mn}x_n \end{pmatrix}$$

となります．したがって n 変数の連立一次方程式

$$\begin{cases} a_{11}x_1 + a_{12}x_2 + \cdots\cdots + a_{1n}x_n = b_1 \\ a_{21}x_1 + a_{22}x_2 + \cdots\cdots + a_{2n}x_n = b_2 \\ \quad \vdots \qquad\quad \vdots \qquad\qquad\qquad \vdots \qquad \vdots \\ a_{m1}x_1 + a_{m2}x_2 + \cdots\cdots + a_{mn}x_n = b_m \end{cases}$$

に対して $(m,\ n)$ 行列 $A = (a_{ij})_{\substack{1 \leqq i \leqq m \\ 1 \leqq j \leqq n}}$，$(n,\ 1)$ 行列，つまり列ベクトル $\boldsymbol{x} = \begin{pmatrix} x_1 \\ x_2 \\ \vdots \\ x_n \end{pmatrix}$

を用いれば，$\boldsymbol{b} = \begin{pmatrix} b_1 \\ b_2 \\ \vdots \\ b_m \end{pmatrix}$ として

$$A\boldsymbol{x} = \boldsymbol{b}$$

と表示されます．$m = n = 1$ の場合 $ax = b$ との類似に注目してください．後に見るように，この記述によって方程式の解き方まで示唆されてくるのです．

3.4. 和と積の関係

$A \in M_{m,n}(\boldsymbol{R})$, $B, C \in M_{n,p}(\boldsymbol{R})$ のとき

$$A(B+C) = AB + AC$$

また $A, B \in M_{m,n}(\boldsymbol{R})$, $C \in M_{n,p}(\boldsymbol{R})$ のとき

$$(A+B)C = AC + BC$$

と分配法則が成り立つことは，定義にさかのぼってみれば，ほとんど明らかでしょう．

3.5. 積の結合法則

(m, n) 行列 A，(n, p) 行列 B，(p, q) 行列 C が与えられたとき，結合法則

$$(AB)C = A(BC)$$

が成り立ちます．

この事実は，後に行列と線型写像との関係が明らかにされれば，明白なものとなりますが，今の時点では次のように考えればよいでしょう．

$$A = (a_{ij})_{\substack{1 \leqq i \leqq m, \\ 1 \leqq j \leqq n}} \qquad B = (b_{jk})_{\substack{1 \leqq j \leqq n, \\ 1 \leqq k \leqq p}} \qquad C = (c_{kl})_{\substack{1 \leqq k \leqq p \\ 1 \leqq l \leqq q}}$$

であるとすれば，AB は (m, p) 行列，C は (p, q) 行列ですから，$(AB)C$ は (m, q) 行列で，その (i, l) 成分は

$$\sum_{k=1}^{p} \left(\sum_{j=1}^{n} a_{ij} b_{jk} \right) c_{kl}$$

です．他方，同様に $A(BC)$ も (m, q) 行列で，その (i, l) 成分は

$$\sum_{j=1}^{n} \left(a_{ij} \sum_{k=1}^{p} b_{jk} c_{kl} \right)$$

となります．これは i, l を固定して積 $a_{ij} b_{jk} c_{kl}$ を $j = 1, 2, \cdots, n$, $k = 1, 2, \cdots, p$ と長方形に並べたものを，はじめは j について行の和，ついで k についての和の順に和をとり，あとのはまず k について列の和，ついで j についての和をとる

のですから，結局同じ結果を与えるのです．

3.6. 単位行列

正方行列

$$I_n := \begin{pmatrix} 1 & 0 & \cdots & 0 \\ 0 & 1 & \cdots & 0 \\ \vdots & \vdots & \ddots & \vdots \\ 0 & 0 & \cdots & 1 \end{pmatrix} = (\delta_{ij})_{1 \leqq i,j \leqq n}$$

のことを n 次の**単位行列**とよびます．ここで δ_{ij} と書いたのはいわゆるクロネッカーのデルタとよばれる記号で，$i = j$ のとき $\delta_{ij} = 1$, $i \neq j$ のとき $\delta_{ij} = 0$ と定義されるものです．したがって I_n は左上から右下への対角線上に 1 が並び，あとの成分がすべて 0 となっています．

このとき任意の (m, n) 行列 A と (n, p) 行列 B に対して

$$AI_n = A, \qquad I_nB = B$$

となっていることは定義から明らかでしょう．

3.7. 正則行列

とくに正方行列の場合，すなわち $m = n$ のときを考えます．行列 $A \in M_n(\boldsymbol{R})$ に対して

$$A'A = I_n = AA'$$

を満たす行列 A' が存在するとき，A は**正則**である (あるいは可逆である) といい，A' のことを A^{-1} と書きます (前章の群論のときと同様に，$A'A = I_n = AA''$ となる行列があるとすれば，必然的に $A' = A''$ となります)．上に述べた性質から，正則行列の全体が行列の積を算法とし，単位行列 I_n を単位元とし，A^{-1} を逆元とする群となることがわかります．この群のことを $GL_n(\boldsymbol{R})$ と記し，n 次**実一般線型群**とよびます．

行列 A がいつ正則であるかは後に行列式によって簡単な判定条件が与えられますが，今のところは $n = 2$ の場合だけについてのべておくに止めましょう．$n = 2$

のときは

$$GL_2(\boldsymbol{R}) = \left\{ \begin{pmatrix} a & b \\ c & d \end{pmatrix} \middle| \ ad - bc \neq 0 \right\}$$

実際

$$\begin{pmatrix} \dfrac{d}{ad-bc} & \dfrac{-b}{ad-bc} \\ \dfrac{-c}{ad-bc} & \dfrac{a}{ad-bc} \end{pmatrix} \begin{pmatrix} a & b \\ c & d \end{pmatrix} = \begin{pmatrix} 1 & 0 \\ 0 & 1 \end{pmatrix} = \begin{pmatrix} a & b \\ c & d \end{pmatrix} \begin{pmatrix} \dfrac{d}{ad-bc} & \dfrac{-b}{ad-bc} \\ \dfrac{-c}{ad-bc} & \dfrac{a}{ad-bc} \end{pmatrix}$$

が成り立ちます．この群はいわゆるリー群とよばれるもののもっとも簡単なものですが，現在の調和解析，数論などで大きな役割を演ずる重要な群です．また

$$SL_2(\boldsymbol{R}) := \left\{ \begin{pmatrix} a & b \\ c & d \end{pmatrix} \middle| \ ad - bc = 1 \right\}$$

とおきますと，$GL_2(\boldsymbol{R})$ の (部分集合で，それ自身群となっているという意味での) 部分群が得られます．これが2次の**実特殊線型群**とよばれるリー群で，数論にも物理学にもきわめて重要な群です．

3.8. 転置行列

(m, n) 行列 $A = (a_{ij})_{\substack{1 \leqq i \leqq m \\ 1 \leqq j \leqq n}}$ に対してその成分を左上から右下に下る主対角線に沿って対称に置きかえてできる (n, m) 行列のことを A の**転置行列**とよび，${}^tA$ と記します．したがって ${}^tA$ の (j, i) 成分が a_{ij} となるわけです．たとえば，

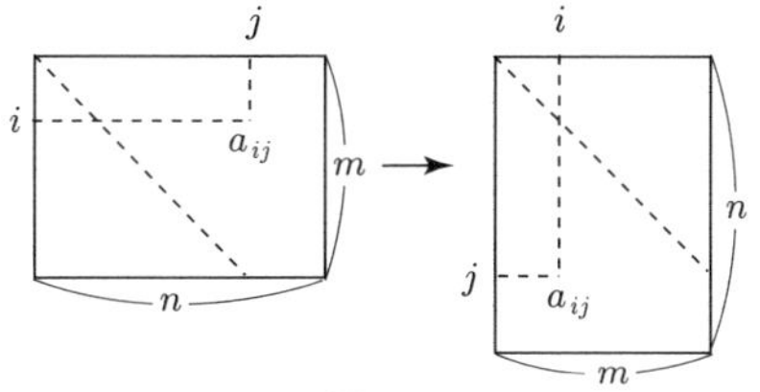

図 3-2

$$A = \begin{pmatrix} a & b & c \\ \alpha & \beta & \gamma \end{pmatrix} \quad \text{ならば} \quad {}^tA = \begin{pmatrix} a & \alpha \\ b & \beta \\ c & \gamma \end{pmatrix}$$

となります．

積と転置の関係はいささか注意が必要です．(m, n) 行列 $A = (a_{ij})$ と (n, p) 行列 $B = (b_{jk})$ との積 AB は $\sum_{j=1}^{n} a_{ij} b_{jk}$ を (i, k) 成分とする (m, p) 行列です．したがってその転置 ${}^t(AB)$ は (p, m) 行列で，その (k, i) 成分が

$$\sum_{j=1}^{n} a_{ij}b_{jk} = \sum_{j=1}^{n} b_{jk}a_{ij}$$

に等しいこととなります．ここで b_{jk} は転置行列 ${}^tB$ の (k, j) 成分，a_{ij} は転置行列 ${}^tA$ の (j, i) 成分ですから，この和は実は積 ${}^tB \cdot {}^tA$ の (k, i) 成分となっています．こうして公式

$${}^t(AB) = {}^tB\,{}^tA \qquad (A \in M_{m,n}(\boldsymbol{R}),\ \ B \in M_{n,p}(\boldsymbol{R}))$$

が成り立つことが示されました．

和とスカラー倍に対しては，もちろん

$${}^t(A+B) = {}^tA + {}^tB, \qquad {}^t(\lambda A) = \lambda\,{}^tA$$

が成り立ちます．また二度続けて転置すればもとに戻ること

$${}^t({}^tA) = A$$

は明らかでしょう．

3.9. 行列による複素数体の構成

n 次正方行列の全体 $M_n(\boldsymbol{R})$ は行列の和，スカラー倍についての線型空間となっていて，$A, B \in M_n(\boldsymbol{R})$ の積 AB も $M_n(\boldsymbol{R})$ に属するという意味で積演算ももち，分配法則も成り立っていて，いわゆる**多元環**のもっとも簡単な例となっています．前章で説明した体と非常に近いのですが，大きな違いは，たとえば $n = 2$ のとき

$$\begin{pmatrix} 0 & 1 \\ 0 & 0 \end{pmatrix}\begin{pmatrix} 1 & 0 \\ 0 & 0 \end{pmatrix} = \begin{pmatrix} 0 & 0 \\ 0 & 0 \end{pmatrix}$$

$$\begin{pmatrix} 1 & 0 \\ 0 & 0 \end{pmatrix}\begin{pmatrix} 0 & 1 \\ 0 & 0 \end{pmatrix} = \begin{pmatrix} 0 & 1 \\ 0 & 0 \end{pmatrix}$$

の例が示すように，**零因子** ($A \neq 0,\ B \neq 0$ であって $AB = 0$ となる) もあり，また交換法則も成り立っていないことです．

ここでは $M_2(\boldsymbol{R})$ の部分集合としての複素数体の構成について説明します．

$$J := \begin{pmatrix} 0 & -1 \\ 1 & 0 \end{pmatrix}$$

とおいて $M_2(\boldsymbol{R})$ の部分集合 $M_2^*(\boldsymbol{R})$ を

$$M_2^*(\boldsymbol{R}) := \{A \mid A \in M_2(\boldsymbol{R}),\ \ AJ = JA\}$$

によって定めます．もし $A, B \in M_2^*(\boldsymbol{R})$ ならば，$AJ = JA$, $BJ = JB$ ですから $(A+B)J = AJ + BJ = JA + JB = J(A+B)$. ゆえに $A + B \in M_2^*(\boldsymbol{R})$; $(AB)J = A(BJ) = A(JB) = (AJ)B = (JA)B = J(AB)$ より $AB \in M_2^*(\boldsymbol{R})$. 実は

$$JA = AJ \Longleftrightarrow A = \begin{pmatrix} a & -b \\ b & a \end{pmatrix}$$

であることがすぐにわかって，

$$A, B \in M_2^*(\boldsymbol{R}) \quad \text{に対して} \quad AB = BA$$

です．また

$$A \neq 0 \Longleftrightarrow a \neq 0 \quad \text{または} \quad b \neq 0 \Longleftrightarrow a^2 + b^2 \neq 0$$

より

$$A \neq 0 \Longleftrightarrow A \text{ 正則}, \qquad A^{-1} = \begin{pmatrix} \dfrac{a}{a^2+b^2} & \dfrac{b}{a^2+b^2} \\ \dfrac{-b}{a^2+b^2} & \dfrac{a}{a^2+b^2} \end{pmatrix}$$

したがって，$M_2^*(\boldsymbol{R})$ は和 $A + B$ に関して 0 を単位元とする加法群，0 を除いた残りは積 AB に関して単位行列 I を単位元とする可換な乗法群となっていることがわかり，分配法則も成り立っていることから，結局 $M_2^*(\boldsymbol{R})$ は体となっていることがわかります．ところが $M_2^*(\boldsymbol{R})$ の任意の元 A は $A = aI + bJ$ と書けて，

$$J^2 = \begin{pmatrix} 0 & -1 \\ 1 & 0 \end{pmatrix}\begin{pmatrix} 0 & -1 \\ 1 & 0 \end{pmatrix} = \begin{pmatrix} -1 & 0 \\ 0 & -1 \end{pmatrix} = -I$$

ですから，実数 a と対角行列 $\begin{pmatrix} a & 0 \\ 0 & a \end{pmatrix} = aI$ とを同一視し，行列 J のことを i と記すことにすれば，

$$\begin{pmatrix} a & -b \\ b & a \end{pmatrix} = \begin{pmatrix} a & 0 \\ 0 & a \end{pmatrix} + \begin{pmatrix} b & 0 \\ 0 & b \end{pmatrix}\begin{pmatrix} 0 & -1 \\ 1 & 0 \end{pmatrix} = a + bi$$

となって，結局 $M_2^*(\boldsymbol{R})$ は複素数体の構成を与えることがわかります．

行列 (matrix) の記号と言葉をはじめて用いたのは，1850 年英国の数学者シルヴェスター，そして上にのべた行列の理論をはじめて作ったのは，同じく英国のケーリーであって 1858 年のことです．現在のわれわれにとっては非常に不思議に思えることなのですが，実は行列に先んじて行列式のほうがより早くから考察されていました．それについてのいちばん古い文献は，1693 年にライプニッツがロピタルに宛てた手紙で，その中で連立一次方程式の解法に関連して定義されているのです．行列式という用語はガウスによるもので，1801 年の『数論研究』の中に現れたのです．

しかしこの手紙はライプニッツの他の遺稿と共にあったため，公表されたのは 1850 年になってのことでした．

さらに重要なことは，わが国の数学者関孝和が天和三年 (1683 年)『解伏題之法』の中で行列式の思想を得ていたことです．

演習問題

1. 正方行列 A に対して

$^tA = A$ であるとき，A は対称行列，

$^tA = -A$ であるとき，A は交代行列

であるという．任意の正方行列 A に対して

(i) $S := A + {}^tA$ とおけば，S は対称行列，

$T := A - {}^tA$ とおけば，T は交代行列

である．

(ii) 任意の行列 A は対称行列と交代行列の和として一意的に表せることを示せ．

2. 正方行列 $A = (a_{ij})$ に対して，その対角成分 a_{ii} の和 $\sum_{i=1}^{n} a_{ii}$ を A のトレースとよび，$\mathrm{tr}(A)$ と記す．このとき $A, B \in M_n(\boldsymbol{R})$ ならば

$$\mathrm{tr}(AB) = \mathrm{tr}(BA)$$

である．

3. 正方行列 A が正則ならば，その転置行列 ^tA も正則で

$$({}^tA)^{-1} = {}^t(A^{-1})$$

であることを示せ.

4. 次の行列の積を計算し，なるべく簡単な形に表せ.

$$\begin{pmatrix} \cos\alpha & -\sin\alpha \\ \sin\alpha & \cos\alpha \end{pmatrix} \begin{pmatrix} \cos\beta & -\sin\beta \\ \sin\beta & \cos\beta \end{pmatrix}$$

5. 行列の積

$$\begin{pmatrix} 1 & a & c \\ 0 & 1 & b \\ 0 & 0 & 1 \end{pmatrix} \begin{pmatrix} 1 & a' & c' \\ 0 & 1 & b' \\ 0 & 0 & 1 \end{pmatrix}$$

を計算せよ．$A = \begin{pmatrix} 1 & a & c \\ 0 & 1 & b \\ 0 & 0 & 1 \end{pmatrix}$ であるとき A^2, A^3 を求め，帰納法によって A^n を与える公式を見出せ.

［ヒント：$A^n = \begin{pmatrix} 1 & a_n & c_n \\ 0 & 1 & b_n \\ 0 & 0 & 1 \end{pmatrix}$ とおいて，a_{n+1}, b_{n+1}, c_{n+1} を a_n, b_n, c_n, a, b, c によって表す.］

6. $A(x) := \begin{pmatrix} 1 + \dfrac{x^2}{2} & -\dfrac{x^2}{2} & x \\ \dfrac{x^2}{2} & 1 - \dfrac{x^2}{2} & x \\ x & -x & 1 \end{pmatrix}$ のとき，$A(x)A(y)$ を計算せよ.

第4章　線型空間

第2章で群についてのべたあと，最後に線型空間について説明したことは，まとめれば次のようになります．

実数体 $\boldsymbol{R}$ 上の線型空間 V には二つの算法：和 $x+y$ とスカラー倍 λx $(x, y \in V, \lambda \in \boldsymbol{R})$ が定義されており，和については加法群となっていて，その単位元が 0，x の逆元が $-x$ となっている：

(1)　$(x+y)+z = x+(y+z)$

(2)　$x+y = y+x$

(3)　$x+0 = x$ を満たす元 0 がある

(4)　x に対して $-x$ が定まって $x+(-x) = 0$

が成り立つ．そしてスカラー倍に関しては

(5)　$\lambda(\mu x) = (\lambda\mu)x$

(6)　$1x = x$

(7)　$\lambda(x+y) = \lambda x + \lambda y$

(8)　$(\lambda+\mu)x = \lambda x + \mu x$

が成り立っている．

これが線型空間の構造を定める公理系とよばれるものです．

もしスカラー倍 λx がある体 F の元 λ と V の元 x に対して定義されていて条件 (5)–(8) が成り立っているときには，V は体 F を**基礎体**とする (または**係数体**とする，またはスカラーとする) 線型空間であるといいます．簡単に**体 F の上の**線型空間であるということもあります．われわれは後に複素数体 $\boldsymbol{C}$ の場合も考えることとなるでしょう．しかし，さしあたっては実数体の場合だけを考えることとします．多くの結果は基礎体のいかんによらず成り立つのですが，事柄の混乱を避けるためにも，とくに断らない限り，当分は実数体 $\boldsymbol{R}$ 上の線型空間だけを考えていると思ってかまいません.

$\boldsymbol{R}$ や $\boldsymbol{C}$ 以外の体の上の線型空間は数学内で有用であるだけではなく，最近ではいわゆる「誤り訂正符号理論」という応用数学でも標数 2 の体 $\boldsymbol{F}_2$ の上の線型空間が主役を演ずるのです．この体は 0 と 1 とだけから成ります．

足し算

+	0	1
0	0	1
1	1	0

掛け算

×	0	1
0	0	0
1	0	1

という算法をもつ最小の体です.

さて，線型空間の例としては，はじめに見た数ベクトルの空間 $\boldsymbol{R}^n$ とか区間 $[-1, 1]$ 上の実数値関数の空間 $\mathscr{F}$ があることを私たちはすでに知っています.

公理系 (1)–(8) を満たすものとして定義された線型空間について，その元がベクトルであるとか，関数であるとかのいわば内的な，質的な情報とは無関係に，公理系によって許される演算だけを用いて導き出される性質はすべてどの線型空間でも成り立つこととなります．それがこれからする議論の意味です.

4. 1. 線型空間の簡単な性質

まずはじめに群の場合に見たように，(3) での単位元 0，(4) での x に対する逆元 $-x$ はそれぞれただ一通りに確定することを，もう一度注意しておきます.

(i)　すべての $x \in V$ に対して $0x = 0$

(左辺の 0 は実数，右辺の 0 は V の単位元)

これを示すには

$$0x = (0+0)x = 0x + 0x \qquad [(8) \text{ による}]$$

両辺に $-0x$ を加えて

$$\begin{aligned} 0 = 0x + (-0x) &= (0x + 0x) + (-0x) \\ &= 0x + (0x + (-0x)) \qquad [\text{結合法則 } (1)] \\ &= 0x + 0 = 0x \qquad [(3), (4) \text{ による}] \end{aligned}$$

(ii)　任意の $\lambda \in \boldsymbol{R}$ に対して $\lambda 0 = 0$

これも $0 + 0 = 0$ を用いて同様に示されます.

(iii)　$\lambda x = 0$ ならば $\lambda = 0$ または $x = 0$

実際，もし $\lambda \neq 0$ ならば $\dfrac{1}{\lambda}$ が存在するから

$$\frac{1}{\lambda}(\lambda x) = \frac{1}{\lambda}0 = 0 \qquad \text{((ii) によって)}$$

(5) によって　$x = 1x = \left(\dfrac{1}{\lambda} \cdot \lambda\right) x = \dfrac{1}{\lambda}(\lambda x) = 0$

(iv)　$(-1)x = -x$

これは $x + (-1)x = 1x + (-1)x = (1 + (-1))x = 0x = 0$ から．

有限個の V の元 $x_1, x_2, \cdots, x_n$ に対してその和が括弧のつけ方に無関係に確定することが，結合法則 (1) から (数学的帰納法によって) 証明されます．したがってこの和を $x_1 + x_2 + \cdots + x_n$ あるいは $\sum_{i=1}^{n} x_i$ と書くことができます．

4.2. 線型空間の例

1)　$\boldsymbol{R}^n$

2)　$[-1, 1]$ 上の実数値関数の全体 $\mathscr{F}$

3)　$M_{m,n}(\boldsymbol{R})$ (実数を成分とする (m, n) 行列全体)

4)　**数列**の空間 $\mathscr{S}$．自然数 $0, 1, 2, \cdots$ によって番号づけられた実数列 $a_0, a_1, a_2, \cdots$ を考えます．これを $(a_n)_{n \in N}$，あるいは単に (a_n) と表します．これはいいかえれば自然数の集合 $\boldsymbol{N}$ で定義されて，値を実数とする関数 $n \longmapsto a_n$ のことにほかなりません．

二つの数列 (a_n), (b_n) と $\lambda \in \boldsymbol{R}$ に対して

$$(a_n) + (b_n) := (a_n + b_n)$$
$$\lambda(a_n) := (\lambda a_n)$$

と定めれば，$\mathscr{S}$ は $\boldsymbol{R}$ 上の線型空間となります．すべての n に対して $a_n = 0$ となっている列が 0 であり，$-(a_n) = (-a_n)$ です．

5)　**多項式**の全体 $\boldsymbol{R}[x]$

$$\boldsymbol{R}[x] := \{c_0 + c_1 x + \cdots\cdots + c_n x^n \mid n \in \boldsymbol{N},\ c_0, c_1, \cdots, c_n \in \boldsymbol{R}\}$$

で通常の多項式の和，スカラー倍を考えれば線型空間となっています．

6)　ある開区間 I 上で**連続**な実数値関数の全体を $C(I)$ または $C^0(I)$ と書きます．ここでも通常の演算に従って線型空間が得られます．

7)　ある集合 X から $\boldsymbol{R}$ 上の線型空間 $\boldsymbol{V}$ への写像 (X で定義されて値を V の中にとる関数といっても同じことです) の全体 $\mathscr{F}_V(X)$ に

$$(f+g)(x) := f(x) + g(x)$$
$$(\lambda f)(x) := \lambda f(x)$$

として和とスカラー倍を定義すれば，$\mathscr{F}_V(X)$ は $\boldsymbol{R}$ 上の線型空間となります．例 2) の $\mathscr{F}$ は $X = [\,-1, 1]$，$V = \boldsymbol{R}^1 = \boldsymbol{R}$ という特別な場合にほかなりません．

また $X = \{1, 2, \cdots, n\}$，$V = \boldsymbol{R}$ とすれば例 1) の $\boldsymbol{R}^n$，$X = \{(i, j) \mid 1 \leqq i \leqq m,\ 1 \leqq j \leqq n\}$ とすれば例 3) の $M_{m,n}(\boldsymbol{R})$，そして $X = \boldsymbol{N}$ の場合は例 4) の $\mathscr{S}$ にほかならないわけです．

4.3. 部分空間

線型空間 V の部分集合 U に対して，以下の三条件

1)　$U \neq \phi$

2)　x, y が U の元ならば $x + y \in U$

3)　$x \in U, \lambda \in \boldsymbol{R}$ ならば $\lambda x \in U$

が成り立つとき，U は V の**部分空間** (くわしくは線型部分空間というべきですが) といいます．

このとき，i) U は 0 を含み，ii) $x \in U$ ならば $-x \in U$，iii) U は，V で定義された和とスカラー倍を用いて，それ自身線型空間となっています．

証明　1) から U には少なくとも一つの元 x が含まれている．3) から $-x = (-1)x \in U$ であるから，2) によって $0 = x + (-x) \in U$ である．■

注意　部分空間の定義において，2), 3) の代わりに

2′)　$x, y \in U,\ \lambda, \mu \in \boldsymbol{R}$ ならば $\lambda x + \mu y \in U$

をとることができる．

条件 2) と 3) が条件 2′) の特別な場合であること ($\lambda = \mu = 1$ とすれば 2) となり，$\mu = 0$ とすれば 3) となる)，そして 2) と 3) を順繰りに用いれば 2′) が成り立つことは明らかでしょう．

$\{0\}$, V は共に V の部分空間です．これを**自明**な (trivial) 部分空間といいます．また U が $\{0\}$ とも V とも異なるとき**真**部分空間ということがあります．

U_1, U_2 が共に V の部分空間ならば，その共通部分 $U_1 \cap U_2$ も部分空間で，これは U_1 にも U_2 にも含まれる部分空間の中で最大のものとなっています．

また

$$U_1 + U_2 := \{x_1 + x_2 \mid x_1 \in U_1,\ \ x_2 \in U_2\}$$

と定めれば，これも部分空間となり，これは U_1 も U_2 も共に含むような最小の部分空間となっています．

注意すべきことは，一般には和集合 $U_1 \cup U_2$ は必ずしも (むしろ一般に) 部分空間とはならないことです (これについては演習問題を参照)．

例 1　$V = \boldsymbol{R}^2$ のとき $U_1 = \boldsymbol{R}e_1$, $U_2 = \boldsymbol{R}e_2$ とすれば (ただし, $e_1 = \begin{pmatrix} 1 \\ 0 \end{pmatrix}$, $e_2 = \begin{pmatrix} 0 \\ 1 \end{pmatrix}$),

i)　$U_1 \cap U_2 = \{0\}$

ii)　$U_1 + U_2 = \boldsymbol{R}^2$

iii)　$U_1 \cup U_2$ は部分空間ではない．

たとえば $e_1 + e_2 = \begin{pmatrix} 1 \\ 1 \end{pmatrix}$ はこれに属しません．

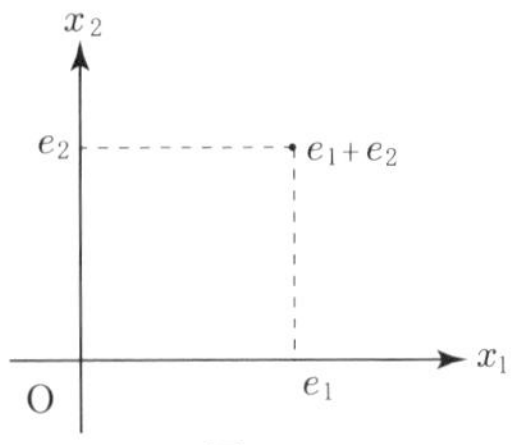

図 4-1

例 2　また $\boldsymbol{R}^n$ において

$$\left\{ \begin{pmatrix} x_1 \\ \vdots \\ x_n \end{pmatrix} \middle|\ \alpha_1 x_1 + \cdots\cdots + \alpha_n x_n = 0 \right\},$$

または，より一般に

$$\left\{ \begin{pmatrix} x_1 \\ \vdots \\ x_n \end{pmatrix} \middle|\ \sum_{j=1}^{n} \alpha_{ij} x_j = 0 \ \ (1 \leqq i \leqq m) \right\}$$

は部分空間となっています (連立斉次方程式の解)．

4.4. $C(I)$ の部分空間

開区間 I 上の実数値連続関数の全体のつくる線型空間は次のような部分空間を含んでいる：

$$C(I) = C^0(I) \supset C^1(I) \supset C^2(I) \supset \cdots \supset C^k(I) \supset C^{k+1}(I) \supset \cdots \supset C^\infty(I)$$

ここで自然数 k に対して $C^k(I)$ とは，k 回微分可能で，しかも導関数が連続な (いわゆる k 回連続微分可能，あるいは C^k 級) 関数の全体のことです．また C^∞ は何回でも微分可能な関数の全体です．とくに $I = \boldsymbol{R}$ のとき，多項式も $\boldsymbol{R}$ 上の関数と考えれば

$$\boldsymbol{R}[x] \subset C^\infty(\boldsymbol{R})$$

となっています．

定数 $\alpha_1, \alpha_2, \cdots, \alpha_n$ を係数とする n 階線型微分方程式

$$\varphi^{(n)} + \alpha_1\varphi^{(n-1)} + \alpha_2\varphi^{(n-2)} + \cdots + \alpha_{n-1}\varphi' + \alpha_n = 0$$

の解全体も $C^n(\boldsymbol{R})$ の部分空間となります．つまり $\varphi_1, \cdots, \varphi_m$ がこの方程式の解ならば，任意の定数 $\beta_1, \cdots, \beta_m$ に対して $\beta_1\varphi_1 + \cdots + \beta_m\varphi_m$ も解となります．この事実は線型代数の確立するはるか前から知られていたことで，重ね合わせの原理 (重畳の原理 superposition) とよばれるものです．

例 3　もっとも簡単な例として，方程式

$$\varphi'' + \varphi = 0$$

の場合を考えてみましょう．微分積分学で知っているように

$$(\cos x)' = -\sin x, \qquad (\sin x)' = \cos x$$

ですから，$\cos x, \sin x$ は共にこの方程式の解です．今 φ が任意の解であれば

$$((\varphi')^2 + \varphi^2)' = 2(\varphi'\varphi'' + \varphi\varphi') = 2\varphi'(\varphi'' + \varphi) = 0$$

ですから，$(\varphi')^2 + \varphi^2$ は定数．したがってとくに

$$(\varphi')^2 + \varphi^2 = \varphi'(0)^2 + \varphi(0)^2$$

となります．そこで

$$\psi(x) := \varphi(x) - \varphi(0)\cos x - \varphi'(0)\sin x$$

とおけば，重ね合わせの原理で φ もまた解ですから

$$(\psi')^2 + \psi^2 = \psi'(0)^2 + \psi(0)^2$$

ところが $\psi(0) = 0$，$\psi'(0) = 0$ ですから，これは 0 となります．したがって $\psi \equiv 0$，すなわち

$$\varphi(x) = \varphi(0)\cos x + \varphi'(0)\sin x$$

が一般解を与えることがわかり，解の空間はベクトル $\begin{pmatrix} \varphi(0) \\ \varphi'(0) \end{pmatrix}$ の空間と同じ，つまり $\boldsymbol{R}^2$ と同じであることがわかるのです．

4. 5. 数列の空間の部分空間

実数列全体のつくる線型空間 $\mathscr{S}$ の部分空間として，次のようなものがあります：

有界な数列の全体 $\mathscr{S}_1$，収束する数列の全体 $\mathscr{S}_2$，0 に収束する数列の全体 $\mathscr{S}_3$，有限個を除いて定数である数列の全体を $\mathscr{S}_4$，有限個を除いて 0 であるものの全体を $\mathscr{S}_5$ とすれば

$$\mathscr{S} \supset \mathscr{S}_1 \supset \mathscr{S}_2 \begin{matrix} \supset \mathscr{S}_3 \supset \\ \supset \mathscr{S}_4 \supset \end{matrix} \mathscr{S}_5$$

という包含関係が成り立ちます．$\mathscr{S}_5$ は本質的には多項式の空間 $\boldsymbol{R}[x]$ と同じものです (なぜかおわかりでしょうか？)．また $\mathscr{S}_1 \supset \mathscr{S}_2$ は数列の収束のための一つの必要条件を示す定理です．

演習問題

1. 線型空間 V の部分空間 U_1, U_2 に対して，その和集合 $U_1 \cup U_2$ (U_1 か U_2 の少なくとも一方に属している元の全体，線型空間の和ではないことに注意) が部分空間ならば，実は

$$U_1 \supset U_2 \quad \text{または} \quad U_1 \subset U_2$$

となっていることを示せ．

2. $V = \boldsymbol{R}^2$ のとき

$$U_1 := \left\{ \begin{pmatrix} x \\ y \end{pmatrix} \;\middle|\; y = x^2 \right\}, \qquad U_2 := \left\{ \begin{pmatrix} x \\ y \end{pmatrix} \;\middle|\; x = 0,\ \ y \geqq 0 \right\}$$

はいずれも部分空間ではないことを示せ.

3. $V = \boldsymbol{R}^3$ のとき，実数 α に対して

$$U_\alpha := \left\{ \begin{pmatrix} x_1 \\ x_2 \\ x_3 \end{pmatrix} \;\middle|\; x_1 + x_2 + x_3 = \alpha \right\}$$

とすれば，U_α が部分空間であるのは $\alpha = 0$ の場合に限ることを示せ.

第5章　線型写像

線型代数学の一つの目標が連立一次方程式

$$(1)\quad \begin{cases} a_{11}x_1 + \cdots\cdots + a_{1n}x_n = b_1 \\ \quad\vdots \qquad\qquad\qquad \vdots \qquad \vdots \\ a_{m1}x_1 + \cdots\cdots + a_{mn}x_n = b_m \end{cases}$$

を解くことにあるといいました．もう少しくわしくいえば，

——解がそもそもあるかないか？

——もしあるとすればいくつあるか？

——その解をどうして見つけるか？

が問題となるわけです．

行列の言葉を用いれば，この連立方程式がベクトル $\boldsymbol{x} \in \boldsymbol{R}^n$，$\boldsymbol{b} \in \boldsymbol{R}^m$，行列 $A \in M_{m,n}(\boldsymbol{R})$ を用いて

$$(2)\quad A\boldsymbol{x} = \boldsymbol{b}$$

と書けることもわれわれは知っています．上の問題は，ベクトル $\boldsymbol{b} \in \boldsymbol{R}^m$ に対して (2) を満たすようなベクトル $\boldsymbol{x}$ を見つけることとなるわけです．そこで観点をちょっと変えて，次のように考えると自然に線型写像の概念へとみちびかれることがわかります．

数ベクトル $\boldsymbol{x} = \begin{pmatrix} x_1 \\ x_2 \\ \vdots \\ x_n \end{pmatrix}$ と (m, n) 行列 $A = (a_{ij})$ に対して

$$\begin{cases} y_1 = a_{11}x_1 + \cdots\cdots + a_{1n}x_n \\ \vdots \qquad \vdots \qquad\qquad \vdots \\ y_i = a_{i1}x_1 + \cdots\cdots + a_{in}x_n & (1 \leqq i \leqq m) \\ \vdots \qquad \vdots \qquad\qquad \vdots \\ y_m = a_{m1}x_1 + \cdots\cdots + a_{mn}x_n \end{cases}$$

とおいて数ベクトル $\boldsymbol{y} := \begin{pmatrix} y_1 \\ y_2 \\ \vdots \\ y_m \end{pmatrix}$ を考えます：

$$\boldsymbol{y} = A\boldsymbol{x}$$

方程式の解を求めるのは $\boldsymbol{y} = \boldsymbol{b}$ となるような $\boldsymbol{x}$ を求めることです．ベクトル $\boldsymbol{x} \in \boldsymbol{R}^n$ を一つ与えるごとにベクトル $\boldsymbol{y} \in \boldsymbol{R}^m$ が上のように定まるという意味で，$\boldsymbol{R}^n$ から $\boldsymbol{R}^m$ への**写像** (**変換**ということもあります) $\boldsymbol{x} \longmapsto \boldsymbol{y} = A\boldsymbol{x}$ が定義されます．ここで $\boldsymbol{x}'$ に対応するのが $\boldsymbol{y}'$ であるとすれば，$\boldsymbol{y}' = A\boldsymbol{x}'$ ですから

$$A(\boldsymbol{x} + \boldsymbol{x}') = A\boldsymbol{x} + A\boldsymbol{x}'$$
$$A(\lambda\boldsymbol{x}) = \lambda A\boldsymbol{x}$$

から，それぞれ $\boldsymbol{x} + \boldsymbol{x}'$, $\lambda\boldsymbol{x}$ にこの写像で対応するのは $\boldsymbol{y} + \boldsymbol{y}'$, $\lambda\boldsymbol{y}$ であることがわかります．この性質 (和には和，スカラー倍にはスカラー倍が対応する) のことを**線型性**とよび，次のように**線型写像** (または**線型変換**，**準同型**，**線型作用素**ともよばれることがあります) の概念を定義します：

> **定義**　$\boldsymbol{R}$ 上の線型空間 V, W に対して，V から W への写像 f が次の二条件
>
> (3)　$$\begin{cases} f(x + y) = f(x) + f(y) & (x, y \in V) \\ f(\lambda x) = \lambda f(x) & (\lambda \in \boldsymbol{R}) \end{cases}$$
>
> を満たすならば，**線型**であるという．

とくに $W = \boldsymbol{R}^1 = \boldsymbol{R}$ の場合には**線型汎関数**とか**一次形式**とよばれます．V から

W への線型写像の全体を $\mathrm{Hom}\,(V,\,W)$ (基礎体を強調したいときは $\mathrm{Hom}_R\,(V,\,W)$) と記します．ここで $\mathrm{Hom}\,(V, W)$ は V から W への写像全体の作る線型空間 $\mathscr{F}_W(V)$ (第 4 章 p.43 の例 7)) の部分空間となっていることに注意しておきます．

とくに $V = W$ の場合，$\mathrm{Hom}\,(V,\,V)$ の代わりに $\mathrm{End}\,(V)$ と書くことがあります．

はじめに説明したように，$(m,\,n)$ 行列 A を用いて

$$f_A(\boldsymbol{x}) := A\boldsymbol{x} \qquad \text{(行列算の意味で)}$$

とおいて $\boldsymbol{R}^n$ から $\boldsymbol{R}^m$ への線型写像が与えられるわけです．

注意　線型写像の定義の条件 (3) の代わりに次の条件 $(3)'$ をとることもできる：

すべての $x,\,y \in V,\ \lambda,\,\mu \in \boldsymbol{R}$ に対して

$(3)'$　$f(\lambda x + \mu y) = \lambda f(x) + \mu f(y)$

実際，(3) を仮定すれば，$f(\lambda x + \mu y) = f(\lambda x) + f(\mu y) = \lambda f(x) + \mu f(y)$．逆に $(3)'$ が成り立つならば，とくに $\lambda = \mu = 1$，または $y = 0$ とすれば (3) の両式が出てきます．

また任意の線型写像 f に対して

(4)　$f(0) = 0,\quad f(-x) = -f(x)$

が成り立ちます．すなわち線型写像によって V の零元 0 が W の零元 0 にうつされ，x の逆元 $-x$ が $f(x)$ の逆元 $-f(x)$ にうつされるのです．

5.1. 線型写像の例

1)　$f(\boldsymbol{x}) := A\boldsymbol{x} \qquad \boldsymbol{x} \in \boldsymbol{R}^n,\quad A \in M_{m,n}(\boldsymbol{R})$

これは $\boldsymbol{R}^n$ から $\boldsymbol{R}^m$ への線型写像です．

もし f が $\boldsymbol{R}$ から $\boldsymbol{R}$ への線型写像であれば，任意の x に対して，$a = f(1)$ とおけば

$$f(x) = f(x \cdot 1) = xf(1) = ax$$

となります．

また $n=m=2$ で f が $\boldsymbol{R}^2$ から $\boldsymbol{R}^2$ への線型写像であるとすれば，任意の $\begin{pmatrix} x \\ y \end{pmatrix} \in \boldsymbol{R}^2$ に対して $\begin{pmatrix} x \\ y \end{pmatrix} = \begin{pmatrix} x \\ 0 \end{pmatrix} + \begin{pmatrix} 0 \\ y \end{pmatrix} = x\begin{pmatrix} 1 \\ 0 \end{pmatrix} + y\begin{pmatrix} 0 \\ 1 \end{pmatrix}$ と書いて $(3)'$ を用いれば

$$f\begin{pmatrix} x \\ y \end{pmatrix} = xf\begin{pmatrix} 1 \\ 0 \end{pmatrix} + yf\begin{pmatrix} 0 \\ 1 \end{pmatrix}$$

となりますから，$f\begin{pmatrix} 1 \\ 0 \end{pmatrix} = \begin{pmatrix} a \\ c \end{pmatrix}$, $f\begin{pmatrix} 0 \\ 1 \end{pmatrix} = \begin{pmatrix} b \\ d \end{pmatrix}$ であるとすれば

$$f\begin{pmatrix} x \\ y \end{pmatrix} = \begin{pmatrix} ax+by \\ cx+dy \end{pmatrix} = \begin{pmatrix} a & b \\ c & d \end{pmatrix}\begin{pmatrix} x \\ y \end{pmatrix}$$

となって，$A = \begin{pmatrix} a & b \\ c & d \end{pmatrix}$ として $f = f_A$ となります．実は任意の n, m に対して，$\boldsymbol{R}^n$ から $\boldsymbol{R}^m$ への線型写像 f は必ずある行列 $A \in M_{m,n}(\boldsymbol{R})$ によって $f = f_A$ の形に与えられることが後にわかります．

2)　区間 $[-1, 1]$ 上の実数値関数の全体のつくる線型空間 $\mathscr{F}$ に対して，$[-1, 1]$ 上の実数値関数 φ で $-1 \leqq \varphi(t) \leqq 1\ (-1 \leqq t \leqq 1)$ となるものをとって，

$$f \longmapsto f \circ \varphi \qquad (f \in \mathscr{F})$$

として $\mathscr{F}$ から $\mathscr{F}$ への線型写像が得られます．

3)　実数列の空間 $\mathscr{S}$ に対して，自然数 m を一つ固定して

$$f((a_n)) := a_0 + a_1 x + \cdots + a_m x^m$$

とおけば，$\mathscr{S}$ から多項式の空間 $\boldsymbol{R}[x]$ への線型写像ができます．

4)　ある開区間 I で C^k 級の関数の空間 $C^k(I)$ に対して ($k \geqq 1$ として)

$$D(f) := \frac{df}{dt} = f'$$

とおけば，$C^k(I)$ から $C^{k-1}(I)$ への線型写像 D が得られます．

5)　同様に $k \geqq 0$ として，$t_0 \in I$ をとり

$$J(f) := \int_{t_0}^{t} f(u)du$$

と定めれば，$C^k(I)$ より $C^{k+1}(I)$ への線型写像 J が得られます．微分積分学の基本定理によって

$$D \circ J = \mathrm{id}$$

が成り立ちます (id は $C^k(I)$ の恒等写像).

この最後の例には実は線型写像の**合成**が現れていました：

$\boldsymbol{R}$ 上の線型空間 $V,\ W,\ U$ が与えられていて，$f: V \to W$，$g: W \to U$ が共に線型写像であるとすれば，合成写像 $g \circ f$ は V から U への線型写像となります．

これは条件 $(3)'$ を確かめればよいのですが，

$$\begin{aligned} g(f(\lambda \boldsymbol{x} + \mu \boldsymbol{y})) &= g(\lambda f(\boldsymbol{x}) + \mu f(\boldsymbol{y})) \\ &= \lambda g(f(\boldsymbol{x})) + \mu g(f(\boldsymbol{y})) \end{aligned}$$

すなわち

$$g \circ f(\lambda \boldsymbol{x} + \mu \boldsymbol{y}) = \lambda g \circ f(\boldsymbol{x}) + \mu g \circ f(\boldsymbol{y})$$

とくに $V = \boldsymbol{R}^n$，$W = \boldsymbol{R}^m$，$U = \boldsymbol{R}^p$ であって

$$\begin{aligned} f &= f_A \qquad (A \text{ は } (m,\ n) \text{ 行列}) \\ g &= f_B \qquad (B \text{ は } (p,\ m) \text{ 行列}) \end{aligned}$$

である場合を考えてみましょう．このとき

$$\begin{aligned} g \circ f(\boldsymbol{x}) &= g(f(\boldsymbol{x})) = f_B(f_A(\boldsymbol{x})) = B(A\boldsymbol{x}) \\ &= (BA)\boldsymbol{x} \qquad (\text{行列の積の結合規則}) \\ &= f_{BA}(\boldsymbol{x}) \end{aligned}$$

$$\text{すなわち} \qquad f_B \circ f_A = f_{BA}$$

となるわけで，われわれの定義した行列の積が，写像の合成に対応している自然なものであったことがわかります．

5.2. 核と像

線型空間 V から線型空間 W への線型写像 f に対して，

$$\begin{aligned}\operatorname{Ker} f &:= \{v \in V \mid f(v) = 0\} \\ \operatorname{Im} f &:= \{w \in W \mid \text{ある } v \in V \text{ に対して } w = f(v) \text{ である }\} \\ &= \{f(v) \mid v \in V\}\end{aligned}$$

とおけば，$\operatorname{Ker} f$ は V の部分空間，$\operatorname{Im} f$ は W の部分空間です．実際，もし $v, v' \in \operatorname{Ker} f$ ならば，任意の $\lambda, \mu \in \boldsymbol{R}$ に対して

$$f(\lambda v + \mu v') = \lambda f(v) + \mu f(v') = \lambda 0 + \mu 0 = 0$$

が成り立ちますから $\lambda v + \mu v' \in \operatorname{Ker} f$．また w, w' が $\operatorname{Im} f$ の元ならば $w = f(v)$, $w' = f(v')$ となる V の元 v, v' がありますから

$$\lambda w + \mu w' = \lambda f(v) + \mu f(v') = f(\lambda v + \mu v')$$

となって，$\lambda w + \mu w'$ は $\operatorname{Im} f$ の元であることがわかります．

部分空間 $\operatorname{Ker} f$ のことを f の**核** (kernel)，また $\operatorname{Im} f$ のことを f (による W) の**像** (image) とよびます．

5.3. 写像に関する集合論用語の復習

ある集合 X から集合 Y への写像 f が与えられているとします．X の部分集合 A に対してその f による**像** $f(A)$ は

$$f(A) := \{f(x) \mid x \in A\}$$

によって定義される Y の部分集合です．また Y の部分集合 B に対して，その f による**原像** $f^{-1}(B)$ は

$$f^{-1}(B) := \{x \in X \mid f(x) \in B\}$$

によって定義される X の部分集合です (もちろんこのような x がないときには $f^{-1}(B) = \phi$ (空集合) です).

とくに $f(X) = Y$ となっているとき，f は X の Y の**上への**写像であるといいます．あるいは f は X から Y への**全射**であるともいいます．また $x, x' \in X$ に対してもし $f(x) = f(x')$ ならば $x = x'$ (あるいは $x \neq x'$ ならば $f(x) \neq f(x')$) であるとき，f は 1 対 1 であるとか**単射**であるといいます．ある写像が全射であり，単射であるとき，X から Y への**全単射**あるいは**双射**といいます．この最後の場合

には f の逆写像 f^{-1} が定まります：$y \in Y$ に対して，全射という性質からある $x \in X$ が存在して $y = f(x)$ となるが，単射ということから，このような x はただ一つしかないことがわかり，$x := f^{-1}(y)$ と定義するのです．したがって

$$y = f(x) \Longleftrightarrow x = f^{-1}(y)$$

以上の準備のあと，ふたたび線型空間にもどりましょう．

命題　i)　$\boldsymbol{R}$ 上の線型空間 V, W と V から W への線型写像 f が与えられたとき，U が V の部分空間ならば，$f(U)$ は W の部分空間であり，T が W の部分空間ならば，$f^{-1}(T)$ は V の部分空間である．

ii)　上と同じ記号のもとで

$$f \text{ 単射} \Longleftrightarrow \operatorname{Ker} f = \{0\}\ ;\ f \text{ 全射} \Longleftrightarrow \operatorname{Im} f = W$$

iii)　全単射である線型写像のことを V から W への**同型写像** (または単に**同型**) という．この場合には W から V への逆写像 f^{-1} も線型写像となり，W から V への同型となる．

演習問題

1. 線型空間 V と V からそれ自身への線型写像 f が与えられていて $f \circ f = f$ であるとする．このとき $g := \mathrm{id} - f$，すなわち

$$g(x) = x - f(x) \qquad (x \in V)$$

によって定義される写像 g も線型写像で，$g \circ g = g$ を満たし，

i)　$\operatorname{Im} f = \operatorname{Ker} g, \quad \operatorname{Ker} f = \operatorname{Im} g$

ii)　$(\operatorname{Im} f) \cap (\operatorname{Ker} f) = \{0\}$

iii)　$V = (\operatorname{Im} f) + (\operatorname{Ker} f)$

が成り立つことを示せ．

2. 線型空間 V_0, V_1, V_2, V_3, V_4 ; W_0, W_1, W_2, W_3, W_4 と図に示すような線型写像 $\varphi_0, \varphi_1, \varphi_2, \varphi_3, \varphi_4$; f_1, f_2, f_3, f_4 ; g_1, g_2, g_3, g_4 が与えられていて，

a)　$i = 0, 1, 2, 3$ に対して $\varphi_i \circ f_{i+1} = g_{i+1} \circ \varphi_{i+1}$

b)　$i = 1, 2, 3$ に対して $\mathrm{Im}\, f_{i+1} = \mathrm{Ker}\, f_i$，$\mathrm{Im}\, g_{i+1} = \mathrm{Ker}\, g_i$

c)　φ_0は単射，φ_1, φ_3は同型 (つまり全単射)，φ_4は全射

であれば，φ_2 も同型であることを示せ (これはいわゆるホモロジー代数の基本的な補題で，Five lemma とよばれる).

$$
\begin{array}{ccccccccc}
V_4 & \xrightarrow{f_4} & V_3 & \xrightarrow{f_3} & V_2 & \xrightarrow{f_2} & V_1 & \xrightarrow{f_1} & V_0 \\
\downarrow{\scriptstyle \varphi_4} & & \downarrow{\scriptstyle \varphi_3} & & \downarrow{\scriptstyle \varphi_2} & & \downarrow{\scriptstyle \varphi_1} & & \downarrow{\scriptstyle \varphi_0} \\
W_4 & \xrightarrow{g_4} & W_3 & \xrightarrow{g_3} & W_2 & \xrightarrow{g_2} & W_1 & \xrightarrow{g_1} & W_0
\end{array}
$$

2′. これの特別な場合として次の命題もある：

$$
\begin{array}{ccccc}
V_3 & \xrightarrow{f_3} & V_2 & \xrightarrow{f_2} & V_1 \\
{\scriptstyle \varphi_3}\downarrow & & {\scriptstyle \varphi_2}\downarrow & & {\scriptstyle \varphi_1}\downarrow \\
W_3 & \xrightarrow{g_3} & W_2 & \xrightarrow{g_2} & W_1
\end{array}
$$

$$
\left.
\begin{array}{ll}
\text{a)} & i = 1, 2 \text{ に対して } \varphi_i \circ f_{i+1} = g_{i+1} \circ \varphi_{i+1} \\
\text{b)} & f_3\text{単射，} \mathrm{Im}\, f_3 = \mathrm{Ker}\, f_2\text{，} f_2\text{全射} \\
 & g_3\text{単射，} \mathrm{Im}\, g_3 = \mathrm{Ker}\, g_2\text{，} g_2\text{全射} \\
\text{c)} & \varphi_1, \varphi_3\text{は同型}
\end{array}
\right\} \text{ならば } \varphi_2 \text{ も同型}
$$

第6章　独立と従属

この章の話題は，線型代数 —— 線型空間の代数的議論 —— でもっとも基本的なベクトルの**線型独立**，**線型従属**という概念と，それを用いて定義される線型空間の**基底**の概念についてです．次の章ではこれを用いて，線型空間の"大きさ"を測る目安としての**次元**の概念が定義されます．以下の議論はすべて一般の基礎体の上の線型空間についても成り立つのですが，やはり事柄をはっきりさせるためもあって，今までと同様，実数体の上の線型空間について議論します．

6.1. 線型結合と部分空間の生成

実数体 $\boldsymbol{R}$ 上の線型空間 V の元 $x_1, \cdots, x_r$ に対して，実数 $\lambda_1, \cdots, \lambda_r$ をとって作られる

$$\lambda_1 x_1 + \cdots + \lambda_r x_r$$

の形の元のことを $x_1, \cdots, x_r$ の**線型結合** (linear combination) とよび，係数 $\lambda_1, \cdots, \lambda_r$ を動かしてできる V の部分集合

$$L(x_1, \cdots, x_r) := \{\lambda_1 x_1 + \cdots + \lambda_r x_r \mid \lambda_1, \cdots, \lambda_r \in \boldsymbol{R}\}$$

を考えます．すぐにわかるように，この部分集合は V の部分空間となります：

$$(\lambda_1 x_1 + \cdots + \lambda_r x_r) + (\mu_1 x_1 + \cdots + \mu_r x_r) = (\lambda_1 + \mu_1)x_1 + \cdots + (\lambda_r + \mu_r)x_r$$
$$\lambda(\lambda_1 x_1 + \cdots + \lambda_r x_r) = (\lambda\lambda_1)x_1 + \cdots + (\lambda\lambda_r)x_r$$

となるからです．これを V の元 $x_1, \cdots, x_r$ によって**生成される** (または $x_1, \cdots, x_r$ によって**張られる**) 部分空間といいます．

また A が V の任意の部分集合であるとき，A の有限個 (何個でもよい) の元の

線型結合の全体

$$L(A) := \{\lambda_1 x_1 + \cdots + \lambda_r x_r \,|\, r \geqq 1,\ \ \lambda_1, \cdots, \lambda_r \in \boldsymbol{R},\ \ x_1, \cdots, x_r \in A\}$$

を考えれば，これもまた V の部分空間となります．それを A によって**生成される** (または張られる) **部分空間**といいます．

注意　1)　V の任意の空でない部分集合 A に対して，$L(A)$ は A を含むような最小の部分空間である：すなわち V の部分空間 U が A を含むならば

$$L(A) \subset U$$

2)　もし $A \subset B \subset V$ ならば $L(A) \subset L(B)$

3)　もし A が V の部分空間ならば $L(A) = A$

4)　$A = \phi$ (空集合) の場合にも，$L(\phi)$ は ϕ を含む最小の部分空間と理解すれば

$$L(\phi) = \{0\}$$

となることがわかる．

たとえば $V = \boldsymbol{R}^n$ の場合，$\boldsymbol{0}$ でない $\boldsymbol{a}$ によって生成される部分空間 $L(\boldsymbol{a})$ は $\boldsymbol{R}\boldsymbol{a} = \{\lambda \boldsymbol{a} \,|\, \lambda \in \boldsymbol{R}\} = L_{o,a}$(原点 O を通り向き $\boldsymbol{a}$ の直線である)．

また二つの比例しないベクトル $\boldsymbol{a}, \boldsymbol{b}$ に対して，$L(\boldsymbol{a}, \boldsymbol{b}) := L(\{\boldsymbol{a}, \boldsymbol{b}\})$ は原点を通り $\boldsymbol{a}, \boldsymbol{b}$ を含む平面に他ならない．

6.2. 線型空間の元の従属と独立

線型空間 V の元 $x_1, \cdots, x_r$ に対して，

(1)　ある x_j が残りの $x_i\,(i \neq j)$ の線型結合によって表されるとき $x_1, \cdots, x_r$ は (線型) **従属**であるといいます．

この条件はまた

$$(1)' \quad \begin{cases} \text{少なくとも一つの } \alpha_i \text{ が } 0 \text{ でなくて} \\ \qquad \alpha_1 x_1 + \cdots + \alpha_r x_r = 0 \\ \text{が成り立つ．} \end{cases}$$

といっても同じです．実際，もし

$$x_j = \lambda_1 x_1 + \cdots + \lambda_{j-1} x_{j-1} + \lambda_{j+1} x_{j+1} + \cdots + \lambda_r x_r$$

ならば $\alpha_i := \lambda_i\,(i \neq j)$, $\alpha_j := -1$ として

$$\alpha_1 x_1 + \cdots + \alpha_r x_r = 0$$

逆にもし $(1)'$ が成り立てば，$\alpha_j \neq 0$ として

$$x_j = -\frac{\alpha_1}{\alpha_j} x_1 - \cdots - \frac{\alpha_{j-1}}{\alpha_j} x_{j-1} - \cdots - \frac{\alpha_r}{\alpha_j} x_r$$

となって (1) が成り立つわけです．

$r = 1$ のときの意味は

$$x \text{ が従属} \iff x = 0$$

であり，また $r = 2$ のときは

$$x_1, x_2 \text{ が従属} \iff x_1, x_2 \text{ が比例している}$$

となることがわかります．

次に，V の元 $x_1, \cdots, x_r$ が従属でないとき (線型) **独立**であるといいます．上の定義から否定をとればよいのですから，

$$\begin{aligned} x_1, \cdots, x_r \text{ が独立} &\iff \text{どの } x_j \text{ も残りの } x_i (i \neq j) \text{ の線型結合ではない} \\ &\iff \alpha_1 x_1 + \cdots + \alpha_r x_r = 0 \text{ となるのは} \\ &\qquad \alpha_1 = \cdots = \alpha_r = 0 \text{ のときに限る} \end{aligned}$$

であることがわかります．さらに別の表示として，

$$\begin{aligned} x_1, \cdots, x_r \text{ が独立} &\iff \alpha_1 x_1 + \cdots + \alpha_r x_r = \beta_1 x_1 + \cdots + \beta_r x_r \text{ ならば} \\ &\qquad \alpha_1 = \beta_1, \cdots, \alpha_r = \beta_r \\ &\qquad \text{(線型結合としての) 表示の一意性} \end{aligned}$$

とくに $r = 1$ のとき

$$x_1 \text{が独立} \iff x_1 \neq 0$$

この定義を少し一般化して，V の任意の空でない部分集合 A に対しても次のように定義します：

A が従属 $\Longleftrightarrow$ 有限個の $x_1, \cdots, x_r \in A$ があって $x_1, \cdots, x_r$ は従属である
A が独立 $\Longleftrightarrow$ A の任意有限個の元 $x_1, \cdots, x_r$ は常に独立である

この定義から，V の二つの部分集合 A, B (共に空でないとして) に対して

$$A \subset B \text{ ならば}, A \text{ 従属} \Longrightarrow B \text{ 従属}$$
$$B \text{ 独立} \Longrightarrow A \text{ 独立}$$

これから空集合 ϕ に対しても (任意の B に対して $\phi \subset B$ ですから) ϕ は**独立であ**ると規約することが妥当であることが納得されます．

また線型写像との関係は次の通りです：

線型空間 V からの線型空間 W のへの線型写像 f があるとき，V の部分集合 A に対して

$$A \quad \text{従属} \Longrightarrow f(A) \quad \text{従属}$$
$$f(A) \quad \text{独立} \Longrightarrow A \quad \text{独立}$$

いずれも

$$f(\lambda_1 x_1 + \cdots + \lambda_r x_r) = \lambda_1 f(x_1) + \cdots + \lambda_r f(x_r)$$

という式を書いてみれば明らかです．

6. 3. 有限生成の線型空間

線型空間 V に対して有限な部分集合 $A = \{x_1, \cdots, x_r\}$ が存在して $V = L(A) = L(x_1, \cdots, x_r)$ となっているとき，V は**有限生成**であるといいます．このとき $x_1, \cdots, x_r$ は V の**生成元**であるとか，V の**生成系**であるなどといいます．これは後に定義される次元の概念によって有限次元ということと同値になるのですが，今のところは

有限生成の線型空間 V の部分空間 U は有限生成であるか？

という自然な質問に対してア・プリオリに肯定的に答えることはできません．そのために以下のような議論が避けられないのです．

いくつかの例を考えてみます．

例 1　数ベクトル空間 $\boldsymbol{R}^n$ はもちろん有限生成です．単位ベクトル $\boldsymbol{e}_1, \cdots, \boldsymbol{e}_n$ によって

$$\boldsymbol{R}^n = L(\boldsymbol{e}_1, \cdots, \boldsymbol{e}_n)$$

となっているからです．ここでも $\boldsymbol{R}^n$ の部分空間 U をかってに与えたとき，

$$U = L(\boldsymbol{f}_1, \cdots, \boldsymbol{f}_r)$$

となる有限個のベクトル $\boldsymbol{f}_1, \cdots, \boldsymbol{f}_r$ が存在するとは今の段階では断言できないことにご注意ください．

例 2　多項式の空間 $\boldsymbol{R}[x]$ は有限生成ではありません．どんなに多く有限個の多項式をとっても，それらの線型結合として書けない多項式があることは次数から明らかです．

例 3　行列の空間 $M_{m,n}(\boldsymbol{R})$ は有限生成です．実際，$1 \leqq p \leqq m$, $1 \leqq q \leqq n$ に対して

$$E_{pq} := (\delta_{ip}\delta_{jq})_{1 \leqq i \leqq m,\, 1 \leqq j \leqq n}$$

とおけば，

$$A = (a_{ij}) = \sum_{i,j} a_{ij} E_{ij}$$

6.4. 線型空間の基底

まずはじめに，われわれのよく知っている数ベクトル空間 $\boldsymbol{R}^n$ の場合をとりましょう．上に説明したように，単位ベクトル $\boldsymbol{e}_1, \cdots, \boldsymbol{e}_n$ は $\boldsymbol{R}^n$ を生成し，しかも独立です．実際，もし $x_1\boldsymbol{e}_1 + \cdots + x_n\boldsymbol{e}_n = 0$ ならば，$\begin{pmatrix} x_1 \\ \vdots \\ x_n \end{pmatrix} = \begin{pmatrix} 0 \\ \vdots \\ 0 \end{pmatrix}$ ですから $x_1 = 0, \cdots, x_n = 0$ です．このようにある線型空間 V の生成元の集合で同時に独立なものを V の**基底** (または単に底ともいいます．英語では basis または base) とよびます．一般には必ずしも有限な部分集合とは限りません．

定義　線型空間 V の部分集合 B が次の条件

i)　B は V を生成する : $L(B) = V$

ii)　B は独立である

を満たすとき，V の**基底**であるという．

たとえば数ベクトル空間 $\boldsymbol{R}^n$ の場合，標準的ベクトル $\boldsymbol{e}_1, \cdots, \boldsymbol{e}_n$ が一つの基底となることは上に見た通りです．

次に多項式の空間 $\boldsymbol{R}[x]$ の場合には，単項式の集合

$$B = \{1, x, x^2, \cdots, x^n, \cdots\}$$

を考えれば，B は上の条件 i), ii) を満たしていて一つの基底を与えることがわかります．

以下ではわれわれは**有限生成の線型空間には有限な基底が存在する**ことを示し，またその場合，**任意の二つの基底が同一個数の元を含んでいる**ことを示して，次元の定義をすることとなります．有限生成でない場合にも，上に定義した基底の存在は集合論 (いわゆるツォルンの補題もしくはそれと同等の命題) の力を借りて示すことができますが，その証明はもはや構成的なものではないのです．しかもそのような (無限次元空間の) 基底はあまり役に立たぬもので，むしろ無限個の元の和に適当な意味をもたせる (つまり収束の概念を確立する) ことの方がずっと重要であって，これはいわゆる位相線型空間の理論の守備範囲に属するものです．

6. 5. 有限生成線型空間の基底の存在

線型空間 V が有限生成であるとして，$A = \{x_1, \cdots, x_r\}$ がその一つの生成系であるとします．このとき $x_1, \cdots, x_r$ はすべて 0 でないと仮定してよいでしょう．部分集合 $\{x_1\}$ は独立で，$L(x_1) = \boldsymbol{R}x_1$ は V の部分空間です．もし $L(x_1) = V$ ならば x_1 が V の基底です．したがって $L(x_1) \subsetneqq V$ とします．$x_2, \cdots, x_r$ の内に少なくとも一つ $L(x_1)$ に属さぬ元があるはずです (もしすべての $x_2, \cdots, x_r \in L(x_1)$ なら $L(x_1) = V$ となります)．必要なら番号を付けかえて $x_2 \notin L(x_1)$ であるとしましょう．このとき x_1, x_2 は独立です．$L(x_1, x_2)$ について同様の議論をすれば

$$L(x_1, x_2) = V$$

であるか，または (再び適当に番号を変更して)

$$x_3 \notin L(x_1, x_2)$$

であるとすることができます．この後の場合 x_1, x_2, x_3 は独立です：もし

$$\alpha_1 x_1 + \alpha_2 x_2 + \alpha_3 x_3 = 0$$

ならば，$\alpha_3 \neq 0$ なら $x_3 = -\dfrac{\alpha_1}{\alpha_3}x_1 - \dfrac{\alpha_2}{\alpha_3}x_2 \in L(x_1, x_2)$ となりますから，$\alpha_3 = 0$ でなければならず，そのとき $\alpha_1 x_1 + \alpha_2 x_2 = 0$ で，x_1, x_2 は独立ですから $\alpha_1 = \alpha_2 = 0$ です．

この議論は当然高々 r 回後に V 全体に達するわけですから，結局はじめの生成元 $x_1, \cdots, x_r$ の適当な部分集合が V の基底を与えることがわかります．

このようにして，とにかく有限生成の仮定の下に少なくとも一つの基底の存在が結論されました．そこでしばらく，**線型空間 V が有限な基底 $x_1, \cdots, x_n$ をもつとして話を進めることとします．**

定理　線型空間 V が基底 $x_1, \cdots, x_n$ をもつならば V は数ベクトル空間 $\boldsymbol{R}^n$ と同型である．

証明　実際，任意の $x \in V$ に対して

$$x = \lambda_1 x_1 + \cdots\cdots + \lambda_n x_n \qquad (\lambda_1, \cdots, \lambda_n \in \boldsymbol{R})$$

と表示され ($x_1, \cdots, x_n$ は V の生成元である！)，しかも独立性からこの表示は一意的であって，写像

$$\varPhi = \varPhi_{(x_1, \cdots, x_n)} : x \longmapsto \begin{pmatrix} \lambda_1 \\ \lambda_2 \\ \vdots \\ \lambda_n \end{pmatrix}$$

は V から $\boldsymbol{R}^n$ への線型な全単射，すなわち同型であることは明らかである．線型性は，$y = \mu_1 x_1 + \cdots + \mu_n x_n$ ならば

$$\lambda x + \mu y = (\lambda\lambda_1 + \mu\mu_1)x_1 + \cdots + (\lambda\lambda_n + \mu\mu_n)x_n$$

より

$$\begin{aligned}\varPhi(\lambda x + \mu y) &= \begin{pmatrix} \lambda\lambda_1 + \mu\mu_1 \\ \vdots \\ \lambda\lambda_n + \mu\mu_n \end{pmatrix} = \lambda \begin{pmatrix} \lambda_1 \\ \vdots \\ \lambda_n \end{pmatrix} + \mu \begin{pmatrix} \mu_1 \\ \vdots \\ \mu_n \end{pmatrix} \\ &= \lambda\varPhi(x) + \mu\varPhi(y)\end{aligned}$$

■

注意　この同型を考えるときには，基底 $x_1, \cdots, x_n$ は順序づけられた集合，いわゆる $\boldsymbol{n}$ 組だから $(x_1, \cdots, x_n)$ と書いて区別することとする．

6.6. 基底の特長づけ

線型空間 V の空ではない部分集合 $\{x_1, \cdots, x_n\}$ に対して，以下の条件は互いに同値である：

i)　$(x_1, \cdots, x_n)$ は V の基底である．

ii)　$\{x_1, \cdots, x_n\}$ は極小の生成系である：一つでも減らすともはや生成系ではない．

iii)　$\{x_1, \cdots, x_n\}$ は独立で，極大である：一つでも元をつけ加えれば独立でなくなる．

iv)　$\{x_1, \cdots, x_n\}$ は V の生成系で，これによる表示は一意的である．

証明　i) ⇒ ii)　もしある x_i 以外の元が生成系をなすと仮定すれば，x_i はそれらの線型結合として書けることとなって，$\{x_1, \cdots, x_n\}$ は独立でなくなる．

ii) ⇒ iii)　まず $x_1, \cdots, x_n$ が独立なことを示す．それには $\alpha_1 x_1 + \cdots + \alpha_n x_n = 0$, $\alpha_i \neq 0$ と仮定すれば $x_i \in L(x_1, \cdots, x_{i-1}, x_{i+1}, \cdots, x_n)$ となって $V = L(x_1, \cdots, x_{i-1}, x_{i+1}, \cdots, x_n)$．これは ii) に反する．任意に $x \in V$ をとれば，生成系の仮定から

$$x = \lambda_1 x_1 + \cdots + \lambda_n x_n$$

となるから $x_1, \cdots, x_n, x$ は従属．

iii) ⇒ iv)　今のべた最後のことから $L(x_1, \cdots, x_n) = V$ となり，表示の一意性は前に示した．

iv) ⇒ i)　表示の一意性は独立性と同値．　∎

定理　線型空間 V が基底 $(x_1, \cdots, x_n)$ をもち，$m > n$ ならば，任意の m 個の元 $a_1, \cdots, a_m$ は必ず従属である．

これを示すには基底 $(x_1, \cdots, x_n)$ によって与えられる同型 $\Phi_{(x_1,\cdots,x_n)}$ を用い

て V から $\boldsymbol{R}^n$ にうつして考えれば，次の補題を示せばよいことがわかります．

> **補題**　もし $m > n$ ならば $\boldsymbol{R}^n$ のベクトル $\boldsymbol{a}_1, \cdots, \boldsymbol{a}_m$ は従属である．

証明　n に関する帰納法による．まず $n = 1$ のときは明らかである．そして $n-1$ まで正しいと仮定して，$m > n, \boldsymbol{a}_1, \cdots, \boldsymbol{a}_m \in \boldsymbol{R}^n$ とする．

ベクトル $\boldsymbol{a}_i = \begin{pmatrix} a_{1i} \\ a_{2i} \\ \vdots \\ a_{ni} \end{pmatrix}$ $(1 \leqq i \leqq n)$ として行列 $\begin{pmatrix} a_{11} & a_{12} & \cdots & a_{1m} \\ a_{21} & a_{22} & \cdots & a_{2m} \\ \vdots & \vdots & \ddots & \vdots \\ a_{n1} & a_{n2} & \cdots & a_{nm} \end{pmatrix}$

を考える．もし $a_{11} = a_{12} = \cdots = a_{1m} = 0$ ならば本質的には $\boldsymbol{R}^{n-1}$ のベクトルが m 個あるから $n-1 < n < m$ より帰納法の仮定によって結論される．そこで(必要に応じて番号をつけかえて $a_{11} \neq 0$ であるとしてよい) このとき

$$\boldsymbol{a}'_i := \boldsymbol{a}_i - \frac{a_{1i}}{a_{11}}\boldsymbol{a}_1 \qquad (i = 2, \cdots, m)$$

とすれば，$\boldsymbol{a}'_i = \begin{pmatrix} 0 \\ a'_{2i} \\ \vdots \\ a'_{ni} \end{pmatrix}$ の形をしているから $\boldsymbol{a}'_2, \cdots, \boldsymbol{a}'_m$ は本質的には $m-1$ 個の $\boldsymbol{R}^{n-1}$ のベクトルだから，帰納法の仮定から

$$\alpha_2\boldsymbol{a}'_2 + \cdots + \alpha_m\boldsymbol{a}'_m = 0$$

となるすべてが 0 ではない $\alpha_2, \cdots, \alpha_m$ が存在する．これを $\boldsymbol{a}'_i$ の定義を用いて書きかえれば

$$-\frac{a_{12}\alpha_2 + \cdots + a_{1m}\alpha_m}{a_{11}}\boldsymbol{a}_1 + \alpha_2\boldsymbol{a} + \cdots + \alpha_m\boldsymbol{a}_m = 0$$

となって，確かに $\boldsymbol{a}_1, \cdots, \boldsymbol{a}_m$ は従属である．　∎

> **注意**　この証明に用いた論法は「ガウスのアルゴリズム」とよばれるものである．

系　線型空間 V に対して $(x_1, \cdots, x_n)$, $(y_1, \cdots, y_m)$ が共に基底ならば $n = m$ である.

証明　基底 $(x_1, \cdots, x_n)$ による同型 $\Phi = \Phi_{(x_1, \cdots, x_n)}$ によって $\boldsymbol{R}^n$ にうつして考えれば, $\Phi(y_1), \cdots, \Phi(y_m)$ は独立だから $m \leqq n$. 同様な推論で $n \leqq m$ でもあるから $n = m$. ∎

演習問題

1. α が実数であるとき, ベクトル $\begin{pmatrix} 1 \\ 1 \\ 1 \end{pmatrix}$, $\begin{pmatrix} 1 \\ \alpha \\ \alpha^2 \end{pmatrix}$ を含む $\boldsymbol{R}^3$ の基底が存在するのはどのような α に対してか?　そのような基底を求めよ.

2. $\boldsymbol{R}^3$ の部分空間 $\left\{ \begin{pmatrix} x \\ y \\ z \end{pmatrix} \middle| \, x + y + z = 0 \right\}$ の基底を求めよ.

3. $\alpha_1 < \alpha_2 < \cdots < \alpha_n$ のとき, $\{e^{\alpha_1 t}, \cdots, e^{\alpha_n t}\}$ は $C^\infty(\boldsymbol{R})$ で独立であることを示せ.

4. $\{1, \cos t, \sin t\}$ も $C^\infty(\boldsymbol{R})$ で独立であることを示せ. $\{1, \cos t, \sin t, \cos^2 t, \sin^2 t\}$ についてはどうか?

5. 線型空間 V の元 x, y, z, w に対して

$$\begin{cases} v_1 = x + y + z + w \\ v_2 = x - y + w \\ v_3 = -2x + w \\ v_4 = x + 2y + 2z \\ v_5 = 2y + z + w \end{cases}$$

とおくとき, $\{v_1, v_2, v_3, v_4, v_5\}$ は従属であることを示せ.

第7章　線型空間の次元

前の章の議論で見たように，有限個の元で生成される線型空間——それを有限生成といいましたが——では有限個の元からなる独立な生成系，すなわち**基底**が存在し，しかも任意の二つの基底は同じ個数の元を含んでいることも示されました．この共通個数のことをこの線型空間の (基礎体 $\boldsymbol{R}$ 上の) **次元**といい，$\dim_{\boldsymbol{R}} V$ または簡単に $\dim V$ によって表します．空間$\{0\}$の次元は 0 と定めます．これは，$L(\phi) = \{0\}$，ϕ は独立ということから，空集合 ϕ が 0 の基底と考えられることに対応しています．

有限生成でない線型空間は**無限次元**であるといいます．たとえば，

1)　$\dim \boldsymbol{R}^n = n$,　2)　$\dim M_{m,n}(\boldsymbol{R}) = mn$,　3)　微分方程式 $\varphi'' + \varphi = 0$

の解の空間は (前に示したように，$\boldsymbol{R}^2$ と同型ですから) 2 次元です．他方，

4)　関数の空間 $\mathscr{F}$，数列の空間 $\mathscr{S}$，関数空間 $\boldsymbol{C}^k(I)$ $(0 \leqq k \leqq \infty)$，多項式の空間 $\boldsymbol{R}[x]$

などはいずれも無限次元です．概して解析学に現れる線型空間は無限次元であることが多いのです．そこに何らかの方法で有限次元のものを見つけることが，しばしば興味深い解析学の結果につながっているのです (たとえばコンパクト作用素の理論など)．しかし，われわれの話題はもっぱら有限次元の線型空間に限られることとなります．

まずはじめに有限生成の線型空間の任意の部分空間が，やはり有限生成であるという事実を知りましょう：

定理　有限次元の線型空間 V の任意の部分空間 U はやはり有限次元で，

不等式

$$\dim U \leqq \dim V$$

が成り立つ．ここで等号が成り立つのは $U = V$ であるときに限る．いいかえれば，U が V の真部分空間ならば

$$0 < \dim U < \dim V$$

である．

証明　まず，$U = \{0\}$ ならば $U = L(\phi)$, $\dim U = 0$ である．
$U \neq \{0\}$ ならば，$x_1 \in U$, $x_1 \neq 0$ として $L(x_1)$ を考えれば

$$L(x_1) \subset U, \qquad \{x_1\} \text{ は独立.}$$

もし $L(x_1) = U$ ならば，(x_1) が U の基底で $\dim U = 1$.
もし $L(x_1) \neq U$ ならば，U の元 x_2 で $x_2 \notin L(x_1)$ であるものをとれば

$$L(x_1, x_2) \subset U, \qquad \{x_1, x_2\} \text{ は独立}$$

となる．この議論を続けて

$$L(x_1, \cdots, x_r) \subset U, \qquad \{x_1, \cdots, x_r\} \text{ は独立}$$

となるが，前章で見たように $r \leqq \dim V$ だから，ある $r < n$ で $L(x_1, \cdots, x_r) = U$, $\{x_1, \cdots, x_r\}$ は独立となっているか (このとき $(x_1, \cdots, x_r)$ は U の基底で，$\dim U = r$ である)，もしくは $r = \dim V$ で，$\{x_1, \cdots, x_r\}$ が独立となっているかである．この後者の場合，任意の $x \in V$ に対して $\{x_1, \cdots, x_r, x\}$ は従属だから $x \in L(x_1, \cdots, x_r)$，すなわち $U = V$ である．■

この証明でも，また前章の基底の存在証明でも，繰り返し次の事実を用いましたので，これを補題としてまとめておきましょう：

補題　線型空間の元 $x_1, \cdots, x_r$ が独立であるとする．このとき
i）$x \notin L(x_1, \cdots, x_r)$ ならば $x_1, \cdots, x_r, x$ は独立．
ii）$x_1, \cdots, x_r, x$ が従属ならば $x \in L(x_1, \cdots, x_r)$

ここで，以下たびたび必要となる次の結果を示しておきましょう：

> **定理**　線型空間の有限部分集合 A, C があって $C \subset A$ であり，A は V を生成し，C は独立であれば，
>
> $$C \subset B \subset A$$
>
> を満たす基底 B が存在する．

証明　C の生成する部分空間 $L(C)$ を考えて，基底の存在の証明と同じ方法を用いればよい．すなわち，

もし $A \subset L(C)$ ならば，$V = L(A) \subset L(C)$ より $V = L(C)$ だから，C がすでに V の基底である．

もし $A \not\subset L(C)$ ならば，$L(C)$ に含まれない A の元があるから，それを C につけ加えれば C より個数が一つ増えた独立な C^1 が得られる．$L(C^1)$ と A とを比べて，同様な議論を繰り返せば，有限回の後に結局 A がすべて含まれることとなり，それが基底 B を与える．■

> **系**　有限生成の線型空間 V の部分集合 C が独立ならば，それを含む基底が存在する．

証明　仮定によって有限部分集合 S で V を生成するものがあるから，$A := C \cup S$ とおけばよい．■

次元公式

さて，これらの結果を用いて次の次元公式を示すことができます：

> **定理**　線型空間 V の部分空間 U_1, U_2 が有限次元ならば，部分空間 $U_1 \cap U_2$, $U_1 + U_2$ も同じく有限次元で，
>
> $$\dim U_1 + \dim U_2 = \dim U_1 \cap U_2 + \dim (U_1 + U_2)$$
>
> が成り立つ．

証明　$U_1 \cap U_2$ の基底 $(x_1, \cdots, x_r)$ をとり，それをそれぞれ U_1 の基底 $(x_1, \cdots, x_r, y_1, \cdots, y_s)$，$U_2$ の基底 $(x_1, \cdots, x_r, z_1, \cdots, z_t)$ に拡大すれば，$(x_1, \cdots, x_r, y_1, \cdots, y_s, z_1, \cdots, z_t)$ が $U_1 + U_2$ の基底になることに注意すればよい．$U_1 + U_2$ の任意の元は $u_1 + u_2$，$u_1 \in U_1$，$u_2 \in U_2$ の形だから

$$u_1 = \sum_1^r \lambda_i x_i + \sum_1^s \mu_j y_j, \qquad u_2 = \sum_1^r \lambda'_i x_i + \sum_1^t \nu_k z_k$$

とすれば

$$u_1 + u_2 = \sum_1^r (\lambda_i + \lambda'_i) x_i + \sum_1^s \mu_j y_i + \sum_1^t \nu_k z_k$$

となり，$\{x_1, \cdots, x_r, y_1, \cdots, y_s, z_1, \cdots, z_t\}$ は確かに $U_1 + U_2$ を生成する．また，もし

$$\sum_1^r \alpha_i x_i + \sum_1^s \beta_j y_j + \sum_1^t \gamma_k z_k = 0$$

ならば，これを

$$\sum_1^r \alpha_i x_i + \sum_1^s \beta_j y_j = -\sum_1^t \gamma_k z_k$$

と書いてみれば，左辺は U_1，右辺は U_2 の元だから，実は $U_1 \cap U_2$ の元となり，$x_1, \cdots, x_r$ の線型結合として書けるはずだから，まず

$$\beta_1 = \cdots = \beta_s = 0$$

が結論され，ついで $x_1, \cdots, x_r, z_1, \cdots, z_t$ が独立だから

$$\alpha_1 = \cdots = \alpha_r = \gamma_1 = \cdots = \gamma_t = 0$$

がわかる．したがって

$$\{x_1, \cdots, x_r, y_1, \cdots, y_s, z_1, \cdots, z_r\}$$

は独立で，$U_1 + U_2$ の基底となる．　■

7.1. 部分空間の直和

線型空間 V の部分空間 U, U_1, U_2 に対して

$$U = U_1 + U_2, \qquad U_1 \cap U_2 = \{0\}$$

であるとき，U は U_1 と U_2 との**直和**であるといい，

$$U = U_1 \oplus U_2$$

という記号を用います．このとき

$$\dim(U_1 \oplus U_2) = \dim U_1 + \dim U_2$$

が成り立ちます．

この条件 $U_1 \cap U_2 = \{0\}$ は，実は U の元が U_1 の元 x_1 と U_2 の元 x_2 の和として表示されるときの一意性を示しています：実際 $x_1,\ y_1 \in U_1,\ x_2,\ y_2 \in U_2$ のとき

$$x_1 + x_2 = y_1 + y_2 \iff x_1 - y_1 = y_2 - x_2 \in U_1 \cap U_2$$

に注意すればよいのです．

これから直和の概念を三個以上の部分空間の場合にも次のようにして定義できます：

部分空間 $U, U_1, \cdots, U_r$ に対して

i）$U = U_1 + U_2 + \cdots + U_r$,

ii）$x_i \in U_i,\ y_i \in U_i$ で $\sum_1^r x_i = \sum_1^r y_i$ ならば $x_i = y_i\ (1 \leqq i \leqq r)$

であるとき，U は $U_1, \cdots, U_r$ の**直和**であるといい，

$$U = U_1 \oplus \cdots\cdots \oplus U_r$$

と書きます．この条件はたとえば次のようにものべられます．

$$U_1 \cap (U_2 + \cdots + U_r) = \{0\}$$
$$U_2 \cap (U_3 + \cdots + U_r) = \{0\}$$
$$\cdots\cdots$$
$$U_{r-1} \cap U_r = \{0\}$$

この場合にもちろん

$$\dim(U_1 \oplus \cdots \oplus U_r) = \dim U_1 + \cdots + \dim U_r$$

が成り立ちます．

さて，有限次元の線型空間 V から任意の線型空間 W への線型写像 f に関して，重要な次の公式があります：

定理　$\dim V = \dim(\mathrm{Ker}\, f) + \dim(\mathrm{Im}\, f)$

証明　部分空間 $\mathrm{Ker}\, f$ の基底 $(x_1, \cdots, x_r)$ を一つとり，それを V の基底 $(x_1, \cdots, x_r, x_{r+1}, \cdots, x_n)$ に拡大すると，$(f(x_{r+1}), \cdots, f(x_n))$ は W の部分空間 $\mathrm{Im}\, f = f(V)$ の基底となる．実際，任意の $x \in V$ に対して $x = \sum_{i=1}^{n} \lambda_i x_i$ だから，$f(x_i) = 0\,(1 \leqq i \leqq r)$ より

$$f(x) = \sum_{1}^{n} \lambda_i f(x_i) = \sum_{r+1}^{n} \lambda_i f(x_i)$$

したがって $\{f(x_{r+1}), \cdots, f(x_n)\}$ は $\mathrm{Im}\, f = f(V)$ の生成系である．また，もし

$$\alpha_{r+1} f(x_{r+1}) + \cdots + \alpha_n f(x_n) = 0$$

ならば，線型性より

$$f(\alpha_{r+1} x_{r+1} + \cdots + \alpha_n x_n) = \alpha_{r+1} f(x_{r+1}) + \cdots + \alpha_n f(x_n) = 0$$

だから $\alpha_{r+1} x_{r+1} + \cdots + \alpha_n x_n \in \mathrm{Ker}\, f$.

ゆえに $\alpha_{r+1} x_{r+1} + \cdots + \alpha_n x_n = \alpha_1 x_1 + \cdots + \alpha_r x_r$ と書くことができる．$(x_1, \cdots, x_n)$ は V の基底だから，係数 $\alpha_i = 0\,(1 \leqq i \leqq n)$.　■

系　有限次元線型空間 V からそれ自身 V への線型写像に対して，以下の条件は互いに同値である：

i）f は正則である (逆写像をもつ).

ii）f は全射である：$\mathrm{Im}\, f = f(V) = V$

iii）f は単射である：$\mathrm{Ker}\, f = \{0\}$

iv）f は全単射である (すなわち f は V の**自己同型**).

v）$(x_1, \cdots, x_n)$ が V の基底ならば，$(f(x_1), \cdots, f(x_n))$ も V の基底である．

vi）V から V への線型写像 g で $f \circ g = \mathrm{id}$ となるものがある．

vii）V から V への線型写像 h で $h \circ f = \mathrm{id}$ となるものがある．

証明　これは次の関係からわかる．上の等式から ii)$\Rightarrow$ iv), iii)$\Rightarrow$ iv) が成り立

つところが肝心である.

$$\begin{array}{ccccccc}
 & & \text{vi)} & \Longrightarrow & \text{ii)} & & \\
 & \nearrow & & \swarrow & & \nwarrow & \\
\text{i)} & \Longleftarrow & & \text{iv)} & & \Longrightarrow & \text{v)} \\
 & \searrow & & \nwarrow & & \swarrow & \\
 & & \text{vii)} & \Longrightarrow & \text{iii)} & &
\end{array}$$

∎

演習問題

1. n 次正方行列 A で各行の成分の和

$$a_{i1} + a_{i2} + \cdots + a_{in}$$

が i によらず一定値 $\sigma(A)$ に等しいようなものの全体は $M_n(\boldsymbol{R})$ の部分空間であることを示し，その次元を求めよ.

2. n 次正方行列 A で各行，各列の成分の和 $\sum_{j=1}^{n} a_{ij}$, $\sum_{i=1}^{n} a_{ij}$ が共に一定値 $\sigma(A)$ に等しいようなものの全体も $M_n(\boldsymbol{R})$ の部分空間であることを示し，その次元を求めよ.

3. n 次正方行列 A で，各行，各列および両対角線上の成分の和がすべて一定値 $\sigma(A)$ に等しいようなものの全体も $M_n(\boldsymbol{R})$ の部分空間であることを示せ. $n = 3, 4$ のとき次元を求めよ. このような行列は“魔方陣”であるという.

4. n 次対称行列の全体の作る線型空間 $\mathrm{Sym}_n(\boldsymbol{R})$，$n$ 次交代行列の作る線型空間 $\mathrm{Alt}_n(\boldsymbol{R})$ の次元を求めよ.

第8章　線型写像と行列

数ベクトル空間の場合，$\boldsymbol{R}^n$ から $\boldsymbol{R}^m$ への線型写像が m 行 n 列の行列 A によって

$$\boldsymbol{y} = A\boldsymbol{x} \qquad (\boldsymbol{x} \in \boldsymbol{R}^n)$$

の形に与えられることを前に見ました．有限次元の線型空間の場合も，同様に線型写像が行列によって表示されることを示すのが今回の目標です．

まずはじめに，復習もかねて，基底を用いて線型空間に座標系を導入することから話をはじめましょう．

8.1. 座標系の導入

線型空間 V が基底 $\mathscr{B} = (x_1, \cdots, x_n)$ をもてば，任意の $x \in V$ に対して

$$x = \xi_1 x_1 + \cdots + \xi_n x_n$$

と表示されて，対応

$$\Phi_{\mathscr{B}} : x \longmapsto \begin{pmatrix} \xi_1 \\ \vdots \\ \xi_n \end{pmatrix}$$

によって V から $\boldsymbol{R}^n$ への同型写像が定まることは前に見た通りです．これを基底 $\mathscr{B}$ に対応する**座標系**といいます．

例 1　高々 n 次の多項式 $P(t) = c_0 + c_1 t + \cdots + c_n t^n$ の全体のつくる線型空間 $\mathscr{P}_n$ において，標準基底

$$\mathscr{B} = (1,\, t,\, t^2,\, \cdots,\, t^n)$$

を考えれば

$$\Phi_{\mathscr{B}}(c_0 + c_1 + \cdots + c_n t^n) = \begin{pmatrix} c_0 \\ c_1 \\ \vdots \\ c_n \end{pmatrix}$$

となり，$\mathscr{P}_n$ は $\boldsymbol{R}^{n+1}$ と同型で $n+1$ 次元です．

8.2. 座標変換

$\mathscr{B}' = (x_1', \cdots, x_n')$ も V の別の基底であるとすれば，それに対応して定まる x の座標 $(\xi_1', \cdots, \xi_n')$ は $\mathscr{B}$ に関する座標とどういう関係にあるかが問題となります．それには

$$x = \xi_1 x_1 + \cdots + \xi_n x_n = \xi_1' x_1' + \cdots + \xi_n' x_n'$$

だから，基底 $\mathscr{B}$ の各元を基底 $\mathscr{B}'$ を用いて

$$x_j = b_{1j} x_1' + \cdots + b_{nj} x_n' \qquad (1 \leqq j \leqq n)$$

であるとすれば

$$\begin{aligned} \xi_1 x_1 + \cdots + \xi_n x_n &= \xi_1(b_{11} x_1' + \cdots + b_{n1} x_n') + \cdots + \xi_n(b_{1n} x_1' + \cdots + b_{nn} x_n') \\ &= (b_{11}\xi_1 + \cdots + b_{1n}\xi_n) x_1' + \cdots + (b_{n1}\xi_1 + \cdots + b_{nn}\xi_n) x_n' \end{aligned}$$

と書いて，x_i' の係数をくらべれば

$$\xi_i' = b_{i1}\xi_1 + \cdots + b_{in}\xi_n \qquad (1 \leqq i \leqq n)$$

となることがわかります．まとめて

$$x_j = \sum_{i=1}^{n} b_{ij} x_i' \quad \text{ならば} \quad \begin{pmatrix} \xi_1' \\ \vdots \\ \xi_n' \end{pmatrix} = \begin{pmatrix} b_{11} & \cdots & b_{1n} \\ \vdots & \ddots & \vdots \\ b_{n1} & \cdots & b_{nn} \end{pmatrix} \begin{pmatrix} \xi_1 \\ \vdots \\ \xi_n \end{pmatrix}$$

この行列 $B = (b_{ij})$ を $\mathscr{B}$ から $\mathscr{B}'$ への**座標変換**の行列とよびます．

これを次のように図示すると便利です：

$$(x_1, \cdots, x_n) = (x_1', \cdots, x_n')B \quad ならば \quad \begin{pmatrix} \xi_1' \\ \vdots \\ \xi_n' \end{pmatrix} = B \begin{pmatrix} \xi_1 \\ \vdots \\ \xi_n \end{pmatrix}$$

$$\begin{array}{ccc} V & \xrightarrow{\mathrm{id}} & V \\ {\scriptstyle \Phi_{\mathscr{B}}}\downarrow & & \downarrow{\scriptstyle \Phi_{\mathscr{B}'}} \\ \boldsymbol{R}^n & \xrightarrow{f_B} & \boldsymbol{R}^n \end{array}$$

逆に $x_i' = \sum_{k=1}^{n} b_{ki}' x_k \quad (1 \leqq i \leqq n)$ であるとすれば

$$\begin{pmatrix} \xi_1 \\ \vdots \\ \xi_n \end{pmatrix} = B' \begin{pmatrix} \xi_1' \\ \vdots \\ \xi_n' \end{pmatrix}$$

となり，行列 B' は B の逆行列となっています．

例 2　高々3 次の多項式の線型空間 $\mathscr{P}_3$ の二つの基底

$$\mathscr{B} = (1, t, t^2, t^3) \text{ と } \mathscr{B}' = (1, t-a, (t-a)^2, (t-a)^3)$$

を考えると，

$$(1, t-a, (t-a)^2, (t-a)^3) = (1, t, t^2, t^3) \begin{pmatrix} 1 & -a & a^2 & -a^3 \\ 0 & 1 & -2a & 3a^2 \\ 0 & 0 & 1 & -3a \\ 0 & 0 & 0 & 1 \end{pmatrix}$$

$$(1, t, t^2, t^3) = (1, t-a, (t-a)^2, (t-a)^3) \begin{pmatrix} 1 & a & a^2 & a^3 \\ 0 & 1 & 2a & 3a^2 \\ 0 & 0 & 1 & 3a \\ 0 & 0 & 0 & 1 \end{pmatrix}$$

これらの行列は互いに他の逆行列です．

8.3. 線型写像の行列表示

線型空間 V の基底を $\mathscr{B}=(x_1,\cdots,x_n)$，線型空間 W の基底を $\mathscr{C}=(y_1,\cdots,y_m)$ として，V から W への線型写像 f を考えます．

いま $x\in V$ に対して $x=\xi_1x_1+\cdots+\xi_nx_n$ とすれば

$$f(x)=\xi_1f(x_1)+\cdots+\xi_nf(x_n)$$

ですから，写像 f は基底の元 x_j の像 $f(x_j)$，$1\leqq j\leqq n$，を知れば確定します．そこで

$$f(x_j)=a_{1j}y_1+\cdots+a_{mj}y_m \qquad (1\leqq j\leqq n)$$

であるとすれば

$$\begin{aligned}f(x)&=\xi_1(a_{11}y_1+\cdots+a_{m1}y_m)+\cdots+\xi_n(a_{1n}y_1+\cdots+a_{mn}y_m)\\&=(a_{11}\xi_1+\cdots+a_{1n}\xi_n)y_1+\cdots+(a_{m1}\xi_1+\cdots+a_{mn}\xi_n)y_m\end{aligned}$$

となるので，

$$\Phi_{\mathscr{C}}(f(x))=A\Phi_{\mathscr{B}}(x), \qquad A=\begin{pmatrix}a_{11}&\cdots&a_{1n}\\\vdots&\ddots&\vdots\\a_{m1}&\cdots&a_{mn}\end{pmatrix}$$

が成り立つことがわかります．

図で示すと

$$\begin{array}{ccc}V&\xrightarrow{\ f\ }&W\\{\scriptstyle\Phi_{\mathscr{B}}}\downarrow&&\downarrow{\scriptstyle\Phi_{\mathscr{C}}}\\\boldsymbol{R}^n&\xrightarrow{\ f_A\ }&\boldsymbol{R}^m\end{array}$$

$$f_A\circ\Phi_{\mathscr{B}}=\Phi_{\mathscr{C}}\circ f$$

$$\Phi_{\mathscr{B}}(x)=\begin{pmatrix}\xi_1\\\vdots\\\xi_n\end{pmatrix},\ \Phi_{\mathscr{C}}(f(x))=\begin{pmatrix}\eta_1\\\vdots\\\eta_m\end{pmatrix}\quad \text{ならば}\quad \begin{pmatrix}\eta_1\\\vdots\\\eta_m\end{pmatrix}=A\begin{pmatrix}\xi_1\\\vdots\\\xi_n\end{pmatrix}$$

この行列 A のことを基底 $\mathscr{B}$, $\mathscr{C}$ に関する写像 f の行列とよび，$M_{\mathscr{C}}^{\mathscr{B}}(f)$ と記すこととします．

ここで二，三の注意が必要です．

0）　とくに $V = \boldsymbol{R}^n$, $W = \boldsymbol{R}^m$ であって基底 $\mathscr{B}$, $\mathscr{C}$ が共にそれぞれ $\boldsymbol{R}^n$, $\boldsymbol{R}^m$ の標準基底である場合を考えれば，$\Phi_{\mathscr{B}}$, $\Phi_{\mathscr{C}}$ はそれぞれ $\boldsymbol{R}^n$, $\boldsymbol{R}^m$ の恒等写像で，

$$f(e_j) = \begin{pmatrix} a_{ij} \\ \vdots \\ a_{mj} \end{pmatrix} \qquad (1 \leqq j \leqq n)$$

として，行列 $A = (a_{ij})$ を考えれば，$\boldsymbol{y} = f(\boldsymbol{x}) = A\boldsymbol{x}$ となっていることがわかります．

i）　$V = W$, $f = \mathrm{id}$ のとき，$\mathscr{C} = \mathscr{B}'$ ととれば座標変換の公式となっています．

$$x_j = \sum b_{ij} x'_i, \qquad \begin{pmatrix} \xi'_1 \\ \vdots \\ \xi'_n \end{pmatrix} = \begin{pmatrix} b_{11} & \cdots & b_{1n} \\ \vdots & \ddots & \vdots \\ b_{n1} & \cdots & b_{nn} \end{pmatrix} \begin{pmatrix} \xi_1 \\ \vdots \\ \xi_n \end{pmatrix}$$

ii）　線型写像 $g : W \to U$ との合成を考えると，U の基底 $\mathscr{D}$ を用いて，

$$M_{\mathscr{D}}^{\mathscr{B}}(g \circ f) = M_{\mathscr{D}}^{\mathscr{C}}(g) M_{\mathscr{C}}^{\mathscr{B}}(f)$$

すなわち合成写像 $g \circ f$ の行列は g の行列 B と f の行列 A の積となっています．

$$\begin{array}{ccccc} V & \xrightarrow{\ f\ } & W & \xrightarrow{\ g\ } & U \\ {\scriptstyle \Phi_{\mathscr{B}}}\downarrow & & \downarrow{\scriptstyle \Phi_{\mathscr{C}}} & & \downarrow{\scriptstyle \Phi_{\mathscr{D}}} \\ \boldsymbol{R}^n & \xrightarrow{\ f_A\ } & \boldsymbol{R}^m & \xrightarrow{\ f_B\ } & \boldsymbol{R}^p \end{array}$$

iii)　これからとくに f が V から W の上への同型のとき，f の行列は正則行列 (このとき必然的に $n = m$ である) で，f の逆写像の行列は f の行列 A の逆行列 A^{-1} であることがわかります．

iv)　とくに $V = W$ の場合 (このとき f は自己準同型 endomorphism ともいわれます)，$\mathscr{C} = \mathscr{B}$ ととるのが普通で，f の行列 $M_{\mathscr{B}}^{\mathscr{B}}(f)$ のことを単に $M_{\mathscr{B}}(f)$ と書くこととします．このときも，f が自己同型 (automorphism) であるための必要十分条件は，対応する行列 $A = M_{\mathscr{B}}(f)$ が正則であることがわかります．

例 3　$V = \mathscr{P}_3$, $W = \mathscr{P}_2$ として

V から W への写像 $D : P(t) \longmapsto P'(t)$　　　　(微分)

と

$$W \text{ から } V \text{ への写像} \quad J : P(t) \longmapsto \int_0^t P(n)dn \qquad \text{(積分)}$$

を考えましょう．それぞれ V, W の標準基底 $\mathscr{B} = (1, t, t^2, t^3)$, $\mathscr{C} = (1, t, t^2)$ に関して

$$M_{\mathscr{C}}^{\mathscr{B}}(D) = \begin{pmatrix} 0 & 1 & 0 & 0 \\ 0 & 0 & 2 & 0 \\ 0 & 0 & 0 & 3 \end{pmatrix}, \qquad M_{\mathscr{B}}^{\mathscr{C}}(J) = \begin{pmatrix} 0 & 0 & 0 \\ 1 & 0 & 0 \\ 0 & \frac{1}{2} & 0 \\ 0 & 0 & \frac{1}{3} \end{pmatrix}$$

となります．

このようにしていったん V, W にそれぞれ基底 $\mathscr{B}$, $\mathscr{C}$ を定めれば，対応づけ $f \mapsto M_{\mathscr{C}}^{\mathscr{B}}(f)$ によって $\mathrm{Hom}(V, W)$ と $M_{m,n}(\boldsymbol{R})$ が一対一に，しかも演算もこめて対応し，線型写像に関する問題が，行列に関する具体的な問題に翻訳されます．

ここでいくつか注意する必要があります．

たとえば，この方法の**利点**としては，うまく基底をえらぶことによって f を表す行列が簡単な形をもつことがあります．

逆に**難点**としては，基底の変換につれて，行列がどう変わるかをしっかり把握しておく必要があるのですが，これが以下に見るようになかなか厄介なものです．

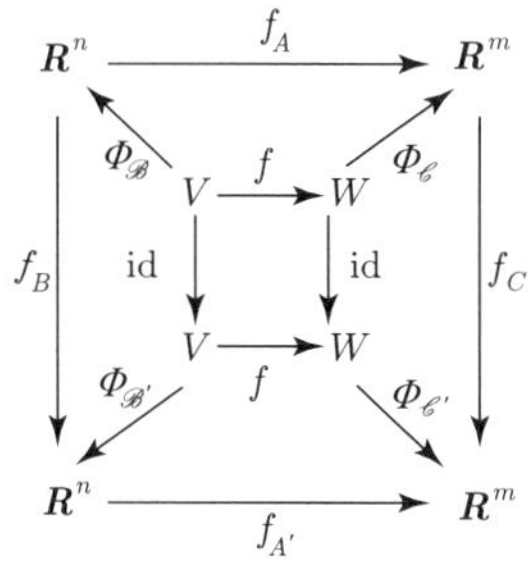

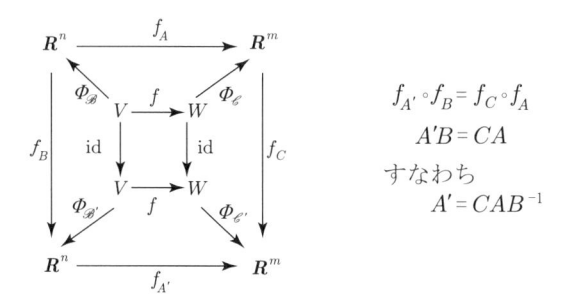

$f_{A'} \circ f_B = f_C \circ f_A$

$A'B = CA$

すなわち

$A' = CAB^{-1}$

左側が V での二つの座標系 $\mathscr{B}$, $\mathscr{B}'$，右側は W での二つの座標系 $\mathscr{C}$, $\mathscr{C}'$ を示し，上半分は座標系 $\mathscr{B}$, $\mathscr{C}$ に関する行列表示，下半分は座標系 $\mathscr{B}'$, $\mathscr{C}'$ に関する行列表示を示しています．

定義から

$$\begin{aligned}
&\boldsymbol{x} = \Phi_{\mathscr{B}}(x), \qquad &&\boldsymbol{y} = \Phi_{\mathscr{C}}(f(x)), \qquad &&\boldsymbol{y} = A\boldsymbol{x} \\
&\boldsymbol{x}' = \Phi_{\mathscr{B}'}(x), \qquad &&\boldsymbol{y}' = \Phi_{\mathscr{C}'}(f(x)), \qquad &&\boldsymbol{y}' = A'\boldsymbol{x}' \\
&\boldsymbol{x}' = B\boldsymbol{x}, \qquad &&\boldsymbol{y}' = C\boldsymbol{y}
\end{aligned}$$

ですから，

$$\boldsymbol{y}' = A'\boldsymbol{x}' = A'B\boldsymbol{x} = C\boldsymbol{y} = CA\boldsymbol{x}$$

が得られ，したがって $A'B = CA$ となるわけです．

例 4　$V = \mathscr{P}_2$, $W = \mathscr{P}_3$

$$\begin{aligned}
&\mathscr{B} = (1, t, t^2), \qquad \mathscr{C} = (1, t, t^2, t^3) \\
&\mathscr{B}' = (1, t-a, (t-a)^2), \qquad \mathscr{C}' = (1, t-a, (t-a)^2, (t-a)^3) \\
&f : P(t) \longmapsto (t-a)P(t)
\end{aligned}$$

$$A = M^{\mathscr{B}}_{\mathscr{C}}(f) = \begin{pmatrix} -a & 0 & 0 \\ 1 & -a & 0 \\ 0 & 1 & -a \\ 0 & 0 & 1 \end{pmatrix}, \qquad A' = M^{\mathscr{B}'}_{\mathscr{C}'}(f) = \begin{pmatrix} 0 & 0 & 0 \\ 1 & 0 & 0 \\ 0 & 1 & 0 \\ 0 & 0 & 1 \end{pmatrix}$$

$$\underset{A'}{\begin{pmatrix} 0 & 0 & 0 \\ 1 & 0 & 0 \\ 0 & 1 & 0 \\ 0 & 0 & 1 \end{pmatrix}} \underset{B}{\begin{pmatrix} 1 & a & a^2 \\ 0 & 1 & 2a \\ 0 & 0 & 1 \end{pmatrix}} = \underset{C}{\begin{pmatrix} 1 & a & a^2 & a^3 \\ 0 & 1 & 2a & 3a^2 \\ 0 & 0 & 1 & 3a \\ 0 & 0 & 0 & 1 \end{pmatrix}} \underset{A}{\begin{pmatrix} -a & 0 & 0 \\ 1 & -a & 0 \\ 0 & 1 & -a \\ 0 & 0 & 1 \end{pmatrix}}$$

特別な場合として，$V = W$, $\mathscr{B} = \mathscr{C}$, $\mathscr{B}' = \mathscr{C}'$ のとき，$f \in \mathrm{End}(V) = \mathrm{Hom}(V, V)$ の $\mathscr{B}$ に関する行列 $A = M_{\mathscr{B}}(f)$ と，$\mathscr{B}'$ に関する行列 $A' = M_{\mathscr{B}'}(f)$ との間に

$$A'B = BA$$

が成り立ち，

$$A' = BAB^{-1}$$

となります．このような行列 A と A' とは**共役** (conjugate) もしくは**相似** (similar) といいます．

演習問題

1. a, b, c が相異なる実数であるとき，

$$\begin{cases} q_a(t) := \dfrac{(t-b)(t-c)}{(a-b)(a-c)} \\ q_b(t) := \dfrac{(t-a)(t-c)}{(b-a)(b-c)} \\ q_c(t) := \dfrac{(t-a)(t-b)}{(c-a)(c-b)} \end{cases}$$

とすれば，(q_a, q_b, q_c) は $\mathscr{P}_2$ の基底であることを示し，これと標準基底 $(1, t, t^2)$ との間の変換公式を求めよ．

［ヒント: $\begin{pmatrix} q_a(a) & q_a(b) & q_a(c) \\ q_b(a) & q_b(b) & q_b(c) \\ q_c(a) & q_c(b) & q_c(c) \end{pmatrix} = \begin{pmatrix} 1 & 0 & 0 \\ 0 & 1 & 0 \\ 0 & 0 & 1 \end{pmatrix}$ ］

第9章　線型写像の階数

この章で取り扱うのは階数 (ランク) の概念です．これは次元が線型空間の大きさを測る一つの目安であったのと同様に，線型写像のいわばサイズを測るものであり，後に連立一次方程式系の解法の議論でも中心的な役割を果たす重要な概念です．まずはじめに線型写像につき定義し，次に行列の場合を考え，最後にその計算方法について説明します．

9.1. 線型写像の階数

線型空間 V から線型空間 W への線型写像 f に対して，その階数 (ランク rank) $r(f)$ を

$$r(f) := \dim(\mathrm{Im}\, f) = \dim f(V)$$

によって定義します．$\mathrm{Im}\, f$ は W の部分空間ですから，もちろん

$$r(f) \leqq \dim W$$

また次元公式から

$$\dim V = \dim(\mathrm{Ker}\, f) + \dim(\mathrm{Im}\, f)$$

ですから

$$r(f) \leqq \dim V$$

すなわち

(i)　$r(f) \leqq \min(\dim V, \dim W)$

また，もし $g : U \to V$ が線型写像なら，合成写像 $f \circ g$ に対して次の不等式が成り立ちます：

(ii)　$r(f)+r(g)-\dim V \leqq r(f\circ g) \leqq \min(r(f), r(g))$

証明　定義から

$$r(f\circ g)=\dim(f\circ g)(U)=\dim f(g(U))$$

$g(U)$ は V の部分空間だから $f(g(U))\subset f(V)$，したがって $r(f\circ g)\leqq r(f)$．また f を $g(U)$ から V への写像と考えて次元公式を用いれば

$$\dim g(U)=\dim((\operatorname{Ker} f)\cap g(U))+\dim f(g(U))$$

ここから

$$r(g)\geqq r(f\circ g)$$

と

$$r(g)\leqq r(f\circ g)+\dim(\operatorname{Ker} f)$$

次元公式から $\dim(\operatorname{Ker} f)=\dim V-r(f)$ だから (ii) が得られる． ∎

(iii)　とくに，f が同型なら

$$r(f\circ g)=r(g)$$

また g が同型なら

$$r(f\circ g)=r(f)$$

証明　実際，もし f が同型なら $r(f)=\dim V$，また g が同型のときも $r(g)=\dim V$ となるから． ∎

これから直ちに

(iv)　もし φ が V の同型，ψ が W の同型ならば

$$r(\psi\circ f\circ\varphi)=r(f)$$

9.2. 行列の階数

m 行 n 列の行列 A に対して，まず次の三通りの階数の概念を考えます (実はこれがすべて等しいことを以下に示すのですが)．

$$
\begin{aligned}
r_0(A) &:= r(f_A) \\
r_1(A) &:= \text{独立な行ベクトルの最大数} \\
r_2(A) &:= \text{独立な列ベクトルの最大数}
\end{aligned}
$$

これをそれぞれ写像階数，行階数，そして列階数と仮りによぶこととします．

（i）　$r_0(A) = r_2(A)$

これは

$$
f_A(\boldsymbol{e}_j) = \begin{pmatrix} a_{1j} \\ \vdots \\ a_{mj} \end{pmatrix} \qquad (1 \leqq j \leqq n)
$$

から，$\mathrm{Im}\, f_A$ は A の列ベクトルから張られる部分空間に他ならないからです．

（ii）　$r_1(A) = r_2({}^tA)$,　$r_2(A) = r_1({}^tA)$

これも転置によって行ベクトルと列ベクトルが交換されることから明白．

(iii)　$i = 0, 1, 2$ に対して

$$
r_i(SAT) = r_i(A)
$$

(ただし S は m 次正則行列，T は n 次正則行列とする)．

これは次の計算からわかります．

$$
\begin{aligned}
r_0(SAT) &= r(f_{SAT}) = r(f_S \circ f_A \circ f_T) = r(f_A) = r_0(A) \\
r_2(SAT) &= r_0(SAT) = r_0(A) = r_2(A) \\
r_1(SAT) &= r_2({}^t(SAT)) = r_2({}^tT\,{}^tA\,{}^tS) = r_2({}^tA) \\
&= r_1(A)
\end{aligned}
$$

(転置行列の性質をいくつか用いています)．

実は次の基本的な定理が成り立ちます．

> **定理**　　$r_1(A) = r_2(A)$

証明　これを示すには，正則な S, T が存在して

$$
SAT = \left(\begin{array}{c|c} I_r & 0 \\ \hline 0 & 0 \end{array}\right)
$$

となることを示せば十分である．

そのためにまず

$$\mathscr{B} \text{ を } \boldsymbol{R}^n \text{の標準基底}$$
$$\mathscr{C} \text{ を } \boldsymbol{R}^m \text{の標準基底}$$

とすれば

$$M_{\mathscr{C}}^{\mathscr{B}}(f_A) = A$$

また $\boldsymbol{R}^n$ の基底 $\mathscr{B}' = (\boldsymbol{x}_1, \cdots, \boldsymbol{x}_n)$ を $(\boldsymbol{x}_{r+1}, \cdots, \boldsymbol{x}_n)$ が $\mathrm{Ker}\, f_A$ の基底であるようにえらべば，自然に $(f_A(\boldsymbol{x}_1), \cdots, f_A(\boldsymbol{x}_r))$ は $\mathrm{Im}\, f_A$ の基底となるので，$\boldsymbol{R}^m$ の基底 $(\boldsymbol{y}_1, \cdots, \boldsymbol{y}_m)$ を

$$\boldsymbol{y}_j = f_A(\boldsymbol{x}_j) = A\boldsymbol{x}_j \qquad (1 \leqq j \leqq r)$$

であるようにとることができて，このとき

$$M_{\mathscr{C}'}^{\mathscr{B}'}(f_A) = \left(\begin{array}{c|c} I_r & 0 \\ \hline 0 & 0 \end{array}\right)$$

となり，座標変換の公式から，$\mathscr{B}$ から $\mathscr{B}'$ への座標交換の行列を B，$\mathscr{C}$ から $\mathscr{C}'$ へのそれを C とすれば

$$\left(\begin{array}{c|c} I_r & 0 \\ \hline 0 & 0 \end{array}\right) = CAB^{-1}$$

となるので，$S = C$, $T = B^{-1}$ ととればよい． ∎

この共通の数 $r_0(A) = r_1(A) = r_2(A)$ のことを行列 A の**階数**とよび，$r(A)$ と記します．前に写像の階数に関して示したことから以下の性質がわかります：

(i) $A \in M_{m,n}(\boldsymbol{R})$ のとき $r(A) \leqq \min(m, n)$

(ii) $B \in M_{n,p}(\boldsymbol{R})$ ならば

$$r(A) + r(B) - n \leqq r(AB) \leqq \min(r(A), r(B))$$

(iii) S, T が正則ならば　$r(SAT) = r(A)$

(iv) $r({}^tA) = r(A)$

(v) 正方行列 $A \in M_n(\boldsymbol{R})$ に対して

$$A \text{ 正則} \Longleftrightarrow r(A) = n$$

(vi)　$A \in M_{m,n}(\boldsymbol{R})$ に対して

$$r(A) = 1 \Longleftrightarrow A = \begin{pmatrix} a_1b_1 & a_1b_2 & \cdots & a_1b_n \\ a_2b_1 & a_2b_2 & \cdots & a_2b_n \\ \vdots & \vdots & \ddots & \vdots \\ a_mb_1 & a_mb_2 & \cdots & a_mb_n \end{pmatrix}$$

(ただし a_i, b_j の中にそれぞれ少なくとも一つ 0 でないものがあるとする)

(i)–(iv) はすでに示した通り. (v) については A 正則 $\Longleftrightarrow$ f_A 同型 $\Longleftrightarrow$ $\operatorname{Ker} f_A = \{0\}$ $\Longleftrightarrow$ $\operatorname{Im} f_A = \boldsymbol{R}^n$ から. (vi) を示すために, もし $r(A) = 1$ ならば, $r(A) = r_2(A)$ から A の列ベクトルは $b_1\boldsymbol{a}, \cdots, b_n\boldsymbol{a}$ の形をしているから上の形となります. 逆も明らか.

行列 A の階数を求めるには

$$SAT = \left(\begin{array}{c|c} I_r & 0 \\ \hline 0 & 0 \end{array}\right)$$

となるような正則行列 S, T を見つければよいのですが, それを実行するのに用いられるのがいわゆる**行列の基本変形**という手法で, それを以下に説明します.

9.3. 行列の基本変形

$$T_{ij}(\alpha) := \begin{array}{c} \begin{matrix} & & \underset{\smile}{i} & & \underset{\smile}{j} & & \end{matrix} \\ \begin{pmatrix} 1 & & & & & & \\ & \ddots & & & & & \\ & & 1 & \cdots & \alpha & & \\ & & & \ddots & \vdots & & \\ & & & & 1 & & \\ & & & & & \ddots & \\ & & & & & & 1 \end{pmatrix} \end{array} ;\quad とくに\ \alpha = 1\ のとき\ T_{ij}(1) = T_{ij}$$

とおきます.

$$D_i(\beta) := \begin{pmatrix} 1 \\ & \ddots \\ & & 1 \\ & & & \beta \\ & & & & 1 \\ & & & & & \ddots \\ & & & & & & 1 \end{pmatrix}, \quad P_{ij} = \begin{pmatrix} 1 \\ & \ddots \\ & & 1 \\ & & & 0 & \cdots & 1 \\ & & & & 1 \\ & & & \vdots & & \ddots & & \vdots \\ & & & & & & 1 \\ & & & 1 & \cdots & 0 \\ & & & & & & & 1 \\ & & & & & & & & \ddots \\ & & & & & & & & & 1 \end{pmatrix} \begin{matrix} \overset{i}{\smile} & \overset{j}{\smile} \end{matrix}$$

このとき

(ⅰ) $T_{ij}(\alpha)^{-1} = T_{ij}(-\alpha), \quad D_i(\beta)^{-1} = D_i\left(\dfrac{1}{\beta}\right), \quad P_{ij}^{-1} = P_{ij}$

(ⅱ) $T_{ij}(\alpha) = D_j\left(\dfrac{1}{\alpha}\right) T_{ij} D_j(\alpha)$

(ⅲ) $P_{ij} = T_{ji} T_{ij}(-1) T_{ji} D_j(-1)$

これらの行列を用いて以下の基本変形が定義されます：

行に関する基本変形 (A の左側からかける)

$$\begin{cases} T_{ij}(\alpha)A & A \text{ の第 } i \text{ 行に第 } j \text{ 行の } \alpha \text{ 倍を足す} \\ T_{ij}A & A \text{ の第 } i \text{ 行に第 } j \text{ 行を足す} \\ D_i(\beta)A & A \text{ の第 } i \text{ 行を } \beta \text{ 倍する} \\ P_{ij}A & A \text{ の第 } i \text{ 行と第 } j \text{ 行を交換する} \end{cases}$$

列に関する基本変形 (A の右側からかける)

$$\begin{cases} AT_{ij}(\alpha) & A \text{ の第 } j \text{ 列に第 } i \text{ 列の } \alpha \text{ 倍を足す} \\ AT_{ij} & A \text{ の第 } j \text{ 列に第 } i \text{ 列を足す} \\ AD_i(\beta) & A \text{ の第 } i \text{ 列を } \beta \text{ 倍する} \\ AP_{ij} & A \text{ の第 } i \text{ 列と第 } j \text{ 列を交換する} \end{cases}$$

直前にのべた性質の (ⅱ), (ⅲ) によって, これらの変形はすべて T_{ij}, $D_i(\beta)$ の型のものだけですませることができることに注意しましょう.

これらを用いる基本変形を例によって示します：

$$A=\begin{pmatrix}0&2&4&2\\1&2&3&1\\-2&-1&0&1\end{pmatrix}\qquad\begin{matrix}T_{12}(-2)\downarrow\\ \begin{pmatrix}1&0&-1&-1\\0&1&2&1\\0&0&0&0\end{pmatrix}\end{matrix}$$

$$\begin{matrix}P_{12}\downarrow\\ \begin{pmatrix}1&2&3&1\\0&2&4&2\\-2&-1&0&1\end{pmatrix}\end{matrix}\qquad\begin{matrix}\downarrow T_{13}\\ \begin{pmatrix}1&0&0&-1\\0&1&2&1\\0&0&0&0\end{pmatrix}\end{matrix}$$

$$\begin{matrix}T_{31}(2)\downarrow\\ \begin{pmatrix}1&2&3&1\\0&2&4&2\\0&3&6&3\end{pmatrix}\end{matrix}\qquad\begin{matrix}\downarrow T_{14}\\ \begin{pmatrix}1&0&0&0\\0&1&2&1\\0&0&0&0\end{pmatrix}\end{matrix}$$

$$\begin{matrix}D_2\left(\frac{1}{2}\right)\downarrow\\ \begin{pmatrix}1&2&3&1\\0&1&2&1\\0&3&6&3\end{pmatrix}\end{matrix}\qquad\begin{matrix}\downarrow T_{23}(-2)\\ \begin{pmatrix}1&0&0&0\\0&1&0&1\\0&0&0&0\end{pmatrix}\end{matrix}$$

$$\begin{matrix}T_{32}(-3)\downarrow\\ \begin{pmatrix}1&2&3&1\\0&1&2&1\\0&0&0&0\end{pmatrix}\end{matrix}\qquad\begin{matrix}\downarrow T_{24}(-1)\\ \begin{pmatrix}1&0&0&0\\0&1&0&0\\0&0&0&0\end{pmatrix}\end{matrix}$$

すなわち

$$(T_{12}(-2)T_{32}(-3)D_2\left(\frac{1}{2}\right)T_{31}(2)P_{12})A(T_{13}T_{14}T_{23}(-2)T_{24}(-1))$$

$$=\begin{pmatrix}1&0&0&0\\0&1&0&0\\0&0&0&0\end{pmatrix}\begin{pmatrix}-1&1&0\\\frac{1}{2}&0&0\\-\frac{3}{2}&2&1\end{pmatrix}\begin{pmatrix}0&2&4&2\\1&2&3&1\\-2&-1&0&1\end{pmatrix}\begin{pmatrix}1&0&1&1\\0&1&-2&-1\\0&0&1&0\\0&0&0&1\end{pmatrix}$$

$$= \begin{pmatrix} 1 & 0 & 0 & 0 \\ 0 & 1 & 0 & 0 \\ 0 & 0 & 0 & 0 \end{pmatrix}$$

これから $r(A) = 2$ であることがわかります.

ここに用いられているのがいわゆるガウスのアルゴリズムとよばれるものに他なりません. これについては後にあらためてくわしく考察します.

また A が正則な正方行列ならば,

$$SAT = I_n$$

すなわち

$$A = S^{-1}T^{-1}$$

となって, 基本変形の行列の逆行列はやはり基本変形の行列ですから, 結局, **正則行列は** T_{ij}, $D_i(\beta)$ **の形の行列の積として表される**ことがわかります. これは後にしばしば有用となります.

演習問題

1. 実数 a, b, c に対して, $\boldsymbol{R}^3$ から $\boldsymbol{R}^3$ への線型写像 $f_{a,b,c}$ を次のように定める:

$$\begin{cases} x' = ax + by + cz \\ y' = cx + ay + bz \\ z' = bx + cy + az \end{cases}$$

(i) この写像の階数を求めよ.

(ii) $f_{a,b,c}$ が単射であるための必要十分条件は

$$a^3 + b^3 + c^3 - 3abc \neq 0$$

であることを示せ.

2. 基本変形を用いて次の行列の階数を求めよ.

$$\begin{pmatrix} 2 & 1 & 11 & 2 \\ 1 & 0 & 4 & -1 \\ 11 & 4 & 56 & 5 \\ 2 & -1 & 5 & -6 \end{pmatrix}, \qquad \begin{pmatrix} 2 & 1 & 1 & 1 \\ 1 & 3 & 1 & 1 \\ 1 & 1 & 4 & 1 \\ 1 & 1 & 1 & 5 \\ 1 & 2 & 3 & 4 \\ 1 & 1 & 1 & 1 \end{pmatrix}$$

3. p, q, r が正の自然数であるとき，行列

$$\begin{pmatrix} 1-p & 1 & 1 \\ 1 & 1-q & 1 \\ 1 & 1 & 1-r \end{pmatrix}$$

の階数が 2 となるのはどの場合か.

第10章　置換とその符号

この章では，次章で行列式の概念を定義するときに必要となる置換とその符号についてのべます．数学の言葉では，これは**対称群**の理論とよばれるものです．

集合 $\{1, 2, \cdots, n\}$ からそれ自身への写像 σ で全単射となっているもの，すなわち

$$\{\sigma(1), \sigma(2), \cdots\cdots, \sigma(n)\}$$

が，順序は別として再び 1 から n までの自然数の全体となっているようなもののことを $\{1, 2, \cdots, n\}$ の**置換**とよびます．この置換のことを通常

$$\begin{pmatrix} 1 & 2 & \cdots & n \\ \sigma(1) & \sigma(2) & \cdots & \sigma(n) \end{pmatrix}$$

という記号で表します．ここで上の行の数字は場合によっては別の順序に並んでいてもよく，肝心なことは i の下にその行先である $\sigma(i)$ があるということです．たとえば $n = 4$ のとき

$$\begin{pmatrix} 1 & 2 & 3 & 4 \\ 2 & 3 & 4 & 1 \end{pmatrix} = \begin{pmatrix} 1 & 3 & 4 & 2 \\ 2 & 4 & 1 & 3 \end{pmatrix}$$

このような置換は全部で $n!$ 個あります．それは $\sigma(1)$ の可能性は n 通り，$\sigma(1)$ が定められたとき $\sigma(2)$ の可能性は残り $n-1$ 通り，$\cdots\cdots$，$\sigma(n-1)$ が 2 通り，$\sigma(n)$ は最後に残ったものとして 1 通りですから，結局 $n \times (n-1) \times \cdots \times 2 \times 1 = n!$ 個となります．

たとえば

$n = 2$ のとき，　$\begin{pmatrix} 1 & 2 \\ 1 & 2 \end{pmatrix}$ と $\begin{pmatrix} 1 & 2 \\ 2 & 1 \end{pmatrix}$

$$n = 3 \text{ のときは,} \quad \begin{pmatrix}1&2&3\\1&2&3\end{pmatrix}, \begin{pmatrix}1&2&3\\2&3&1\end{pmatrix}, \begin{pmatrix}1&2&3\\3&1&2\end{pmatrix}$$

$$\begin{pmatrix}1&2&3\\2&1&3\end{pmatrix}, \begin{pmatrix}1&2&3\\3&2&1\end{pmatrix}, \begin{pmatrix}1&2&3\\1&3&2\end{pmatrix}$$

これら置換の全体を S_n と表します．この集合は実は群となっています．二つの置換 σ, τ に対して，その積を写像としての合成によって定義すればよいのです：

$$\sigma\tau := \sigma \circ \tau$$

単位元は恒等置換

$$\begin{pmatrix}1&2&\cdots&n\\1&2&\cdots&n\end{pmatrix}$$

また置換 σ の逆元は

$$\begin{pmatrix}\sigma(1)&\sigma(2)&\cdots&\sigma(n)\\1&2&&n\end{pmatrix}$$

となります．たとえば

$$\begin{pmatrix}1&2&3\\2&3&1\end{pmatrix}^{-1} = \begin{pmatrix}2&3&1\\1&2&3\end{pmatrix} = \begin{pmatrix}1&2&3\\3&1&2\end{pmatrix}$$

この群のことを n 次の**対称群**とよびます．前に見たように，正三角形の合同変換の全体は実は 3 次の対称群 S_3 と本質的に同じもの (すなわち同型な群) でした．

置換の特別なものとして**互換**があります：これはただ二つだけの数の置き換えとなっているような置換のことです．形式的な定義をのべれば次のようになります．$1 \leqq i \leqq j \leqq n$ として置換 τ が

$$\tau(k) = \begin{cases} j & (k = i) \\ i & (k = j) \\ k & (k \neq i, j) \end{cases}$$

を満たしているとき

$$\tau = (i\,j)$$

と書いて**互換**とよびます．$(i\,j)$ の逆元 $(i\,j)^{-1}$ は $(i\,j)$ であることに注意します．

定理　任意の置換は互換の積として表すことができる.

証明　これを示すには n に関する帰納法を用いる. まず $n=2$ のときは, 別に証明するまでもなく成り立っている. $n \geqq 3$ として $n-1$ まで定理が成り立つとして, 任意の置換 σ を考える.

$\sigma(i)=n$ となる i をとり

$$\sigma' := (\sigma(i)\sigma(n))\,\sigma$$

とすれば

$$\sigma'(n)=\sigma(i)=n$$

だから, σ' は n を固定し, 実際は $\{1, 2, \cdots, n-1\}$ の置換, つまり S_{n-1} の元となる. 帰納法の仮定から $\sigma' = \tau_1 \cdots \tau_r$ と互換の積として書ける. ここで

$$\sigma = (\sigma(i)\sigma(n))^{-1}\sigma' = (\sigma(i)\sigma(n))\tau_1\cdots\tau_r$$

となって証明終わり. ∎

たとえば

$$\begin{pmatrix} 1 & 2 & 3 & 4 & 5 \\ 2 & 4 & 1 & 5 & 3 \end{pmatrix} = (3\,5)(1\,3)(1\,4)(1\,2)$$

また

$$\begin{aligned} (1\,3) &= (1\,2)(2\,3)(1\,2) \\ (1\,4) &= (1\,2)(2\,3)(3\,4)(2\,3)(1\,2) \end{aligned}$$

一般に

$$(i\,j) = (i\;i+1)(i+1\;i+2)\cdots(j-2\;j-1)(j-1\;j)(j-2\;j-1)\cdots(i\;i+1)$$

となり, 隣接する数の互換だけの積として表すことも可能なことに注意しておきます.

互換の積として表すとき, 必要な互換の数は一通りとは限りません. しかし後に見るように, この個数のパリティ(偶奇性) は確定します.

10. 1. 置換の符号

変数 $X_1, X_2, \cdots, X_n$ の差積 $\Delta(X_1, \cdots, X_n)$ を

$$\begin{aligned}\Delta(X_1,\cdots,X_n) &:= \prod_{1\leqq i\leqq j\leqq n}(X_i - X_j)\\ &= (X_1-X_2)(X_1-X_3)\cdots(X_1-X_n)\\ &\qquad\qquad (X_2-X_3)\cdots(X_2-X_n)\\ &\qquad\qquad\qquad \cdots\cdots\cdots\\ &\qquad\qquad\qquad\quad \cdots(X_{n-1}-X_n)\end{aligned}$$

によって定義します．置換 σ に対して，差積 Δ の変数 X_i を $X_{\sigma(i)}$ によって置き換えたものを $\sigma\Delta$ と書くこととすれば，$X_{\sigma(i)}-X_{\sigma(j)}$ のうちのいくつかは $\sigma(i) > \sigma(j)$ となっていて，Δ の対応する項とは反対の符号をとっています．したがって

$$\sigma\Delta = \varepsilon\Delta, \qquad \varepsilon = (-1)^{\nu(\sigma)}$$

ここで $\nu(\sigma) := \{(i\,j) \mid 1 \leqq i < j \leqq n,\ \sigma(i) > \sigma(j)\}$ は置換 σ による反転の数です．そこで

$$\operatorname{sgn}\sigma := \varepsilon = (-1)^{\nu(\sigma)}$$

とおいて，これを置換 σ の**符号**といいます．

定理　$$\operatorname{sgn}(\sigma\tau) = (\operatorname{sgn}\sigma)(\operatorname{sgn}\tau)$$

証明　これは

$$\frac{X_{\sigma(\tau(i))}-X_{\sigma(\tau(j))}}{X_i - X_j} = \frac{X_{\sigma(\tau(i))}-X_{\sigma(\tau(j))}}{X_{\tau(i)}-X_{\tau(j)}} \cdot \frac{X_{\tau(i)}-X_{\tau(j)}}{X_i - X_j}$$

と書いてみればわかる．■

系　置換を積として表すのに必要な互換の数の偶奇性は，この置換のみによって確定し，表し方によらない．

証明　それには互換の符号が -1 であることを確かめれば十分．たとえば

$$
\begin{aligned}
(1\,2)\Delta = (X_2 - X_1)(X_2 - X_3)&\cdots(X_2 - X_n) \\
(X_1 - X_3)&\cdots(X_1 - X_n) \\
&\cdots\cdots\cdots \\
&\cdots(X_{n-1} - X_n) \\
= -\Delta
\end{aligned}
$$

また $(i\,j) = (1\,i)(2\,j)(1\,2)(2\,j)(1\,i)$ より $\operatorname{sgn}(i\,j) = \operatorname{sgn}(1\,2) = -1$. ∎

符号 $+1$ である置換を**偶置換**, -1 であるものを**奇置換**とよびます.

上の定理からわかるもう一つのことは,

$$\sigma \longmapsto \operatorname{sgn}\sigma$$

が群 S_n から乗法群 $\{\pm 1\}$ への準同型写像であるということで, したがって偶置換の全体 A_n は対称群 S_n の部分群となっていることもわかります. これを n 次の**交代群**とよびます.

定理　任意の互換 $(i\,j)$ に対して

$$
\begin{aligned}
&S_n = A_n \cup A_n(i\,j) = A_n \cup (i\,j)A_n \\
&A_n \cap A_n(i\,j) = \phi
\end{aligned}
$$

証明　実際, もし σ が偶置換でなければ $\operatorname{sgn}\sigma = -1$ だから,

$$\operatorname{sgn}(\sigma(i\,j)) = (\operatorname{sgn}\sigma)(\operatorname{sgn}(i\,j)) = (-1)^2 = 1$$

すなわち $\sigma(i\,j) \in A_n$, $\sigma \in A_n(i\,j)^{-1} = A_n(i\,j)$. ∎

例　A_3 は

$$\begin{pmatrix}1 & 2 & 3\\1 & 2 & 3\end{pmatrix},\ \begin{pmatrix}1 & 2 & 3\\2 & 3 & 1\end{pmatrix},\ \begin{pmatrix}1 & 2 & 3\\3 & 1 & 2\end{pmatrix}$$

から成っています.

A_4 は

$$\begin{pmatrix}1 & 2 & 3 & 4\\1 & 2 & 3 & 4\end{pmatrix},\ \begin{pmatrix}1 & 2 & 3 & 4\\1 & 3 & 4 & 2\end{pmatrix},\ \begin{pmatrix}1 & 2 & 3 & 4\\3 & 2 & 4 & 1\end{pmatrix},\ \begin{pmatrix}1 & 2 & 3 & 4\\2 & 4 & 3 & 1\end{pmatrix},$$

$$\begin{pmatrix}1&2&3&4\\2&3&1&4\end{pmatrix},\ \begin{pmatrix}1&2&3&4\\1&4&2&3\end{pmatrix},\ \begin{pmatrix}1&2&3&4\\4&2&1&3\end{pmatrix},\ \begin{pmatrix}1&2&3&4\\4&1&3&2\end{pmatrix},$$

$$\begin{pmatrix}1&2&3&4\\3&1&2&4\end{pmatrix},\ \begin{pmatrix}1&2&3&4\\2&1&4&3\end{pmatrix},\ \begin{pmatrix}1&2&3&4\\3&4&1&2\end{pmatrix},\ \begin{pmatrix}1&2&3&4\\4&3&2&1\end{pmatrix}$$

から成っています.

10. 2. 置換と行列

置換 σ に対して数ベクトル空間 $\boldsymbol{R}^n$ の線型変換 T_σ を次のように定義します：

$$T_\sigma \boldsymbol{e}_i = \boldsymbol{e}_{\sigma(i)}$$

このとき，この線型変換に対応する行列は

$$M_\sigma = (\delta_{i\sigma(j)})$$

となり，とくに互換 $(i\,j)$ に対応するのは基本変形の行列の一つ P_{ij} に他ならないことがわかります．また二つの置換 σ, τ に対して

$$T_{\sigma\tau} = T_\sigma \circ T_\tau$$

だから

$$M_{\sigma\tau} = M_\sigma M_\tau \qquad \text{(行列の積)}$$

となります．この対応 $\sigma \mapsto M_\sigma$ は群 S_n から群 $GL(n,\,\boldsymbol{R})$ への準同型写像で，いわゆる行列表現とよばれるもののもっとも簡単な例となっています.

演習問題

1. 四角い小箱に，1 から 16 までの番号の付いた駒が並べてある．16 番の駒を箱から出してしまうと，空所が生ずるから，そこへ隣の駒をずらして入れることができる．そのようにして 15 の駒の位置が変えられる.

駒の順序の逆転が不可能であることを示せ.

1	2	3	4
5	6	7	8
9	10	11	12
13	14	15	

図 1

15	14	13	12
11	10	9	8
7	6	5	4
3	2	1	

図 2

[ヒント：空所に駒をずらすことを 16 との互換と考える.]

第11章　行列式

行列式の概念は，前に行列の歴史に際してのべたように非常に古く，理論上にも実用上にも大きな意味をもつ基本的なものです．線型代数のうちでは行列式は逆行列の計算の手段を与え，また連立一次方程式などの解法を与えるものです．また微分積分学でも多変数の関数の積分の変数変換に際して基本的な役割を果たします．このような応用は別としても，それ自身のいくつかの美しい性質をもつ行列式は独立した考察の対象とするに足りるものをもっていると思われます．一見複雑に見える行列式が，その性質をうまく用いることによって簡単なエレガントな式に計算されることには数学の美しさが感じられるのではないでしょうか．

11.1. 関数としての行列式

次のような性質をもつ，行列 A を変数とする関数 $D(A)$ を考えます：

(0)　$A \in M_n(\boldsymbol{R})$ に対して $D(A) \in \boldsymbol{R}$

(1)　$D(AT_{ij}) = D(A)$

(2)　$D(AD_i(\beta)) = \beta D(A)$　(βは実数)

(3)　$D(I_n) = 1$

条件 (1) は，A のある列に別の列を加えても関数の値が不変なこと，(2) は，ある列を β 倍すれば，関数の値が β 倍されることを意味します．A の第 i 列が 0 ならば $A = AD_i(0)$ となることに注意すれば，とくに $\beta = 0$ として

(2)$'$　A のある列が 0 ならば $D(A) = 0$

も成り立つことがわかります．

これらの三つの条件を満たす関数はそんなに多くはありません．実はただ一つ存在して，それが行列式であるのです．

まず手はじめに条件 (1), (2), (3) を満足する関数 $D(A)$ がもつ性質を調べておきます.

(4) $r(A) < n$ ならば $D(A) = 0$

その理由は簡単で，次の通り．前に見たように，A の階数 $r = r(A) < n$ ならば，基本行列の積 S, T が存在して

$$SAT = \left(\begin{array}{c|c} I_r & 0 \\ \hline 0 & 0 \end{array}\right)$$

となります．したがって

$$AT = S^{-1}\left(\begin{array}{c|c} I_r & 0 \\ \hline 0 & 0 \end{array}\right) = \begin{pmatrix} & 0 \\ * & \vdots \\ & 0 \end{pmatrix}$$

(少なくとも最後の列は 0)．これから (2)$'$ によって $D(AT) = 0$．これから次の性質を用いて $D(A) = 0$ がわかります.

(5) B が正則ならば $D(AB) = d(B)D(A)$，ただし $d(B) \neq 0$

これは B を基本行列の積 $M_1 \cdots M_r$ と表して，そこに現れる $D_i(\beta)$ の形の行列のパラメーターの積を $d(B)$ とおけばよいのです.

この式でとくに $A = I_n$ をとれば，(3) を用いて $D(B) = d(B)$ となって，結局次の定理が示されたこととなります.

定理　正則行列 A に対しては $D(A)$ は A を基本行列の積として表したときに現れる $D_i(\beta)$ の形の行列のパラメーターの積に等しく，

$$D(AB) = D(A)D(B)$$

上の証明ではこの式は B が正則という仮定を用いて示されましたが，もし B が正則でないときは，$r(AB) \leqq r(B) < n$ より，両辺共に 0 となって，やはり等式が成り立つわけです.

とくに

(6) $D(T_{ij}) = 1, \quad D(D_i(\beta)) = \beta$

が成り立ち，したがって

(7) $D(AP_{ij}) = -D(A)$

(行列 A の二つの列を交換すると符号が変わる). これは

$$P_{ij} = T_{ji}T_{ij}(-1)T_{ji}D_j(-1)$$

を用いればただちにわかります.

上の議論から, 実は (1), (2), (3) を満たす関数の一意性もわかります. 行列式の存在が確定するためには, このような関数が少なくとも一つ存在することを示さなければなりません.

まず $n = 2$ のとき, $A = \begin{pmatrix} a_{11} & a_{12} \\ a_{21} & a_{22} \end{pmatrix}$ に対して

$$D(A) := a_{11}a_{22} - a_{21}a_{12}$$

また $n = 3$ のときは, $A = \begin{pmatrix} a_{11} & a_{12} & a_{13} \\ a_{21} & a_{22} & a_{23} \\ a_{31} & a_{32} & a_{33} \end{pmatrix}$ に対して

$$\begin{aligned} D(A) :=& a_{11}a_{22}a_{33} + a_{21}a_{32}a_{13} + a_{31}a_{12}a_{23} \\ & - a_{11}a_{32}a_{23} - a_{21}a_{12}a_{33} - a_{31}a_{22}a_{13} \end{aligned}$$

とおけば, (1), (2), (3) が満たされることが容易にわかります. これらの関数の作り方がどうなっているかは行と列の番号と符号をくらべてみればわかります.

列の番号は, $n = 2$ のとき, 1, 2,　$n = 3$ のとき 1, 2, 3

行の番号は, $n = 2$ のとき, 1, 2 は $+$, 2, 1 は $-$

$$n = 3 \text{ のとき,} \quad \left.\begin{matrix} 1, & 2, & 3 \\ 2, & 3, & 1 \\ 3, & 1, & 2 \end{matrix}\right\} \text{は} +, \qquad \left.\begin{matrix} 1, & 3, & 2 \\ 2, & 1, & 3 \\ 3, & 2, & 1 \end{matrix}\right\} \text{は} -$$

となっていることがわかり, 行の番号が表す置換の符号に対応していることが見てとれます. そこで一般の場合に

$$\begin{aligned} D(A) &:= \sum_{i_1,\cdots,i_n} \operatorname{sgn} \begin{pmatrix} 1 & 2 & \cdots & n \\ i_1 & i_2 & \cdots & i_n \end{pmatrix} a_{i_1 1}a_{i_2 2}\cdots a_{i_n n} \\ &= \sum_{\sigma \in S_n} (\operatorname{sgn}\sigma) a_{\sigma(1)1}a_{\sigma(2)2}\cdots a_{\sigma(n)n} \end{aligned}$$

と定義します.

この関数が実際われわれの条件 (1), (2), (3) を満たすことを示さなければなりま

せん．(1) については，たとえば T_{12} の場合を考えれば

$$AT_{12} = \begin{pmatrix} a_{11}+a_{12} & a_{12} & \cdots & a_{1n} \\ a_{21}+a_{22} & a_{22} & \cdots & a_{2n} \\ \vdots & \vdots & \ddots & \vdots \\ a_{n1}+a_{n2} & a_{n2} & \cdots & a_{nn} \end{pmatrix}$$

ですから

$$\begin{aligned} D(AT_{12}) &= \sum_{\sigma} (\operatorname{sgn}\sigma)\,(a_{\sigma(1)}) \\ &= \sum_{\sigma} (\operatorname{sgn}\sigma)\, a_{\sigma(1)1} a_{\sigma(2)2} \cdots a_{\sigma(n)n} \\ &\quad + \sum_{\sigma} (\operatorname{sgn}\sigma)\, a_{\sigma(1)2} a_{\sigma(2)2} \cdots a_{\sigma(n)n} \end{aligned}$$

ところが，第二の和は実は 0 であることが分割 $S_n = A_n \cup A_n\tau$, $\tau = (12)$ を用いてわかります．$\sigma \in A_n\tau$ のとき $\sigma = \sigma'\tau$ ですから

$$(\operatorname{sgn}\sigma)\, a_{\sigma(1)2} a_{\sigma(2)2} \cdots a_{\sigma(n)n} = -(\operatorname{sgn}\sigma')\, a_{\sigma'(2)2} a_{\sigma'(1)2} \cdots a_{\sigma'(n)n}$$

となり，σ' が A_n を動くときの和が，σ が A_n を動くときの和と反対の符号となるからです．

一般の T_{ij} の場合も証明の原理はまったく同様です．

条件 (2) と (3) については明白です．

こうして存在の保証された (1), (2), (3) を満たす関数を $\det A$ または $|A|$ と書き，A の**行列式**とよびます．

この証明に用いられた式

$$\det A = \sum_{\sigma \in S_n} (\operatorname{sgn}\sigma)\, a_{\sigma(1)1}\, a_{\sigma(2)2} \cdots a_{\sigma(n)n}$$

は本質的にはライプニッツによるもので，これから行列式がその各列ベクトルに関して線型であることが直ちにわかります：

$$\begin{vmatrix} \cdots & \alpha a_{1j} + \alpha' a'_{1j} & \cdots \\ & \vdots & \\ \cdots & \alpha a_{nj} + \alpha' a'_{nj} & \cdots \end{vmatrix} = \alpha \begin{vmatrix} \cdots & a_{1j} & \cdots \\ & \vdots & \\ \cdots & a_{nj} & \cdots \end{vmatrix} + \alpha' \begin{vmatrix} \cdots & a'_{1j} & \cdots \\ & \vdots & \\ \cdots & a'_{nj} & \cdots \end{vmatrix}$$

この性質は行列式の計算でしばしば非常に有効となります．

ここで行列式の基本的な性質をまとめておきます (上の存在証明のための記述と多少異なるところにご注意ください)：

(i)　A 正則 $\Longleftrightarrow \det A \neq 0$

とくに A の二つの列が等しければ $\det A = 0$

(ii)　各列ベクトルに関して線型である.

(iii)　二列を交換すれば符号が変わる.

(iv)　$\det({}^tA) = \det A$　(転置しても行列式は変わらない)

(v)　$\det(AB) = (\det A)(\det B)$

注意　性質 (iv) を示すには，A が正則な場合，基本行列の積として表して ${}^tT_{ij} = T_{ji}$, ${}^tD_i(\beta) = D_i(\beta)$ を用いればよい．またこれから

(ii)$'$　各行ベクトルに関して線型である.

も成り立つことがわかる.

展開定理

$$\det A = \sum_{j=1}^{n} (-1)^{i+j} a_{ij} \det A_{ij}$$

ただし A_{ij} は行列 A の第 i 行と第 j 列を取り除いた残りの $n-1$ 次行列を表すものとする.

証明　これを示すには右辺の式で与えられる関数が条件 (1), (2), (3) を満たすことを確かめればよい.　■

注意　もし $i \neq k$ ならば $\displaystyle\sum_{j=1}^{n} (-1)^{i+j} a_{ij} \det A_{kj} = 0$

これは A の第 k 行を第 i 行で置き換えた行列に展開定理を適用したものと考えればよい.

転置行列の行列式がもとの行列の行列式と同じであることを用いれば，列に関する展開式も成り立つことがわかる.

$$\det A = \sum_{i=1}^{n} (-1)^{i+j} a_{ij} \det A_{ij}$$

逆行列

正則な行列 $A=(a_{ij})$ に対して，その逆行列 A^{-1} は

$$A^{-1}=\frac{1}{\det A}(\widetilde{a_{ij}}), \qquad \widetilde{a_{ij}}:=(-1)^{i+j}\det A_{ji}$$

によって与えられます．

これを示すには，$\widetilde{A}=(\widetilde{a_{ij}})$ とするとき

$$\widetilde{A}A=(\det A)I_n$$

であることを示せばよいのですが，

$$\sum_{j=1}^{n}\widetilde{a_{ij}}a_{jk}=\sum_{j=1}^{n}(-1)^{i+j}a_{jk}\det A_{ji}=\begin{cases}0 & (k\neq i)\\ \det A & (k=i)\end{cases}$$

11.2. 行列式の例

(i)　三角行列式 $\begin{vmatrix} a_{11} & a_{12} & & * \\ & a_{22} & & \\ & & \ddots & \\ 0 & & & a_{nn}\end{vmatrix}=a_{11}a_{22}\cdots a_{nn}$

とくに

$$\begin{vmatrix} a_{11} & & & 0 \\ & a_{22} & & \\ & & \ddots & \\ 0 & & & a_{nn}\end{vmatrix}=a_{11}a_{22}\cdots a_{nn}$$

これを応用して，$A_1\in M_p(\boldsymbol{R})$, $A_2\in M_q(\boldsymbol{R})$, $p+q=n$ のとき

$$\begin{vmatrix} A_1 & B \\ 0 & A_2\end{vmatrix}=|A_1|\cdot|A_2|$$

であることがわかります．A_1, A_2 が正則なときに示せば十分で，そのときは

$$\begin{pmatrix} A_1 & B \\ 0 & A_2\end{pmatrix}=\begin{pmatrix} A_1 & 0 \\ 0 & I_q\end{pmatrix}\cdot\begin{pmatrix} I_p & A_1^{-1}B \\ 0 & A_2\end{pmatrix}$$

と分解すればよいでしょう．

(ii)　ヴァンデルモンドの行列式

$$\begin{vmatrix} 1 & \alpha_1 & \alpha_1^2 & \cdots & \alpha_1^{n-1} \\ 1 & \alpha_2 & \alpha_2^2 & \cdots & \alpha_2^{n-1} \\ \vdots & \vdots & \vdots & \ddots & \vdots \\ 1 & \alpha_n & \alpha_n^2 & \cdots & \alpha_n^{n-1} \end{vmatrix} = \prod_{1 \leqq < j \leqq n} (\alpha_j - \alpha_i)$$

これを示すには，$T_{n-1,n}(-\alpha_1) \cdots T_{23}(-\alpha_1) T_{12}(-\alpha_1)$ を右から乗じると，この行列式は

$$\begin{vmatrix} 1 & 0 & 0 & \cdots & 0 \\ 1 & \alpha_2 - \alpha_1 & (\alpha_2 - \alpha_1)\alpha_2 & & (\alpha_2 - \alpha_1)\alpha_2^{n-2} \\ \vdots & \vdots & \vdots & \ddots & \vdots \\ 1 & \alpha_n - \alpha_1 & (\alpha_n - \alpha_1)\alpha_n & \cdots & (\alpha_n - \alpha_1)\alpha_n^{n-2} \end{vmatrix}$$

に等しく，第 1 行について展開し，各行から共通因子 $\alpha_2 - \alpha_1, \cdots, \alpha_n - \alpha_1$ をくくり出して

$$(\alpha_2 - \alpha_1) \cdots (\alpha_n - \alpha_1) \begin{vmatrix} 1 & \alpha_2 & \cdots & \alpha_2^{n-2} \\ 1 & \alpha_3 & \cdots & \alpha_3^{n-2} \\ \vdots & \vdots & \ddots & \vdots \\ 1 & \alpha_n & \cdots & \alpha_n^{n-2} \end{vmatrix}$$

に等しいことがわかり，あとは帰納法によります．

演習問題

1.

$$\begin{vmatrix} \dfrac{1}{a_1 + b_1} & \dfrac{1}{a_1 + b_2} & \cdots & \dfrac{1}{a_1 + b_n} \\ \dfrac{1}{a_2 + b_1} & \dfrac{1}{a_2 + b_2} & \cdots & \dfrac{1}{a_2 + b_n} \\ \vdots & \vdots & \ddots & \vdots \\ \dfrac{1}{a_n + b_1} & \dfrac{1}{a_n + b_2} & \cdots & \dfrac{1}{a_n + b_n} \end{vmatrix} = \frac{\prod_{1 \leqq i < j \leqq n} (a_j - a_i)(b_j - b_i)}{\prod_{\substack{1 \leqq i \leqq n \\ 1 \leqq j \leqq n}} (a_i + b_j)}$$

［ヒント：はじめに $n = 2, 3$ の場合に計算してみて見当をつければ，帰納法に

よって示されます.]

2.

$$\begin{vmatrix} 2 & 1 & 0 & 0 & 0 & 0 & 0 & 0 \\ 1 & 2 & 1 & 0 & 0 & 0 & 0 & 0 \\ 0 & 1 & 2 & 1 & 0 & 0 & 0 & 0 \\ 0 & 0 & 1 & 2 & 1 & 0 & 0 & 0 \\ 0 & 0 & 0 & 1 & 2 & 1 & 0 & 0 \\ 0 & 0 & 0 & 0 & 1 & 2 & 2 & 0 \\ 0 & 0 & 0 & 0 & 0 & 2 & 4 & 1 \\ 0 & 0 & 0 & 0 & 0 & 0 & 1 & 2 \end{vmatrix}$$

[ヒント：$\begin{pmatrix} 1 & & & & \text{\Large 0} \\ b_1 & 1 & & & \\ & b_2 & \ddots & & \\ & & & \ddots & \\ \text{\Large 0} & & & b_7 & 1 \end{pmatrix} \begin{pmatrix} a_1 & c_1 & & & \text{\Large 0} \\ & a_2 & c_2 & & \\ & & \ddots & & \\ & & & \ddots & c_7 \\ \text{\Large 0} & & & & a_8 \end{pmatrix}$ の形の積に分解

することができます.]

第12章　連立一次方程式の解法

この章の話題は，線型代数学のもっとも基本的なテーマの一つである連立一次方程式の解き方をめぐってです．解の存在についての議論が主体となる理論的な部分と，実際の解き方についてのアルゴリズム的な部分と，二つにおのずと分かれます．

n 個の未知数 $x_1, \cdots, x_n$ に関する m 個の一次方程式 (線型方程式ともいいます) の系：

$$(1)\quad \begin{cases} a_{11}x_1 + a_{12}x_2 + \cdots + a_{1n}x_n = b_1 \\ a_{21}x_1 + a_{22}x_2 + \cdots + a_{2n}x_n = b_2 \\ \quad\vdots \qquad\quad \vdots \qquad\qquad\quad \vdots \qquad\quad \vdots \\ a_{m1}x_1 + a_{m2}x_2 + \cdots + a_{mn}x_n = b_m \end{cases}$$

について考えます．係数の行列

$$A := \begin{pmatrix} a_{11} & a_{12} & \cdots & a_{1n} \\ a_{21} & a_{22} & \cdots & a_{2n} \\ \vdots & \vdots & \ddots & \vdots \\ a_{m1} & a_{m2} & \cdots & a_{mn} \end{pmatrix}$$

とベクトル

$$\boldsymbol{x} = \begin{pmatrix} x_1 \\ x_2 \\ \vdots \\ x_n \end{pmatrix} \in \boldsymbol{R}^n, \qquad \boldsymbol{b} = \begin{pmatrix} b_1 \\ b_2 \\ \vdots \\ b_m \end{pmatrix} \in \boldsymbol{R}^m$$

を用いて，この方程式系は

(1)′　$A\boldsymbol{x} = \boldsymbol{b}$

と簡単に書くことができます．さらに第三の記法として

(1)″　$f_A(\boldsymbol{x}) = \boldsymbol{b}$

とも書くことができます．これら三つの表記法にはそれぞれの特色があって，(1) はもっとも具体的，(1)′ はいちばん短く，計算のアルゴリズムに適している，(1)″ は理論的に最適であるといえましょう．これからの議論がそれをよく示していると思われます．

また，右辺 $\boldsymbol{b} = \boldsymbol{0}$ の場合を斉次，$\boldsymbol{b} \neq \boldsymbol{0}$ の場合を非斉次といいます．

12.1. 解の存在条件

方程式系 (1) の解の存在のための必要十分条件はさまざまにのべられますが，今までの結果を用いてもっとも手っ取り早いものは次の定理によって与えられます．

定理　方程式 $A\boldsymbol{x} = \boldsymbol{b}$ に解があるための必要十分条件は，

$$r(A) = r(A\boldsymbol{b})$$

すなわち行列

$$\begin{pmatrix} a_{11} & \cdots & a_{1n} \\ \vdots & \ddots & \vdots \\ a_{m1} & \cdots & a_{mn} \end{pmatrix} \quad と \quad \begin{pmatrix} a_{11} & \cdots & a_{1n} & b_1 \\ \vdots & \ddots & \vdots & \vdots \\ a_{m1} & \cdots & a_{mn} & b_m \end{pmatrix}$$

が同じ階数をもつことである．

証明　行列 A の各列を $\boldsymbol{a}_1, \cdots, \boldsymbol{a}_n$ と記せば

$$A\boldsymbol{x} = \boldsymbol{b} \Longleftrightarrow x_1\boldsymbol{a}_1 + \cdots + x_n\boldsymbol{a}_n = \boldsymbol{b}$$

であることにまず注意する．定義から

$$r(A) = \dim L(\boldsymbol{a}_1, \cdots, \boldsymbol{a}_n), \qquad r(A\boldsymbol{b}) = \dim L(\boldsymbol{a}_1, \cdots, \boldsymbol{a}_n, \boldsymbol{b})$$

だから

$$r(A) = r(A\boldsymbol{b}) \Longleftrightarrow L(\boldsymbol{a}_1, \cdots, \boldsymbol{a}_n) = L(\boldsymbol{a}_1, \cdots, \boldsymbol{a}_n, \boldsymbol{b})$$

この最後の条件は $\boldsymbol{b} \in L(\boldsymbol{a}_1, \cdots, \boldsymbol{a}_n)$ と同値. ∎

もし $\boldsymbol{x}_0$ が $A\boldsymbol{x} = \boldsymbol{b}$ の一つの解ならば，一般解は斉次方程式 $A\boldsymbol{x} = 0$ の解を用いて $\boldsymbol{x}_0 + \boldsymbol{x}$ の形に表されることに注意しておきます.

> **系**　方程式 $A\boldsymbol{x} = \boldsymbol{b}$ が一意的な解をもつための必要十分条件は，$r(A) = n$，またはこれと同値な条件：$\mathrm{Ker}\, A := \mathrm{Ker}\, f_A = \{0\}$ である.
>
> とくに $n = m$ である場合においては，この条件は $\det A \neq 0$ と書くことができて，しかもこの場合
>
> $$\boldsymbol{x} = A^{-1}\boldsymbol{b}$$
>
> がその解を与える.

12.2. クラメルの公式

未知数の数 n と方程式の数 m とが等しい場合，つまり A が正方行列の場合には，この解がさらに次の有名なクラメルの公式によって具体的に与えられます.

方程式 $A\boldsymbol{x} = \boldsymbol{b}$ を書きかえれば

$$x_1 \begin{pmatrix} a_{11} \\ \vdots \\ a_{n1} \end{pmatrix} + \cdots + \begin{pmatrix} a_{1i}x_i - b_1 \\ \vdots \\ a_{ni}x_i - b_n \end{pmatrix} + \cdots + x_n \begin{pmatrix} a_{1n} \\ \vdots \\ a_{nn} \end{pmatrix} = 0$$

となり，これは n 個のベクトル

$$\boldsymbol{a}_1, \ \cdots, \ x_i\boldsymbol{a}_i - \boldsymbol{b}, \ \cdots, \ \boldsymbol{a}_n$$

が従属であることを示しますから，行列式の性質から

$$\begin{vmatrix} a_{11} & \cdots & a_{1i}x_i - b_1 & \cdots & a_{1n} \\ \vdots & \ddots & \vdots & \ddots & \vdots \\ a_{n1} & \cdots & a_{ni}x_i - b_n & \cdots & a_{nn} \end{vmatrix} = 0$$

すなわち

$$x_i \begin{vmatrix} a_{11} & \cdots & a_{1n} \\ \vdots & \ddots & \vdots \\ a_{n1} & \cdots & a_{nn} \end{vmatrix} = \begin{vmatrix} a_{11} & \cdots & b_1 & \cdots & a_{1n} \\ \vdots & \ddots & \vdots & \ddots & \vdots \\ a_{n1} & \cdots & b_n & \cdots & a_{nn} \end{vmatrix}$$

こうしてクラメルの公式

$$x_i = \frac{\begin{vmatrix} a_{11} & \cdots & b_1 & \cdots & a_{1n} \\ \vdots & \ddots & \vdots & \ddots & \vdots \\ a_{n1} & \cdots & b_n & \cdots & a_{nn} \end{vmatrix}}{\begin{vmatrix} a_{11} & \cdots & \cdots & a_{1n} \\ \vdots & & \ddots & \vdots \\ a_{n1} & \cdots & \cdots & a_{nn} \end{vmatrix}}$$

が成り立ちます．ここで分子は分母の行列式の第 i 列を $\boldsymbol{b}$ でおきかえたものです．

応用例として，

$$\begin{cases} x + y + z = 1 \\ ax + by + cz = d \\ a^2x + b^2y + c^2z = d^2 \end{cases}$$

を解いてみれば，

$$\begin{vmatrix} 1 & 1 & 1 \\ a & b & c \\ a^2 & b^2 & c^2 \end{vmatrix} = (a-b)(b-c)(c-a)$$

だから，$a \neq b \neq c \neq a$ ならば

$$x = \frac{(d-b)(c-d)}{(a-b)(c-a)}, \qquad y = \frac{(a-d)(d-c)}{(a-b)(b-c)}, \qquad z = \frac{(b-d)(d-a)}{(b-c)(c-a)}$$

が解を与えます．

このように，クラメルの公式は，文字を係数として，係数の配列が規則的な方程式の場合にとくに有効です．また分母，分子の行列式が成分の a_{ij}, b_i の多項式として，これらに連続的に依存することから，方程式の係数とか右辺のベクトル $\boldsymbol{b}$ を少し変化させれば，解も少ししか変化しないことを示しています．このようにこの公式は理論的な考察に重要な役割を果たしています．

12. 3. 係数行列 A の基本変形との関係

一般の場合にもどって，$r(A) = r$ で，基本変形の行列の積 S, T を用いて

$$SAT = \left(\begin{array}{c|c} I_r & 0 \\ \hline 0 & 0 \end{array}\right)$$

となったとします．

$A\boldsymbol{x} = \boldsymbol{b}$ であるとき

$$\widetilde{\boldsymbol{x}} := T^{-1}\boldsymbol{x}, \qquad \widetilde{\boldsymbol{b}} := S\boldsymbol{b}$$

とおけば

$$\widetilde{\boldsymbol{b}} = S\boldsymbol{b} = SA\boldsymbol{x} = SAT\widetilde{\boldsymbol{x}} = \left(\begin{array}{c|c} I_r & 0 \\ \hline 0 & 0 \end{array}\right)\widetilde{\boldsymbol{x}} = \begin{pmatrix} \widetilde{x}_1 \\ \vdots \\ \widetilde{x}_r \\ 0 \\ \vdots \\ 0 \end{pmatrix}$$

したがって解の存在の必要条件として

$$\widetilde{\boldsymbol{b}} = S\boldsymbol{b} = \begin{pmatrix} * \\ \vdots \\ * \\ 0 \\ \vdots \\ 0 \end{pmatrix} \begin{matrix} \left.\vphantom{\begin{matrix} * \\ \vdots \\ * \end{matrix}}\right\} r \\ \left.\vphantom{\begin{matrix} 0 \\ \vdots \\ 0 \end{matrix}}\right\} m-r \end{matrix}$$

が得られ，しかもこのとき解 $\boldsymbol{x}$ は

$$\boldsymbol{x} = T\begin{pmatrix} \widetilde{b}_1 \\ \vdots \\ \widetilde{b}_r \\ c_{r+1} \\ \vdots \\ c_m \end{pmatrix} \qquad (c_{r+1} \cdots, c_m \text{は任意})$$

によって与えられます．この計算を逆にたどれば，この条件が十分条件であることも示されます．

この条件はまた次のように行列 S を用いないで表すこともできます：

$$\boldsymbol{y} \in \boldsymbol{R}^m \text{ に対して } \quad {}^t A\boldsymbol{y} = 0 \quad \text{ならば} \quad {}^t\boldsymbol{b}\boldsymbol{y} = 0$$

これを見るには，まず

$$\widetilde{\boldsymbol{b}} = S\boldsymbol{b} = \begin{pmatrix} * \\ \vdots \\ * \\ 0 \\ \vdots \\ 0 \end{pmatrix} \begin{matrix} \left.\vphantom{\begin{matrix} * \\ \vdots \\ * \end{matrix}}\right\} r \\ \left.\vphantom{\begin{matrix} 0 \\ \vdots \\ 0 \end{matrix}}\right\} m-r \end{matrix} \iff \widetilde{\boldsymbol{y}} = \begin{pmatrix} 0 \\ \vdots \\ 0 \\ * \\ \vdots \\ * \end{pmatrix} \begin{matrix} \left.\vphantom{\begin{matrix} * \\ \vdots \\ * \end{matrix}}\right\} r \\ \left.\vphantom{\begin{matrix} 0 \\ \vdots \\ 0 \end{matrix}}\right\} m-r \end{matrix} \text{ ならば } {}^t\widetilde{\boldsymbol{b}}\,\widetilde{\boldsymbol{y}} = 0$$

に注意します．ここで

$$\widetilde{\boldsymbol{y}} = \begin{pmatrix} 0 \\ \vdots \\ 0 \\ * \\ \vdots \\ * \end{pmatrix} \begin{matrix} \left.\vphantom{\begin{matrix} * \\ \vdots \\ * \end{matrix}}\right\} r \\ \left.\vphantom{\begin{matrix} 0 \\ \vdots \\ 0 \end{matrix}}\right\} m-r \end{matrix} \iff {}^tT\,{}^tA\,{}^tS\,\widetilde{\boldsymbol{y}} = 0 \iff {}^tA\,{}^tS\,\widetilde{\boldsymbol{y}} = 0$$

ですから，$\boldsymbol{y} := {}^tS\,\widetilde{\boldsymbol{y}}$ とおけば，これは ${}^t\widetilde{\boldsymbol{b}}\,\widetilde{\boldsymbol{y}} = {}^t\boldsymbol{b}\,{}^tS\,\widetilde{\boldsymbol{y}} = {}^t\boldsymbol{b}\boldsymbol{y}$ に注意すれば

$${}^tA\boldsymbol{y} = 0 \quad \text{ならば} \quad {}^t\boldsymbol{b}\boldsymbol{y} = 0$$

という形に表されます．

応用例

任意の行列 A と任意の $\boldsymbol{b}$ に対して

$${}^tAA\boldsymbol{x} = {}^tA\boldsymbol{b}$$

は常に解をもっています．

実際，上の条件はこの方程式の場合

$$ {}^t({}^tAA)\boldsymbol{y} = 0 \quad ならば \quad {}^t({}^tA\boldsymbol{b})\,\boldsymbol{y} = 0 $$

すなわち

$$ {}^tAA\boldsymbol{y} = 0 \quad ならば \quad {}^t\boldsymbol{b}A\boldsymbol{y} = 0 $$

となります．しかし

$$ {}^t(A\boldsymbol{y})(A\boldsymbol{y}) = {}^t\boldsymbol{y}({}^tAA\boldsymbol{y}) = 0 \quad より \quad A\boldsymbol{y} = 0 $$

ですから，当然 ${}^t\boldsymbol{b}A\boldsymbol{y} = 0$ で，この条件がみたされていることがわかります．

これは最小自乗法の原理の基礎を与えるものですが，これについては次章で補足します．

一般の場合の実用的な解法については，後にガウスのアルゴリズムの章でくわしくのべますので，ここでは関連した特別な場合についてのべることとします．

12.4. *LR* 分解

もし行列 A に対して，対角線上に 1 をもつ下三角行列

$$ L = \begin{pmatrix} 1 & & & \text{\Large 0} \\ t_{21} & 1 & & \\ \vdots & \vdots & \ddots & \\ t_{n1} & t_{n2} & \cdots & 1 \end{pmatrix} $$

と，対角線上に 0 がない上三角行列

$$ R = \begin{pmatrix} t_{11} & t_{12} & \cdots & t_{1n} \\ & t_{22} & \cdots & t_{2n} \\ & & \ddots & \vdots \\ \text{\Large 0} & & & t_{nn} \end{pmatrix}, \qquad t_{ii} \neq 0 \; (1 \leqq i \leqq n) $$

が存在して，

$$ A = LR $$

の形の分解ができる場合には，方程式 $A\boldsymbol{x} = \boldsymbol{b}$ を解くことは，順ぐりに

i)　$L\boldsymbol{y} = \boldsymbol{b}$,　　ii)　$R\boldsymbol{x} = \boldsymbol{y}$

を解くことに帰着し，i) は $y_1, \cdots, y_n$ の順に，ii) は $x_n, \cdots, x_1$ の順に容易に

計算されます.

このような LR 分解可能なための条件として次のものがあります.

定理 行列 A が LR 分解をもつために必要十分な条件は, $1 \leqq k \leqq n$ に対して

$$|A_k| \neq 0, \qquad A_k := \begin{pmatrix} a_{11} & \cdots & a_{1k} \\ \vdots & \ddots & \vdots \\ a_{k1} & \cdots & a_{kk} \end{pmatrix}$$

が成り立つことである.

証明 これが必要条件であることは

$$L = \left(\begin{array}{c|cc} L_k & & 0 \\ \hline & 1 & 0 \\ * & & \ddots \\ & * & & 1 \end{array}\right), \qquad R = \left(\begin{array}{c|cc} R_k & & * \\ \hline & * & * \\ 0 & & \ddots \\ & 0 & & * \end{array}\right)$$

と分けてみれば, $A = LR$ ならば $A_k = L_k R_k$ となることからすぐわかる.

逆にこれが十分条件であることも, k に関する帰納法によって, $1 \leqq k \leqq n-1$ に対して結果が成り立つと仮定すれば,

$$A_{k+1} = \begin{pmatrix} A_k & \boldsymbol{b}_k \\ {}^t\boldsymbol{c}_k & d_k \end{pmatrix} \qquad \begin{pmatrix} \boldsymbol{b}_k,\ \boldsymbol{c}_k \in \boldsymbol{R}^k \\ d_k = a_{k+1,k+1} \in \boldsymbol{R} \end{pmatrix}$$

に対して

$$L_{k+1} := \left(\begin{array}{c|c} L_k & 0 \\ \hline {}^t\boldsymbol{c}_k R_k^{-1} & 1 \end{array}\right), \qquad R_{k+1} := \left(\begin{array}{c|c} R_k & L_k^{-1}\boldsymbol{b}_k \\ \hline 0 & d_k - {}^t\boldsymbol{c}_k R_k^{-1} L_k^{-1} \boldsymbol{b}_k \end{array}\right)$$

とおけば

$$A_{k+1} = L_{k+1} R_{k+1}$$

が成り立ち, $k = n-1$ として結果が示される. ∎

例

$$\begin{pmatrix}1&1&1&1\\1&2&2&2\\1&2&3&3\\1&2&3&4\end{pmatrix}\begin{pmatrix}x_1\\x_2\\x_3\\x_4\end{pmatrix}=\begin{pmatrix}a\\b\\c\\d\end{pmatrix}$$

を解くには

$$\begin{pmatrix}1&1&1&1\\1&2&2&2\\1&2&3&3\\1&2&3&4\end{pmatrix}=\begin{pmatrix}1&0&0&0\\1&1&0&0\\1&1&1&0\\1&1&1&1\end{pmatrix}\begin{pmatrix}1&1&1&1\\0&1&1&1\\0&0&1&1\\0&0&0&1\end{pmatrix}$$

と分解されますから

$$\begin{pmatrix}1&0&0&0\\1&1&0&0\\1&1&1&0\\1&1&1&1\end{pmatrix}\begin{pmatrix}y_1\\y_2\\y_3\\y_4\end{pmatrix}=\begin{pmatrix}a\\b\\c\\d\end{pmatrix}\quad から \quad \begin{pmatrix}y_1\\y_2\\y_3\\y_4\end{pmatrix}=\begin{pmatrix}a\\b-a\\c-b\\d-c\end{pmatrix}$$

次に

$$\begin{pmatrix}1&1&1&1\\0&1&1&1\\0&0&1&1\\0&0&0&1\end{pmatrix}\begin{pmatrix}x_1\\x_2\\x_3\\x_4\end{pmatrix}=\begin{pmatrix}a\\b-a\\c-b\\d-c\end{pmatrix}\quad より \quad \begin{pmatrix}2a-b\\-a+2b-c\\-b+2c-d\\-c+d\end{pmatrix}$$

これは

$$\begin{pmatrix}x_1\\x_2\\x_3\\x_4\end{pmatrix}=\begin{pmatrix}2&-1&0&0\\-1&2&-1&0\\0&-1&2&-1\\0&0&-1&1\end{pmatrix}\begin{pmatrix}a\\b\\c\\d\end{pmatrix}$$

と書くことができて,

$$\begin{pmatrix}1&1&1&1\\1&2&2&2\\1&2&3&3\\1&2&3&4\end{pmatrix}^{-1}=\begin{pmatrix}2&-1&0&0\\-1&2&-1&0\\0&-1&2&-1\\0&0&-1&1\end{pmatrix}$$

であることを意味しています.

この最後の行列のような, いわゆる “幅 3 の広義の対角行列” で LR 分解可能な例として，次のような場合があります：

$$A = \begin{pmatrix} a_1 & c_2 & 0 & & & & \\ b_1 & a_2 & c_3 & & & & \\ 0 & b_2 & a_3 & & & & \\ & & & \ddots & & & \\ & & & & a_{n-2} & c_{n-1} & 0 \\ & & & & b_{n-2} & a_{n-1} & c_n \\ & & & & 0 & b_{n-1} & a_n \end{pmatrix}$$

(主対角線上に $a_1, a_2, \cdots, a_n$;その上の斜め線上に $c_2, c_3, \cdots, c_n$;
その下の斜め線上に $b_1, b_2, \cdots, b_{n-1}$;それ以外はすべて 0;
つまり $|i-j| \geqq 2$ ならば $a_{ij} = 0$ ということです)

に対して，次の条件

$$\begin{cases} |a_1| > |b_1| > 0, \\ 2 \leqq k \leqq n-1 \text{ のとき} \quad |a_k| \geqq |b_k| + |c_k|,\ b_k \neq 0,\ c_k \neq 0 \\ |a_n| \geqq |c_n| > 0 \end{cases}$$

が成り立つならば，帰納的に

$$\begin{aligned} &\alpha_1 := a_1, \qquad \beta_1 := b_1\alpha_1^{-1} \\ &\alpha_2 := a_2 - \beta_1 c_2, \qquad \beta_2 := b_2\alpha_2^{-1} \\ &\qquad\qquad \cdots\cdots \\ &\alpha_k := a_k - \beta_{k-1}c_k, \qquad \beta_k := b_k\alpha_k^{-1} \quad (2 \leqq k \leqq n-1) \\ &\qquad\qquad \cdots\cdots \\ &\alpha_n := a_{n-1} - \beta_{n-1}c_n \end{aligned}$$

と定めれば，

$$L = \begin{pmatrix} 1 & & & & & 0 \\ \beta_1 & 1 & & & & \\ & \beta_2 & & & & \\ & & \ddots & & & \\ & & & \beta_{n-2} & 1 & \\ 0 & & & & \beta_{n-1} & 1 \end{pmatrix}, \qquad R = \begin{pmatrix} \alpha_1 & c_2 & & & & 0 \\ & \alpha_2 & c_3 & & & \\ & & \alpha_3 & \ddots & & \\ & & & \ddots & \ddots & \\ & & & & \alpha_{n-1} & c_n \\ 0 & & & & & \alpha_n \end{pmatrix}$$

とおいて $A = LR$ が成り立ちます.

さらにこのとき

i) $\alpha_1, \alpha_2, \cdots, \alpha_n \neq 0$

ii) $|\beta_1|, |\beta_2|, \cdots |\beta_{n-1}| < 1$

となっています.

それを示すには帰納法によりますが，まず

$$\alpha_1 \neq 0, \qquad |\beta_1| < 1$$

は仮定 $|a_1| > |b_1| > 0$ から明らかです．そこで

$$|\beta_{k-1}| < 1$$

とすれば

$$\begin{aligned}|\alpha_k| &= |a_k - \beta_{k-1}c_k| \geqq |a_k| - |\beta_{k-1}||c_k| > |a_k| - |c_k| \\ &\geqq |b_k| > 0\end{aligned}$$

から，まず $\alpha_k \neq 0$，そして $|\beta_k| = |b_k|/|\alpha_k| < 1$ がわかります.

結論として，上の仮定をみたす“幅 3 の広義対角行列”A が正則なことがわかります ($|A| = |L||R| = \alpha_1 \cdots \alpha_n \neq 0$ だから).

行列

$$\begin{pmatrix} 2 & -1 & 0 & 0 \\ -1 & 2 & -1 & 0 \\ 0 & -1 & 2 & -1 \\ 0 & 0 & -1 & 1 \end{pmatrix}$$

はこの条件をみたしていますが,

$$L = \begin{pmatrix} 1 & 0 & 0 & 0 \\ -\dfrac{1}{2} & 1 & 0 & 0 \\ 0 & -\dfrac{2}{3} & 1 & 0 \\ 0 & 0 & -\dfrac{3}{4} & 1 \end{pmatrix}, \qquad R = \begin{pmatrix} 2 & -1 & 0 & 0 \\ 0 & \dfrac{3}{2} & -1 & 0 \\ 0 & 0 & \dfrac{4}{3} & -1 \\ 0 & 0 & 0 & \dfrac{1}{4} \end{pmatrix}$$

となることを確かめてください.

演習問題

1.

$$\begin{cases} \dfrac{x_1}{a_1-\alpha_1}+\dfrac{x_2}{a_1-\alpha_2}+\cdots+\dfrac{x_n}{a_1-\alpha_n}=1 \\ \dfrac{x_1}{a_2-\alpha_1}+\dfrac{x_2}{a_2-\alpha_2}+\cdots+\dfrac{x_n}{a_2-\alpha_n}=1 \\ \quad\vdots \qquad\qquad \vdots \qquad\qquad\qquad \vdots \qquad\quad \vdots \\ \dfrac{x_1}{a_n-\alpha_1}+\dfrac{x_2}{a_n-\alpha_2}+\cdots+\dfrac{x_n}{a_n-\alpha_n}=1 \end{cases}$$

を解け．ただし $1 \leqq i,\, j \leqq n$ に対して $a_i \neq \alpha_j$ とする．

第13章　内積空間

この講義のはじめのほうで，線型代数学は古典的なユークリッド幾何学の現代理論だといいました．しかし実は今までにお話ししたことがらだけではまだ十分ではありません．たとえば正三角形，直角三角形など長さと角度にかかわる概念を取り扱うためには，さらに新しい構造を追加しなければなりません．それがこれからお話しする内積によって与えられるのです．

13.1. 線型空間の内積

$\boldsymbol{R}$ 上の線型空間 V の元 x, y に対して，実数 $\langle x, y\rangle$ が定められていて，以下の性質をもつとき，**内積**であるといいます．

(1)　$\langle x+y, z\rangle = \langle x, z\rangle + \langle y, z\rangle$
　　$\langle x, y+z\rangle = \langle x, y\rangle + \langle x, z\rangle$　　(双線型性)
　　$\langle \lambda x, y\rangle = \lambda\langle x, y\rangle,\quad \langle x, \lambda y\rangle = \lambda\langle x, y\rangle$

(2)　$\langle x, y\rangle = \langle y, x\rangle$　　(対称性)

(3)　$x \neq 0$ ならば $\langle x, x\rangle > 0$　　(正定値性)

内積が与えられた $\boldsymbol{R}$ 上の有限次元の線型空間のことをユークリッド空間とよぶことがあります．

例 1　$V = \boldsymbol{R}^n$, $\langle \boldsymbol{x}, \boldsymbol{y}\rangle := x_1y_1 + \cdots + x_ny_n$

$$= {}^t\boldsymbol{x}\boldsymbol{y} = {}^t\boldsymbol{y}\boldsymbol{x}$$

これを $\boldsymbol{R}^n$ の標準内積とよび，これは狭い意味でのユークリッド空間で E_n と記されることがあります．

例 2　$V = C([-1, 1])$ (区間 $[-1, 1]$ 上の連続関数の作る線型空間)

$$\langle f, g\rangle := \int_{-1}^{1} f(t)g(t)dt$$

内積 $\langle x, y\rangle$ の与えられた線型空間 V で

$$||x|| := \sqrt{\langle x, x\rangle}$$

とおいて x の**ノルム**を定義します.

13.2. コーシー－シュワルツの不等式

$$x, y \in V \quad \text{に対して} \quad |\langle x, y\rangle| \leqq ||x|| \cdot ||y||$$

ここで等号が成り立つのは x, y が従属のときに限る.

証明　もし $y = 0$ なら明らかだから, $y \neq 0$ と仮定してよい.

$$\lambda := \frac{\langle x, y\rangle}{||y||^2}$$

とおけば

$$\begin{aligned} 0 \leqq \langle x - \lambda y, x - \lambda y\rangle &= ||x||^2 - 2\lambda\langle x, y\rangle + \lambda^2||y||^2 \\ &= \frac{||x||^2 \cdot ||y||^2 - \langle x, y\rangle^2}{||y||^2} \end{aligned}$$

これからただちにわれわれの主張がわかる (もし等号が成り立てば $x = \lambda y$). ∎

13.3. ノルムの性質

(i)　$||x|| \geqq 0$; $||x|| = 0 \Longleftrightarrow x = 0$

(ii)　$||\lambda x|| = |\lambda|\,||x||$　$(\lambda \in \boldsymbol{R},\ x \in V)$

(iii)　$||x + y|| \leqq ||x|| + ||y||$　(三角不等式)

証明　はじめの二つは明らか. (iii) については

$$\begin{aligned} ||x + y||^2 = \langle x + y, x + y\rangle &= ||x||^2 + 2\langle x, y\rangle + ||y||^2 \\ &\leqq ||x||^2 + 2||x||\,||y|| + ||y||^2 = (||x|| + ||y||)^2 \end{aligned}$$ ∎

13.4. 角の定義と直交関係

内積空間 V の二つの元 x, y に対して，コーシー－シュワルツの不等式から

$$|\langle x, y\rangle| \leqq ||x||\,||y||$$

だから，

$$\langle x, y\rangle = \cos\alpha(x, y), \qquad 0 \leqq \alpha(x, y) \leqq \pi$$

を満たす実数 $\alpha(x, y)$ がただ一つ確定します．これを x, y のなす角と定めます．とくに $\langle x, y\rangle = 0$ のとき，x と y とは (互いに) **直交する**といって，記号 $x \perp y$ で表します．

> **ピタゴラスの定理**
>
> $$x \perp y \quad \text{ならば} \quad ||x+y||^2 = ||x||^2 + ||y||^2$$

V の任意の空でない部分集合 M に対してその**直交補集合** $M^{\perp}$ を

$$M^{\perp} := \{x \in V \mid \text{すべての } y \in M \text{ に対して } x \perp y\}$$

によって定義します．これは V の線型部分空間となっています．実際 $0 \in M^{\perp}$ だから $M^{\perp}$ は空集合ではなく，$x, y \in M^{\perp}$，$\alpha, \beta \in R$ ならば $z \in M$ に対して $\langle x, z\rangle = \langle y, z\rangle = 0$ だから

$$\langle \alpha x + \beta y, z\rangle = \alpha\langle x, z\rangle + \beta\langle y, z\rangle = 0$$

すなわち $\alpha x + \beta y \in M^{\perp}$．

以下の性質はいずれもほとんど明らかです．

(i)　$M \cap M^{\perp} = \{0\}$

(ii)　$M \subset N$ ならば $M^{\perp} \supset N^{\perp}$

(iii)　$M^{\perp\perp} := (M^{\perp})^{\perp}$ とすると $M^{\perp\perp} \supset M$

(後に，実は M が線型部分空間ならば $M^{\perp\perp} = M$ となることが示されて，任意の部分集合の場合は $M^{\perp\perp}$ は M を含む最小の部分空間，つまり M の生成する部分空間であることがわかります．)

13.5. 正規直交系

内積空間 V の部分集合 $\{x_1, \cdots, x_r\}$ に対して

$$\langle x_i, x_j \rangle = \delta_{ij} = \begin{cases} 1 & (i = j) \\ 0 & (i \neq j) \end{cases}$$

であるとき，正規直交系 (orthonormal) といいます．

補題 1　$\{x_1, \cdots, x_r\}$ が正規直交系なら独立である．

証明　もし $\lambda_1 x_1 + \cdots + \lambda_r x_r = 0$ ならば，x_i との内積をとれば $\lambda_i = 0$. ∎

補題 2　V の基底 $\mathscr{B} = (x_1, \cdots, x_n)$ が同時に正規直交系でもあれば (正規直交基底という)，任意の $x \in V$ に対して

$$x = \sum_{i=1}^{n} \langle x, x_i \rangle \, x_i$$

しかも

$$||x||^2 = \sum_{i=1}^{n} \langle x, x_i \rangle^2$$

証明　$x = \sum\limits_{i=1}^{n} \lambda_i x_i$ と表せるから

$$\langle x, x_i \rangle = \sum \langle \lambda_j x_j, x_i \rangle = \lambda_i$$ ∎

補題 3　$\{x_1, \cdots, x_r\}$ が内積空間 V の正規直交系ならば，

$$U := L(x_1, \cdots, x_r) = \left\{ \sum_{i=1}^{r} \lambda_i x_i \,\middle|\, \lambda_i \in \boldsymbol{R},\ 1 \leqq i \leqq r \right\}$$

とするとき，任意の $x \in V$ は

$$x = y + z, \qquad y \in U, \qquad z \in U^{\perp}$$

とただ一通りに分解される．すなわち

$$V = U \oplus U^{\perp} \qquad (\text{直和})$$

証明　$y := \sum_{i=1}^{r} \langle x, x_i \rangle x_i$, $z := x - y$ とおけば $y \in U$, $z \in U^{\perp}$ で確かに $x = y + z$.

もし $x = y' + z', y' \in U, z' \in U^{\perp}$ ならば

$$y - y' = z' - z \in U \cap U^{\perp}$$

となって $y - y' = 0 = z' - z$, すなわち $y' = y$, $z' = z$. ∎

系 1　U が V の線型部分空間ならば，$U^{\perp\perp} = U$.

証明　実際 $x \in U^{\perp\perp}$ ならば $x = y + z$, $y \in U$, $z \in U^{\perp}$ と分解すると $z = x - y \in U^{\perp} \cap U^{\perp\perp}$ より $z = 0$. ∎

系 2　$x, y \in V$, $x \neq 0$ で，$x \perp z$ ならば常に $y \perp z$ であれば

$$y = \lambda x \qquad (\lambda \in \boldsymbol{R})$$

である．

証明　$U = \boldsymbol{R}x$ として $y \in U^{\perp\perp} = U$. ∎

系 3　内積空間 V の部分空間 U に対して

$$U^{\perp} = \{0\}$$

ならば，$U = V$ である．

以上の議論では正規直交系が存在するものとしていますが，はたして任意の内積空間で常に正規直交系が存在するものだろうかという疑問があります．答えは肯定的で，次の有名な**シュミットの直交化**という手法があります．

定理　内積空間の独立な部分集合 $\{x_1, \cdots, x_r\}$ に対して，次のように正規直交系 $\{\widetilde{x}_1, \cdots, \widetilde{x}_r\}$ を作ることができる．

$$\begin{cases} \widetilde{x}_1 = \alpha_{11}x_1 & (\alpha_{11} > 0) \\ \widetilde{x}_2 = \alpha_{12}x_1 + \alpha_{22}x_2 & (\alpha_{22} > 0) \\ \cdots\cdots & \\ \widetilde{x}_r = \alpha_{1r}x_1 + \alpha_{2r}x_2 + \cdots\cdots + \alpha_{rr}x_r & (\alpha_{rr} > 0) \end{cases}$$

$1 \leqq k \leqq r$ のとき

$$L(x_1, \cdots, x_k) = L(\widetilde{x}_1, \cdots, \widetilde{x}_k)$$

となっている．

証明　独立の仮定から $x_1 \neq 0$, $||x_1|| \neq 0$ だから

$$\alpha_{11} := \frac{1}{||x_1||}, \qquad \widetilde{x}_1 = \alpha_{11}x_1$$

とおく．

$$x_2' := x_2 - \langle x_2, \widetilde{x}_1 \rangle \widetilde{x}_1 = x_2 - \alpha_{11}^2 \langle x_2, x_1 \rangle x_1$$

とおけば $x_2' \perp \widetilde{x}_1$, (x_1, x_2) は独立だから $x_2' \neq 0$ であって，$||x_2'|| \neq 0$ だから

$$\alpha_{22} := \frac{1}{||x_2'||}, \qquad \widetilde{x}_2 := \alpha_{22}x_2'$$

とおく．

帰納的に

$$\widetilde{x}_k := \frac{x_k - \langle x_k, \widetilde{x}_1 \rangle \widetilde{x}_1 - \cdots - \langle x_k, \widetilde{x}_{k-1} \rangle \widetilde{x}_{k-1}}{||x_k - \langle x_k, \widetilde{x}_1 \rangle \widetilde{x}_1 - \cdots - \langle x_k, \widetilde{x}_{k-1} \rangle \widetilde{x}_{k-1}||}$$

とおけばよい．

これによって V の任意の部分空間 U に対して，正規直交系で U を生成するもの (つまり U の正規直交基底) が存在することがわかる．　■

さきの補題 3 から，U に対して

$$V = U \oplus U^{\perp}$$

と直交する直和に分解されますが，$x \in V$ に対して

$$x = y + z, \quad y \in U, \qquad z \in U^{\perp}$$

のとき

$$y := P_U x$$

とおけば V から U への線型写像 P_U が定義され，これを U への**直交射影**とよびます．

13.6. 直交変換

内積空間 V から内積空間 W への線型写像 f で条件

$$\langle f(x), f(y) \rangle = \langle x, y \rangle \qquad (x, y \in V)$$

を満足するものを，等長変換または**直交変換**とよびます．

このような変換は必ず単射となります：$f(x) = 0$ なら $\langle x, x \rangle = \langle f(x), f(x) \rangle = 0$ より $x = 0$.

また，この条件は

$$\text{すべての } x \in V \text{ に対して } \langle f(x), f(x) \rangle = \langle x, x \rangle$$

としても同値なことがわかります (演習問題 **1** を参照).

補題　線型写像 $f : V \to W$ が直交変換であるための一つの必要十分条件は，V の正規直交基底 $(x_1, \cdots, x_n)$ に対して $(f(x_1), \cdots, f(x_n))$ が W の正規直交系となることである．

証明　必要なことは明らか．十分条件であることは，$x, y \in V$ に対して $x = \sum_{i=1}^{n} \xi_i x_i$, $y = \sum_{i=1}^{n} \eta_i x_i$ と表してみれば

$$\langle f(x), f(y) \rangle = \sum \xi_i \eta_j \langle f(x_i), f(x_j) \rangle = \sum_{i=1}^{n} \xi_i \eta_i = \langle x, y \rangle \qquad \blacksquare$$

定理　正方行列 A に対して，以下の条件は互いに同値である．

(i)	$f_A : \boldsymbol{x} \mapsto A\boldsymbol{x}$ は標準内積に関して直交変換である.
(ii)	${}^tAA = I_n$
(iii)	A の列ベクトルは正規直交系をなす.
(iv)	$A{}^tA = I_n$
(v)	A は正則行列で $A^{-1} = {}^tA$

証明 標準基底 $(\boldsymbol{e}_1, \cdots, \boldsymbol{e}_n)$ は E_n の正規直交基底だから，上の補題から f_A が直交変換であることと

$$\langle A\boldsymbol{e}_i, A\boldsymbol{e}_j \rangle = \delta_{ij}$$

とが同値. これは $A = (\boldsymbol{a}_1, \cdots, \boldsymbol{a}_n)$ として

$${}^t\boldsymbol{a}_i\boldsymbol{a}_j = \delta_{ij}$$

と書ける.

また ${}^tAA = I_n$ ならば，$\det({}^tAA) = (\det A)^2 = 1$ より $\det A = \pm 1 \neq 0$ となって A は正則で，$A^{-1} = {}^tA$. これから (iv)，(v) がわかる. ■

13.7. 直交群

内積空間 V から V への直交変換の全体は群をなし，直交群とよばれます. 行列にうつれば，直交行列の全体も群をなし，(線型) **直交群**とよばれ，記号 $O(n)$ によって表されます. 上に見たように，直交行列の行列式は常に ± 1 であって，

$$SO(n) := \{A \in O(n) \mid \det A = +1\}$$

は $O(n)$ の部分群となり，**回転群**とよばれます.

例として $n = 2$ の場合，E_2 の直交変換を考えてみましょう. $A = \begin{pmatrix} a & b \\ c & d \end{pmatrix}$ に対して

$${}^tAA = I_2 \iff \begin{cases} a^2 + c^2 = 1 \\ ab + cd = 0 \\ b^2 + d^2 = 1 \end{cases}$$

ですから，

$$a = \cos\theta, \qquad c = \sin\theta$$

となる θ をとれば

$$b = \mp\sin\theta, \qquad d = \pm\cos\theta$$

となります (このような θ は周期 2π を除いて決まりますから，たとえば $0 \leqq \theta < 2\pi$ とすれば確定します)．このとき

$$A = R_\theta := \begin{pmatrix} \cos\theta & -\sin\theta \\ \sin\theta & \cos\theta \end{pmatrix} \quad \text{または} \quad T_\theta := \begin{pmatrix} \cos\theta & \sin\theta \\ \sin\theta & -\cos\theta \end{pmatrix}$$

R_θ は正の向きの角 θ の回転，$T_\theta = R_\theta T_0$ ですから，T_θ は x 軸に関する鏡映 (反転，対称) のあと角 θ の回転を続けたもの (あるいは負の向きに角 θ 回転したあとで鏡映を続けたもの) に等しく，これはまた x 軸との角 $\theta/2$ の直線に関する鏡映でもあります．

それを見るには，$\boldsymbol{b} := \begin{pmatrix} \cos\theta/2 \\ \sin\theta/2 \end{pmatrix}$，$\boldsymbol{c} := \begin{pmatrix} -\sin\theta/2 \\ \cos\theta/2 \end{pmatrix}$ とおけば，$\{\boldsymbol{b}, \boldsymbol{c}\}$ は E_2 の正規直交基底で，$T_\theta \boldsymbol{b} = \boldsymbol{b}$, $T_\theta \boldsymbol{c} = -\boldsymbol{c}$ が成り立ちますから，

$$\begin{aligned} T_\theta \boldsymbol{x} &= T_\theta(\langle \boldsymbol{x}, \boldsymbol{b}\rangle \boldsymbol{b} + \langle \boldsymbol{x}, \boldsymbol{c}\rangle \boldsymbol{c}) = \langle \boldsymbol{x}, \boldsymbol{b}\rangle \boldsymbol{b} - \langle \boldsymbol{x}, \boldsymbol{c}\rangle \boldsymbol{c} \\ &= \boldsymbol{x} - 2\langle \boldsymbol{x}, \boldsymbol{c}\rangle \boldsymbol{c} \end{aligned}$$

となることに注意します．

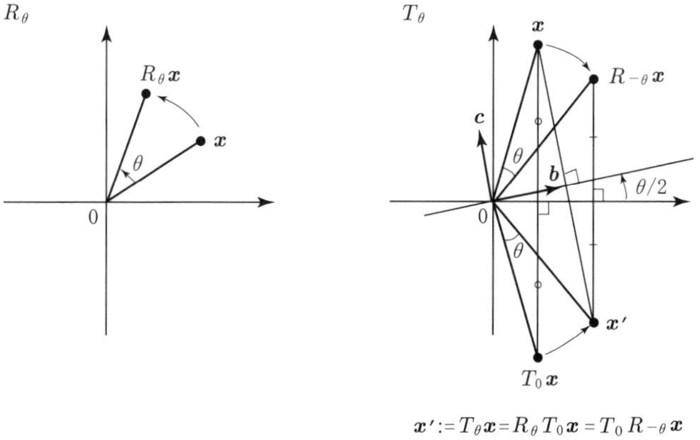

図 13-1

内積の応用として，前章への補足を二つのべます．

(I)　$\boldsymbol{R}^n$ の標準内積 $\langle \boldsymbol{x}, \boldsymbol{y} \rangle = {}^t\boldsymbol{x}\boldsymbol{y} = {}^t\boldsymbol{y}\boldsymbol{x}$ に関して次が成り立ちます．任意の $A \in M_n(\boldsymbol{R})$ に対して

$$(\mathrm{Im}\, f_A)^{\perp} = \mathrm{Ker}\, f_{{}^tA}$$
$$(\mathrm{Ker}\, f_A)^{\perp} = \mathrm{Im}\, f_{{}^tA}$$

証明は簡単で，

$$\begin{aligned} \boldsymbol{x} \in (\mathrm{Im}\, f_A)^{\perp} &\iff \text{すべての } \boldsymbol{y} \in \boldsymbol{R}^n \text{ に対して } \langle \boldsymbol{x}, A\boldsymbol{y} \rangle = 0 \\ &\iff \text{すべての } \boldsymbol{y} \in \boldsymbol{R}^n \text{ に対して } \langle {}^tA\boldsymbol{x}, \boldsymbol{y} \rangle = 0 \\ &\iff {}^tA\boldsymbol{x} = 0 \iff \boldsymbol{x} \in \mathrm{Ker}\, f_{{}^tA} \end{aligned}$$

下の式は A の代わりに ${}^tA$ をとって直交補空間にうつればよい．

この第一の式が方程式 $A\boldsymbol{x} = \boldsymbol{b}$ の解の存在条件

$${}^tA\boldsymbol{y} = 0 \quad \text{ならば} \quad {}^t\boldsymbol{b}\boldsymbol{y} = 0$$

を示していることに注意します．

(II)　方程式 ${}^tAA\boldsymbol{x} = {}^tA\boldsymbol{b}$ は (任意の A，任意の $\boldsymbol{b}$ に対して) 常に解をもつことを示しましたが，この解は次の意味で方程式 $A\boldsymbol{x} = \boldsymbol{b}$ の最良の近似解を与えていることがわかります．

任意の $\boldsymbol{y} \in \boldsymbol{R}^n$ に対して

$$||A\boldsymbol{y} - \boldsymbol{b}|| \geqq ||A\boldsymbol{x} - \boldsymbol{b}||$$

実際 $A\boldsymbol{y} - \boldsymbol{b} = (A\boldsymbol{y} - A\boldsymbol{x}) + (A\boldsymbol{x} - \boldsymbol{b})$ と書いて

$$\langle A\boldsymbol{y} - A\boldsymbol{x}, A\boldsymbol{x} - \boldsymbol{b} \rangle = \langle \boldsymbol{y} - \boldsymbol{x}, {}^tAA\boldsymbol{x} - {}^tA\boldsymbol{b} \rangle = 0$$

に注意すれば，ピタゴラスの定理から

$$||A\boldsymbol{y} - \boldsymbol{b}||^2 = ||A\boldsymbol{y} - A\boldsymbol{x}||^2 + ||A\boldsymbol{x} - \boldsymbol{b}||^2$$

(これが最小自乗法の原理です)．

演習問題

1. 内積空間 V で，$x, y \in V$ に対して次を示せ：

$$\langle x,\, y\rangle = \frac{1}{2}(||x+y||^2 - ||x-y||^2)$$

$$||x+y||^2 + ||x-y||^2 = 2(||x||^2 + ||y||^2)$$

2. 内積空間 V の正規直交系 $\{x_1,\, \cdots,\, x_r\}$ に対して

$$\Bigl\|x - \sum_{i=1}^{r} \lambda_i x_i\Bigr\|^2 = \Bigl\|x - \sum_{i=1}^{r} \langle x,\, x_i\rangle x_i\Bigr\|^2 + \sum_{i=1}^{r} (\langle x,\, x_i\rangle - \lambda_i)^2$$

3. 2 次元のユークリッド平面 E_2 で

$$R_\theta R_\varphi = R_{\theta+\varphi}, \qquad R_\theta T_\varphi = T_{\theta+\varphi}$$

$$T_\theta R_\varphi = T_{\theta-\varphi}, \qquad T_\theta T_\varphi = R_{\theta-\varphi}$$

であることを示せ.

［ヒント：$R_\theta T_0 = T_0 R_{-\theta}$ を用いる.］

第14章　固有値と固有ベクトル

もっとも簡単な線型写像はうたがいもなく1次元空間の写像 $x \mapsto \lambda x$ です．一般の線型写像に対して，それを何らかの方法でこの形の簡単な成分に分解しようというのが，これからお話しする固有値，固有ベクトルという概念の由来です．

14.1. 固有値，固有ベクトル，固有部分空間

$\boldsymbol{R}$ 上の線型空間 V から V への線型写像 f に対して，$\lambda \in \boldsymbol{R}$ がその**固有値** (eigenvalue) であるとは，

$$\mathrm{Ker}\,(f-\lambda) \neq \{0\}$$

であることと定めます．ここに λ は $x \in V$ に対して λx を対応させる線型写像で，正確には $\lambda \cdot \mathrm{id}$ と書くべきものです．この条件は

$$f(x) = \lambda x, \qquad x \neq 0$$

を満たす $x \in V$ が存在することを意味するものですが，このような x のことを固有値 λ に属する (対応する) **固有ベクトル** (eigenvector) とよびます．さらに

$$E(\lambda) := \mathrm{Ker}\,(f-\lambda) = \{x \in V \mid f(x) = \lambda x\}$$

とおいて，これを固有値 λ に対応する**固有 (部分) 空間** (eigenspace) とよびます．また $\dim E(\lambda)$ のことを固有値 λ の重復度 (多重度) とよびます．

補題　V のある基底 $\mathscr{B} = (x_1, \cdots, x_n)$ の各元 x_i が f の固有値 λ_i に属

する固有ベクトルならば，

$$M_{\mathscr{B}}(f) = \begin{pmatrix} \lambda_1 & & & \\ & \lambda_2 & & \\ & & \ddots & \\ & & & \lambda_n \end{pmatrix}$$

は対角行列である．逆に，ある基底 $\mathscr{B}$ に関する f の行列が対角行列ならば，x_i は λ_i を固有値とする固有ベクトルである．

このような線型写像は**対角化可能**であるといいます．

例 1　$V = \boldsymbol{R}^2$，　$f \begin{pmatrix} x \\ y \end{pmatrix} \longmapsto \begin{pmatrix} x \\ -y \end{pmatrix}$

この場合，固有値は ± 1 で，$f(\boldsymbol{e}_1) = \boldsymbol{e}_1$，$f(\boldsymbol{e}_2) = -\boldsymbol{e}_2$．

例 2　$f : \begin{pmatrix} x \\ y \end{pmatrix} \longmapsto \begin{pmatrix} -y \\ x \end{pmatrix}$　(90°の回転)

この場合，固有値，固有ベクトルはありません．実際，もし

$$f \begin{pmatrix} x \\ y \end{pmatrix} = \lambda \begin{pmatrix} x \\ y \end{pmatrix}, \qquad \begin{pmatrix} x \\ y \end{pmatrix} \neq \begin{pmatrix} 0 \\ 0 \end{pmatrix}$$

であるとすれば，

$$\begin{pmatrix} -y \\ x \end{pmatrix} = \begin{pmatrix} \lambda x \\ \lambda y \end{pmatrix}$$

より $x = \lambda y$，$y = -\lambda x$，したがって $x = -\lambda^2 x$，$y = -\lambda^2 y$ となって，$x = y = 0$ となってしまいます．

例 3　$f : \begin{pmatrix} x \\ y \end{pmatrix} \longmapsto \begin{pmatrix} x + y \\ y \end{pmatrix}$

この場合，固有値は 1 だけで，固有ベクトルは $x\boldsymbol{e}_1 = \begin{pmatrix} x \\ 0 \end{pmatrix}$，$x \neq 0$．対角化できない例となっています．

補題　互いに相異なる固有値 $\lambda_1, \cdots, \lambda_r$ に属する固有ベクトル $x_1, \cdots, x_r$ は独立である．

証明　$r=1$ のときは明らか．帰納法で証明するために $r-1$ まで正しいと仮定する．もし

$$\alpha_1 x_1 + \cdots + \alpha_r x_r = 0$$

であるとすれば，f をほどこして

$$\alpha_1 \lambda_1 x_1 + \cdots + \alpha_r \lambda_r x_r = 0$$

したがって

$$\alpha_1(\lambda_1 - \lambda_r)x_1 + \cdots + \alpha_{r-1}(\lambda_{r-1} - \lambda_r)x_{r-1} = 0$$

となり，帰納法の仮定と $\lambda_i - \lambda_r \neq 0\,(1 \leqq i \leqq r-1)$ とから $\alpha_1 = \cdots = \alpha_{r-1} = 0$，したがって $\alpha_r = 0$. ∎

系 1　$\dim V = n$ ならば，f の相異なる固有値の数は高々n である．

証明　もし n 個の相異なる固有値があれば，対応する固有ベクトルは V の基底となって，上の補題から f は対角化可能となる．しかし，これは対角化可能の必要条件ではない． ∎

系 2　$\lambda_1, \cdots, \lambda_r$ が互いに相異なる固有値で，$n_i = \dim E(\lambda_i)$ $(1 \leqq i \leqq r)$ ならば

$$n_1 + \cdots + n_r \leqq n$$

ここで等号が成り立つことが対角化可能のための必要十分条件である．

証明　これを示すには $E(\lambda_1) + \cdots + E(\lambda_r)$ が直和であることを示せば十分で，それは上の補題の示すところでもある． ∎

14.2. 特性多項式

$\lambda \in \boldsymbol{R}$ が f の固有値であるとすれば，V のある基底 $\mathscr{B}$ に関する f の行列を $A = M_{\mathscr{B}}(f)$ とすれば $M_{\mathscr{B}}(f - \lambda) = A - \lambda I_n$ ですから，

$$\operatorname{Ker}(f - \lambda) \neq \{0\} \Longleftrightarrow \det(A - \lambda I_n) = 0$$

ここで

$$\det(A - \lambda I_n) = c_0 + c_1\lambda + \cdots + c_{n-1}\lambda^{n-1} + c_n\lambda^n$$
$$\begin{cases} c_n = (-1)^n \\ c_{n-1} = (-1)^{n-1}(a_{11} + \cdots + a_{nn}) = (-1)^{n-1}\operatorname{tr}(A) \\ c_0 = \det A = |A| \end{cases}$$

となっていることがわかります．それは行列式の定義から

$$|A - \lambda I_n| = (a_{11} - \lambda)\cdots(a_{nn} - \lambda) + P_{n-2}(\lambda)$$

($P_{n-2}(\lambda)$ は高々$n-2$ 次) と書けることからわかります．この λ に関する多項式 $|A - \lambda I_n|$ のことを f の**特性多項式**とよび，$P_f(\lambda)$ と書くこととします．ここでこの多項式は一見基底のえらび方に関係しているように見えますが，もし別の基底 $\mathscr{B}'$ をとり $A' = M_{\mathscr{B}'}(f)$ であるとすれば，座標変換の公式から

$$A' = BAB^{-1}, \qquad B = M_{\mathscr{B}'}^{\mathscr{B}}(\mathrm{id})$$

となることから

$$\begin{aligned} |A' - \lambda I_n| &= |B(A - \lambda I_n)B^{-1}| = |B| \cdot |A - \lambda I_n| \cdot |B|^{-1} \\ &= |A - \lambda I_n| \end{aligned}$$

こうして f の**固有値は特性方程式** $P_f(\lambda) = 0$ **の根であることが**示されたわけです．われわれはもっぱら基礎体として実数体の場合を考えていますので，根が複素数の場合には固有値がないこととなってしまいます．複素数根まで込めた一般の場合の議論は後に残された重要なテーマの一つです．

14.3. 対角化の例

行列

$$A = \begin{pmatrix} 2 & 1 & -1 \\ 1 & 2 & -1 \\ 1 & 1 & 0 \end{pmatrix}$$

によって与えられる $\boldsymbol{R}^3$ の線型変換の場合を考えましょう．$f = f_A$ の特性多項式 (それをまた A の特性多項式といって P_A と書く) は

$$P_A(\lambda) = |A - \lambda I_3| = \begin{vmatrix} 2-\lambda & 1 & -1 \\ 1 & 2-\lambda & -1 \\ 1 & 1 & -\lambda \end{vmatrix} = -(\lambda-1)^2(\lambda-2)$$

ですから，固有値は $1, 2$ となります．

固有空間 $E(1)$ を求めると，

$$A - I_3 = \begin{pmatrix} 1 & 1 & -1 \\ 1 & 1 & -1 \\ 1 & 1 & -1 \end{pmatrix}$$

は階数 1 だから $\dim E(1) = 3 - 1 = 2$．たとえば

$$\boldsymbol{x}_1 := \begin{pmatrix} 1 \\ 0 \\ 1 \end{pmatrix}, \qquad \boldsymbol{x}_2 := \begin{pmatrix} 0 \\ 1 \\ 1 \end{pmatrix}$$

とすれば $(\boldsymbol{x}_1, \boldsymbol{x}_2)$ が $E(1)$ の基底となります．

固有空間 $E(2)$ を求めると，

$$A - 2I_3 = \begin{pmatrix} 0 & 1 & -1 \\ 1 & 0 & -1 \\ 1 & 1 & -2 \end{pmatrix}$$

は階数 2 で，方程式

$$\left.\begin{aligned} y - z &= 0 \\ x - z &= 0 \\ x + y - 2z &= 0 \end{aligned}\right\} \quad \text{の解は} \quad \boldsymbol{x}_3 = \begin{pmatrix} 1 \\ 1 \\ 1 \end{pmatrix}$$

こうして $(\boldsymbol{x}_1, \boldsymbol{x}_2, \boldsymbol{x}_3)$ が A の固有ベクトルからなる基底を与え，

$$A\boldsymbol{x}_1 = \boldsymbol{x}_1, \qquad A\boldsymbol{x}_2 = \boldsymbol{x}_2, \qquad A\boldsymbol{x}_3 = 2\boldsymbol{x}_3$$

は

$$S = (\boldsymbol{x}_1, \boldsymbol{x}_2, \boldsymbol{x}_3)$$

とすれば

$$AS = S \begin{pmatrix} 1 & & \\ & 1 & \\ & & 2 \end{pmatrix}$$

すなわち

$$S^{-1}AS = \begin{pmatrix} 1 & & \\ & 1 & \\ & & 2 \end{pmatrix}$$

となります．

このような対角化はもちろんいつでもできるとは限りません．まず実数の範囲に固有値があるとは限りませんし，またすべての固有値が実数であっても，一般には $n_1 + \cdots + n_r < n$ ですから．しかし一歩ゆずって三角行列化することは，この場合，可能となります．

14.4. 写像の三角化

線型写像 $f : V \to V$ に対して V のある基底 $\mathscr{B}$ が存在して

$$M_{\mathscr{B}}(f) = \begin{pmatrix} \alpha_1 & & & * \\ & \alpha_2 & & \\ & & \ddots & \\ & 0 & & \alpha_n \end{pmatrix}$$

となるとき，f は**三角化可能**といいます．このとき f の特性多項式は $(\lambda - \alpha_1) \cdots (\lambda - \alpha_n)$ となって，一次式の積に完全に分解されます（もちろん α_i はすべて互いに相異なるわけではありません）．実はこの逆も成り立ちます．

線型部分空間の列 $V_0, V_1, \cdots, V_n$ で

$$V_0 \subset V_1 \subset \cdots \subset V_{n-1} \subset V_n,$$
$$\dim V_i = i \quad (0 \leqq i \leqq n)$$

となっているものを**旗**とよびます．$V_0 = \{0\}$, $V_n = V$ です．線型写像 $f : V \to V$

が

$$f(V_i) \subset V_i \qquad (0 \leqq i \leqq n)$$

を満たすとき，この旗は f によって**不変**，または f – **不変**であるといいます．

> **定理**　線型写像 $f : V \to V$ が三角化可能であるための必要十分条件は，f – 不変な旗が存在することである．

これは定義から明らかです．

> **定理**　f が三角化可能であるための必要十分条件は，f の特性多項式が $(-1)^n(\lambda-\alpha_1)\cdots(\lambda-\alpha_n)$ と分解されることである．

証明　これが必要条件であることは上に見た通りであって，十分条件であることを示せばよい．それには $n = \dim V$ に関する帰納法を用いる．

$n = 1$ のときは明らかだから，$n-1$ まで正しいと仮定する．f の特性多項式が $(-1)^n(\lambda-\alpha_1)\cdots(\lambda-\alpha_n)$ と分解されると仮定すれば，α_1 は固有値だから，それに属する固有ベクトル x_1 を含む基底 $\mathscr{B} = (x_1, y_2, \cdots, y_n)$ をとることができる．

$$V_1 := L(x_1), \qquad W := L(y_2, \cdots, y_n)$$

とおく．

$y \in W$ に対して

$$f(y) = \mu_1 x_1 + \mu_2 y_2 + \cdots + \mu_n y_n$$

と表されるから，

$$h(y) := \mu_1 x_1, \qquad g(y) := \mu_2 y_2 + \cdots + \mu_n y_n$$

と定めれば線型写像

$$h : W \to V_1, \qquad g : W \to W$$

が定義されて

$$f(y) = h(y) + g(y) \qquad (y \in W)$$

となる.

$$M_{\mathscr{B}}(f) = \left(\begin{array}{c|c} \alpha_1 & * \\ \hline 0 & M_{\mathscr{B}'}(g) \end{array}\right) \qquad (\text{ただし } \mathscr{B}' = (y_2, \cdots, y_n) \text{ とする})$$

だから,

$$P_f(\lambda) = (\alpha_1 - \lambda) P_g(\lambda)$$

となって, g の特性多項式は $(\alpha_2 - \lambda) \cdots (\alpha_n - \lambda)$ に等しい. 帰納法の仮定から g–不変な W の旗 $W_0, W_1, \cdots, W_{n-1}$ が存在する. そこで

$$V_i := V_1 + W_{i-1} \qquad (2 \leqq i \leqq n)$$

とおけば, $V_0, V_1, V_2, \cdots, V_n$ は V の旗となり,

$$f(V_i) \subset V_i \qquad (0 \leqq i \leqq n)$$

が成り立つ. $i = 0, 1$ に対しては当然.

$2 \leqq i \leqq n$ のときは

$$f(W_{i-1}) = h(W_{i-1}) + g(W_{i-1}) \subset V_1 + W_{i-1} = V_i$$

より $f(V_i) \subset V_i$. ■

14.5. 内積空間の場合

内積空間の場合, ある種の線型変換は常に対角化可能となる. これを以下に説明しましょう.

V が内積 $\langle x, y \rangle$ をもつ $\boldsymbol{R}$ 上の線型空間であって, f が V から V への線型写像で条件

$$\langle f(x), y \rangle = \langle x, f(y) \rangle \qquad (x, y \in V)$$

を満たすとき, **自己共役** (自己随伴) (selfadjoint) であるといいます.

もし $\mathscr{B} = (x_1, \cdots, x_n)$ が V の正規直交基底ならば,

$$M_{\mathscr{B}}(f) = (a_{ij}) \quad \text{すなわち} \quad f(x_j) = \sum_{i=1}^{n} a_{ij} x_i$$

のとき

$$a_{ij} = \langle f(x_j), x_i \rangle = \langle x_j, f(x_i) \rangle = \langle f(x_i), x_j \rangle = a_{ji}$$

となって，行列 $M_{\mathscr{B}}(f)$ は対称行列となります．この場合，正規直交基底 $\mathscr{C}$ をうまくとると

$$M_{\mathscr{C}}(f) = \begin{pmatrix} \alpha_1 & & 0 \\ & \ddots & \\ 0 & & \alpha_n \end{pmatrix}$$

と対角化されることを以下に示します．

> **定理**　内積空間の自己共役な線型変換の相異なる固有値に対応する固有ベクトルは互いに直交する．

証明　固有値 λ, μ に属する固有ベクトルをそれぞれ x, y とおくとき

$$\langle Ax, y\rangle = \langle \lambda x, y\rangle = \lambda\langle x, y\rangle$$

他方，自己共役の仮定から

$$\langle Ax, y\rangle = \langle x, Ay\rangle = \langle x, \mu y\rangle = \mu\langle x, y\rangle$$

したがって

$$(\lambda - \mu)\langle x, y\rangle = 0$$

$$\lambda \neq \mu \text{ ならば} \qquad \langle x, y\rangle = 0$$

■

> **補題 1**　内積空間の自己共役な線型写像 f は少なくとも一つ固有値をもつ．

> **補題 2**　f が自己共役で，V の部分空間 U が f–不変ならば，その直交補空間 $U^{\perp}$ も f–不変である．

> **定理**　内積空間 V の自己共役線型写像 f に対して，固有ベクトルからなる正規直交基底が存在し，f は対角化可能である．

系　A が実数を成分とする対称行列ならば，直交行列 T が存在して

$$T^{-1}AT = \begin{pmatrix} \lambda_1 & & 0 \\ & \ddots & \\ 0 & & \lambda_n \end{pmatrix}$$

と対角化される．

証明　これは標準内積をそなえた $\boldsymbol{R}^n$ (つまりユークリッド空間 E^n) で線型写像 f_A に上の補題を適用すればよい．■

補題 1 の証明　V の正規直交基底 $\mathscr{B} = (x_1, \cdots, x_n)$ をえらんでユークリッド空間 E^n の場合にうつせば，対称行列 A に対して，実際 λ とベクトル $\boldsymbol{x} \neq 0$ が存在して $A\boldsymbol{x} = \lambda\boldsymbol{x}$ となることを示せばよい．それには

$$S := \{\boldsymbol{x} \in \boldsymbol{R}^n \mid ||\boldsymbol{x}|| = 1\} \qquad (\text{単位球面})$$

とおいて，関数

$$\boldsymbol{x} \longmapsto \langle A\boldsymbol{x},\, \boldsymbol{x}\rangle = {}^t\boldsymbol{x}A\boldsymbol{x}$$

を考えれば，ワイエルシュトラスの定理から，この関数は S の一点 $\boldsymbol{x}_0$ で最大値を実現する；

$$\langle A\boldsymbol{x}_0,\, \boldsymbol{x}_0\rangle \geqq \langle A\boldsymbol{x},\, \boldsymbol{x}\rangle \qquad (\boldsymbol{x} \in S)$$

この $\boldsymbol{x}_0$ が固有ベクトルである；それには

$$\boldsymbol{x} \perp \boldsymbol{x}_0 \quad \text{ならば} \quad \boldsymbol{x} \perp A\boldsymbol{x}_0$$

を示せば十分 (このとき $A\boldsymbol{x}_0 \in (\boldsymbol{R}\boldsymbol{x}_0)^{\perp\perp} = \boldsymbol{R}\boldsymbol{x}_0$ だから)．$\boldsymbol{x} \in S$ と考えても一般性を失わない．

$$\boldsymbol{y} = \sqrt{1-\varepsilon^2}\,\boldsymbol{x}_0 + \varepsilon\boldsymbol{x} \qquad (0 \leqq \varepsilon \leqq 1)$$

とおくと，$\boldsymbol{x}_0 \perp \boldsymbol{x}$ だからピタゴラスの定理から $||\boldsymbol{y}||^2 = (1-\varepsilon^2)\,||\boldsymbol{x}_0||^2 + \varepsilon^2||\boldsymbol{x}||^2 = 1$，すなわち $\boldsymbol{y} \in S$．したがって $\langle A\boldsymbol{x}_0,\, \boldsymbol{x}_0\rangle \geqq \langle A\boldsymbol{y},\, \boldsymbol{y}\rangle$．$\boldsymbol{y}$ の式を代入して展開し，整頓すると

$$\varepsilon(\langle A\boldsymbol{x}_0,\, \boldsymbol{x}_0\rangle - \langle A\boldsymbol{x},\, \boldsymbol{x}\rangle) \geqq 2\sqrt{1-\varepsilon^2}\,\langle A\boldsymbol{x}_0,\, \boldsymbol{x}\rangle$$

これから $\varepsilon \to 0$ として $\langle A\boldsymbol{x}_0, \boldsymbol{x}\rangle = 0$ が結論される (上の式は $\boldsymbol{x}$ の代わりに $-\boldsymbol{x}$ をとっても成り立つことに注意). ∎

補題 2 の証明は簡単で, $x \in U^{\perp}$ なら $y \in U$ に対し $\langle f(x), y\rangle = \langle x, f(y)\rangle = 0$ ($f(y) \in U$ だから), したがって $f(x) \in U^{\perp}$.

定理は上の二つの補題を用いて帰納法をやれば容易に証明できます.

例 4 $A = \begin{pmatrix} 6 & -2 & 2 \\ -2 & 5 & 0 \\ 2 & 0 & 7 \end{pmatrix}$

$$P_A(\lambda) = \begin{vmatrix} 6-\lambda & -2 & 2 \\ -2 & 5-\lambda & 0 \\ 2 & 0 & 7-\lambda \end{vmatrix} = -\lambda^3 + 18\lambda^2 - 99\lambda + 162$$

$$= -(\lambda-3)(\lambda-6)(\lambda-9)$$

固有値 $3, 6, 9$ に属する固有ベクトルはそれぞれ

$$\begin{pmatrix} \frac{2}{3} \\ \frac{2}{3} \\ -\frac{1}{3} \end{pmatrix}, \quad \begin{pmatrix} -\frac{1}{3} \\ \frac{2}{3} \\ \frac{2}{3} \end{pmatrix}, \quad \begin{pmatrix} \frac{2}{3} \\ -\frac{1}{3} \\ \frac{2}{3} \end{pmatrix}$$ (これらが互いに直交していることに注意)

ととれて

$$T^{-1}AT = \begin{pmatrix} 3 & & \\ & 6 & \\ & & 9 \end{pmatrix}, \qquad T = \begin{pmatrix} \frac{2}{3} & -\frac{1}{3} & \frac{2}{3} \\ \frac{2}{3} & \frac{2}{3} & -\frac{1}{3} \\ -\frac{1}{3} & \frac{2}{3} & \frac{2}{3} \end{pmatrix}$$

例 5 $A = \begin{pmatrix} 8 & 4 & -1 \\ 4 & -7 & 4 \\ -1 & 4 & 8 \end{pmatrix}$

$$P_A(\lambda) = -(\lambda-9)^2(\lambda+9)$$

固有値は $9, -9$. この場合 $\dim E(9) = 2$ で，たとえば $\begin{pmatrix} \frac{2}{3} \\ \frac{1}{3} \\ \frac{2}{3} \end{pmatrix}$, $\begin{pmatrix} \frac{1}{\sqrt{2}} \\ 0 \\ -\frac{1}{\sqrt{2}} \end{pmatrix}$ が $E(9)$ の基底を与えます.

固有値 -9 の固有ベクトルは $\begin{pmatrix} \frac{1}{3\sqrt{2}} \\ -\frac{4}{3\sqrt{2}} \\ \frac{1}{3\sqrt{2}} \end{pmatrix}$

$$T^{-1}AT = \begin{pmatrix} 9 & & \\ & 9 & \\ & & -9 \end{pmatrix}, \qquad T = \begin{pmatrix} \frac{2}{3} & \frac{1}{\sqrt{2}} & \frac{1}{3\sqrt{2}} \\ \frac{1}{3} & 0 & -\frac{4}{3\sqrt{2}} \\ \frac{2}{3} & -\frac{1}{\sqrt{2}} & \frac{1}{3\sqrt{2}} \end{pmatrix}$$

演習問題

1. 次の行列を対角化せよ.

$$\begin{pmatrix} 1 & & & & & \\ 1 & 2 & & & & \\ 1 & 2 & 3 & & & \\ 1 & 2 & 3 & 4 & & \\ \vdots & & & & \ddots & \\ 1 & 2 & 3 & 4 & \cdots & n \end{pmatrix}$$

［ヒント：$n = 2, 3, 4$ のときをやれば一般の場合の見当がつく.］

第15章　ガウスのアルゴリズム

ガウスのアルゴリズムの基礎のアイデアは，すでにいろいろなところで出会ったものです (第 6 章：独立と従属，第 9 章：線型写像の階数，そして第 12 章：連立一次方程式の解法など)．通常ガウスの名でよばれるこの方法の歴史はしかし非常に古く，中国漢の時代の数学書『九章算術』の第 8 章においてすでにこの方法が用いられているのが見られます．

まずはじめに, その原理をもっとも簡単な場合について解説しましょう．

連立一次方程式

$$\begin{cases} a_{11}x_1 + \cdots + a_{1n}x_n = b_1 \\ \quad\vdots \qquad\qquad\qquad \vdots \qquad \vdots \\ a_{n1}x_1 + \cdots + a_{nn}x_n = b_n \end{cases}$$

が次のような特別な形

$$\begin{cases} a_{11}x_1 + a_{12}x_2 + \cdots\cdots\cdots\cdots + a_{1n}x_n = b_1 \\ \qquad\qquad a_{22}x_2 + \cdots\cdots\cdots\cdots + a_{2n}x_n = b_2 \\ \qquad\qquad\qquad \cdots\cdots\cdots\cdots\cdots\cdots \\ \qquad\qquad\qquad a_{n-1n-1}x_{n-1} + a_{n-1\,n}x_n = b_{n-1} \\ \qquad\qquad\qquad\qquad\qquad\qquad a_{nn}x_n = b_n \end{cases}$$

$$(a_{11} \neq 0, \cdots, a_{nn} \neq 0)$$

をしているならば，これを解くことは容易です．いちばん下の方程式から x_n を求め，それを直前の方程式に代入して，x_{n-1} を求め

$$x_n = \frac{b_n}{a_{nn}}, \quad x_{n-1} = \frac{b_{n-1} - a_{n-1\,n}x_n}{a_{n-1n-1}}, \quad \cdots\cdots$$

と順次計算していけばよいわけです．この方程式の特色は

——x_1 は第 1 番目の方程式にしか現れていなくて，第 2 番目以下のものからは消去されている.

——x_2 ははじめの二つの方程式だけにふくまれていて，第 3 番目以下からは消去されている.

………

という点です．もしはじめに与えられた方程式系がこのような形をしていなければどうするか？　式の操作によって，同値な方程式系でこの形をしたものに変形していけばよいわけです．それがガウスのアルゴリズムの基本的なアイデアです.

方程式系を操作して変形することは，係数からできる行列の各行を操作して変形すること (行に関する基本変形) に他なりません．その手法をまとめると次のようになります.

一般の n 個の未知数に関する m 個の方程式の場合について考えることとして，その係数と右辺とをまとめて，行列

$$(A\boldsymbol{b}) = \begin{pmatrix} a_{11} & \cdots & a_{1n} & b_1 \\ a_{21} & \cdots & a_{2n} & b_2 \\ \vdots & \ddots & \vdots & \vdots \\ a_{m1} & \cdots & a_{mn} & b_m \end{pmatrix} = (\boldsymbol{a}_1 \ \cdots \ \boldsymbol{a}_n \ \boldsymbol{b})$$

とします.

第 1 段　A の列ベクトル $\boldsymbol{a}_1, \cdots, \boldsymbol{a}_n$ の中ではじめて 0 でないものを $\boldsymbol{a}_{j_1}$ とし，$\boldsymbol{a}_{j_1}$ の成分の中ではじめて 0 でないものが $a_{i_1 j_1}$ であるとします (実は $j_1 \geqq 2$ ということは，この方程式系にもともと x_1 がふくまれていないことを意味するわけですから，実は $j_1 = 1$ としてよいわけです．しかし第 2 段以下ではじめての列が 0 ばかりという可能性がありますから，このようにのべておくわけです).

第 i_1 行と第 1 行とを交換し，新しい第 1 行の適当な倍数を各行から引くと，この行列は結局次の形になります.

$$\left(\begin{array}{ccc|cccc|c} 0 & \cdots & 0 & a'_{1j_1} & * & \cdots & * & b'_1 \\ \hline \vdots & & \vdots & 0 & & & & b'_2 \\ \vdots & & \vdots & \vdots & & A' & & \vdots \\ 0 & \cdots & 0 & 0 & & & & b'_m \end{array}\right)$$

第 2 段　この行列の第 2 行以下，第 j_1+1 列以下の部分

$$\left(\begin{array}{c|c} & b_2' \\ A' & \vdots \\ & b_m' \end{array}\right)$$

について第 1 段の操作をくり返すと

$$\left(\begin{array}{ccccccccc|c} 0 & \cdots & 0 & a''_{1j_1} & * & \cdots & & & & b''_1 \\ \vdots & & \vdots & 0 & \cdots & 0 & a''_{2j_1} & & & b''_2 \\ \vdots & & \vdots & \vdots & & \vdots & 0 & A'' & & \vdots \\ 0 & \cdots & 0 & 0 & \cdots & 0 & 0 & & & b''_m \end{array}\right)$$

以下，これを第 n 列まで実行すると，最終的にわれわれの行列は次の“階段型”をとることとなります：

$$\begin{array}{c|l}
\text{行}\backslash\text{列} & 1 \;\cdots\; j_1 \;\cdots\;\cdots\; j_2 \;\cdots\;\cdots\;\cdots\;\cdots\;\cdots\; j_r \;\cdots\; n \\
\hline
\begin{array}{c} 1 \\ 2 \\ \vdots \\ r \\ r+1 \\ \vdots \\ m \end{array} &
\left(\begin{array}{ccccccc|c}
\widetilde{a}_{1j_1} & * & \cdots & & & & & \widetilde{b}_1 \\
 & & \widetilde{a}_{2j_2} & * & \cdots & & & \widetilde{b}_2 \\
 & & & & \ddots & & & \\
 & & & & \widetilde{a}_{rj_r} & * & \cdots & \widetilde{b}_r \\
 & & & & & & & \widetilde{b}_{r+1} \\
 & & & & & & & \vdots \\
 & & & & & & & \widetilde{b}_m
\end{array}\right)
\end{array}$$

解の存在の必要十分条件 $r(A\boldsymbol{b}) = r(A)$ が満たされているとすれば，上の変形で階数が不変ですから，最後の行列 $(\widetilde{A}\,\widetilde{\boldsymbol{b}})$ の階数も $r = r(A)$ に等しいはずで，

$$\widetilde{b}_{r+1} = \cdots = \widetilde{b}_m = 0$$

となっているわけです．

このようにしてわれわれの問題は (記号の簡単化のために番号をつけかえて $j_1 = 1,\ j_2 = 2,\ \cdots,\ j_r = r$ としたものと仮定して)

$$\begin{cases} a_{11}x_1 + \cdots\cdots\cdots\cdots\cdots + a_{1r}x_r + a_{1r+1}x_{r+1} + \cdots + a_{1n}x_n = b_1 \\ \qquad a_{22}x_2 + \cdots + a_{2r}x_r + a_{2r+1}x_{r+1} + \cdots + a_{2n}x_n = b_2 \\ \qquad\qquad \cdots\cdots\cdots\cdots\cdots\cdots \\ \qquad\qquad a_{rr}x_r + a_{rr+1}x_{r+1} + \cdots + a_{rn}x_n = b_n \\ \qquad\qquad\qquad (a_{11} \neq 0, \cdots, a_{rr} \neq 0) \end{cases}$$

を解くこととなります．それには

$$x_j = \lambda_j \qquad (j = r+1, \cdots, n)$$

として

$$\begin{cases} a_{11}x_1 + \cdots\cdots\cdots\cdots + a_{1r}x_r = b_1 - \sum_{r+1}^{n} a_{1j}\lambda_j \\ \qquad a_{22}x_2 + \cdots + a_{2r}x_r = b_2 - \sum_{r+1}^{n} a_{2j}\lambda_j \\ \qquad\qquad \cdots\cdots\cdots\cdots \\ \qquad\qquad a_{rr}x_r = b_r - \sum_{r+1}^{n} a_{rj}\lambda_j \end{cases}$$

を解けばよいわけです．こうしてわれわれの方程式の一般解は $n-r$ 個の任意パラメーターをふくむ斉次方程式の一般解と $x_{r+1} = \cdots = x_n = 0$ に対応する非斉次方程式の特殊解との和として表されることとなります．例をあげておきましょう．

例 1

$$\begin{cases} x_1 \qquad\quad +2x_3 -x_4 -4x_5 \qquad = 1 \\ \qquad x_2 \ -x_3 -x_4 +2x_5 +x_6 = 2 \\ x_1 \qquad\quad +2x_3 +x_4 -2x_5 \qquad = 3 \\ \qquad x_2 \ -x_3 \qquad +2x_5 -x_6 = 4 \\ x_1 +x_2 \ +x_3 \qquad\qquad\quad +x_6 = 5 \end{cases}$$

第 j 式から第 i 式の α 倍を引くことを ⓙ − ⓘ × α と記すこととして，

$$\left(\begin{array}{cccccc|c} 1 & 0 & 2 & -1 & -4 & 0 & 1 \\ 0 & 1 & -1 & -1 & 2 & 1 & 2 \\ 1 & 0 & 2 & 1 & -2 & 0 & 3 \\ 0 & 1 & -1 & 0 & 2 & -1 & 4 \\ 1 & 1 & 1 & 0 & 0 & 1 & 5 \end{array}\right) \underset{\substack{③-①, \\ ⑤-①}}{\Longrightarrow} \left(\begin{array}{cccccc|c} 1 & 0 & 2 & -1 & -4 & 0 & 1 \\ 0 & 1 & -1 & -1 & 2 & 1 & 2 \\ 0 & 0 & 0 & 2 & 2 & 0 & 2 \\ 0 & 1 & -1 & 0 & 2 & -1 & 4 \\ 0 & 1 & -1 & 1 & 4 & 1 & 4 \end{array}\right)$$

$$
\underset{\substack{④-②,\\ ⑤-②}}{\Longrightarrow}
\left(\begin{array}{cccccc|c}
1 & 0 & 2 & -1 & -4 & 0 & 1 \\
0 & 1 & -1 & -1 & 2 & 1 & 2 \\
0 & 0 & 0 & 2 & 2 & 0 & 2 \\
0 & 0 & 0 & 1 & 0 & -2 & 2 \\
0 & 0 & 0 & 2 & 2 & 0 & 2
\end{array}\right)
\underset{\substack{③\times\frac{1}{2},\\ ④-③\times\frac{1}{2},\\ ⑤-③}}{\Longrightarrow}
\left(\begin{array}{cccccc|c}
1 & 0 & 2 & -1 & -4 & 0 & 1 \\
0 & 1 & -1 & -1 & 2 & 1 & 2 \\
0 & 0 & 0 & 1 & 1 & 0 & 1 \\
0 & 0 & 0 & 0 & -1 & -2 & 1 \\
0 & 0 & 0 & 0 & 0 & 0 & 0
\end{array}\right)
$$

したがって与えられた方程式は

$$
\begin{cases}
x_1 \quad +2x_3 - x_4 - 4x_5 = 1 \\
x_2 - x_3 - x_4 + 2x_5 + x_6 = 2 \\
x_4 + x_5 = 1 \\
-x_5 - 2x_6 = 1
\end{cases}
$$

と同値で，その一般解は

$$
x_3 = \lambda_1, \qquad x_6 = \mu
$$

として

$$
\begin{cases}
x_1 - x_4 - 4x_5 = 1 - 2\lambda \\
x_2 - x_4 + 2x_5 = 2 + \lambda - \mu \\
x_4 + x_5 = 1 \\
-x_5 = 1 + 2\mu
\end{cases}
$$

を解いて

$$
\begin{cases}
x_5 = -1 - 2\mu \\
x_4 = 1 - x_5 = 2 + 2\mu \\
x_2 = 2 + \lambda - \mu + x_4 - 2x_5 = 6 + \lambda + 5\mu \\
x_1 = 1 - 2\lambda + x_4 + 4x_5 = -1 - 2\lambda - 6\mu
\end{cases}
$$

すなわち

$$
\begin{pmatrix} x_1 \\ x_2 \\ x_3 \\ x_4 \\ x_5 \\ x_6 \end{pmatrix}
=
\begin{pmatrix} -1 \\ 6 \\ 0 \\ 2 \\ -1 \\ 0 \end{pmatrix}
+ \lambda \begin{pmatrix} -2 \\ 1 \\ 1 \\ 0 \\ 0 \\ 0 \end{pmatrix}
+ \mu \begin{pmatrix} -6 \\ 5 \\ 0 \\ 2 \\ -2 \\ 1 \end{pmatrix}
$$

ガウスのアルゴリズムが基底の計算，階数の決定などに役立つ理由は次のものです．

行列 A の行ベクトルと，A から行に関する変形で得られる階段型の $\widetilde{A}$ の行ベクトルとは同じ部分空間を生成する．そして $\widetilde{A}$ の 0 でない行ベクトルはこの部分空間の基底を与え，したがってその個数が A の階数を与える (このことは上の議論でも利用したばかりです)．

有限個の列ベクトル $\boldsymbol{a}_1, \cdots, \boldsymbol{a}_m$ から生成される $\boldsymbol{R}^n$ の部分空間の基底を求めるためには，(上の議論に対応する列ベクトルに関する変形を用いて階段型にするか，それと同じことですが) 行ベクトルの形に書いて，すなわち

$$\begin{pmatrix} {}^t\boldsymbol{a}_1 \\ {}^t\boldsymbol{a}_2 \\ \vdots \\ {}^t\boldsymbol{a}_m \end{pmatrix}$$

について上の議論を適用すればよいわけです．

15. 1. 逆行列の計算方法

ガウスのアルゴリズムはまた次のようにして逆行列計算の手段を与えます．

正方行列 A が正則であるとすれば，これを行についての変形によって階段型 $\widetilde{A}$ にうつしたとき，$r = r(A) = n$ ですから，

$$j_1 = 1, \quad j_2 = 2, \quad \cdots, \quad j_r = j_n = n$$

となっていて

$$\widetilde{A} = \begin{pmatrix} \widetilde{a}_{11} & & & * \\ & \widetilde{a}_{22} & & \\ & & \ddots & \\ 0 & & & \widetilde{a}_{nn} \end{pmatrix}$$

$$\widetilde{a}_{11} \neq 0, \cdots, \widetilde{a}_{nn} \neq 0$$

となります．行に関する変形はいわゆる基本行列 $T_{ij}(\alpha)$，$D_i(\beta)$ を左側からかけ

てなされるわけですから

$$\widetilde{A} = M_s \cdots M_1 A \qquad (M_i\text{は基本行列})$$

となっています．$\widetilde{A}$ はさらにいちばん下の行からはじめて変形していけば対角形にすることができますし，その際，対角元がすべて 1 となるようにもできますから，結局さらにいくつかの基本行列を乗じて

$$M_t \cdots M_{s+1} \widetilde{A} = I_n$$

すなわち

$$M_t \cdots M_{s+1} M_s \cdots M_1 A = I_n$$

となるわけです．これは

$$A^{-1} = M_t \cdots M_{s+1} M_s \cdots M_1 = M_t \cdots M_1 I_n$$

と書けばわかるように，A を I_n にうつす基本変形を同じ順序で単位行列 I_n に施せば，A の逆行列 A^{-1} が得られることを意味しています．すなわち

$$\begin{array}{l} (A|I_n) \Longrightarrow (M_1 A|M_1 I_n) \Longrightarrow \cdots \Longrightarrow (M_t \cdots M_1 A|M_t \cdots M_1 I_n) \\ \qquad\qquad\qquad\qquad\qquad\qquad\qquad\quad \parallel \qquad\qquad\quad \parallel \\ \qquad\qquad\qquad\qquad\qquad\qquad\qquad\quad (\ I_n \qquad | \qquad A^{-1}\ ) \end{array}$$

例 2

$$\begin{pmatrix} 1 & & & & \\ 1 & -1 & & & \\ 1 & -2 & 1 & & \\ 1 & -3 & 3 & -1 & \\ 1 & -4 & 6 & -4 & 1 \end{pmatrix} \text{の逆行列の計算.}$$

$$\left(\begin{array}{ccccc|ccccc} 1 & & & & & 1 & & & & \\ 1 & -1 & & & & & 1 & & & \\ 1 & -2 & 1 & & & & & 1 & & \\ 1 & -3 & 3 & -1 & & & & & 1 & \\ 1 & -4 & 6 & -4 & 1 & & & & & 1 \end{array}\right) \underset{\substack{②-①, \\ \cdots, \\ ⑤-①}}{\Longrightarrow} \left(\begin{array}{ccccc|ccccc} 1 & & & & & 1 & & & & \\ 0 & -1 & & & & -1 & 1 & & & \\ 0 & -2 & 1 & & & -1 & & 1 & & \\ 0 & -3 & 3 & -1 & & -1 & & & 1 & \\ 0 & -4 & 6 & -4 & 1 & -1 & & & & 1 \end{array}\right)$$

$$
\underset{\text{②}\times(-1)}{\Longrightarrow}
\left(\begin{array}{ccccc|ccccc}
1 & & & & & 1 & & & & \\
0 & 1 & & & & 1 & -1 & & & \\
0 & -2 & 1 & & & -1 & & 1 & & \\
0 & -3 & 3 & -1 & & -1 & & & 1 & \\
0 & -4 & 6 & -4 & 1 & -1 & & & & 1
\end{array}\right)
$$

$$
\underset{\substack{\text{③}+\text{②}\times 2,\\ \text{④}+\text{②}\times 3,\\ \text{⑤}+\text{②}\times 4}}{\Longrightarrow}
\left(\begin{array}{ccccc|ccccc}
1 & & & & & 1 & & & & \\
0 & 1 & & & & 1 & -1 & & & \\
0 & 0 & 1 & & & 1 & -2 & 1 & & \\
0 & 0 & 3 & -1 & & 2 & -3 & & 1 & \\
0 & 0 & 6 & -4 & 1 & 3 & -4 & & & 1
\end{array}\right)
$$

$$
\underset{\substack{\text{④}-\text{③}\times 3,\\ \text{⑤}-\text{③}\times 6}}{\Longrightarrow}
\left(\begin{array}{ccccc|ccccc}
1 & & & & & 1 & & & & \\
 & 1 & & & & 1 & -1 & & & \\
 & & 1 & & & 1 & -2 & 1 & & \\
 & & 0 & -1 & & -1 & 3 & -3 & 1 & \\
 & & 0 & -4 & 1 & -3 & 8 & -6 & 0 & 1
\end{array}\right)
$$

$$
\underset{\substack{\text{④}\times(-1),\\ \text{⑤}-\text{④}\times 4}}{\Longrightarrow}
\left(\begin{array}{ccccc|ccccc}
1 & & & & & 1 & & & & \\
 & 1 & & & & 1 & -1 & & & \\
 & & 1 & & & 1 & -2 & 1 & & \\
 & & & 1 & & 1 & -3 & 3 & -1 & \\
 & & & 0 & 1 & 1 & -4 & 6 & -4 & 1
\end{array}\right)
$$

したがって与えられた行列の逆行列はそれ自身に等しい！

二項係数を御存知の方は，n 次の場合の行列 (a_{ij})

$$
a_{ij} = \begin{cases} 0 & (i < j) \\ (-1)^j \dbinom{i}{j} & (i \geqq j) \end{cases}
$$

についての証明を考えてみてください．

［ヒント: $\displaystyle\sum_{l=0}^{m} (-1)^l \binom{m}{l} = 0$ ］

演習問題

1. $A_\alpha := \begin{pmatrix} 1 & \alpha & 0 & 0 \\ \alpha & 1 & 0 & 0 \\ 0 & \alpha & 1 & 0 \\ 0 & 0 & \alpha & 1 \end{pmatrix}$ とするとき，どのような α に対して A_α^{-1} が存在するかを定め，それを計算せよ．

2. $\begin{pmatrix} 2 & -1 & & & \\ -1 & 2 & -1 & & \\ & -1 & 2 & -1 & \\ & & -1 & 2 & -1 \\ & & & -1 & 2 \end{pmatrix}$ の逆行列を求めよ．

第 II 部

第16章　線型代数と幾何学

16.1. 幾何学の流れと線型代数

幾何学の歴史の中から，とくに線型代数学との関連ということを意識して，いくつかの主要なトピックをとりあげます．

1)　『原論』

ナイル河下流の氾濫による耕地の再配分の必要から生まれたとされる幾何学が，タレスによってギリシアにもたらされ，ピュタゴラス達の手によって論証的な数学の体系として確立されるのですが，その後のギリシアの幾何学の隆盛を物語る一つの伝説として，プラトンのアカデメイアの門には「幾何学を知らざるもの入るべからず」と掲げられたという話があることを御存知の方は多いでしょう．これが紀元前300年頃アレクサンドリアのムセイオンという研究所の学者ユークリッドによって『原論』全13巻にまとめられます．このユークリッドという人についての記録はなく,『原論』も何人かの学者の合作であるという説すらあるくらいです．

ユークリッドに関する伝説として「幾何学に王道なし」という言葉もありますが，線型代数が実はこの王道の一つであるということができるのではないでしょうか．

『原論』のユークリッド自身の手になる原稿はもちろん現存しません．『原論』の伝来の歴史はまことにドラマティックでさえあります．

東西ローマが分裂したとき，ギリシア科学の最良の部分は，ビザンチン文明圏にうつりました．大ざっぱな図示をすれば次図のようになります．

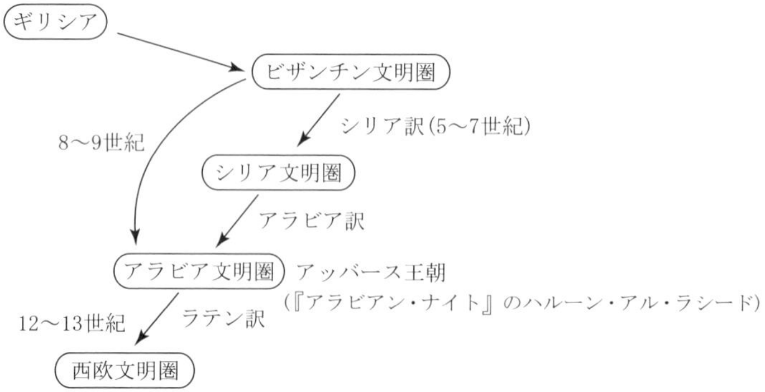

図 16-1

『原論』のラテン訳の主要なものをあげれば

バースのアデラード	12 世紀はじめ	アラビア訳から重訳
カリンティアのヘルマン	12 世紀前半	アラビア訳から重訳
クレモナのゲラルド	12 世紀後半	アラビア訳から重訳
サレルノのエルマンノ	1160 年頃シチリア	ギリシア語より

印刷された『原論』の主なものは

1482 年	ヴェネチアでの初版 (これはアデラード版にもとづくカンパヌスによるラテン訳)
1491 年	第二版
1505 年	第三版

この第三版は，はじめの二つの版が原典との相違の有無，そして使用されたラテン語が卑俗であると批判されたのをうけてザンベルティがギリシア語原典から直接訳したもので，当時の印刷技術の粋をつくした美しい本となっています．

ちなみにグーテンベルクが活字印刷を完成したのが 1440 年，そして彼による最初の『聖書』の出版が 1455 年であることを見ても，ユークリッドの『原論』は聖書について，もっとも多くの版を重ねたベストセラーであるということがわかります．

近代の『原論』研究者ハイベルク，ヒースらが用いたテキストは，フランソワ・ペラール (1760–1822) がヴァチカン図書館で発見した 10 世紀のギリシア語原典です．

『原論』では，明確にいい表された公理，公準と定義の上に，直観を排して論理的にうち建てられた幾何学の体系が記述され，合理的演繹的体系としての学問観の確立にあずかるところが大きく，西欧科学の性格を大きく規定したとされています．

この公理的方法は後に 19 世紀末ヒルベルトによって現代数学記述の一つの典型として完成され，われわれの線型代数の記述も当然それにのっとってなされているのです．

2)　ルネサンスの数学：透視図法と射影幾何学

12 世紀以後 (ギリシアの幾何学がアラビア文明をへて西欧文明圏に伝わってきて以後) の幾何学の発展での次のハイライトは，17 世紀のデカルト，フェルマらによる座標の方法の確立です．これについては第 1 章でふれました．

しかし，そこに至る以前に数学史上興味深い時期があります．それはルネサンスの幾何学です．

自然界の実在の本質が数学によって理解され，記述されるという“ギリシア精神”をこの時代にもっともよく体現していたのは，実は画家，建築家などの芸術家でした．15 世紀のもっとも優れた数理物理学者は芸術家達の中に見出されるのです．

もっとも著しい例として“透視図法”の発見をあげることができます．関連した人々を次ページの表にまとめて掲げておきます．三次元の世界を二次元のキャンバス上に表現するという数学的な問題にこの人々が取り組んだのです．とくに射影 (projection) と切口 (section) に関するアルベルティの問題が有名です．

それはたとえば「ある図形の射影の際の二つの切口に共通な性質は何か」という種類の問題です．正方形を射影するとき切口は必ずしも正方形ではないが，二つの切口の間にも，また切口ともとの正方形との間にも何か共通の性質があるはずだと考えられるわけです．

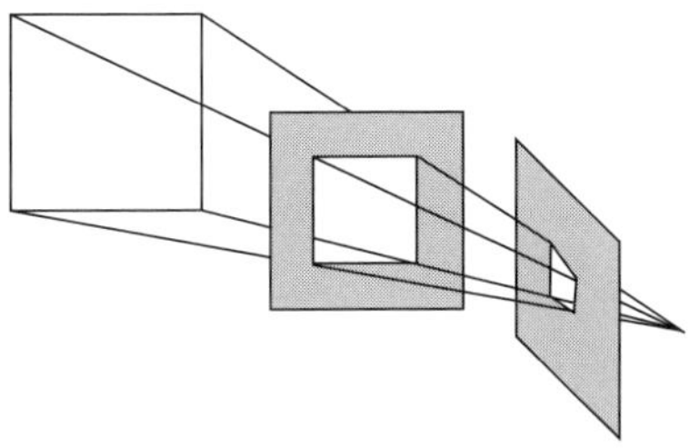

図 16-2

ブルネレスキ	(1377–1446)	
ウチェロ	(1397–1475)	
マザチオ	(1401–1428)	
アルベルティ	(1404–1472)	アルベルティの問題
ピエロ・デラ・フランチェスカ	(1416–1492)	『正多面体論』,『透視図法』
レオナルド・ダ・ヴィンチ	(1452–1519)	
アルブレヒト・デューラー	(1471–1528)	『コンパスと定規による計測法教本』(1526)
マテオ・リッチ	(1552–1620)	『幾何原本』(1607)
ケプラー	(1571–1630)	『宇宙の神秘』(1596)

(リッチは明朝に渡ったイエズス会士で，その著書は中国にはじめてユークリッド幾何学を伝えたもので,「幾何」の中国音がチオで geo に近く，明治期に日本で和訳をするとき，中国音訳がそのまま採用されたのだという)

これと関連して次のような考察もあります.

平面 α の点 P に対して，直線 OP と α' との交点 P' を対応させるとき，もし OP が平面 α' と平行ならば，P に対応する α' の点はなく，OP' が平面 α と平行なら P' に対応する α の点はない.

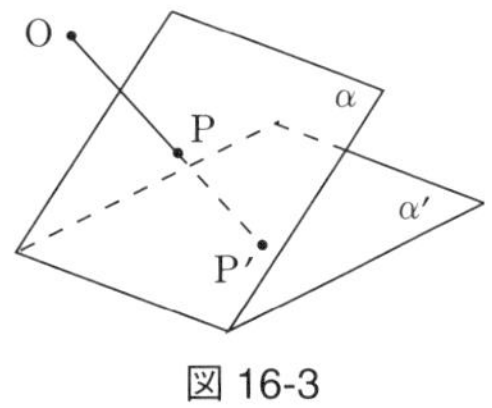

図 16-3

平行線は「無限遠点」で交わり，各方向の無限遠点の集合は，どの直線とも一点で交わるから，それ自身「無限遠直線」をなすと 17 世紀のデザルグは考えていました.

このようなことが射影幾何学を生み出していきます．数学的理論としての射影幾何学の創立者はナポレオンの将軍ポンスレです．フランス革命後 1794 年に創設されたエコール・ポリテクニクという学校があります．そこでモンジュの画法幾何学 (図学) を学んだポンスレは，ナポレオンのモスクワ遠征に技術将校として参加，捕虜となり 1812–13 年をサラトフの牢で送るのですが，そこで数学の“復習”をする際に射影幾何学の構想を得て，それを帰国後『図形の射影的性質』として 1822 年に発表します．これが 19 世紀を通じてさかんに研究された射影幾何学の発端です．

この理論は，いわゆる同次座標を用いれば線型代数の手法で厳密に取り扱うことができるのです．

幾何学の流れの最後の大きな出来事は「非ユークリッド幾何学の発見」です．

3)　非ユークリッド幾何学

ユークリッドの“平行線の公準”は次のようにのべられています：

> 二つの直線と交わる一直線の同じ側の二つの内角の和が，2 直角より小さければ，はじめの二直線は，限りなく延長すると，2 直角より小さい角のある側で交わる．

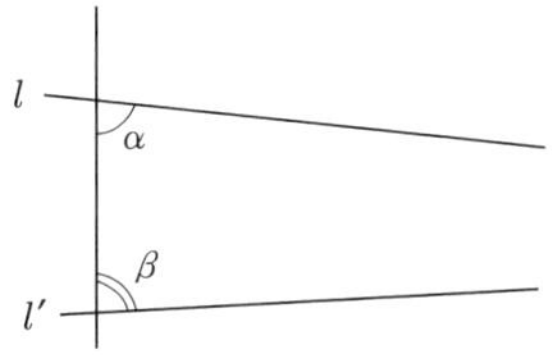

図 16-4

スコットランド人プレイフェア (1748–1819) が示したように，これは次の形のものと同値です：

> 与えられた点 P を通り，与えられた直線 l に平行なただ一つの直線が存在する (ただし P は l の上にないとして)．

ユークリッドの他の公準とくらべてこの平行線の公準が特別な地位をしめていることは早くから認められていて，これが実は (他の公準から証明される) 定理ではないかと疑われていたのです．ギリシアではプトレマイオス，アラビアではナシール・アル・ディンとか，有名な『ルバイヤート』の詩人オマール・ハイヤムもこのことに関する研究をしていたと伝えられています．18 世紀のイエズス会士サッケリによる研究はとくに有名です．

ところが平行線の公準は他の公準とは独立であって，それからみちびくことはできず，平行線公準を否定した形の公準を用いても，論理的に整合した幾何学が成り立つことが，19 世紀初頭，ドイツのガウス，ハンガリーのボーヤイ，そしてロシアのロバチェフスキの三人によってほとんど時を同じくして発見されたのです．

2000 年間の潜在の後に，同じ思想が，ほとんど同時に，ゲッチンゲン，ブダペスト，カザンと離れたところに出現したのは，まことに興味深いことといわねばなりません．

これらのいろいろな幾何学を統一し，あるいは分類する何らかの原理がないであろうかというのが 19 世紀後半問題とされたのですが，それにみごとな解答を与えたのが，1872 年 23 歳のクラインがエルランゲン大学の就職講演で発表した

「最近の幾何学研究の比較考察」

と題する見解でした．これが以後「**エルランゲンの目録** (むしろ研究計画)」とよばれるものです．

この目録はクラインの予想もしなかったところにまで，その威力を発揮することとなって，たとえばその一つは，誤り訂正符号理論として現在大いに用いられている有限体上の幾何学 —— 有限幾何にほかならないのです．

われわれはユークリド幾何学の線型代数による取扱いを例にとって，このクラインの思想をくわしく説明することとします．

古典的なユークリッド幾何学では，平面 (または空間) の図形の，その平面 (または空間) での特別な位置に無関係な性質が研究されます．すなわち“運動”とよばれる変換によって互いに重ね合わせうる二つの図形は同じものとして，**合同**とみなして，この“運動”によって変わらない図形の性質を研究するのです．

この合同の概念は明らかに次の三条件を満たしています：

(1)　一つの図形 F はそれ自身に合同である．

(2)　F が F' に合同なら，F' は F に合同である．

(3)　F が F' に合同，F' が F'' に合同なら，F は F'' に合同である．

合同ということが運動という変換によって互いに重ね合わせうることを意味していることに注意すれば，これら三条件を次のようにいいかえることもできます：

(1)　恒等変換 (どの点も動かさない) は運動である．

(2)　運動の逆変換も運動である．

(3)　二つの運動をひきつづいて行って得られる変換はまた運動である．

このようにユークリッド幾何学での合同の満たす条件はまた対応する運動とよばれる変換の集合の満たすべき条件を定めていると考えられ，これら三条件が第 2 章でみた群の概念を規定するものであることがわかります．

こうしてユークリッド幾何学とは，運動のなす群，すなわち図形の性質のうちで運動群に属する任意の変換によって不変なものを研究する学問であるということができます．

変換群によって不変な性質の研究が幾何学である —— これがクラインの「エル

ランゲンの目録」の根本思想です.

線型代数の立場から，われわれはユークリッド空間 E_n を標準内積

$$\langle \boldsymbol{x}, \boldsymbol{y} \rangle := x_1 y_1 + \cdots + x_n y_n$$

を備えた $\boldsymbol{R}^n$ として定義しました．この空間の運動 (合同変換) f は $\boldsymbol{R}^n$ から $\boldsymbol{R}^n$ への写像で，条件

$$||f(\boldsymbol{x}) - f(\boldsymbol{y})|| = ||\boldsymbol{x} - \boldsymbol{y}|| \qquad (\boldsymbol{x}, \boldsymbol{y} \in \boldsymbol{R}^n)$$

を満たすものとして定義されます (二点間の距離を変えない)．ならば，このような運動は果たしてどんなものでしょうか？　それに答えるのが次の定理です：

定理　n 次元ユークリッド空間の合同変換 f に対して，ベクトル $\boldsymbol{a} \in \boldsymbol{R}^n$ と直交行列 A が存在して

$$f(\boldsymbol{x}) = A\boldsymbol{x} + \boldsymbol{a} \qquad (\boldsymbol{x} \in \boldsymbol{R}^n)$$

となる.

証明　$g(\boldsymbol{x}) := f(\boldsymbol{x}) - f(\boldsymbol{0})$ とおけば

$$g(\boldsymbol{0}) = \boldsymbol{0}, \qquad ||g(\boldsymbol{x}) - g(\boldsymbol{y})|| = ||\boldsymbol{x} - \boldsymbol{y}||$$

が成り立ち，したがって $\boldsymbol{y} = \boldsymbol{0}$ として

$$||g(\boldsymbol{x})|| = ||\boldsymbol{x}||$$

がわかる．内積をノルムで表す式から

$$\langle g(\boldsymbol{x}), g(\boldsymbol{y}) \rangle = \langle \boldsymbol{x}, \boldsymbol{y} \rangle \qquad (\boldsymbol{x}, \boldsymbol{y} \in \boldsymbol{R}^n)$$

が成り立つことがわかり，これを用いて

$$||g(\alpha\boldsymbol{x} + \beta\boldsymbol{y}) - \alpha g(\boldsymbol{x}) - \beta g(\boldsymbol{y})||^2 = 0$$

がわかるので，$g(\alpha\boldsymbol{x} + \beta\boldsymbol{y}) = \alpha g(\boldsymbol{x}) + \beta g(\boldsymbol{y})$，すなわち g が線型，したがって直交変換であることがわかる.　∎

とくに 2 次元の場合，第 13 章に示したように

$$f(\boldsymbol{x}) = A\boldsymbol{x} + \boldsymbol{a}$$

$$A = R_\theta = \begin{pmatrix} \cos\theta & -\sin\theta \\ \sin\theta & \cos\theta \end{pmatrix} \qquad \text{回転}$$

または

$$T_\theta = \begin{pmatrix} \cos\theta & \sin\theta \\ \sin\theta & -\cos\theta \end{pmatrix} \qquad \text{鏡映}$$

となるのですが，次の定理が合同変換の分類を与えます：

> **定理**　ユークリッド平面 E_2 の合同変換は次の三種類に限る：
> i）　平行移動 (ずらし)　$\boldsymbol{x} \longmapsto \boldsymbol{x} + \boldsymbol{a}$
> ii）　ある点を中心とする回転
> iii)　ずらし鏡映

証明　まず $\theta = 0$ の場合は平行移動 (ずらし) である．次に

$$f(\boldsymbol{x}) = R_\theta \boldsymbol{x} + \boldsymbol{a}, \qquad 0 < \theta < 2\pi$$

ならば，

$$\det(I - R_\theta) = (1 - \cos\theta)^2 + \sin\theta^2 = 4\sin^2\frac{\theta}{2} \neq 0$$

だから逆行列がとれて，

$$\boldsymbol{x}_0 := (I - R_\theta)^{-1}\boldsymbol{a}$$

とすれば，$f(\boldsymbol{x}_0) = \boldsymbol{x}_0$ となり，

$$f(\boldsymbol{x}) - \boldsymbol{x}_0 = R_\theta(\boldsymbol{x} - \boldsymbol{x}_0)$$

と書けて，f が点 $\boldsymbol{x}_0$ のまわりの回転となることがわかる．また，もし

$$f(\boldsymbol{x}) = T_\theta \boldsymbol{x} + \boldsymbol{a}, \qquad 0 < \theta < 2\pi$$

ならば

$$\boldsymbol{b} = \begin{pmatrix} \cos\dfrac{\theta}{2} \\ \sin\dfrac{\theta}{2} \end{pmatrix}, \qquad \boldsymbol{c} = \begin{pmatrix} -\sin\dfrac{\theta}{2} \\ \cos\dfrac{\theta}{2} \end{pmatrix}$$

として，T_θ は x 軸と角 $\dfrac{\theta}{2}$ をなす直線 l (すなわち $\boldsymbol{b}$ を方向ベクトルとする直線) に関する鏡映で $T_\theta\boldsymbol{b}=\boldsymbol{b}$, $T_\theta\boldsymbol{c}=-\boldsymbol{c}$ であり，基底 $\{\boldsymbol{b},\ \boldsymbol{c}\}$ を用いて，

$$\boldsymbol{a}=\langle\boldsymbol{a},\ \boldsymbol{b}\rangle\,\boldsymbol{b}+\langle\boldsymbol{a},\ \boldsymbol{c}\rangle\,\boldsymbol{c}$$

と書いて計算すれば，

$$\boldsymbol{x}=\frac{\boldsymbol{a}}{2}+\lambda\boldsymbol{b}+\mu\boldsymbol{c}\quad ならば\quad f(\boldsymbol{x})=\frac{\boldsymbol{a}}{2}+\lambda\boldsymbol{b}-\mu\boldsymbol{c}+\langle\boldsymbol{a},\ \boldsymbol{b}\rangle\boldsymbol{b}$$

となる．これは $\mu=0$ として，$\dfrac{\boldsymbol{a}}{2}$ を通り，向き $\boldsymbol{b}$ の直線 m 上では f は平行移動 $\tau_{\langle\boldsymbol{a},\,\boldsymbol{b}\rangle\,\boldsymbol{b}}$ に等しく，また一般の場合には m に関する鏡像のあと，平行移動 $\tau_{\langle\boldsymbol{a},\,\boldsymbol{b}\rangle\,\boldsymbol{b}}$ を続けることであることがわかる．このような変換を**ずらし鏡映**とよぶ．■

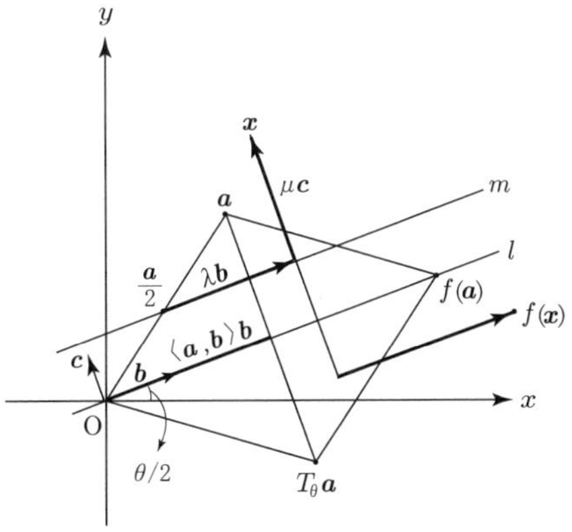

図 16-5

さて，線型空間 $\boldsymbol{R}^n$ で任意の正則行列 A をとって

$$f(\boldsymbol{x})=A\boldsymbol{x}+\boldsymbol{a}$$

を考えて，これを**アフィン変換**とよぶと，アフィン変換の全体は群となり，これに対応する幾何学がアフィン幾何で，その対象としては (長さ，角はもはや考えられないが)，たとえば線分の中点，三角形の重心などの概念がアフィン変換で不変なものとして考えられます．

これをさらに一般化して射影変換群にまで拡張して，射影幾何学がクラインの立場でとらえられるのです．

第17章　複素数

われわれはすでに，複素数体 $\boldsymbol{C}$ の構成について二つの方法を見ています．

それを要約しますと，複素数の全体 $\boldsymbol{C}$ はそこで通常の四則演算 (加減乗除) が成り立つ範囲で，任意の複素数は $\alpha = a + bi$ (a, b 実数) の形をしていて，それぞれ和，積について

$$(a+bi)+(c+di)=(a+c)+(b+d)i$$
$$(a+bi)(c+di)=(ac-bd)+(ad+bc)\,i$$

が成り立ちます．とくに

$$i^2 = -1$$

実数の範囲では $x^2 = -1$ となるような実数 x は存在せず，拡張してこれを満たす虚数単位 i を添加して複素数体 $\boldsymbol{C}$ が作られるのです．線型空間の言葉を用いると，$\boldsymbol{C}$ は $\boldsymbol{R}$ 上に 2 次元があって，$(1, i)$ が一つの基底を与えているわけです．

複素数の概念は確実な数学的対象としてとらえられるまでに 200 年以上の長い時日を要したのですが，その歴史を簡単に振り返ってみましょう．

はじめに複素数が数学史上に登場したのはルネサンスの数学者カルダーノ (1501–1576) によってでした．代数方程式 (とくに三次の方程式 $x^3 = px + q$) の根を与える公式に出現しました．平方して負数となる数は，当時の数学者にはそれ自身矛盾を含む概念と見なされ，その本質についての議論は避けられていました．

その後，形式的な合理化がボンベリ (1526–1572) の手によって試みられましたが，たとえば次のライプニッツの言葉からも，複素数が“神秘的な面”をもっていたことがうかがえます：

「虚数は神の英知の精巧にしておどろくべき隠れ家であり，存在と非存在の間

の両生者でもあろうか」

18 世紀の数学者オイラー (1707–1783) は複素数を自由自在にあやつってたくみな計算をし，多くの新しい発見をした巨匠ですが，その本性を説明するのには大いに苦労しているのが見られます．彼の『代数入門』は当時ひろく読まれ，

1768 (ロシア語初版)，1770 (ドイツ語版)

1959 (レクラム文庫で再版された)

と版を重ねた本ですが，その中でオイラーは

「負数の平方根は 0 よりも小さくなく，大きくもなく，不可能な数だといわざるを得ない．われわれの想像の中にだけあるのだから仮想の数 (imaginary number ―― 現在でも虚数とよばれている) とよぶべきである」

と述べています．

18 世紀を通じて，このように複素数は，それ自身としては矛盾した概念だが，どういうわけかわからないが役に立つものであると考えられていたようです．

複素数に幾何学的な表示を考えて，その基礎を確立したのは 1797 年ノルウェイの測量技師ウェッセル (1745–1818)，1806 年スイスの会計士アルガン (1768–1822)，そして 1796 年ガウス (1777–1855) の三人です．

はじめの二人はいわばアマチュアの数学者であったために，その仕事は広く認められることがありませんでした．ガウスは非常に早く複素数の幾何学解釈に到達していたのですが，1831 年の「四次剰余類に関する理論」という論文ではじめてそれがひろく公表されました．しかし 1811 年ガウスはベッセルにあてた手紙の中で

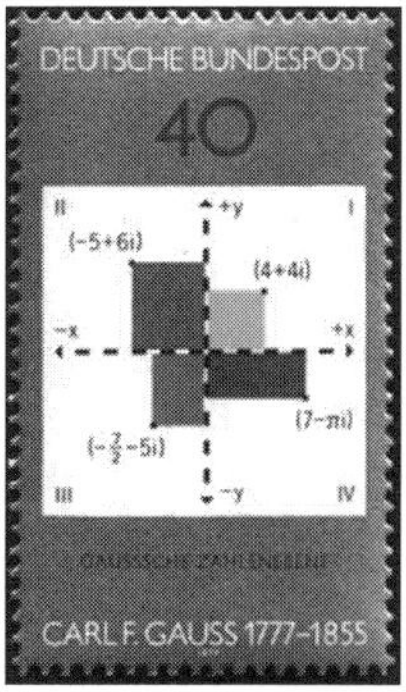

「実数の全体を直線と考えるように，実数も虚数も含めたすべての数の全体を平面と見なし，横座標 a，縦座標 b の点によって数 $a + bi$ が表されると考えることができる」

とはっきり書いています．

今日でもいわゆる複素平面のことをガウス平面とよぶことが多いのはこのためであり，1977 年ガウス生誕 200 年を祝うドイツの切手は“ガウスの数平面”をデザインしています．

以下では複素数のもつ代数的，位相的な面について考察することとします．

17.1. 共役複素数，絶対値

複素数の全体 $\boldsymbol{C}$ は実数体 $\boldsymbol{R}$ 上の 2 次元の線型空間で，方程式 $z^2+1=0$ が解けるように，虚数単位 $i=\sqrt{-1}$ を添加して，いわば最小限度ひろげたものですが，そこでいわゆる“**代数学の基本定理**：すべての複素係数代数方程式

$$a_n z^n + a_{n-1} z^{n-1} + \cdots + a_1 z + a_0 = 0 \qquad (n \geqq 1,\ a_n \neq 0)$$

は少なくとも一つの根を $\boldsymbol{C}$ にもつ”が成り立つことは，複素数のもたらす数多くの奇跡の最初の一つでしょう．ダランベール以来多くの数学者の関心のまとであり，多くの不完全な証明の試みのあとに，この定理にはじめて厳密な証明を与えたのが青年数学者ガウスであって，これが 1799 年の彼の学位論文でした．

実数体の多くの性質がほとんどすべて複素数体に拡張されるのですが，ただ一つ例外として，実数体のもつ体の算法と両立する大小関係，すなわち順序構造は失われます．これをおぎなうのが次の絶対値による評価という**位相的な構造**です．

まず共役複素数の定義から復習しましょう．

複素数 $\alpha=a+bi$ に対して $a-bi$ をその**共役**とよび，$\overline{\alpha}$ と記します．このとき

$$\overline{\alpha+\beta}=\overline{\alpha}+\overline{\beta}, \qquad \overline{\alpha\beta}=\overline{\alpha}\cdot\overline{\beta}$$

が成り立ちます．すなわち $\alpha \mapsto \overline{\alpha}$ は体の和，積の演算を保つ自己同型となっています．また

$$\mathrm{Re}\,(\alpha)=\frac{\alpha+\overline{\alpha}}{2}, \qquad \mathrm{Im}\,(\alpha)=\frac{\alpha-\overline{\alpha}}{2i}$$

をそれぞれ複素数 α の**実部**，**虚部**とよびます．

$\alpha=a+bi$ のとき $\alpha\overline{\alpha}=(a+bi)(a-bi)=a^2+b^2$ は正の実数 (くわしくは非負) で，この平方根 $\sqrt{a^2+b^2}$ を α の**絶対値**とよびます．このとき次の性質があります：

(1) $|\alpha| \geqq 0$; $|\alpha|=0$ は $\alpha=0$ のときに限る．

(2) $|\alpha+\beta| \leqq |\alpha|+|\beta|$

(3) $|\alpha\beta|=|\alpha|\cdot|\beta|$

(4) $|\alpha|=|\overline{\alpha}|$

いずれも簡単にたしかめられますが，念のために (2) を証明しておきましょう．(2) の代わりに $|\alpha+\beta|^2 \leqq (|\alpha|+|\beta|)^2$ を示せば十分です．したがって

$$(\alpha+\beta)(\overline{\alpha}+\overline{\beta})=|\alpha|^2+\alpha\overline{\beta}+\overline{\alpha}\beta+|\beta|^2$$

だから，$\alpha\overline{\beta}+\overline{\alpha}\beta \leqq 2|\alpha|\cdot|\beta|$ を示せばよい．いま $\alpha=a+bi$, $\beta=c+di$ ならば，$\alpha\overline{\beta}+\overline{\alpha}\beta=2(ac+bd)$ だから，結局

$$(ac+bd) \leqq \sqrt{a^2+b^2}\sqrt{c^2+d^2}$$

であればよい．ところがこれは，

$$(a^2+b^2)(c^2+d^2)-(ac+bd)^2=(ad-bc)^2 \geqq 0$$

だから，たしかに成り立っています．

ちなみに

$$\langle\alpha,\,\beta\rangle := \mathrm{Re}\,(\alpha\overline{\beta})$$

と定めれば，$\boldsymbol{C}$ は $\boldsymbol{R}$ 上の 2 次元の内積空間となり，対応するノルム $\sqrt{\langle\alpha,\,\alpha\rangle}$ は絶対値 $|\alpha|$ にほかならないことに注意しておきます．

実際の議論でしばしば有用なのは次の不等式です：

$$|\alpha-\beta| \geqq ||\alpha|-|\beta||$$

これは上の不等式 (2) と本質的に同じものですが，

$$-|\alpha-\beta| \leqq |\alpha|-|\beta| \leqq |\alpha-\beta|$$

を意味するものです．それを示すには，不等式

$$|\alpha+\beta| \leqq |\alpha|+|\beta|$$

で α の代わりに $\alpha-\beta$ をとれば

$$|\alpha| \leqq |\alpha-\beta|+|\beta|$$

また β の代わりに $\beta-\alpha$ をとれば

$$|\beta| \leqq |\alpha|+|\beta-\alpha|$$

となることからわかります．

17.2. 複素指数関数とオイラーの公式

複素変数 z のベキ級数

$$1 + z + \frac{z^2}{2!} + \frac{z^3}{3!} + \cdots + \frac{z^n}{n!} + \cdots$$

は全平面で絶対収束して，その和として複素指数関数 $e^z = \exp z$ が定義されて，いわゆる加法公式

$$e^{z+w} = e^z e^w$$

が成り立ちます．これから，実数 θ に対して $\overline{e^{i\theta}} = e^{-i\theta}$ ですから

$$|e^{i\theta}|^2 = e^{i\theta}e^{-i\theta} = e^{i(\theta-\theta)} = e^0 = 1$$

がわかります．

ここで基本的な次の結果があります：

実数 θ に複素数 $e^{i\theta}$ を対応させる写像は加法群 $\boldsymbol{R}$ から乗法群 $\{z \in \boldsymbol{C} \mid |z| = 1\}$ (単位円周) の上への連続準同型写像で，周期 2π をもつ (これが π の解析的定義です).

$$e^0 = e^{2\pi i} = 1, \quad e^{\frac{\pi}{2}i} = i, \quad e^{\pi i} = -1, \quad e^{\frac{3\pi}{2}i} = -i$$

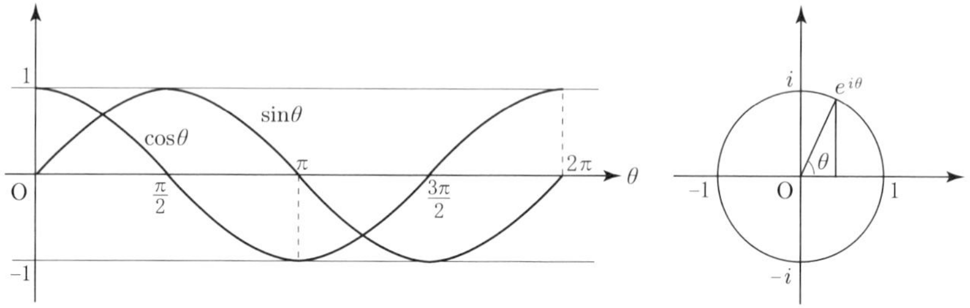

図 17-1

$$\cos\theta := \mathrm{Re}(e^{i\theta}) = \frac{e^{i\theta} + e^{-i\theta}}{2}$$

$$\sin\theta := \mathrm{Im}(e^{i\theta}) = \frac{e^{i\theta} - e^{-i\theta}}{2i}$$

と定義すれば，

$$e^{i\theta} = \cos\theta + i\sin\theta \qquad \text{(オイラーの公式)}$$

したがって

$$e^{in\theta} = (e^{i\theta})^n$$

より

$$(\cos\theta + i\sin\theta)^n = \cos n\theta + i\sin n\theta \qquad \text{(ド・モァーヴルの公式)}$$

が成り立ち，

$$\begin{cases} \cos n\theta = \dfrac{1}{2}\left[(\cos\theta + i\sin\theta)^n + (\cos\theta - i\sin\theta)^n\right] \\ \sin n\theta = \dfrac{1}{2i}\left[(\cos\theta + i\sin\theta)^n - (\cos\theta - i\sin\theta)^n\right] \end{cases}$$

任意の複素数 $z = x + iy$ に対して $z = |z|e^{i\theta}$ となる実数 θ があります．これを複素数 z の**偏角**とよび，記号 $\arg z$ で表します．したがって

$$z = re^{i\theta} \qquad (r = |z|, \quad \theta = \arg z)$$

と，いわゆる**極表示** (極座標による表示です) が得られます．偏角は $z \neq 0$ のときは 2π の整数倍を除いて確定し，通常 $0 \leqq \theta < 2\pi$ (または $-\pi \leqq \theta < \pi$) と定めるのが普通で，これを偏角の主値とよぶことがあります．

1 の n 乗根

$n \geqq 1$ のとき

$$\omega_k := \exp\frac{2\pi i}{n}k \qquad (k = 0,\ 1,\ 2,\ \cdots,\ n-1)$$

によって方程式 $z^n = 1$ の n 個の解が与えられます．

たとえば $n = 5$ のとき，

$$\begin{aligned} \omega &= e^{\frac{2\pi i}{5}} \\ &= \frac{\sqrt{5}-1}{4} + i\frac{\sqrt{10+2\sqrt{5}}}{4} \end{aligned}$$

$$\cos\frac{2\pi}{5} = \frac{\sqrt{5}-1}{4}$$

$$\sin\frac{2\pi}{5} = \frac{\sqrt{10+2\sqrt{5}}}{4}$$

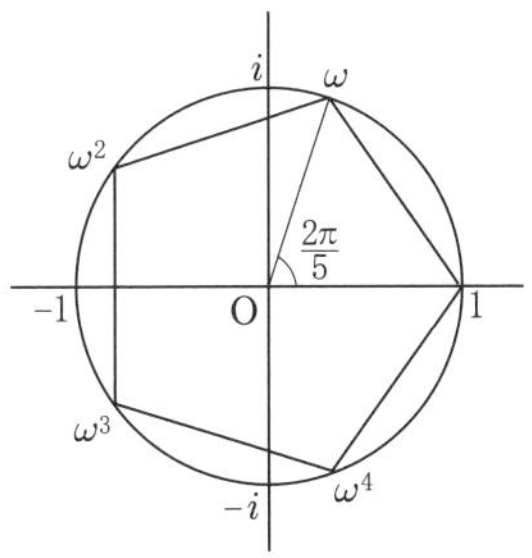

図 17-2

> **注意**　1 の n 乗根の実部，虚部がこのように代数的に計算できるのは特別な n の値に対してだけで，ここでは正五角形の作図可能性を示している．

17.3. 代数学の基本定理

定理　n 次多項式 $f(z) = a_0 + a_1 z + \cdots + a_n z^n$ $(a_n \neq 0)$ に対して，方程式 $f(z) = 0$ は少なくとも一つの (複素数) 根をもつ．

系 1　n 次多項式は一次式の積に因数分解される．

$$f(z) = a_n(z - \alpha_1)(z - \alpha_2) \cdots (z - \alpha_n)$$

系 2　実数を係数とする多項式は一次式または二次式の積に因数分解される．

例として，

$$\begin{aligned} X^5 - 1 &= (X-1)(X^4 + X^3 + X^2 + X + 1) \\ &= (X-1)(X-\omega)(X-\omega^2)(X-\omega^3)(X-\omega^4) \\ &= (X-1)\left(X^2 - \frac{\sqrt{5}-1}{2}X + 1\right)\left(X^2 + \frac{\sqrt{5}+1}{2}X + 1\right) \end{aligned}$$

ただし　$\omega = e^{\frac{2\pi i}{5}} = \dfrac{\sqrt{5}-1}{4} + i\dfrac{\sqrt{10+2\sqrt{5}}}{4}.$

線型代数にとって重要なことは，これから基礎体が複素数体の場合，固有値，固有ベクトルが必ず存在することが結論されることです．

基本定理を証明するためには次の二点，

(i)　$|f(z)|$ の最小値を与える点 c の存在：

$$|f(c)| \leqq |f(z)| \qquad (z \in \boldsymbol{C})$$

(ii)　もし $f(c) \neq 0$ ならば，ある c' に対して

$$|f(c') < |f(c)|$$

となる．

を示せば十分です．(i) を満たす c に対しては (ii) から $f(c) = 0$ となりますから．

証明　(i) は，不等式

$$|f(z)| \geqq |z|^n \left\{ |a_n| - \left(\frac{|a_{n-1}|}{|z|} + \cdots + \frac{|a_0|}{|z|^n} \right) \right\}$$

によって，$R > 0$ を十分大きくとれば $|z| > R$ のとき $|f(z)| > |f(0)|$ となることに注意し，有界閉集合 $|z| \leqq R$ でワイエルシュトラスの定理を用いて最小値を実現する点 c の存在が結論される．

(ii) を示すには，もし $f(c) \neq 0$ ならば

$$h(z) := \frac{f(z+c)}{f(c)} = 1 + b_k z^k + \cdots + b_n z^n$$

と書いて，$z = re^{i\theta}$ に対し

$$|h(re^{i\theta})| \leqq |1 + b_k r^k e^{ik\theta}| + |b_{k+1}|r^{k+1} + \cdots + |b_n|r^n$$

(項のまとめ方に注目)

そこで偏角 θ を

$$b_k e^{ik\theta} = -|b_k|$$

となるようにえらべば

$$|h(re^{i\theta})| \leqq |1 - r^k|b_k|| + |b_{k+1}|r^{k+1} + \cdots + |b_n|r^n$$

ここで $r > 0$ を十分小さくとれば，たしかに

$$|h(re^{i\theta})| < 1$$

となって，$c' = c + re^{i\theta}$ が求めるものとなる．■

系 3　有限次元の複素線型空間 V の線型写像は固有値をもつ．

証明　これは第 14 章での固有値と特性多項式との関係の議論と上の代数学の基本定理から明らかである．■

17. 4. リーマン球と立体射影

複素数面 $\boldsymbol{C}$ を (x_1, x_2, x_3) を座標とする 3 次元ユークリッド空間の (x_1, x_2) 平面と同一視して，原点に中心をもつ単位球面 $x_1^2 + x_2^2 + x_3^2 = 1$ を考えます．この

球面上の“北極”N $= (0, 0, 1)$ 以外の任意の1点 P $= (x_1, x_2, x_3)$ が与えられたとき，N と P とを結ぶ直線は平面 $\boldsymbol{C}$ とただ一つの点 $z = x + iy$ で交わります．このように球面上の N 以外の点を $\boldsymbol{C}$ 上に投影することによって，N を除いた球面と $\boldsymbol{C}$ とが1対1かつ両連続に対応します．簡単な計算によって，

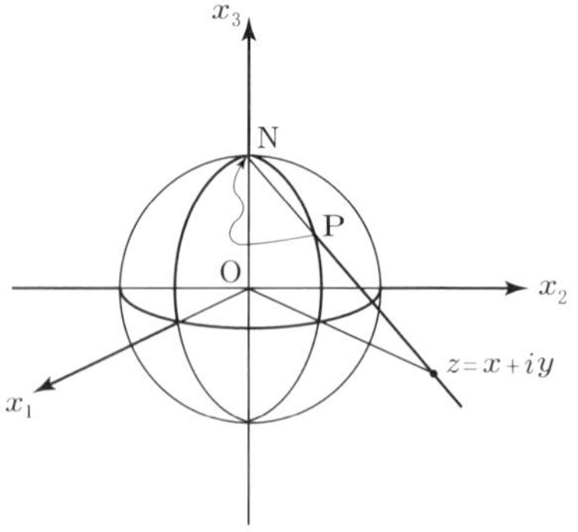

図 17-3

$$(1) \qquad z = \frac{x_1 + ix_2}{1 - x_3}$$

であり，また逆に，

$$(2) \qquad x_1 = \frac{z + \overline{z}}{1 + |z|^2}, \qquad x_2 = \frac{z - \overline{z}}{i(1 + |z|^2)}, \qquad x_3 = \frac{|z|^2 - 1}{|z|^2 + 1}$$

であることがわかります．

$\boldsymbol{C}$ 上の点が原点から遠ざかる (すなわち $|z| \to \infty$ となる) につれて，対応する球面上の点が N に近づくことは (2) から明らかです．このことから，N を $\boldsymbol{C}$ の無限遠点 ∞ に対応させることによって，球面と $\boldsymbol{C} \cup \{\infty\}$ とが位相を含めて1対1両連続に対応することがわかります．このように考えた単位球面 $\boldsymbol{S}^2$ のことを**リーマン球面**とよびます．

また，南極 S $= (0, 0, -1)$ 以外の1点 P $= (x_1, x_2, x_3)$ が与えられたとき，P と S とを結ぶ直線が平面 $\boldsymbol{C}$ と交わる点の複素共役点を z' とすれば，

$$z' = \frac{x_1 - ix_2}{1 + x_3}$$

であり，N, S と相異なる任意の点 P $= (x_1, x_2, x_3)$ に対応する z, z' の間には，したがって

$$zz' = 1$$

の関係が成り立ちます．無限遠点 ∞ と同一視される点 N とその近傍の点に対しては S に関する立体射影による複素座標 z' が定義されていて，しかも N に対しては $z' = 0$ が対応しますから，∞ のまわりの議論はこの座標 z' を用いて行われます．これは N の近傍の点 P で N と相異なるものに対しては $z' = 1/z$ と考えることにほかなりません．

このようにして，リーマン球 $\boldsymbol{S}^2$ の上では，前記の二つの“座標系” $z,\ z'$ のいずれか (または双方) を用いて，関数の正則性の議論をすることができます．この意味で，リーマン球 $\boldsymbol{S}^2$ は**複素構造**をもっているといいます．

立体射影によって $\boldsymbol{C}$ 上の円は $\boldsymbol{S}^2$ 上の N を通らない円に対応し，$\boldsymbol{C}$ 上の直線は $\boldsymbol{S}^2$ 上の N を通る円に対応することが示されます．

17. 5. リーマン球の回転と複素平面の一次分数変換

二次の行列 $A = \begin{pmatrix} a & b \\ c & d \end{pmatrix}$; $ad - bc \neq 0$ に対応する一次分数変換

$$z' = \frac{az + b}{cz + d}$$

を考えます．λA と A とは同じ変換を定めますから，$ad - bc = 1$ と仮定してもよい，すなわち $A \in SL(2,\ \boldsymbol{C})$．

立体射影を用いてこの変換に対応するリーマン球の変換を考えます．つまり

$$z \longleftrightarrow \begin{pmatrix} x_1 \\ x_2 \\ x_3 \end{pmatrix},\ z' \longleftrightarrow \begin{pmatrix} x'_1 \\ x'_2 \\ x'_3 \end{pmatrix} \text{ のとき変換 } \begin{pmatrix} x_1 \\ x_2 \\ x_3 \end{pmatrix} \longmapsto \begin{pmatrix} x'_1 \\ x'_2 \\ x'_3 \end{pmatrix} \text{ は何か？}$$

という問題です．一般の場合の答えは後にローレンツ群に関する議論で与えられるのですが，ここでは，特別な場合について，これがリーマン球の回転に対応していることを示すだけに止めておきます．

i)　$A = \begin{pmatrix} e^{\frac{i\theta}{2}} & 0 \\ 0 & e^{-\frac{i\theta}{2}} \end{pmatrix}$,　　$z' = e^{i\theta} z$

このときは $x'_3 = x_3$, $x'_1 + ix'_2 = e^{i\theta}(x_1 + ix_2)$，したがって

$$\begin{pmatrix} x'_1 \\ x'_2 \\ x'_3 \end{pmatrix} = \begin{pmatrix} \cos\theta & -\sin\theta & 0 \\ \sin\theta & \cos\theta & 0 \\ 0 & 0 & 1 \end{pmatrix} \begin{pmatrix} x_1 \\ x_2 \\ x_3 \end{pmatrix}$$

つまり対応する回転は x_3 軸のまわりの回転です．

ii)　$A = \begin{pmatrix} \cos\dfrac{\theta}{2} & -\sin\dfrac{\theta}{2} \\ \sin\dfrac{\theta}{2} & \cos\dfrac{\theta}{2} \end{pmatrix}, \qquad z' = \dfrac{z\cos\dfrac{\theta}{2} - \sin\dfrac{\theta}{2}}{z\sin\dfrac{\theta}{2} + \cos\dfrac{\theta}{2}}$

このとき $\Delta = \left| z\sin\dfrac{\theta}{2} + \cos\dfrac{\theta}{2} \right|^2$ とおいて

$$|z'|^2 + 1 = \frac{|z|^2 + 1}{\Delta}$$

$$|z'|^2 - 1 = \frac{(|z|^2 - 1)\cos\theta - (z + \overline{z})\sin\theta}{\Delta}$$

$$z' + \overline{z'} = \frac{(|z|^2 - 1)\sin\theta - (z + \overline{z})\cos\theta}{\Delta}$$

$$z' - \overline{z'} = \frac{z - \overline{z}}{\Delta}$$

(ここで $\cos\theta = \cos^2\dfrac{\theta}{2} - \sin^2\dfrac{\theta}{2}$, $\sin\theta = 2\sin\dfrac{\theta}{2}\cos\dfrac{\theta}{2}$ を用いる) となりますから，これから

$$\begin{pmatrix} x_1' \\ x_2' \\ x_3' \end{pmatrix} = \begin{pmatrix} \cos\theta & 0 & \sin\theta \\ 0 & 1 & 0 \\ -\sin\theta & 0 & \cos\theta \end{pmatrix} \begin{pmatrix} x_1 \\ x_2 \\ x_3 \end{pmatrix}$$

つまり，対応する回転は x_2 軸のまわりの回転となります.

演習問題

1. $|\alpha| < 1$, $|\beta| < 1$ ならば $\left| \dfrac{\alpha - \beta}{1 - \overline{\alpha}\beta} \right| < 1$.

2. z_1, z_2, z_3 が相異なる複素数で，$|z_1| = |z_2| = |z_3|$ であるとき，以下の三条件が互いに同値であることを示せ.

i)　$|z_1 - z_2| = |z_2 - z_3| = |z_3 - z_1|$　(z_1, z_2, z_3 は正三角形の頂点をなす)

ii)　$z_1 + z_2 + z_3 = 0$

iii)　z_1, z_2, z_3 はある三次式 $z^3 - c\,(c \neq 0)$ の根である.

第18章　商空間，双対空間

18.1. 商空間

ある線型空間 V とその一つの線型部分空間 U に対して，V から別のある線型空間 (同じ基礎体 F 上の) への線型写像 f で，ちょうどその核 $\mathrm{Ker} f$ が部分空間 U に等しいものがあるだろうか，という問題を考えます．

この問題に対する一つの答えは次のようにして得られます：V の基底 $(x_1, \cdots, x_n)$ で，その一部分 $(x_1, \cdots, x_r)$ が U の基底となっているようなものをえらび，

$$f(\alpha_1 x_1 + \cdots + \alpha_n x_n) := \alpha_{r+1} x_{r+1} + \cdots + \alpha_n x_n$$

と定めます．こうすればたしかに f は V から，$x_{r+1}, \cdots, x_n$ によって張られる線型空間 $L(x_{r+1}, \cdots, x_n)$ の上への線型写像で，その核は $U = L(x_1, \cdots, x_r)$ です．この方法はしかし，基底をえらぶという点で一つすっきりしません．これから述べる“商空間”の概念によれば，もっと自然な方法で，U を核とする写像 (ある意味でこれはその原型を与えている) が構成されます．

体 F 上の線型空間 V とその部分空間 U が与えられたとします．このとき V の U による**商空間** V/U を以下のように定義します：

集合として V/U は次のような V の部分集合の全体である：

$$[x] = x + U := \{x + y \,|\, y \in U\}$$

(たとえば $V = \boldsymbol{R}^2$，U が x_2 軸上の点の全体のなす部分空間ならば，$x + U$ は点 x を通り x_2 軸に平行な直線である)．これを x を代表元とする**コーセット** (coset) とよびます．

まず

$$[x] = [y] \iff x - y \in U$$

であることに注意します.

この集合に**和** $[x]+[y]$, **スカラー倍** $\lambda[x]$ を次のように定義します.

$$\begin{aligned} [x]+[y] &:= [x+y] \\ \lambda\,[x] &:= [\lambda x] \end{aligned} \qquad (x,\, y \in V,\ \ \lambda \in F)$$

ここでこの定義が成立するためには次の二つの点を確かめなければなりません.

$$[x]=[x'],\ [y]=[y'] \quad \text{ならば} \quad [x+y]=[x'+y']$$
$$[x]=[x'] \quad \text{ならば} \quad [\lambda x]=[\lambda x']$$

そのためには, 上の注意から

$$\begin{cases} x-x' \in U,\ y-y' \in U \ \ \text{ならば}\ \ (x+y)-(x'+y') \in U \\ x-x' \in U \ \ \text{ならば}\ \ \lambda x - \lambda x' \in U \end{cases}$$

であることを見ればよいのですが, これはちょうど U が部分空間であるという性質からわかります.

これら二つの演算に関して, 線型空間を定義する公理系

(1) $([x]+[y])+[z] = [x]+([y]+[z])$

(2) $[x]+[y] = [y]+[x]$

(3) $[x]+[0] = [x]$

(4) $[x]+[-x] = [0]$

(5) $\lambda(\mu\,[x]) = (\lambda\mu)\,[x]$

(6) $1[x] = [x]$

(7) $\lambda\,([x]+[y]) = \lambda\,[x]+\lambda\,[y]$

(8) $(\lambda+\mu)\,[x] = \lambda\,[x]+\mu\,[x]$

が成り立つことは, 定義の仕方と V が線型空間であることから, ほとんど明らかでしょう.

線型空間 V から線型空間 V/U への写像 φ を

$$\varphi(x) := [x] = x+U$$

によって定義すれば, φ は V から V/U の上への線型写像で, その核 $\operatorname{Ker}\varphi$ はちょうど U に等しい.

極端な場合を考えれば, $U=V$ のとき V/V は零だけからなるつまらない線型

空間であり，また $U=\{0\}$ のときは $V/\{0\}$ と V とは本質的には異なるところのない同型な線型空間です．

定理　もし $f:V\to W$ が線型写像で

$$\mathrm{Ker}\,f\supset U$$

ならば，商空間 V/U から W への線型写像 $\overline{f}$ が存在して

$$f=\overline{f}\circ\varphi$$

となる．

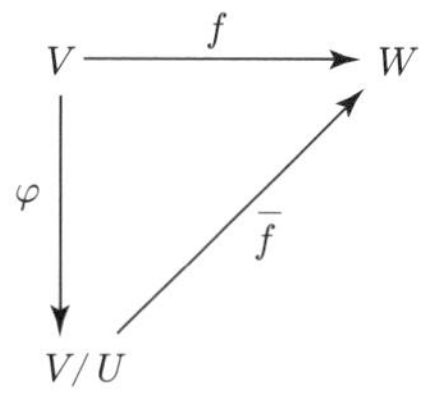

図 18-1

証明　実際

$$\overline{f}([x]):=f(x)$$

とおけばよい．もし $[x']=[x]$ ならば $x'-x\in U$ だから $f(x'-x)=0$，すなわち $f(x')=f(x)$ となっているから，$\overline{f}([x])$ は確定して $[x]$ の代表元 x のえらび方に無関係に定まる．■

系 1　線型空間 V から線型空間 W の上への線型写像 f に対して，$\overline{f}$ は商空間 $V/\mathrm{Ker}\,f$ から W への同型である．

証明　実際，f が全射だから $\overline{f}$ も全射であり，もし $\overline{f}([x])=0$ ならば $f(x)=0$ だから $x\in\mathrm{Ker}\,f$ となって $[x]=0$ であり，$\overline{f}$ は単射でもある．■

系 2　$\dim V/U=\dim V-\dim U$

証明　写像に対する次元公式から

$$\dim V=\dim(\mathrm{Ker}\,f)+\dim(\mathrm{Im}\,f)$$

であるから，$U=\mathrm{Ker}\,f$ とおけばよい．■

18.2. 双対空間

体 F 上の線型空間 V に対して，V から F への線型写像の全体を V^* とすれば，そこには自然に F 上の線型空間の構造が定義されます：

$$\begin{aligned}(u+v)(x) &:= u(x)+v(x) \\ (\lambda u)(x) &:= \lambda u(x)\end{aligned} \qquad (u,\ v \in V^*,\ \ \lambda \in F)$$

これを V の**双対空間** (dual space) とよびます.

例 1　$V = \boldsymbol{R}^n$ の場合，$u \in V^*$ に対して，

$$\boldsymbol{u} := \begin{pmatrix} u(\boldsymbol{e}_1) \\ \vdots \\ u(\boldsymbol{e}_n) \end{pmatrix}$$

を対応させれば，V^* も $\boldsymbol{R}^n$ に同型となります.

例 2　$V = C([0,\ 1])$ (区間 $[0,\ 1]$ 上の実数値連続関数の全体) のとき，V^* の元として

$$f \longmapsto \int_0^1 f(t)g(t)dt \qquad (g \in C([0,\ 1]))$$

$$f \longmapsto f(a) \qquad (0 \leqq a \leqq 1)$$

などがあります.

> **定理**　V が有限次元ならば，V^* も有限次元で $\dim V^* = \dim V$ である.

証明　V の一つの基底 $(x_1,\ \cdots,\ x_n)$ をとる．V^* の元 u_i を

$$u_i(x_j) = \delta_{ij} \qquad (1 \leqq i,\ j \leqq n)$$

によって定めれば，任意の $x \in V$ に対して

$$x = u_1(x)x_1 + \cdots + u_n(x)x_n$$

したがって，$u \in V^*$ に対して

$$u(x) = u(x_1)u_1(x) + \cdots + u(x_n)u_n(x)$$

すなわち $u = u(x_1)u_1 + \cdots + u(x_n)u_n$ と書くことができて，$(u_1, \cdots, u_n)$ が V^* の基底となる． ∎

これを基底 $(x_1, \cdots, x_n)$ の**双対基底**とよびます．

ここで後々の議論のために次のような記号を導入しておくのが便利です：

$x \in V,\ u \in V^*$ に対して

$$\langle x,\, u\rangle := u(x)$$

第 13 章の内積で用いた記号との類似に注意してください．ここでも

$$\langle x+y,\, u\rangle = \langle x,\, u\rangle + \langle y,\, u\rangle$$
$$\langle x,\, u+v\rangle = \langle x,\, u\rangle + \langle x,\, v\rangle$$

となって，$\langle x,\, u\rangle$ は $V \times V^*$ 上の関数として“双線型”(bilinear) です．

線型空間 V とその双対空間 V^* に対して，写像

$$u \longmapsto \langle x,\, u\rangle \qquad (u \in V^*)$$

を V^* で定義されて値を F にとる関数と考えれば，これは V^* の双対 $(V^*)^*$ の元と考えられます．

このようにして V から $V^{**} := (V^*)^*$ の中への線型写像が定まり，V が有限次元ならば $\dim V = \dim V^* = \dim V^{**}$ より，同型であることがわかります．

転置写像

線型空間 V から線型空間 W への線型写像 f が与えられたとき，次のようにして W の双対空間 W^* から V の双対空間 V^* への写像 ${}^t\!f$ が定まります：$w \in W^*$ に対して

$${}^t\!f(w) : x \longmapsto w(f(x)) \qquad (x \in V)$$

という V^* の元を対応させます．上の記号を用いれば

$$\langle x,\, {}^t\!f(w)\rangle := \langle f(x),\, w\rangle \qquad (x \in V,\ w \in W^*)$$

が定義式です．

これがさらに W^* から V^* への線型写像であることは，$V^*,\, W^*$ での和の定義の仕方と上の ${}^t\!f$ の定義とから明らかです．

$$V \xrightarrow{f} W$$
$$V^* \xleftarrow{{}^t f} W^*$$

この写像 ${}^t f$ のことを f の**転置** (transposed) とよびます (順序の逆転に注意する).

もし $g : U \to V$ も線型写像ならば

$${}^t(f \circ g) = {}^t g \circ {}^t f$$

が成り立ちます. したがってとくに $f : V \to W$ が V から W への同型写像ならば, ${}^t f$ は W^* から V^* への同型となり, $({}^t f)^{-1} = {}^t(f^{-1})$ は V^* から W^* への同型となります (いわゆる反傾写像 contragradient).

> **定理**　$\mathscr{B} = (x_1, \cdots, x_n)$ は V の基底, $\mathscr{B}^* = (u_1, \cdots, u_n)$ はそれに対応する V^* の双対基底, また $\mathscr{C} = (y_1, \cdots, y_m)$ は W の基底, $\mathscr{C}^* = (w_1, \cdots, w_m)$ は対応する W^* の双対基底であるとき, V から W への線型写像 f の $\mathscr{B}$, $\mathscr{C}$ に関する行列を A とすれば, 転置写像 ${}^t f$ の $\mathscr{C}^*$, $\mathscr{B}^*$ に関する行列は ${}^t A$ に等しい.

証明　$A = M^{\mathscr{B}}_{\mathscr{C}}(f) = (a_{ij})$ とすれば

$$f(x_j) = \sum_{i=1}^{m} a_{ij} y_i$$

$B = M^{\mathscr{C}^*}_{\mathscr{B}^*}({}^t f) = (b_{ji})$ とすれば

$${}^t f(w_i) = \sum_{j=1}^{n} b_{ji} u_j$$

したがって

$$a_{ij} = \langle f(x_j), w_i \rangle = \langle x_j, {}^t f(w_i) \rangle = b_{ji}$$

すなわち $B = {}^t A$. ∎

線型空間 V の部分集合 X に対して

$$X^\perp := \{u \in V^* \mid \text{すべての } x \in X \text{ に対して } \langle x, u \rangle = 0\}$$

とおき, 同様に V^* の部分集合 Y に対して

$$Y^{\perp} := \{x \in V \mid \text{すべての } u \in Y \text{ に対して } \langle x,\, u \rangle = 0\}$$

と定義します．これらはそれぞれ V^*, V の線型部分空間となり，

$$X \subset X^{\perp\perp} := (X^{\perp})^{\perp}$$
$$Y \subset Y^{\perp\perp} := (Y^{\perp})^{\perp}$$

となります．

定理　線型写像 $f : V \to W$ に対して

$$\operatorname{Ker}{}^t f = (\operatorname{Im} f)^{\perp}$$
$$\operatorname{Ker} f = (\operatorname{Im}{}^t f)^{\perp}$$

証明

$$w \in \operatorname{Ker}{}^t f \iff {}^t f(w) = 0 \iff \langle x,\, {}^t f(w) \rangle = 0 \quad (x \in V)$$
$$\iff \langle f(x),\, w \rangle = 0 \quad (x \in V) \iff w \in (\operatorname{Im} f)^{\perp}$$

同様に

$$x \in \operatorname{Ker} f \iff f(x) = 0 \iff \langle f(x),\, w \rangle = 0 \quad (w \in W^*)$$
$$\iff \langle x,\, {}^t f(w) \rangle = 0 \quad (w \in W^*)$$
$$\iff x \in (\operatorname{Im}{}^t f)^{\perp}$$

■

定理　U が部分空間ならば

i)　$\dim U^{\perp} = \dim V - \dim U$

ii)　$U^{\perp\perp} = U$

証明　V の基底 $(x_1, \cdots, x_n)$ を $(x_1, \cdots, x_r)$ が U の基底であるようにとり，$(u_1, \cdots, u_n)$ が対応する V^* の双対基底であるとすれば，

$$u \in U^{\perp} \iff u(x_i) = 0 \quad (1 \leqq i \leqq r)$$
$$\iff u = \sum_{r+1}^{n} u(x_i) u_i$$

すなわち $U^{\perp} = L(u_{r+1}, \cdots, u_n)$ で，$\dim U^{\perp} = n - r$.　■

これと同様に，V^* の部分空間 Y に対しても類似の結果が成り立ちます．

系　$\varphi : V \to V/U$ に対して，その転置 ${}^t\varphi$ は $(V/U)^*$ から $U^\perp$ への同型写像を与える.

証明
$$\begin{aligned} \operatorname{Ker} {}^t\varphi &= (\operatorname{Im}\varphi)^\perp = \{0\} \\ \operatorname{Im} {}^t\varphi &= (\operatorname{Ker}\varphi)^\perp = U^\perp \end{aligned} \qquad (\varphi \text{ は全射})$$
∎

またこれを用いて (m, n) 型行列 A とその転置行列 ${}^tA$ とが同じ階数をもつことがわかります.

$$\begin{aligned} r(A) &= \dim(\operatorname{Im} f_A) = n - \dim(\operatorname{Ker} f_A) \\ &= \dim(\operatorname{Ker} f_A)^\perp = \dim(\operatorname{Im} {}^tf_A) = r({}^tA) \qquad ({}^tf_A = f_{{}^tA}) \end{aligned}$$

例 3
$$\begin{aligned} \varphi(\boldsymbol{x}) &= ax + by + cz \qquad (a,\, b,\, c \in \boldsymbol{R}) \\ \psi(\boldsymbol{x}) &= dx + ey + fz \qquad (d,\, e,\, f \in \boldsymbol{R}) \end{aligned}$$
を用いて，$\boldsymbol{R}^3$ から $\boldsymbol{R}^2$ への写像 F を
$$F(\boldsymbol{x}) := \begin{pmatrix} \varphi(\boldsymbol{x}) \\ \psi(\boldsymbol{x}) \end{pmatrix}, \qquad \boldsymbol{x} \in \boldsymbol{R}^3$$
と定め，
$$W := \operatorname{Ker} F = \{\boldsymbol{x} \in \boldsymbol{R}^3 \mid \varphi(\boldsymbol{x}) = \psi(\boldsymbol{x}) = 0\}$$
とすれば，
$$\operatorname{Im} {}^tF = (\operatorname{Ker} F)^\perp = W^\perp$$
だから
$$\dim W = 3 - \dim W^\perp = 3 - \dim \operatorname{Im} {}^tF$$
となります．ところが ${}^tF$ の定義から，$\boldsymbol{x} \in \boldsymbol{R}^3$, $\theta \in (\boldsymbol{R}^2)^*$ に対して
$$\langle \boldsymbol{x},\, {}^tF(\theta)\rangle = \langle F(\boldsymbol{x}),\, \theta\rangle = \varphi(\boldsymbol{x}) \left\langle \begin{pmatrix} 1 \\ 0 \end{pmatrix}, \theta \right\rangle + \psi(\boldsymbol{x}) \left\langle \begin{pmatrix} 0 \\ 1 \end{pmatrix}, \theta \right\rangle$$
すなわち
$${}^tF(\theta) = \left\langle \begin{pmatrix} 1 \\ 0 \end{pmatrix}, \theta \right\rangle \varphi + \left\langle \begin{pmatrix} 0 \\ 1 \end{pmatrix}, \theta \right\rangle \psi$$
となって，

$$\mathrm{Im}\,{}^t F = L(\varphi,\, \psi)$$

したがって

$$\dim W = \begin{cases} 1 & (\varphi,\, \psi \text{ が独立}) \\ 2 & (\varphi,\, \psi \text{ が従属}) \end{cases}$$

[$\varphi(\boldsymbol{x}) = 0$ も $\psi(\boldsymbol{x}) = 0$ も $\boldsymbol{R}^3$ の平面を定めますから，幾何学的には当然のことです.]

演習問題

1. 線型空間 $V_1,\, V_2,\, V_3$ と線型写像 $\phi : V_1 \to V_2,\ \psi : V_2 \to V_3$ が与えられていて，ϕ が単射，$\mathrm{Im}\,\phi = \mathrm{Ker}\,\psi$，$\psi$ が全射であるとき，完全系列といって，記号

$$0 \longrightarrow V_1 \xrightarrow{\ \phi\ } V_2 \xrightarrow{\ \psi\ } V_3 \longrightarrow 0$$

と表示する．このとき，双対にうつした

$$0 \longleftarrow V_1^* \xleftarrow{\ {}^t\phi\ } V_2^* \xleftarrow{\ {}^t\psi\ } V_3^* \longleftarrow 0$$

もこの意味で完全系列となっている (矢印の向きは逆になる).

2. $B(x,\, y)$ が $V \times V$ 上の双線型形式で**対称** ($x,\, y \in V$ に対して $B(x,\, y) = B(y,\, x)$) かつ**非退化** (もしすべての $y \in V$ に対して $B(x,\, y) = 0$ ならば $x = 0$) であるとする.

i) $x \in V$ に対して

$$u_x \ :\ y \longmapsto B(x,\, y)$$

として V^* の元 u_x が定まるが，写像 $x \mapsto u_x$ は V から V^* への同型写像であることを示せ.

ii) V の線型部分空間 U に対して

$$U^0 := \{x \in V \mid \text{すべての } y \in U \text{ にたいして } B(x,\, y) = 0\}$$

と定めれば，U^0 も部分空間で

$$\dim U + \dim U^0 = \dim V$$
$$(U^0)^0 = U$$

が成り立つ.

第19章　ユニタリ空間

19. 1. ユニタリ空間の定義と簡単な性質

この章では複素数体を基礎体としてもつ線型空間 (複素線型空間) を考えます．その標準的な例は

$$\boldsymbol{C}^n := \left\{ \begin{pmatrix} x_1 \\ \vdots \\ x_n \end{pmatrix} \middle| \, x_1, \cdots, x_n \in \boldsymbol{C} \right\}$$

ですが，ここでも $\boldsymbol{R}^n$ のときの内積の類似を考えて，

$$\langle \boldsymbol{x}, \boldsymbol{y} \rangle := x_1\overline{y_1} + \cdots + x_n\overline{y_n}, \qquad \boldsymbol{x} = \begin{pmatrix} x_1 \\ \vdots \\ x_n \end{pmatrix}, \ \boldsymbol{y} = \begin{pmatrix} y_1 \\ \vdots \\ y_n \end{pmatrix}$$

とおくと，以下の性質があります：

(1)　$\langle \boldsymbol{x}, \boldsymbol{y} \rangle$ は $\boldsymbol{x}$ に関して線型，$\boldsymbol{y}$ に関して共役線型．

$$\begin{cases} \langle \lambda\boldsymbol{x} + \mu\boldsymbol{y}, \boldsymbol{z} \rangle = \lambda\langle \boldsymbol{x}, \boldsymbol{z} \rangle + \mu\langle \boldsymbol{y}, \boldsymbol{z} \rangle \\ \langle \boldsymbol{x}, \lambda\boldsymbol{y} + \mu\boldsymbol{z} \rangle = \overline{\lambda}\langle \boldsymbol{x}, \boldsymbol{y} \rangle + \overline{\mu}\langle \boldsymbol{x}, \boldsymbol{z} \rangle \end{cases}$$

(2)　$\langle \boldsymbol{y}, \boldsymbol{x} \rangle = \overline{\langle \boldsymbol{x}, \boldsymbol{y} \rangle}$　　(エルミット対称性)

(3)　$\langle \boldsymbol{x}, \boldsymbol{x} \rangle \geqq 0$; $\langle \boldsymbol{x}, \boldsymbol{x} \rangle = 0 \Longleftrightarrow \boldsymbol{x} = 0$　　(正定値性)

一般に V が $\boldsymbol{C}$ 上の線型空間であるとき，$V \times V$ から $\boldsymbol{C}$ への写像 $\langle x, y \rangle$ が上の条件 (1), (2) を満たすとき**エルミット形式**であるといい，さらに (3) も満たすときには (複素) **内積**であるといいます．実数のときと同様に

$$||x|| := \sqrt{\langle x,\, x\rangle}$$

としてノルムを定めれば，コーシー－シュワルツの不等式

(4)　$|\langle x,\, y\rangle| \leqq ||x|| \cdot ||y||$

が成り立つことは，実数体のときと同様に示されます．

有限次元の複素内積空間のことを複素ユークリッド空間とか**ユニタリ空間**とよびます．この場合も実数体上の内積空間の場合と同様に直交性の定義，直交補空間，正規直交系などの定義ができて，シュミットの直交化，部分空間 U とその直交補空間の直和としての分解などが成り立ちます．

ユニタリ空間 V が n 次元ならば，V の正規直交基底 $(x_1, \cdots, x_n)$ を一つえらんで，$x = \sum_{i=1}^{n} \xi_i x_i$ に $\begin{pmatrix} \xi_1 \\ \vdots \\ \xi_n \end{pmatrix} \in \boldsymbol{C}^n$ を対応させれば，$y = \sum \eta_i x_i$ のとき

$$\langle x,\, y\rangle = \sum \xi_i \overline{\eta_i}$$

となることから，V は標準内積 $\boldsymbol{C}^n$ と本質的に同じもの (内積空間として同型) であることがわかります．

次の定理は非常に有用です．

> **表現定理**　ユニタリ空間 V の上の任意の線型形式 $\varphi(x)$ (すなわち V から $\boldsymbol{C}$ への線型写像) に対して，V の元 y が存在して
>
> $$\varphi(x) = \langle x,\, y\rangle \qquad (x \in V)$$
>
> が成り立つ．このような y はただ一通りに確定する．

証明　$\varphi \equiv 0$ のときは $y = 0$ ととればよいから，$\varphi \not\equiv 0$ と仮定できる．部分空間 $U = \mathrm{Ker}\,\varphi$ は $n-1$ 次元だから，その直交補空間 $U^{\perp}$ は 1 次元で x_0 で張られる．任意の $x \in V$ は

$$x = z + \lambda x_0 \qquad (z \in U,\ \lambda \in \boldsymbol{C})$$

と分解される．$x_0 \in U^{\perp}$ だから $\langle z,\, x_0\rangle = 0$ で，

$$\langle x,\, x_0\rangle = \lambda ||x_0||^2$$

したがって $\varphi(x) = \lambda\varphi(x_0) = \dfrac{\varphi(x_0)}{||x_0||^2}\langle x,\, x_0\rangle$，すなわち $y = \dfrac{\overline{\varphi(x_0)}}{||\,x_0\,||^2}\,x_0$ とおけば，$\varphi(x) = \langle x,\, y\rangle$.

もし $\varphi(x) = \langle x,\, y'\rangle$ $(x \in V)$ とすれば，$y' - y \in V^{\perp}$ より $y' = y$. ∎

19.2. ユニタリ変換，ユニタリ群

ユニタリ空間 V からユニタリ空間 W への線型変換 f で，条件

$$\langle f(x),\, f(y)\rangle = \langle x,\, y\rangle \qquad (x,\, y \in V)$$

を満足するものを等長変換，とくに $V = W$ のときは**ユニタリ変換**とよびます．この条件はまた

$$||f(x)|| = ||\,x\,|| \qquad (x \in V)$$

としても同じであることが，等式

$$4\langle x,\, y\rangle = ||\,x+y\,||^2 - ||\,x-y\,||^2 + i(||\,x+iy\,||^2 - ||\,x-iy\,||^2)$$

を用いればわかります．

等長変換は必ず単射ですから，とくにユニタリ変換は V から V の上への全単射となっています．次の補題は実数体上の場合と同様に示されます．

> **補題**　線型写像 $f : V \to W$ が等長であるための一つの必要十分条件は，V の正規直交基底 $(x_1, \cdots, x_n)$ に対して $(f(x_1), \cdots, f(x_n))$ が W の正規直交系となることである．

これから次の定理が得られることも同様．

> **定理**　正方行列 $A \in M_n(\boldsymbol{C})$ に対して以下の条件は互いに同値である：
>
> (i)　$f_A : \boldsymbol{x} \longmapsto A\boldsymbol{x}$ は標準内積に関して $\boldsymbol{C}^n$ のユニタリ変換である．
>
> (ii)　$A^*A = I_n$　(ただし $A^* = {}^t\overline{A}$)
>
> (iii)　A の列ベクトルは $\boldsymbol{C}^n$ の正規直交系をなす．
>
> (iv)　$AA^* = I_n$

(v)　A は正則で $A^{-1} = A^*$

このような行列を**ユニタリ行列**とよぶ.

証明　A の列ベクトルを $\boldsymbol{a}_1, \cdots, \boldsymbol{a}_n$ とすれば

$$A^*A = (\alpha_{ij}) \text{ とするとき } \alpha_{ij} = \langle \boldsymbol{a}_j, \boldsymbol{a}_i \rangle$$

に注意すればよい. ∎

ユニタリ空間 V から V へのユニタリ変換の全体は変換の合成を積として群をなし, V のユニタリ群とよばれ, $U(V)$ と記されます. 同様にユニタリ行列の全体も群をなし, (線型) **ユニタリ群**とよばれ, 記号 $U(n)$ で表されます. これは群 $GL_n(\boldsymbol{C})$ の部分群です.

ユニタリ行列 A に対しては, $\det A^* = \det {}^t\overline{A} = (\overline{\det A})$ に注意すれば, $|\det A| = 1$ となります. とくに $\det A = 1$ となるユニタリ行列 A の全体の作る $U(n)$ の部分群を $SU(n)$ と書き, **特殊ユニタリ群**とよびます.

19.3. 共役変換

ユニタリ空間 V からユニタリ空間 W への線型変換 f に対して, W から V への線型変換 f^* で

$$\langle f(x), y \rangle = \langle x, f^*(y) \rangle \qquad (x \in V,\ y \in W)$$

を満足するものが確定します. これを示すには $y \in W$ に対して, V 上の線型形式

$$x \longmapsto \langle f(x), y \rangle$$

を表現する $y^* \in W$ を対応させればよいのです.

f^* は f の**共役変換** (または**随伴変換**) とよばれます.

このとき

$$(\alpha f + \beta g)^* = \overline{\alpha} f^* + \overline{\beta} g^*$$
$$(f^*)^* = f$$

が成り立つことが容易にわかります.

とくに $V = \boldsymbol{C}^n$, $W = \boldsymbol{C}^m$ のとき, $A \in M_{m,n}(\boldsymbol{C})$ に対して f_A を考えれば

$$(f_A)^* = f_{A^*}$$

が成り立ちます.

また $V = W$ のとき, $f = f^*$ となるような線型変換 f は**自己共役**, または**エルミット型**であるといいます. また $f \circ f^* = f^* \circ f$ を満たすような f は**正規** (normal) であるといいます. 行列の場合も, $A = A^*$ ならば**エルミット行列**, $AA^* = A^*A$ のとき**正規行列**といいます.

ユニタリ変換 f に対しては $f^* = f^{-1}$ であること, したがってユニタリ行列 A に対しては $A^* = A^{-1}$ であることも, 念のため注意しておきます.

19. 4. 正規行列の対角化

まず次の命題を準備します.

命題 ユニタリ空間 V から V への線型変換 f に対して, V の部分空間 U が, f によって不変

$$x \in U \quad \text{ならば} \quad f(x) \in U \qquad (f(U) \subset U)$$

ならば, U の直交補空間 $U^\perp$ は f^* によって不変である：

$$f^*(U^\perp) \subset U^\perp \quad \text{すなわち} \quad x \in U^\perp \text{ ならば } f^*(x) \in U^\perp$$

証明 $\langle f^*(x), y\rangle = \langle x, f(y)\rangle = 0 \qquad (x \in U^\perp,\ y \in U)$. ∎

系 ユニタリ変換 f によって U が不変ならば, $U^\perp$ も不変である.

証明 U が f–不変なら, f^{-1} によっても不変であり ($f(U) \subset U$ は実は $f(U) = U$ であるから $U = f^{-1}(U)$ でもある), $f^{-1} = f^*$ であるから. ∎

ここでの目標は次の定理を示すことです.

定理　ユニタリ空間 V から V への正規線型変換 f に対して，V の正規直交基底 $(x_1, \cdots, x_n)$ が存在して

$$f(x_i) = \lambda_i x_i, \qquad f^*(x_i) = \overline{\lambda}_i x_i \qquad (1 \leqq i \leqq n)$$

が成り立つ．とくに f がエルミット型ならば λ_i は実数，また f がユニタリなら $|\lambda_i| = 1$ である．

補題　複素線型空間 V から V への二つの線型変換 f, g が交換可能，すなわち $f \circ g = g \circ f$ ならば，f, g に共通な固有ベクトルが存在する：

$$f(x) = \lambda x, \qquad g(x) = \mu x$$

となる $x \neq 0$ が存在する．

証明　まず f の一つの固有値 λ とそれに対応する固有ベクトル x をとり，

$$x, \quad g(x),\ g^2(x) = g(g(x)), \quad \cdots, \quad g^k(x) = \underbrace{g \circ g \circ \cdots \circ g}_{k\ 個}(x), \quad \cdots$$

から張られる部分空間 U を考える．

$$f(g(x)) = g(f(x)) = g(\lambda x) = \lambda g(x)$$

一般に $f(g^k(x)) = g^k(f(x)) = \lambda g^k(x)$ だから，f は U 上では λ 倍に等しく，また $g(U) \subset U$ だから，g の U での固有値が存在して，ある $y \in U$ と $\mu \in \boldsymbol{C}$ に対して

$$g(y) = \mu y$$

となる． ∎

定理の証明　$\dim V$ に関する帰納法を用いる．$\dim V = 1$ なら別に証明するまでもない．$n = \dim V \geqq 2$ とする．補題によって

$$f(x) = \lambda x, \qquad f^*(x) = \mu x$$

となる $x \neq 0$ が存在する．部分空間 $U := \boldsymbol{C}x$ は f, f^* によって不変だから，命題から $f^*(U^\perp) \subset U^\perp$，$(f^*)^*(U^\perp) \subset U^\perp$，すなわち $f(U^\perp) \subset U^\perp$，$\dim U^\perp = n-1$

だから，帰納法の仮定から f, f^* を $U^\perp$ の上で考えて，上のような基底の存在がわかる (細かいことだが，$(f|_{U^\perp})^* = f^*|_{U^\perp}$ であることに注意する).

$$\langle f(x_i), x_i\rangle = \langle x_i, f^*(x_i)\rangle \quad \text{より} \quad \lambda_i\langle x_i, x_i\rangle = \overline{\mu_i}\langle x_i, x_i\rangle.$$

これから $\overline{\lambda_i} = \mu_i$ がわかる.

f がエルミット型なら，$\mu_i = \overline{\lambda_i} = \lambda_i$ より $\lambda_i \in \boldsymbol{R}$.

f がユニタリなら，$\langle f(x_i), f(x_i)\rangle = \langle x_i, x_i\rangle$ より $\lambda_i\overline{\lambda_i} = 1$. ∎

系　正規行列 A に対してユニタリ行列 U が存在して

$$U^{-1}AU = \begin{pmatrix} \lambda_1 & & 0 \\ & \ddots & \\ 0 & & \lambda_n \end{pmatrix}$$

となる．とくに A がエルミット行列なら λ_i は実数，A がユニタリならば $|\lambda_i| = 1$ である.

証明　定理を $f = f_A$ に用いて，正規直交基底 $(x_1, \cdots, x_n)$ に対し，行列 $U = (x_1 \cdots x_n)$ を考えれば $AU = U\begin{pmatrix} \lambda_1 & & 0 \\ & \ddots & \\ 0 & & \lambda_n \end{pmatrix}$ となっている. ∎

演習問題

1. $A \in U(2)$ ならば，複素数 $\alpha, \beta, \varepsilon$ が存在して

$$|\alpha|^2 + |\beta|^2 = 1, \qquad |\varepsilon| = 1$$

$$A = \begin{pmatrix} \alpha & -\varepsilon\overline{\beta} \\ \beta & \varepsilon\overline{\alpha} \end{pmatrix} = \begin{pmatrix} \alpha & -\overline{\beta} \\ \beta & \overline{\alpha} \end{pmatrix}\begin{pmatrix} 1 & 0 \\ 0 & \varepsilon \end{pmatrix}$$

さらに

$$\begin{pmatrix} \alpha & -\overline{\beta} \\ \beta & \overline{\alpha} \end{pmatrix} = \begin{pmatrix} \lambda & 0 \\ 0 & \overline{\lambda} \end{pmatrix}\begin{pmatrix} \cos\theta & -\sin\theta \\ \sin\theta & \cos\theta \end{pmatrix}\begin{pmatrix} \mu & 0 \\ 0 & \overline{\mu} \end{pmatrix}$$

と分解できる (ただし $|\lambda| = |\mu| = 1,\ 0 \leqq \theta \leqq \dfrac{\pi}{2}$).

2. 任意の正則な正方行列 A に対して，ユニタリ行列 U と対角線上に正の実数をもつ上三角行列 T が存在して

$$A = UT$$

と分解されることを示せ．この表示の仕方はただ一通りしかないことも示せ (岩澤分解とよばれる).

第20章　線型写像の分類(I)

20. 1. 線型写像の同値，行列の共役 (相似)

これからの議論の目標は“線型写像の分類”または (写像と行列との対応で翻訳すれば) 行列の分類，いわゆる行列の“標準形”についてです．

線型空間 V と W があって，$f: V \to V$, $g: W \to W$ がそれぞれの線型写像であるとき，どういうときに f と g とは“同じものである”と考えられるのでしょうか．もっとも自然な一つの答えとして，$\dim V = \dim W$ で，それぞれ V, W の中に適当に基底 $\mathscr{B}, \mathscr{C}$ をとったとき，対応する行列が同じ

$$M_{\mathscr{B}}(f) = M_{\mathscr{C}}(g)$$

となる場合があります．このとき $\mathscr{B}$ の元 x_i を $\mathscr{C}$ の元 y_i に対応させる V から W への線型写像を φ とすれば，φ は全単射，すなわち V から W への同型写像であり，$g = \varphi \circ f \circ \varphi^{-1}$ となることがわかります．こうしてわれわれは次のように写像の同値を定めることに導かれます．

定義　二つの線型変換 f, g と $\mathrm{Hom}\,(V)$ に対して，V から V への自己同型 (全単射である線型写像) φ が存在して

$$g = \varphi \circ f \circ \varphi^{-1}$$

となるとき，f と g とは同値であるといって，記号 $f \sim g$ で表す．

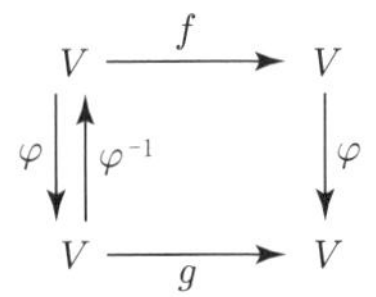

図 20-1

これはいわゆる**同値関係**となっている：

i)　$f \sim f$

ii)　$f \sim g$ ならば $g \sim f$

iii)　$f \sim g$, $g \sim h$ ならば $f \sim h$

このとき次の定理が成り立ちます：

定理　以下の三条件は互いに同値である．

i)　$f \sim g$

ii)　V の基底 $\mathscr{B}$, $\mathscr{C}$ が存在して $M_{\mathscr{B}}(f) = M_{\mathscr{C}}(g)$

iii)　任意の基底 $\mathscr{B}$ に対して，ある正則行列 C が存在して

$$M_{\mathscr{B}}(g) = CM_{\mathscr{B}}(f)\,C^{-1}$$

となる．

証明　まずはじめに見たとおり，ii) ⇒ i) である．

i) ⇒ iii) は，$g = \varphi \circ f \circ \varphi^{-1}$ より

$$M_{\mathscr{B}}(g) = M_{\mathscr{B}}(\varphi) M_{\mathscr{B}}(f) M_{\mathscr{B}}(\varphi)^{-1}$$

だから，$C := M_{\mathscr{B}}(\varphi)$ ととればよい．

最後に iii) ⇒ ii) を示すには，$C^{-1} = D = (d_{ij})$ として $y_j = \sum_{i=1}^{n} d_{ij} x_i$ として，$\mathscr{C} = (y_1, \cdots, y_n)$ を定めれば，座標変換の公式から

$$M_{\mathscr{C}}(g) = DM_{\mathscr{B}}(g)D^{-1} = DCM_{\mathscr{B}}(f)C^{-1}D^{-1} = M_{\mathscr{B}}(f). \qquad \blacksquare$$

系　線型変換 f, g が同値ならば，同じ特性多項式，同じ固有値をもつ．

行列の言葉を用いれば，$f \sim g$ とは，ある基底 $\mathscr{B}$ に関する行列 $M_{\mathscr{B}}(f)$, $M_{\mathscr{B}}(g)$ が**共役**である (相似ともいう) ことにほかなりません．

分類の目標は，ある写像 (または行列) と同値な“標準的な写像”を定めて，

$$f \sim g \iff f \text{ と } g \text{ とが同じ標準形をもつ}$$

という形の判定条件を与えることといえます．

20.2. ジョルダンの標準形

ここではまず行列の方から話をはじめましょう．それにはいわゆる**ジョルダンの標準形**というのが用いられますが，これは次のように定義されます．

固有値 α の n 次の**ジョルダン細胞** $J(\alpha, n)$ を

$$J(\alpha, n) := \begin{pmatrix} \alpha & 1 & & & & \\ & \alpha & 1 & & & \\ & & \alpha & & & \\ & & & \ddots & & \\ & & & & \alpha & 1 \\ & & & & & \alpha \end{pmatrix} = \alpha I_n + N$$

$(N = E_{12} + E_{23} + \cdots + E_{n-1,n})$ によって定め，これを対角線上に並べた

$$\begin{pmatrix} J(\alpha_1, r_1) & & & \\ & J(\alpha_2, r_2) & & \\ & & \ddots & \\ & & & J(\alpha_k, r_k) \end{pmatrix}$$

の形の行列のことを次数 $r_1 + r_2 + \cdots + r_k$ の**ジョルダン行列**と名づけます．

例　$J(\alpha, 1) = (\alpha),\ J(\alpha, 2) = \begin{pmatrix} \alpha & 1 \\ 0 & \alpha \end{pmatrix},\ J(\alpha, 3) = \begin{pmatrix} \alpha & 1 & 0 \\ 0 & \alpha & 1 \\ 0 & 0 & \alpha \end{pmatrix}, \cdots\cdots$

4 次のジョルダン行列としては以下の五つの型が存在します．

$$\begin{pmatrix} \alpha_1 & 0 & 0 & 0 \\ 0 & \alpha_2 & 0 & 0 \\ 0 & 0 & \alpha_3 & 0 \\ 0 & 0 & 0 & \alpha_4 \end{pmatrix}, \quad \begin{pmatrix} \alpha & 1 & 0 & 0 \\ 0 & \alpha & 0 & 0 \\ 0 & 0 & \alpha_3 & 0 \\ 0 & 0 & 0 & \alpha_4 \end{pmatrix}, \quad \begin{pmatrix} \alpha & 1 & 0 & 0 \\ 0 & \alpha & 0 & 0 \\ 0 & 0 & \beta & 1 \\ 0 & 0 & 0 & \beta \end{pmatrix}$$

$$\begin{pmatrix} \alpha & 1 & 0 & 0 \\ 0 & \alpha & 1 & 0 \\ 0 & 0 & \alpha & 0 \\ 0 & 0 & 0 & \alpha_4 \end{pmatrix}, \quad \begin{pmatrix} \alpha & 1 & 0 & 0 \\ 0 & \alpha & 1 & 0 \\ 0 & 0 & \alpha & 1 \\ 0 & 0 & 0 & \alpha \end{pmatrix}$$

これは 4 の分割

$$1+1+1+1=2+1+1=2+2=3+1=4$$

に対応しています.

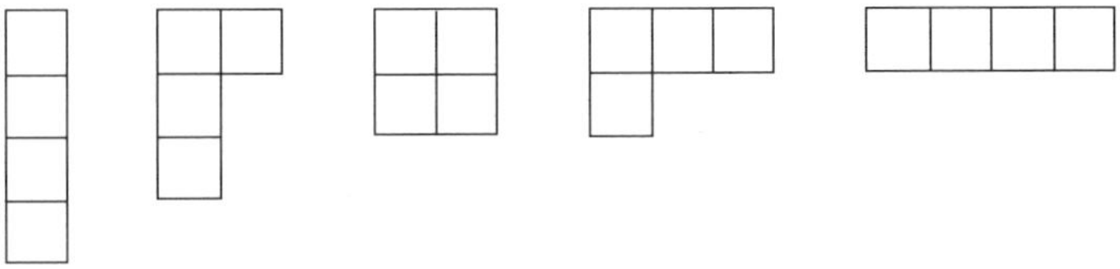

図 20-2

注意　たとえば

$$\left(\begin{array}{c|ccc} \alpha_1 & 0 & 0 & 0 \\ \hline 0 & \alpha & 1 & 0 \\ 0 & 0 & \alpha & 1 \\ 0 & 0 & 0 & \alpha \end{array}\right) = \begin{pmatrix} 0&1&0&0 \\ 0&0&1&0 \\ 0&0&0&1 \\ 1&0&0&0 \end{pmatrix} \left(\begin{array}{ccc|c} \alpha & 1 & 0 & 0 \\ 0 & \alpha & 1 & 0 \\ 0 & 0 & \alpha & 0 \\ \hline 0 & 0 & 0 & \alpha_1 \end{array}\right) \begin{pmatrix} 0&0&0&1 \\ 1&0&0&0 \\ 0&1&0&0 \\ 0&0&1&0 \end{pmatrix}$$

であるように, ジョルダン細胞の並べ方を変えても行列は同値 (すなわち共役) であることに注意すれば, 上の 5 種類で尽くされることがわかる. 一般に n 次のジョルダン行列は n の**分割数** $p(n)$ だけの型に対応している.

$$p(1)=1, \quad p(2)=2, \quad p(3)=3, \quad p(4)=5, \quad p(5)=7, \quad \cdots,$$
$$p(10)=42, \quad \cdots, \quad p(100)=190569292, \quad \cdots\cdots$$

われわれの最終目標は次の定理です.

定理　有限次元の線型空間 V の線型変換 f のすべての固有値が基礎体 F に含まれているとする (たとえば $F=\boldsymbol{C}$). このとき V の基底 $\mathscr{B}$ が存在して, f の $\mathscr{B}$ に関する行列 $M_{\mathscr{B}}(f)$ はジョルダン行列となる. しかもこのような基底はジョルダン細胞の並べ方を除いてただ一通りしかない.

これを行列に関して述べれば,

定理　$A \in M_n(F)$ のすべての特性根が基礎体 F に属するとき，A はあるジョルダン行列に共役である．このジョルダン行列はその細胞の並べ方の順序を除いて一通りに定まる．

これを行列 A の**ジョルダン標準形**とよびます．

この定理の証明は

第一段　一般固有空間への分解
第二段　巾零 (nilpotent) 変換の標準形

の二段階に分けてされます．この章ではその第一段階を示すことを目標とします．

20.3. 一般固有空間への分解

定理　線型変換 f の固有値がすべて基礎体 F に属し，f の特性多項式が

$$P_f(\lambda) = (-1)^n(\lambda - \alpha_1)^{r_1} \cdots (\lambda - \alpha_k)^{r_k}$$

であるとする．このとき各固有値 α_i に対して部分空間 $V_i = V(\alpha_i)$ が存在して，

i)　$V = V_1 \oplus \cdots \oplus V_k$
ii)　$V_i = \mathrm{Ker}(f - \alpha_i)^{r_i}$
iii)　$\dim V_i = r_i$
iv)　$f(V_i) \subset V_i$
v)　$f|_{V_i}$ の特性多項式は $(-1)^{r_i}(\lambda - \alpha_i)^{r_i}$ である．
vi)　$(f|_{V_i} - \alpha_i)^{r_i} = 0$

この部分空間 $V_i = V(\alpha_i)$ のことを固有値 α_i に対応する**一般固有空間**とよびます．

固有値 α_i に対応する固有空間 (第 14 章の記号で) $E(\alpha_i)$ は，一般には $V(\alpha_i)$ の部分空間にすぎないことを注意しておきます．

この分解の証明は三角化と相異なる固有値の数に関する帰納法を用いて行われ

ます．

まずはじめに復習として，

三角化定理　特性多項式が

$$P_f(\lambda) = (-1)^n(\lambda - \lambda_1)\cdots(\lambda - \lambda_n)$$

($\lambda_1, \cdots, \lambda_n$ は必ずしも相異なるわけではない)

と分解されるならば，基底 $\mathscr{B}$ が存在して

$$M_{\mathscr{B}}(f) = \begin{pmatrix} \lambda_1 & & & * \\ & \lambda_2 & & \\ & & \ddots & \\ 0 & & & \lambda_n \end{pmatrix}$$

となる．

この定理は前に証明したのですが，商空間の概念を用いてそれを復習しておきましょう．

次元 n に関する帰納法によるのですが，まず $n = 1$ なら明らかです．そこで $n \geqq 2$ として $n - 1$ 次元まで定理が示されたものと仮定します．

まず固有値 λ_1 とそれに対応する固有ベクトル $x_1 \neq 0$ をとり，x_1 の生成する部分空間 $U = L(x_1)$ を考えます．$f(x_1) = \lambda_1 x_1$ ですから $f(U) \subset U$ です．したがって $[x] = x + U \in V/U$ に対して

$$\overline{f}[x] := [f(x)]$$

と定めると，V/U から V/U への線型写像 $\overline{f}$ が確定します (もし $[x] = [y]$ ならば $x - y \in U$ だから，$f(x) - f(y) = f(x - y) \in U$，すなわち $[f(x)] = [f(y)]$)．

V/U の基底 $([x_2], \cdots, [x_n])$ に対して $(x_1, x_2, \cdots, x_n)$ は V の基底となり，それぞれ対応する行列を考えて，

$$\overline{f}[x_j] = \sum_{i=2}^{n} a_{ij}[x_i] \quad \text{ならば} \quad f(x_j) = \sum_{i=2}^{n} a_{ij}x_i + a_{1j}x_1$$

であることに注意すれば

$$M_{\mathscr{B}}(f) = \left(\begin{array}{c|c} \lambda_1 & * \\ \hline 0 & M_{\overline{\mathscr{B}}}(\overline{f}) \end{array}\right)$$

したがって $P_f(\lambda) = (\lambda_1 - \lambda)P_{\overline{f}}(\lambda)$ となり，

$$P_{\overline{f}}(\lambda) = (\lambda_2 - \lambda) \cdots (\lambda_n - \lambda)$$

となることがわかります．そして帰納法の仮定から

$$M_{\overline{\mathscr{B}}}(\overline{f}) = \begin{pmatrix} \lambda_2 & & * \\ & \ddots & \\ 0 & & \lambda_n \end{pmatrix}$$

となる基底 $\overline{\mathscr{B}}$ が存在して，このとき $M_{\mathscr{B}}(f)$ は三角行列となっています．

補題　α が f の固有値で，特性方程式の根としての重複度が r であるとする：

$$P_f(\lambda) = (\lambda - \alpha)^r Q(\lambda), \qquad Q(\alpha) \neq 0$$

このとき，$U := \mathrm{Ker}\,(f - \alpha)^r$ とおけば，部分空間 W が存在して

0）$V = U \oplus W$

i）$f(U) \subset U, \quad f(W) \subset W$

ii）$\dim U = r$

iii）$P_{f|U}(\lambda) = (-1)^r(\lambda - \alpha)^r$

証明　三角化定理を用いて，基底 $\mathscr{B} = (x_1, \cdots, x_n)$ に対して

$$M_{\mathscr{B}}(f) = \left(\begin{array}{ccc|ccc} \alpha & & * & & & \\ & \ddots & & & * & \\ 0 & & \alpha & & & \\ \hline & & & \lambda_{r+1} & & * \\ & 0 & & & \ddots & \\ & & & 0 & & \lambda_n \end{array}\right)$$

であるとする．そこで $g := f - \alpha$ とおくと，

$$M_{\mathscr{B}}(g) = \left(\begin{array}{ccc|ccc} 0 & & * & & & \\ & \ddots & & & * & \\ 0 & & 0 & & & \\ \hline & & & \mu_{r+1} & & * \\ & 0 & & & \ddots & \\ & & & 0 & & \mu_n \end{array}\right), \qquad \mu_j = \lambda_j - \alpha \neq 0 \ (r+1 \leqq j \leqq n)$$

したがって

$$M_{\mathscr{B}}(g^r) = \left(\begin{array}{c|ccc} 0 & & * & \\ \hline & \mu_{r+1}^r & & * \\ 0 & & \ddots & \\ & 0 & & \mu_n^r \end{array}\right)$$

だから $U = \operatorname{Ker} g^r$ は $x_1, \cdots, x_r$ で張られる r 次元の部分空間であり，また $\dim \operatorname{Im} g^r = n - r$.

そこで $W := \operatorname{Im} g^r$ とおけば $U + W$ は $x_1, \cdots, x_r, x_{r+1}, \cdots, x_n$ を含むから V に等しく，次元公式から $U \cap W = \{0\}$．これで 0) が示された.

次に i) を示す.

$x \in U$ ならば $g^r(x) = 0$．ゆえに $g^r(g(x)) = 0$ すなわち $g(x) \in \operatorname{Ker} g^r = U$.

$$f(x) = g(x) + \alpha x \in U \quad \text{だから} \quad f(U) \subset U.$$

$x \in W$ ならば $x = g^r(y)$，$y \in V$ だから $g(x) = g^r(g(y)) \in \operatorname{Im} g^r = W$.

$$f(x) = g(x) + \alpha x \in W \quad \text{だから} \quad f(W) \subset W.$$

特性多項式，固有値に関する主張はこれから明らか. ■

f を部分空間 W 上で考えれば，相異なる固有値は $\alpha_2, \cdots, \alpha_k$ と $k-1$ 個となって，帰納法を用いることができて，分解定理の証明ができます.

この分解定理から直ちに，$P_f(f)$ は各 $V_i = V(\alpha_i)$ の上で 0 だから，V 全体でも 0，すなわち

$$P_f(\lambda) = a_0 + a_1\lambda + \cdots + a_n\lambda^n \quad \text{ならば}$$
$$a_0 \cdot \mathrm{id} + a_1 f + \cdots + a_n f^n = 0$$

が成り立つことがわかります.

> 系 (ハミルトン–ケーリーの定理)　$A \in M_n(\boldsymbol{C})$ ならば
>
> $$P_A(\lambda) = \det(A - \lambda I_n) = a_0 + a_1\lambda + \cdots + a_n\lambda^n$$
>
> とするとき
>
> $$P_A(A) = a_0 I_n + a_1 A + \cdots + a_n A^n = O$$

演習問題

1. 線型空間 V の線型変換 f, g が V の自己同型 φ によって同値，すなわち

$$g = \varphi \circ f \circ \varphi^{-1}$$

であるとき，

i)　$\varphi(\mathrm{Ker}\, f^p) = \mathrm{Ker}\, g^p, \quad \varphi(\mathrm{Im}\, f^p) = \mathrm{Im}\, g^p \quad (p = 1, 2, \cdots)$

ii)　x が f の固有値 α に対応する固有ベクトルならば，$\varphi(x)$ は g の固有値 α に対応する固有ベクトルである.

2. V が $\boldsymbol{C}$ 上の n 次元線型空間で，f は V の線型変換であるとき，

i)　1 が f^2 の固有値ならば，1 または -1 の少なくとも一つが f の固有値である.

ii)　もし 1 が f の固有値で，-1 は固有値でないとすれば，

$$\mathrm{Ker}\,(f^2 - 1) = \mathrm{Ker}\,(f - 1)$$

iii)　もし 1 も -1 も共に f の固有値ならば，

$$\mathrm{Ker}\,(f^2 - 1) = \mathrm{Ker}\,(f - 1) \oplus \mathrm{Ker}\,(f + 1)$$

(簡単のために恒等変換 id の代わりに 1 と記す.)

第21章　線型写像の分類(II)

前の章で示したことを復習しますと，線型変換 f の相異なる固有値が $\alpha_1, \cdots, \alpha_k$ で，特性多項式での重複度が $r_1, \cdots, r_k$ であれば，

$$V_i := V(\alpha_i) = \mathrm{Ker}\,(f - \alpha_i)^{r_i}$$

とおくとき，

$$V = V_1 \oplus \cdots \oplus V_k$$

と直和分解され，$\dim V_i = r_i$，$f(V_i) \subset V_i$，V_i の上での f の特性多項式は $(-1)^{r_i}(\lambda - \alpha_i)^{r_i}$ となります．したがって各部分空間 V_i の上での f の構造を調べることに帰着するわけです．

そこでこの章ではあらためて，線型変換 f の特性多項式が $(-1)^n(\lambda - \alpha)^n$ であり，$(f - \alpha)^n = 0$ となっている場合について考察します．このようなとき $f - \alpha$ は**巾零変換**であるといわれます．

21.1. 巾零変換の標準形

行列

$$N = J(0, n) = \begin{pmatrix} 0 & 1 & & & \\ & 0 & \ddots & & \\ & & \ddots & \ddots & \\ & & & \ddots & 1 \\ & & & & 0 \end{pmatrix}$$

に対して

$$N^2 = \begin{pmatrix} 0 & 0 & 1 & & & \\ & 0 & 0 & 1 & & \\ & & 0 & 0 & \ddots & \\ & & & \ddots & \ddots & 1 \\ & & & & \ddots & 0 \\ & & & & & 0 \end{pmatrix}, \cdots, N^{n-1} = \begin{pmatrix} 0 & \cdots & 0 & 1 \\ & 0 & & 0 \\ & & \ddots & \vdots \\ & & & 0 \end{pmatrix},$$

$$N^n = O$$

が成り立つので,

$$A = \begin{pmatrix} J(0, n_1) & & \\ & \ddots & \\ & & J(0, n_l) \end{pmatrix}$$

ならば, $n = n_1 + \cdots + n_l$ として, $A^n = O$ となります. 実は $m = \max(n_1, \cdots, n_l)$ とすれば $A^m = O$ が成り立つことも明らかです. 逆に, $A^n = O$ となる行列はこのような形の行列に共役であることを示すのが次の目標です.

定理 n 次元線型空間 V の線型変換 f の特性多項式が

$$P_f(\lambda) = (-1)^n(\lambda - \alpha)^n$$

の形をしているとき, V の基底 $\mathscr{B}$ と n の分割

$$n = n_1 + \cdots + n_l, \qquad 1 \leqq n_l \leqq \cdots \leqq n_2 \leqq n_1 \leqq n$$

が存在して

$$M_{\mathscr{B}}(f) = \begin{pmatrix} J(\alpha, n_1) & & \\ & \ddots & \\ & & J(\alpha, n_l) \end{pmatrix}$$

となる.

証明 ハミルトン–ケーリーの定理から $g = f - \alpha$ とおけば $g^n = 0$, すなわち g は巾零である. そこで q は $g^q = 0$ となる最小の自然数であるとする:

$$g^{q-1} \neq 0, \qquad g^q = 0$$

もし $q = 1$ ならば，$g = f - \alpha = 0$，すなわち $f = \alpha$ で，

$$M_{\mathscr{B}}(f) = \begin{pmatrix} J(\alpha,\,1) & & \\ & \ddots & \\ & & J(\alpha,\,1) \end{pmatrix}$$

となって，分割 $n = 1 + \cdots + 1$ に対応している．そこで以下 $q \geqq 2$ とする．

部分空間の列を

$$V_0 := \{0\}, \qquad V_p := \operatorname{Ker} g^p$$

と定義すれば，$g(V_p) \subset V_{p-1}$ で，

$$\{0\} = V_0 \subset V_1 \subset \cdots \subset V_{p-1} \subset V_p \subset \cdots \subset V_{q-1} \subset V_q = V$$

となっている．ここで $1 \leqq p \leqq q$ ならば

$$V_{p-1} \subsetneqq V_p$$

であることが次のようにしてわかる：まず q のえらび方から

$$g^{q-1}(x) \neq 0, \qquad g^q(x) = 0$$

となる x があり，これは $x \in V_q$, $x \notin V_{q-1}$ を示しているが，$g^{q-p}(x) \in V_p$, $g^{q-p}(x) \notin V_{p-1}$ も示しているので $V_{p-1} \subsetneqq V_p$.

まず最初のステップとして，部分空間 U_q を

$$V = V_q = V_{q-1} \oplus U_q$$

となるようにとる．上の注意から $U_q \neq \{0\}$ で，以下のことが成り立つ：

i) $g(U_q) \subset V_{q-1}$

ii) $g(U_q) \cap V_{q-2} = \{0\}$

iii) g は U_q の上では単射.

i) は，$g(V_q) \subset V_{q-1}$ から明らか.

ii) については，$x \in U_q$, $g(x) \in V_{q-2}$ とすれば，$g^{q-2}(g(x)) = 0$ より $g^{q-1}(x) = 0$，すなわち $x \in V_{q-1}$ となり，$V_{q-1} \cap U_q = \{0\}$ より $x = 0$ となる.

iii) については，

$$U_q \cap \operatorname{Ker} g = U_q \cap V_1 \subset U_q \cap V_{q-1} = \{0\}$$

からわかる.

こうして, V_{q-2} も $g(U_q)$ もともに V_{q-1} の部分空間で ii) をみたしているから,

$$V_{q-1} = V_{q-2} \oplus g(U_q) \oplus U_{q-1}$$

となるように部分空間 U_{q-1} をとることができる (ここでは $U_{q-1} = \{0\}$ となることもある). そして上の i), ii), iii) と同様に,

vi) $g(g(U_q) \oplus U_{q-1}) = g^2(U_q) \oplus g(U_{q-1}) \subset V_{q-2}$

v) $g(g(U_q) \oplus U_{q-1}) \cap V_{q-3} = \{0\}$

vi) g は $g(U_q) \oplus U_{q-1}$ の上では単射.

となっていることがわかる.

以下この操作をつづけて,

$$\begin{aligned} V_2 &= V_1 \oplus g^{q-2}(U_q) \oplus \cdots \oplus U_2 \\ V_1 &= \qquad\ \ g^{q-1}(U_q) \oplus \cdots \oplus g(U_2) \oplus U_1 \end{aligned}$$

となるように部分空間 $U_{q-2}, \cdots, U_2, U_1$ をとることができて, 最終的に V の分解

$$\begin{aligned} V = \ & U_q \\ \oplus\ & g(U_q) \qquad \oplus U_{q-1} \\ \oplus\ & g^2(U_q) \quad\ \oplus g(U_{q-1}) \qquad \oplus U_{q-2} \\ & \cdots\cdots\cdots \\ \oplus\ & g^{q-2}(U_q) \oplus g^{q-3}(U_{q-1}) \oplus \ \cdots\cdots \ \oplus U_2 \\ \oplus\ & g^{q-1}(U_q) \oplus g^{q-2}(U_{q-1}) \oplus \ \cdots\cdots \ \oplus g(U_2) \oplus U_1 \end{aligned}$$

が得られる. ここではじめの $q-1$ 行に関しては, g が次の行の対応する部分空間への単射となっていること (たとえば $g(U_q)$ は $g^2(U_q)$ に, U_{q-1} は $g(U_{q-1})$ に), そして最後の第 q 行目は g によって 0 にうつされることに注意する.

ここで

$$r_p := \dim U_p \qquad (1 \leqq p \leqq q)$$

として, $(x_1^{(p)}, \cdots, x_{r_p}^{(p)})$ が U_p の基底であるとすれば, 上の議論から

$$
\begin{array}{ccccccccccccc}
x_1^{(q)} & \cdots & x_{r_q}^{(q)} & & & & & & & & & & \\
g(x_1^{(q)}) & \cdots & g(x_{r_q}^{(q)}) & x_1^{(q-1)} & \cdots & x_{r_{q-1}}^{(q-1)} & & & & & & & \\
\vdots & & \vdots & \vdots & & \vdots & & x_1^{(2)} & \cdots & x_{r_2}^{(2)} & & & \\
g^{q-1}(x_1^{(q)}) & \cdots & g^{q-1}(x_{r_q}^{(q)}) & g^{q-2}(x_1^{(q-1)}) & \cdots & g^{q-2}(x_{r_{q-1}}^{(q-1)}) & \cdots & g(x_1^{(2)}) & \cdots & g(x_{r_2}^{(2)}) & x_1^{(1)} & \cdots & x_{r_1}^{(1)}
\end{array}
$$

は V の基底となることがわかる．

これらの元に左下隅からはじめて，下から上に，左から右に番号をふれば，それに対応する g の行列は

$$
\left(\begin{array}{cccccccccc}
J(0,\,q) & & & & & & & & & \\
& \ddots & & & & & & & & \\
& & J(0,\,q) & & & & & & & \\
& & & \ddots & & & & & & \\
& & & & J(0,\,2) & & & & & \\
& & & & & \ddots & & & & \\
& & & & & & J(0,\,2) & & & \\
& & & & & & & J(0,\,1) & & \\
& & & & & & & & \ddots & \\
& & & & & & & & & J(0,\,1)
\end{array}\right)
\begin{array}{l}
\left.\vphantom{\begin{array}{c}a\\a\\a\end{array}}\right\} r_q \\
\vdots \\
\left.\vphantom{\begin{array}{c}a\\a\\a\end{array}}\right\} r_2 \\
\left.\vphantom{\begin{array}{c}a\\a\\a\end{array}}\right\} r_1
\end{array}
$$

しかも

$$
n = \underbrace{q + \cdots + q}_{r_q} + \cdots + \underbrace{2 + \cdots + 2}_{r_2} + \underbrace{1 + \cdots + 1}_{r_1}
$$

は n の分割を与えている． ■

こうして前章の一般固有空間への分解とあわせて，ジョルダンの標準形に関する定理の証明が完了します．

なお，一意性に関しては

$$
f \sim g \Longleftrightarrow f \text{ と } g \text{ とが同じジョルダン標準形をもつ}
$$

が成り立つことを示せばよいのですが，$\Leftarrow$ は定義から明らかであり，また $\Rightarrow$ については，

$$
g = \varphi \circ f \circ \varphi^{-1} \qquad (\varphi \text{ 同型})
$$

であれば，f と g との固有値，特性多項式は一致し (前章の演習問題で示したように)

$$
\varphi(\mathrm{Ker}\,(f-\alpha)^p) = \mathrm{Ker}\,(g-\alpha)^p
$$

が成り立つことに注意すればよいのです.

21.2. ジョルダン標準形の計算例

例 1 $A = \begin{pmatrix} 3 & 4 & 3 \\ -1 & 0 & -1 \\ 1 & 2 & 3 \end{pmatrix}$ のジョルダン標準形を求めます. 特性多項式は

$$P_A(\lambda) = \begin{vmatrix} 3-\lambda & 4 & 3 \\ -1 & -\lambda & -1 \\ 1 & 2 & 3-\lambda \end{vmatrix} = -(\lambda-2)^3$$

そこで

$$B := A - 2I_3 = \begin{pmatrix} 1 & 4 & 3 \\ -1 & -2 & -1 \\ 1 & 2 & 1 \end{pmatrix}$$

とおけば

$$B^2 = \begin{pmatrix} 0 & 2 & 2 \\ 0 & -2 & -2 \\ 0 & 2 & 2 \end{pmatrix}, \qquad B^3 = O$$

上の証明の記号を用いて, $V = \boldsymbol{R}^3$, $q = 3$ で

$\{0\} \subset V_1 \subset V_2 \subset V_3 = \boldsymbol{R}^3$,

$$V_1 = \operatorname{Ker} B = \left\{ \begin{pmatrix} x \\ y \\ z \end{pmatrix} \middle| \, x + 4y + 3z = 0, \; x + 2y + z = 0 \right\} = \boldsymbol{R} \begin{pmatrix} 1 \\ -1 \\ 1 \end{pmatrix}$$

$$V_2 = \operatorname{Ker} B^2 = \left\{ \begin{pmatrix} x \\ y \\ z \end{pmatrix} \middle| \, 2y + 2z = 0 \right\} = \boldsymbol{R} \begin{pmatrix} 1 \\ 0 \\ 0 \end{pmatrix} + \boldsymbol{R} \begin{pmatrix} 0 \\ 1 \\ -1 \end{pmatrix}$$

(正しくは $\operatorname{Ker} f_B$, $\operatorname{Ker} {f_B}^2 = \operatorname{Ker} f_{B^2}$ と書くべきところですが, 記号を簡単にするために $\operatorname{Ker} f_B = \operatorname{Ker} B$ とか, $\operatorname{Im} f_B = \operatorname{Im} B$ と書きます. 以下でも同様)

したがって $U_3 := \boldsymbol{R}\begin{pmatrix}0\\0\\1\end{pmatrix}$ とすることができて，

$$B\begin{pmatrix}0\\0\\1\end{pmatrix} = \begin{pmatrix}3\\-1\\1\end{pmatrix} \in V_1, \qquad B^2\begin{pmatrix}0\\0\\1\end{pmatrix} = \begin{pmatrix}2\\-2\\2\end{pmatrix} \in V_2.$$

そこで

$$\boldsymbol{x}_1 := B^2\boldsymbol{e}_3 = \begin{pmatrix}2\\-2\\2\end{pmatrix}, \quad \boldsymbol{x}_2 := B\boldsymbol{e}_3 = \begin{pmatrix}3\\-1\\1\end{pmatrix}, \quad \boldsymbol{x}_3 := \boldsymbol{e}_3$$

とおけば $P := (\boldsymbol{x}_1\ \boldsymbol{x}_2\ \boldsymbol{x}_3) = \begin{pmatrix}2 & 3 & 0\\-2 & -1 & 0\\2 & 1 & 1\end{pmatrix}$ として

$$BP = P\begin{pmatrix}0 & 1 & 0\\0 & 0 & 1\\0 & 0 & 0\end{pmatrix}$$

すなわち $P^{-1}BP = J(0,\, 3)$ となりますから，

$$P^{-1}AP = J(2,\, 3) = \begin{pmatrix}2 & 1 & 0\\0 & 2 & 1\\0 & 0 & 2\end{pmatrix}$$

例 2　$A = \begin{pmatrix}0 & 1 & 0 & 2\\-1 & 2 & 0 & 1\\1 & -1 & 2 & 0\\0 & 0 & 0 & 2\end{pmatrix}$ のジョルダン標準形.

ここでは $P_A(\lambda) = (\lambda-1)^2(\lambda-2)^2$，したがって

$$V = \boldsymbol{R}^4 = V(1) \oplus V(2)$$
$$V(1) := \operatorname{Ker}(A-I)^2, \qquad V(2) := \operatorname{Ker}(A-2I)^2$$

$$A - I = \begin{pmatrix} -1 & 1 & 0 & 2 \\ -1 & 1 & 0 & 1 \\ 1 & -1 & 1 & 0 \\ 0 & 0 & 0 & 1 \end{pmatrix} \quad \text{より} \quad (A-I)^2 = \begin{pmatrix} 0 & 0 & 0 & 1 \\ 0 & 0 & 0 & 0 \\ 1 & -1 & 1 & 1 \\ 0 & 0 & 0 & 1 \end{pmatrix}$$

次元定理から

$$\begin{aligned} \dim \operatorname{Ker}(A-I)^2 &= 4 - \dim \operatorname{Im}(A-I)^2 \\ &= 4 - r((A-I)^2) = 4 - 2 = 2 \end{aligned}$$

であり,

$$\boldsymbol{x} = \begin{pmatrix} x_1 \\ x_2 \\ x_3 \\ x_4 \end{pmatrix} \in \operatorname{Ker}(A-I)^2 \iff \begin{cases} x_4 = 0 \\ x_1 - x_2 + x_3 + x_4 = 0 \end{cases}$$

$$\iff \boldsymbol{x} = x_1 \begin{pmatrix} 1 \\ 0 \\ -1 \\ 0 \end{pmatrix} + x_2 \begin{pmatrix} 0 \\ 1 \\ 1 \\ 0 \end{pmatrix}$$

同様に

$$\operatorname{Ker}(A-I) = \boldsymbol{R} \begin{pmatrix} 1 \\ 1 \\ 0 \\ 0 \end{pmatrix}$$

これから

$$\boldsymbol{x}_2 := \begin{pmatrix} 0 \\ 1 \\ 1 \\ 0 \end{pmatrix}, \qquad \boldsymbol{x}_1 = (A-I)\boldsymbol{x}_2 = \begin{pmatrix} 1 \\ 1 \\ 0 \\ 0 \end{pmatrix}$$

ととることができて

$$A\boldsymbol{x}_1 = \boldsymbol{x}_1, \qquad A\boldsymbol{x}_2 = \boldsymbol{x}_1 + \boldsymbol{x}_2$$

同様にして

$$A - 2I = \begin{pmatrix} -2 & 1 & 0 & 2 \\ -1 & 0 & 0 & 1 \\ 1 & -1 & 0 & 0 \\ 0 & 0 & 0 & 0 \end{pmatrix}, \quad r(A-2I) = 3, \quad \operatorname{Ker}(A-2I) = \boldsymbol{R}\begin{pmatrix} 0 \\ 0 \\ 1 \\ 0 \end{pmatrix}$$

$$(A - 2I)^2 = \begin{pmatrix} 3 & -2 & 0 & -3 \\ 2 & -1 & 0 & -2 \\ -1 & 1 & 0 & 1 \\ 0 & 0 & 0 & 0 \end{pmatrix}, \qquad r(A-2I)^2 = 2,$$

$$\operatorname{Ker}(A-2I)^2 = \boldsymbol{R}\begin{pmatrix} 1 \\ 0 \\ 0 \\ 1 \end{pmatrix} + \boldsymbol{R}\begin{pmatrix} 0 \\ 0 \\ 1 \\ 0 \end{pmatrix}$$

ですから,

$$\boldsymbol{x}_4 := \begin{pmatrix} 1 \\ 0 \\ 0 \\ 1 \end{pmatrix}, \qquad \boldsymbol{x}_3 := (A-2I)\boldsymbol{x}_4 = \begin{pmatrix} 0 \\ 0 \\ 1 \\ 0 \end{pmatrix}$$

ととれば

$$A\boldsymbol{x}_3 = 2\boldsymbol{x}_3, \qquad A\boldsymbol{x}_4 = \boldsymbol{x}_3 + 2\boldsymbol{x}_4$$

となり, $P = (\boldsymbol{x}_1\ \boldsymbol{x}_2\ \boldsymbol{x}_3\ \boldsymbol{x}_4)$ として

$$P^{-1}AP = \begin{pmatrix} J(1,\,2) & \\ & J(2,\,2) \end{pmatrix} = \begin{pmatrix} 1 & 1 & & \\ 0 & 1 & & \\ & & 2 & 1 \\ & & 0 & 2 \end{pmatrix}$$

例 3　$A = \begin{pmatrix} 0 & 1 & 0 & 0 \\ 0 & 0 & \alpha & \beta \\ 0 & 0 & 0 & 1 \\ 0 & 0 & 0 & 0 \end{pmatrix}$ のジョルダン標準形.

まず

$$A^2 = \begin{pmatrix} 0 & 0 & \alpha & \beta \\ 0 & 0 & 0 & \alpha \\ 0 & 0 & 0 & 0 \\ 0 & 0 & 0 & 0 \end{pmatrix}, \quad A^3 = \begin{pmatrix} 0 & 0 & 0 & \alpha \\ 0 & 0 & 0 & 0 \\ 0 & 0 & 0 & 0 \\ 0 & 0 & 0 & 0 \end{pmatrix}, \quad A^4 = O$$

であることに注意します.

i）　$\alpha = \beta = 0$. この場合は $A = \begin{pmatrix} J(0,\,2) & \\ & J(0,\,2) \end{pmatrix}$.

ii）　$\alpha = 0,\ \beta \neq 0$. このとき $A^2 = \begin{pmatrix} 0 & 0 & 0 & \beta \\ 0 & 0 & 0 & 0 \\ 0 & 0 & 0 & 0 \\ 0 & 0 & 0 & 0 \end{pmatrix} \neq O,\ A^3 = O$ だから

$q = 3$ で，分解は

$$\begin{aligned} &\{0\} \subset V_1 \subset V_2 \subset V_3 = \boldsymbol{R}^4 \\ &V_1 = \operatorname{Ker} A = \boldsymbol{R}\boldsymbol{e}_1 + \boldsymbol{R}\boldsymbol{e}_3 \\ &V_2 = \operatorname{Ker} A^2 = \boldsymbol{R}\boldsymbol{e}_1 + \boldsymbol{R}\boldsymbol{e}_2 + \boldsymbol{R}\boldsymbol{e}_3 \end{aligned}$$

だから，$U_3 = \boldsymbol{R}\boldsymbol{e}_4$ とすることができて

$$A\boldsymbol{e}_4 = \beta\boldsymbol{e}_2 + \boldsymbol{e}_3, \qquad A^2\boldsymbol{e}_4 = \beta\boldsymbol{e}_1$$

したがって

$$\begin{aligned} &V_2 = AU_3 \oplus V_1 \quad \text{だから} \quad U_2 = \{0\} \\ &V_1 = A^2U_3 \oplus \boldsymbol{R}\boldsymbol{e}_3 \quad \text{だから} \quad U_1 = \boldsymbol{R}\boldsymbol{e}_3 \end{aligned}$$

そこで

$$\boldsymbol{x}_1 = A^2\boldsymbol{e}_4, \quad \boldsymbol{x}_2 = A\boldsymbol{e}_4, \quad \boldsymbol{x}_3 = \boldsymbol{e}_4, \quad \boldsymbol{x}_4 = \boldsymbol{e}_3$$

として

$$A \sim \begin{pmatrix} J(0,\,3) & \\ & J(0,\,1) \end{pmatrix} = \begin{pmatrix} 0 & 1 & & \\ & 0 & 1 & \\ & & 0 & \\ & & & 0 \end{pmatrix}$$

iii)　$\alpha \neq 0$ の場合．このとき $A^3 \neq O,\ A^4 = O$ より $q = 4$ で，

$$
\begin{aligned}
&\{0\} \subset V_1 \subset V_2 \subset V_3 \subset V_4 = \boldsymbol{R}^4 \\
&V_3 = \operatorname{Ker} A^3 = \boldsymbol{R}\boldsymbol{e}_1 + \boldsymbol{R}\boldsymbol{e}_2 + \boldsymbol{R}\boldsymbol{e}_3 \\
&V_2 = \operatorname{Ker} A^2 = \boldsymbol{R}\boldsymbol{e}_1 + \boldsymbol{R}\boldsymbol{e}_2 \\
&V_1 = \operatorname{Ker} A = \boldsymbol{R}\boldsymbol{e}_1
\end{aligned}
$$

したがって

$$\boldsymbol{x}_1 = A^3\boldsymbol{e}_4, \quad \boldsymbol{x}_2 = A^2\boldsymbol{e}_4, \quad \boldsymbol{x}_3 = A\boldsymbol{e}_4, \quad \boldsymbol{x}_4 = \boldsymbol{e}_4$$

ととれば

$$A\boldsymbol{x}_1 = \boldsymbol{0}, \quad A\boldsymbol{x}_2 = \boldsymbol{x}_1, \quad A\boldsymbol{x}_3 = \boldsymbol{x}_2, \quad A\boldsymbol{x}_4 = \boldsymbol{x}_3$$

すなわち

$$A \sim J(0,\ 4)$$

演習問題

1. 任意の $A \in M_n(\boldsymbol{C})$ に対して $B^2 = A$ となる $B \in M_n(\boldsymbol{C})$ が存在することを示せ.

2. $A = \begin{pmatrix} 1 & 1 & -1 & 2 & -1 \\ 2 & 0 & 1 & -4 & -1 \\ 0 & 1 & 1 & 1 & 1 \\ 0 & 1 & 2 & 0 & 1 \\ 0 & 0 & -3 & 3 & -1 \end{pmatrix}$ のジョルダン標準形を求めよ.

第22章　二次形式

22.1. 問題の設定

ユークリッド平面 E_2 の二次曲線 (座標に関する二次の方程式で定義されるもの) には，楕円，双曲線，放物線の三種類があることは高校の数学の教えるところです．ここでは線型代数の言葉を用いて，一般の n 次元ユークリッド空間 E_n の場合にこれを拡張して，いわゆる二次超曲面 (quadrics) の分類をすることが目標です．そのためにまず**二次形式**，**双線型形式**などの用語について準備をしなければなりません．

n 変数 $x_1, \cdots, x_n$ をもつ二次の (実数を係数とする) 多項式の一般形は

$$\begin{aligned} P(\boldsymbol{x}) = P(x_1, \cdots, x_n) = \alpha_{11}x_1^2 + \cdots + \alpha_{nn}x_n^2 \\ + \alpha_{12}x_1x_2 + \alpha_{13}x_1x_3 + \cdots + \alpha_{n-1\,n}x_{n-1}x_n \\ + \alpha_1x_1 + \cdots + \alpha_nx_n + \alpha_0 \end{aligned}$$

ですが，これを行列を用いて次のように書くのが以下の議論のために便利です．

$$A = (a_{ij}), \qquad a_{ij} = a_{ji} = \begin{cases} \alpha_{ii} & (i = j) \\ \dfrac{1}{2}\alpha_{ij} & (i < j) \end{cases} \qquad \text{(対称行列)}$$

$$\boldsymbol{a} = \begin{pmatrix} a_1 \\ \vdots \\ a_n \end{pmatrix}, \qquad a_i := \frac{1}{2}\alpha_i\,; \quad a_{00} := \alpha_0$$

とおくと

$$P(\boldsymbol{x}) = {}^t\boldsymbol{x}\boldsymbol{A}\boldsymbol{x} + ({}^t\boldsymbol{a}\boldsymbol{x} + {}^t\boldsymbol{x}\boldsymbol{a}) + a_{00}$$

これとさらに

$$\widetilde{\boldsymbol{x}} := \begin{pmatrix} 1 \\ x \end{pmatrix}, \qquad \widetilde{A} := \begin{pmatrix} a_{00} & {}^t\boldsymbol{a} \\ \boldsymbol{a} & A \end{pmatrix}$$

とおいて

$$P(\boldsymbol{x}) = {}^t\widetilde{\boldsymbol{x}}\widetilde{A}\widetilde{\boldsymbol{x}}$$

と書くことができます.

とくに二次の部分 ${}^t\boldsymbol{x}A\boldsymbol{x}$ は，後にくわしく説明するように，対称行列 A を係数とする二次形式となっています.

ここで座標変換

$$\boldsymbol{y} = S\boldsymbol{x} + \boldsymbol{c} \qquad (S \in GL_n(\boldsymbol{R}), \quad \boldsymbol{c} \in \boldsymbol{R}^n)$$

によって別の変数 $\boldsymbol{y}$ にうつるとどう変わるかを考えます.

$$\boldsymbol{x} = T\boldsymbol{y} + \boldsymbol{d} \qquad (T = S^{-1}, \quad \boldsymbol{d} = -S^{-1}\boldsymbol{c})$$

ですから

$$\widetilde{\boldsymbol{x}} = \begin{pmatrix} 1 \\ \boldsymbol{x} \end{pmatrix} = \begin{pmatrix} 1 & \boldsymbol{0} \\ \boldsymbol{d} & T \end{pmatrix} \begin{pmatrix} 1 \\ \boldsymbol{y} \end{pmatrix} = \widetilde{T}\widetilde{\boldsymbol{y}}, \qquad \widetilde{T} := \begin{pmatrix} 1 & \boldsymbol{0} \\ \boldsymbol{d} & T \end{pmatrix}$$

と書けることに注意して

$$P(\boldsymbol{x}) = {}^t\widetilde{\boldsymbol{x}}\widetilde{A}\widetilde{\boldsymbol{x}} = {}^t\widetilde{\boldsymbol{y}}\,{}^t\widetilde{T}\widetilde{A}\widetilde{T}\widetilde{\boldsymbol{y}} = {}^t\widetilde{\boldsymbol{y}}\widetilde{B}\widetilde{\boldsymbol{y}}$$

ただし　$\widetilde{B} := {}^t\widetilde{T}\widetilde{A}\widetilde{T} = \begin{pmatrix} b_{00} & {}^t\boldsymbol{b} \\ \boldsymbol{b} & B \end{pmatrix} \qquad \begin{cases} b_{00} = a_{00} + 2{}^t\boldsymbol{d}\boldsymbol{a} + {}^t\boldsymbol{d}A\boldsymbol{d} \\ \boldsymbol{b} = {}^tT(\boldsymbol{a} + A\boldsymbol{d}) \\ B = {}^tTAT \end{cases}$

ここで $T, \boldsymbol{d}$ を適当にえらんで $\widetilde{B} = {}^t\widetilde{T}\widetilde{A}\widetilde{T}$ をできるだけ簡単な形にすることが目標となります．このとき，変換 $\boldsymbol{y} = S\boldsymbol{x} + \boldsymbol{c}$ として合同変換 ($S \in O(n)$ の場合) をとるのがユークリッド幾何学の立場であり，あるいは S を任意の正則行列としていわゆるアフィン変換だけを考えればアフィン幾何学の立場となるわけです．前者が歴史的には“主軸変換”の理論とよばれるものであり，後者ではシルヴェスターの慣性律が代表的な定理の一つです.

22.2. 二次形式と対称行列

実数体上の有限次元線型空間 V の上の**双線型形式** $b(x, y)$ とは，次の条件

i） $x, y \in V$ に対して $b(x, y) \in \boldsymbol{R}$

ii） $\begin{cases} b(\lambda x + \mu y, z) = \lambda b(x, z) + \mu b(y, z) \\ b(x, \lambda y + \mu z) = \lambda b(x, y) + \mu b(x, z) \end{cases}$

を満たすものと定義します．とくに

iii） $b(y, x) = b(x, y) \quad (x, y \in V)$

が成り立つとき，b は**対称**であるといい，また

iv） $b(y, x) = -b(x, y) \quad (x, y \in V)$

であるとき，b は**交代**であるといいます．

例　$V = \boldsymbol{R}^n$, $A \in M_n(\boldsymbol{R})$ に対して

$$b_A(\boldsymbol{x}, \boldsymbol{y}) := {}^t\boldsymbol{x}A\boldsymbol{y}$$

とおけば，b_A は双線型形式で，

$$b_A\text{対称} \Longleftrightarrow A\text{ 対称} \;; \qquad b_A\text{交代} \Longleftrightarrow A\text{ 交代}$$

が成り立つことが容易にわかります．

双線型形式 b が与えられたとき，V の基底 $\mathscr{B} = (x_1, \cdots, x_n)$ を一つ定め，座標系を導入し

$$\boldsymbol{x} = \begin{pmatrix} \xi_1 \\ \vdots \\ \xi_n \end{pmatrix} = \Phi_{\mathscr{B}}(x), \qquad \boldsymbol{y} = \begin{pmatrix} \eta_1 \\ \vdots \\ \eta_n \end{pmatrix} = \Phi_{\mathscr{B}}(y)$$

とすれば

$$b(x, y) = \sum_{i,j} \xi_i \eta_j b(x_i, x_j) = {}^t\boldsymbol{x}A\boldsymbol{y} = b_A(\boldsymbol{x}, \boldsymbol{y})$$
$$\text{ただし}\quad A := (b(x_i, x_j))$$

これを基底 $\mathscr{B}$ によって双線型形式 b に対応する行列とよび，$M_{\mathscr{B}}(b)$ と記すこととします．別の基底 $\mathscr{B}' = (x'_1, \cdots, x'_n)$ にうつれば

$$C = M^{\mathscr{B}}_{\mathscr{B}'}(\mathrm{id}), \qquad x_j = \sum c_{ij} x'_i$$

として

$$M_{\mathscr{B}}(b) = {}^tC M_{\mathscr{B}'}(b)\, C$$

となることは

$$b(x_i,\, x_j) = \sum_{k,l} c_{ki}c_{lj}b(x'_k,\, x'_l)$$

から直ちにわかります．

行列 A, A' に対して正則行列 C が存在して

$$A = {}^tCA'C$$

となるとき，A と A' とは**対等**であるということにすれば（これは同値関係で），b に対応する行列 $M_{\mathscr{B}}(b)$ と $M_{\mathscr{B}'}(b)$ とは対等であることとなります．

対称な双線型形式 $b(x,\, y)$ に対して，

$$q(x) := b(x,\, x) \qquad (x \in V)$$

とおいて，これを b に付属する**二次形式**とよびます．このとき

$$\begin{cases} q(x+y) = q(x) + q(y) + 2b(x,\, y) \\ q(\lambda x) = \lambda^2 q(x) \end{cases}$$

が成り立ち，これから $q \equiv 0 \iff b \equiv 0$, すなわち $b \not\equiv 0$ ならば $q(x) \neq 0$ となる $x \in V$ が存在することがわかります．

多項式 $P(\boldsymbol{x})$ の二次の部分 ${}^t\boldsymbol{x}A\boldsymbol{x}$ が二次形式であるといったのは，この意味においてです．

22.3. 主軸変換

ここではわれわれはユークリッド幾何学の立場に立って，対等を定める行列 C が直交行列である場合を考察します．

定理　内積空間 V の対称双線型形式 b に対して，正規直交基底 $\mathscr{C}$ が存在して

$$M_{\mathscr{C}}(b) = \begin{pmatrix} \lambda_1 & & \\ & \ddots & \\ & & \lambda_n \end{pmatrix}$$

となる．

証明　これを証明するために，V の正規直交基底 $\mathscr{B} = (x_1, \cdots, x_n)$ を任意にとって

$$A := M_{\mathscr{B}}(b) = (a_{ij}), \qquad a_{ij} = b(x_i, x_j)$$

であるとすると，b は対称だから A は対称行列で $a_{ij} = a_{ji}$.

$x = \sum \xi_i x_i$, $y = \sum \eta_i x_i$ ならば

$$b(x, y) = {}^t\boldsymbol{x}A\boldsymbol{y} = \sum_{i,j} a_{ij}\xi_i\eta_j$$

そこで $\mathscr{C} = (y_1, \cdots, y_n)$ が正規直交基底で

$$C = (c_{ij}) = M_{\mathscr{B}}^{\mathscr{C}}(\mathrm{id}), \quad \text{すなわち} \quad y_j = \sum_{i=1}^{n} c_{ij}x_i$$

であるとすれば，上に見たように

$$M_{\mathscr{C}}(b) = {}^tCM_{\mathscr{B}}(b)C$$

したがって定理を証明するには次の命題を示せばよいことがわかる． ∎

命題　A が対称な行列ならば，直交行列 C が存在して

$$ {}^tCAC = \begin{pmatrix} \lambda_1 & & \\ & \ddots & \\ & & \lambda_n \end{pmatrix}$$

この命題は第 14 章で証明されている (C が直交行列だから ${}^tC = C^{-1}$ に注意) のですが，ここでは別の証明を与えておきましょう．

証明　まずはじめに，実対称行列 A が実数の固有値 λ をもつことを示す．それには $\boldsymbol{R}^n \subset \boldsymbol{C}^n$ と考えて A を $\boldsymbol{C}^n$ にまで拡張して考えれば，固有値 $\omega = \lambda + i\mu$ と固有ベクトル $\boldsymbol{z} = \boldsymbol{x} + i\boldsymbol{y}$ が存在する ($\lambda, \mu \in \boldsymbol{R}$; $\boldsymbol{x}, \boldsymbol{y} \in \boldsymbol{R}^n$)：

$$A\boldsymbol{z} = \omega\boldsymbol{z}$$

実部，虚部に分ければ

$$A\boldsymbol{x} = \lambda\boldsymbol{x} - \mu\boldsymbol{y}, \qquad A\boldsymbol{y} = \mu\boldsymbol{x} + \lambda\boldsymbol{y}$$

他方，$\boldsymbol{R}^n$ の標準内積に関して $\langle \boldsymbol{x}, A\boldsymbol{y}\rangle = \langle {}^t A\boldsymbol{x}, \boldsymbol{y}\rangle = \langle A\boldsymbol{x}, \boldsymbol{y}\rangle$ だから

$$\mu||\boldsymbol{x}||^2 + \lambda\langle \boldsymbol{x}, \boldsymbol{y}\rangle = \lambda\langle \boldsymbol{x}, \boldsymbol{y}\rangle - \mu||\boldsymbol{y}||^2$$

ゆえに

$$\mu(||\boldsymbol{x}||^2 + ||\boldsymbol{y}||^2) = 0$$

$\boldsymbol{z} \neq \boldsymbol{0}$ より $||\boldsymbol{x}||^2 + ||\boldsymbol{y}||^2 \neq 0$ だから $\mu = 0$ となって固有値 $\omega = \lambda$ は実数，そして $\boldsymbol{x}$ または $\boldsymbol{y}$ の少なくとも一方は $\boldsymbol{0}$ でなくて固有ベクトルを与える．

そこで，この固有値を λ_1 として

$$A\boldsymbol{x}_1 = \lambda_1\boldsymbol{x}_1, \qquad ||\boldsymbol{x}_1|| = 1$$

を満たす $\boldsymbol{x}_1$ をとり，$(\boldsymbol{x}_1, \boldsymbol{y}_2, \cdots, \boldsymbol{y}_n)$ が $\boldsymbol{R}^n$ の正規直交基底となるように $\boldsymbol{y}_2$, $\cdots$, $\boldsymbol{y}_n$ をとり，

$$S = (\boldsymbol{x}_1\ \boldsymbol{y}_2\ \cdots\ \boldsymbol{y}_n)$$

とすれば，S は直交行列で

$${}^tSAS = \left(\begin{array}{c|ccc} {}^t\boldsymbol{x}_1 A\boldsymbol{x}_1 & {}^t\boldsymbol{x}_1 A\boldsymbol{y}_2 & \cdots & {}^t\boldsymbol{x}_1 A\boldsymbol{y}_n \\ \hline {}^t\boldsymbol{y}_2 A\boldsymbol{x}_1 & & & \\ \vdots & & * & \\ {}^t\boldsymbol{y}_n A\boldsymbol{x}_1 & & & \end{array}\right)$$

${}^t\boldsymbol{x}_1 A = {}^t(A\boldsymbol{x}_1) = \lambda_1 {}^t\boldsymbol{x}_1$, $A\boldsymbol{x}_1 = \lambda_1\boldsymbol{x}_1$ に注意すれば

$${}^t\boldsymbol{x}_1 A\boldsymbol{x}_1 = \lambda_1$$

$2 \leqq j \leqq n$ のとき

$$\begin{aligned} {}^t\boldsymbol{x}_1 A\boldsymbol{y}_j &= \lambda_1\langle \boldsymbol{x}_1, \boldsymbol{y}_j\rangle = 0 \\ {}^t\boldsymbol{y}_j A\boldsymbol{x}_1 &= \lambda_1\langle \boldsymbol{y}_j, \boldsymbol{x}_1\rangle = 0 \end{aligned}$$

だから

$${}^tSAS = \begin{pmatrix} \lambda_1 & 0 & \cdots & 0 \\ 0 & & & \\ \vdots & & A' & \\ 0 & & & \end{pmatrix}$$

となり，A' は $n-1$ 次の実対称行列となる．したがって帰納法によって命題が示

されることとなる. ∎

注意 ${}^tCAC = \mathrm{diag}(\lambda_1, \cdots, \lambda_n) := \begin{pmatrix} \lambda_1 & & 0 \\ & \ddots & \\ 0 & & \lambda_n \end{pmatrix}$ のとき $C = (\boldsymbol{x}_1 \ \cdots \ \boldsymbol{x}_n)$ とすれば

$$A\boldsymbol{x}_i = \lambda_i \boldsymbol{x}_i$$

となって，対角元 λ_i が A の固有値，C の第 i 列が対応する固有ベクトルを与えている.

座標の番号を必要に応じて付けかえれば

$$\lambda_i > 0 \quad (1 \leqq i \leqq r)$$
$$\lambda_j < 0 \quad (r+1 \leqq j \leqq r+s)$$
$$\lambda_k = 0 \quad (r+s+1 \leqq k \leqq n)$$

であるとすることができる：すなわち r 個の固有値が正，s 個が負，のこり $n-r-s$ 個は 0. (r, s) のことを A の**符号指数**とよぶ.

22.4. シルヴェスターの慣性律

対称行列 A と B とが対等である場合，すなわち

$$B = {}^tPAP$$

となるような正則行列 P があるとき，もし P が直交行列ならば，${}^tP = P^{-1}$ ですから $B = P^{-1}AP$ となって，A と B とは相似で，同じ固有値をもっています. しかし，一般の場合にはもちろん A の固有値と B の固有値とは同じものとは限りません. しかし，ここで A の符号指数と B の符号指数とが等しいという弱い形での関係が成り立ちます. これが**シルヴェスターの慣性律**とよばれるものです.

それを説明するためにシルヴェスター基底の概念を用います. 線型空間 V 上の対称な双線型形式 b (あるいはそれに付属する二次形式 q) に対する**シルヴェスター基底** $\mathscr{B} = (x_1, \cdots, x_n)$ とは,

$$
M_{\mathscr{B}}(b) = \begin{pmatrix} 1 & & & & & & & & \\ & \ddots & & & & & & & \\ & & 1 & & & & & & \\ & & & -1 & & & & & \\ & & & & \ddots & & & & \\ & & & & & -1 & & & \\ & & & & & & 0 & & \\ & & & & & & & \ddots & \\ & & & & & & & & 0 \end{pmatrix}
$$

となるもののことと定めます．すなわち

$$
b(x_i, x_j) = \varepsilon_i \delta_{ij}, \qquad \varepsilon_i = \begin{cases} 1 & (1 \leqq i \leqq r) \\ -1 & (r+1 \leqq i \leqq r+s) \\ 0 & (r+s+1 \leqq i \leqq n) \end{cases}
$$

二次形式でのべれば，$x = \xi_1 x_1 + \cdots + \xi_n x_n$ のとき

$$
q(x) = \xi_1^2 + \cdots + \xi_r^2 - \xi_{r+1}^2 - \cdots - \xi_{r+s}^2
$$

この場合も (r, s) のことをこの基底の符号指数とよぶこととします．

シルヴェスター基底の存在を示すには帰納法を用いればよいのです．まず $b \equiv 0$ ならば証明することはないので，$b \not\equiv 0$，したがって $q \neq 0$ と仮定することができて，$q(x) \neq 0$ ならば $x_1 = \dfrac{1}{\sqrt{|q(x)|}} x$ とすれば $q(x_1) = \pm 1$ となります．

部分空間

$$
U := \{x \in V \mid b(x, x_1) = 0\}
$$

を考えれば $\dim U = n-1$ ですから，帰納法の仮定から U の基底 $(x_2, \cdots, x_n)$ で U の上で b のシルヴェスター基底となるものがとれます．したがって $(x_1, x_2, \cdots, x_n)$ は必要に応じて順序を入れかえて求める基底となります．

定理　$\mathscr{B}, \mathscr{B}'$ が共に対称双線型形式 b に対するシルヴェスター基底ならば，それらの符号指数は一致する．

証明 $\mathscr{B} = (x_1, \cdots, x_n)$, $\mathscr{B}' = (x'_1, \cdots, x'_n)$ として

$$q(x_i) = \begin{cases} > 0 & (1 \leqq i \leqq r) \\ < 0 & (r+1 \leqq i \leqq r+s) \\ = 0 & (r+s+1 \leqq i \leqq n) \end{cases}$$

$$q(x'_j) = \begin{cases} > 0 & (1 \leqq j \leqq r') \\ < 0 & (r'+1 \leqq j \leqq r'+s') \\ = 0 & (r'+s'+1 \leqq j \leqq n) \end{cases}$$

とする．まず $r+s = r(M_{\mathscr{B}}(b)) = r(M_{\mathscr{B}'}(b)) = r'+s'$.

$$\begin{aligned} &V_+ := L(x_1, \cdots, x_r), \qquad V_- := L(x_{r+1}, \cdots, x_{r+s}) \\ &V_0 := L(x_{r+s+1}, \cdots, x_n) \\ &V'_+ := L(x'_1, \cdots, x'_{r'}), \qquad V'_- := L(x'_{r'+1}, \cdots, x'_{r'+s'}), \\ &V'_0 := L(x'_{r'+s'+1}, \cdots, x'_n) \end{aligned}$$

とすれば

$$V_0 = V'_0 = \{x \in V \mid \text{すべての } y \in V \text{ に対して } b(x, y) = 0\}$$

であり，次の分解が成り立つ．

$$V = V_+ \oplus V_- \oplus V_0 = V'_+ \oplus V'_- \oplus V'_0$$

ところが

$$V'_+ \cap (V_- \oplus V_0) = \{0\}$$

であることは，そこでの $q(x)$ の値を考えてみればすぐにわかる．したがって

$$r' = \dim V'_+ \leqq \dim V - \dim (V_- \oplus V_0) = r$$

役目を交換して $r \leqq r'$ だから，結局 $r' = r$. ∎

系 対称行列 A, B が対等ならば，A, B の符号指数は一致する．

証明 $\boldsymbol{R}^n$ の二次形式

$$q_A(\boldsymbol{x}) := {}^t\boldsymbol{x}A\boldsymbol{x}, \qquad q_B(\boldsymbol{y}) := {}^t\boldsymbol{y}B\boldsymbol{y}$$

を考えれば，もし $B = {}^tPAP$ であれば

$$q_B(\boldsymbol{y}) = {}^t\boldsymbol{y}{}^tPAP\boldsymbol{y} = q_A(P\boldsymbol{y})$$

となるから，q_B に対するシルヴェスター基底 $(\boldsymbol{y}_1, \cdots, \boldsymbol{y}_n)$ があれば，$(P\boldsymbol{y}_1, \cdots, P\boldsymbol{y}_n)$ は q_A に対するシルヴェスター基底となって，定理から指数の一致がわかる．

■

演習問題

1. $A = \begin{pmatrix} 1 & 1 & 1 \\ 1 & 0 & 1 \\ 1 & 1 & 1 \end{pmatrix}$ であるとき，$q_A(\boldsymbol{x}) = {}^t\boldsymbol{x}A\boldsymbol{x}$ に対するシルヴェスター基底を求めよ．

2. 行列 $A = \begin{pmatrix} 1 & 1 & 1 & 1 & 1 \\ 1 & 1 & 1 & 1 & 1 \\ 1 & 1 & 1 & 1 & 1 \\ 1 & 1 & 1 & 1 & 1 \\ 1 & 1 & 1 & 1 & 1 \end{pmatrix}$ を直交行列によって対角化せよ．

第23章　二次曲線，二次曲面

この章の目標は，前の一般論をうけて，$n=2,3$ の場合に二次曲線 (いわゆる円錐曲線)，二次曲面の分類をすることです．まずはじめに主軸変換による分類についての補足をします．

23.1. 二次超曲面の標準形

係数行列

$$\widetilde{A}=\begin{pmatrix} a_{00} & {}^t\boldsymbol{a} \\ \boldsymbol{a} & A \end{pmatrix}, \qquad A={}^tA$$

によって定義される二次超曲面に対して，前章で見たように直交行列 C によって

$${}^tCAC=\begin{pmatrix} \lambda_1 & & \\ & \ddots & \\ & & \lambda_n \end{pmatrix}$$

と対角化されるとし，A の符号指数が $(r,\ s)$，$m=r+s$ であるとすると，

$$\widetilde{C}=\left(\begin{array}{c|c} 1 & 0 \\ \hline 0 & C \end{array}\right)$$

によって係数行列 $\widetilde{A}$ は

$$\widetilde{A}_1 := {}^t\widetilde{C}\widetilde{A}\widetilde{C} = \left(\begin{array}{c|c} a_{00} & {}^t\boldsymbol{a}C \\ \hline {}^tC\boldsymbol{a} & {}^tCAC \end{array}\right) = \left(\begin{array}{c|cccccc} a_{00} & & & {}^t\boldsymbol{b} & & & \\ \hline & \lambda_1 & & & & & \\ & & \ddots & & & & \\ \boldsymbol{b} & & & \lambda_m & & & \\ & & & & 0 & & \\ & & & & & \ddots & \\ & & & & & & 0 \end{array}\right)$$

となります．

次に

$$\widetilde{T}_1 := \left(\begin{array}{c|c} 1 & \\ \hline -b_1/\lambda_1 & \\ \vdots & \\ -b_m/\lambda_m & \\ 0 & I_n \\ \vdots & \\ 0 & \end{array}\right)$$

とおけば

$$\widetilde{A}_2 := {}^t\widetilde{T}_1\widetilde{A}_1\widetilde{T}_1 = \left(\begin{array}{c|ccc|c} c_{00} & 0 & \cdots & 0 & {}^t\boldsymbol{c} \\ \hline 0 & \lambda_1 & & & \\ \vdots & & \ddots & & \\ 0 & & & \lambda_m & \\ \hline \boldsymbol{c} & & & & 0 \end{array}\right), \qquad \boldsymbol{c} \in \boldsymbol{R}^{n-m}$$

となります．ここで $r(\widetilde{A}) = r(\widetilde{A}_1) = r(\widetilde{A}_2)$，$r(A) = m$ に注意して，c_{00}，$\boldsymbol{c}$ によって次の三個の場合に分類されることがわかります．

(Ⅰ)　$r(\widetilde{A}) = r(A) = m \iff c_{00} = 0,\ \boldsymbol{c} = \boldsymbol{0}$

(Ⅱ)　$r(\widetilde{A}) = r(A) + 1 = m + 1 \iff c_{00} \neq 0,\ \boldsymbol{c} = \boldsymbol{0}$

(Ⅲ)　$r(\widetilde{A}) = r(A) + 2 = m + 2 \iff \boldsymbol{c} \neq \boldsymbol{0}$

(この (Ⅲ) が起きるのはもちろん $m \leqq n-1$ のときに限ります)．

この最後の場合：$\boldsymbol{c} \neq \boldsymbol{0}$ のときは $\alpha = -\dfrac{c_{00}}{2\|\boldsymbol{c}\|^2}$，$W \in O(n-m)$ を $W\boldsymbol{c} =$

$||\boldsymbol{c}||\begin{pmatrix}1\\0\\\vdots\\0\end{pmatrix}$ となるようにとって,

$$\widetilde{T}_2 := \left(\begin{array}{c|c|c} 1 & 0 & 0 \\ \hline 0 & I_m & 0 \\ \hline \alpha\boldsymbol{c} & 0 & W \end{array}\right)$$

とすれば

$$ {}^t\widetilde{T}_2\widetilde{A}_2\widetilde{T}_2 = \left(\begin{array}{c|c|c} 0 & 0 & ||\boldsymbol{c}||\ 0\ \cdots\ 0 \\ \hline 0 & \begin{matrix}\lambda_1 & & \\ & \ddots & \\ & & \lambda_m\end{matrix} & 0 \\ \hline \begin{matrix}||\boldsymbol{c}||\\0\\\vdots\\0\end{matrix} & 0 & 0 \end{array}\right)$$

以上の議論から，結局合同変換 (直交変換とずらし) による座標変換で，超二次曲面を定義する方程式が (最後の変数もあらためて $x_1, \cdots, x_n$ と書くこととして)，以下の三通りとなることが示されます：

(I) $\alpha_1 x_1^2 + \cdots + \alpha_r x_r^2 - \alpha_{r+1}x_{r+1}^2 - \cdots - \alpha_m x_m^2 = 0$

(II) $\alpha_1 x_1^2 + \cdots + \alpha_r x_r^2 - \alpha_{r+1}x_{r+1}^2 - \cdots - \alpha_m x_m^2 + 1 = 0$

(III) $\alpha_1 x_1^2 + \cdots + \alpha_r x_r^2 - \alpha_{r+1}x_{r+1}^2 - \cdots - \alpha_m x_m^2 + 2x_{m+1} = 0$

$\alpha_i > 0\,(1 \leqq i \leqq m)$

注意　(II) の場合，もし $c_{00} < 0$ ならば，定数項を 1 とするために c_{00} で割るとき，λ_i と λ_i/c_{00} の符号が逆転するので，r の意味がこれまでと異なることとなる.

23.2. 平面二次曲線の分類

$n=2$ですから，次の表を得ます($\alpha_1,\ \alpha_2>0$とする)．ただし，$m:=r(A)$，$\widetilde{m}:=r(\widetilde{A})$，$(r,\ s)$ は A の符号指数とします．

	m	$\widetilde{m}$	$r\ \ s$	方程式	名称
(I)	1	1	1 0	$\alpha_1 x_1^2=0$	(重なった)直線
	2	2	2 0	$\alpha_1 x_1^2+\alpha_2 x_2^2=0$	一点
	2	2	1 1	$\alpha_1 x_1^2-\alpha_2 x_2^2=0$	二直線
(II)	1	2	1 0	$\alpha_1 x_1^2+1=0$	ϕ
	1	2	0 1	$-\alpha_1 x_1^2+1=0$	平行な二直線
	2	3	2 0	$\alpha_1 x_1^2+\alpha_2 x_2^2+1=0$	ϕ
	2	3	1 1	$\alpha_1 x_1^2-\alpha_2 x_2^2+1=0$	双曲線
	2	3	0 2	$-\alpha_1 x_1^2-\alpha_2 x_2^2+1=0$	楕円
(III)	1	3	1 0	$\alpha_1 x_1^2+2x_2=0$	放物線

表 8-1

注意　(I) の場合，符号指数 $(r,\ s)$ と $(s,\ r)$ は本質的には同じもの（方程式の両辺の符号を変えれば同じとなる）だから，片方は省いてある．また (III) の場合も，$(1,0)$ と $(0,1)$ とは変数 x_2 を $-x_2$ と変えることによって同じものとなるので，本質的に異なるものはただ一つとなる．

記号を少し変えて，この分類の結果，本質的なものは

$$\frac{x^2}{a^2}+\frac{y^2}{b^2}=1 \qquad \text{楕円 (ellipse)}$$

$$\frac{x^2}{a^2}-\frac{y^2}{b^2}=1 \qquad \text{双曲線 (hyperbola)}$$

$$x^2=4cy \qquad \text{放物線 (parabola)}$$

の三種のいわゆる円錐曲線です．この名前の由来については後にのべます．

23. 3. 空間での二次曲面

$n=3$ として以下の分類表を得ます ($\alpha_1, \alpha_2, \alpha_3 > 0$ とします)：

	$m=r(A)$	$\widetilde{m}=r(\widetilde{A})$	$r\ s$	方程式	名称	No.
(I)	1	1	1 0	$\alpha_1 x_1^2 = 0$	重なった平面	
	2	2	2 0	$\alpha_1 x_1^2 + \alpha_2 x_2^2 = 0$	直線 (x_3 軸)	
	2	2	1 1	$\alpha_1 x_1^2 - \alpha_2 x_2^2 = 0$	二平面	
	3	3	3 0	$\alpha_1 x_1^2 + \alpha_2 x_2^2 + \alpha_3 x_3^2 = 0$	一点 (原点)	
	3	3	2 1	$\alpha_1 x_1^2 + \alpha_2 x_2^2 - \alpha_3 x_3^2 = 0$	楕円錐	(1)
(II)	1	2	1 0	$\alpha_1 x_1^2 + 1 = 0$	ϕ	
	1	2	0 1	$-\alpha_1 x_1^2 + 1 = 0$	平行な二平面	
	2	3	2 0	$\alpha_1 x_1^2 + \alpha_2 x_2^2 + 1 = 0$	ϕ	
	2	3	1 1	$\alpha_1 x_1^2 - \alpha_2 x_2^2 + 1 = 0$	双曲柱	
	2	3	0 2	$-\alpha_1 x_1^2 - \alpha_2 x_2^2 + 1 = 0$	楕円柱	
	3	4	3 0	$\alpha_1 x_1^2 + \alpha_2 x_2^2 + \alpha_3 x_3^2 + 1 = 0$	ϕ	
	3	4	2 1	$\alpha_1 x_1^2 + \alpha_2 x_2^2 - \alpha_3 x_3^2 + 1 = 0$	二葉双曲面	(2)
	3	4	1 2	$\alpha_1 x_1^2 - \alpha_2 x_2^2 - \alpha_3 x_3^2 + 1 = 0$	一様双曲面	(3)
	3	4	0 3	$-\alpha_1 x_1^2 - \alpha_2 x_2^2 - \alpha_3 x_3^2 + 1 = 0$	楕円面	(4)
(III)	1	3	1 0	$\alpha_1 x_1^2 + 2x_2 = 0$	放物柱	
	2	4	2 0	$\alpha_1 x_1^2 + \alpha_2 x_2^2 + 2x_3 = 0$	楕円放物面	(5)
	2	4	1 1	$\alpha_1 x_1^2 - \alpha_2 x_2^2 + 2x_3 = 0$	双曲放物面	(6)

(注)　(I), (III) では (s, r) と (r, s) は本質的に同じものとなるので省略してある.

表 8-2

ここでも本質的に興味深いものは以下のものです ($a, b, c > 0$ とする)：

(1) $\dfrac{x^2}{a^2} + \dfrac{y^2}{b^2} = z^2$　　楕円錐 (elliptic cone)

(2) $\dfrac{x^2}{a^2} - \dfrac{y^2}{b^2} - \dfrac{z^2}{c^2} = 1$　　二葉双曲面 (hyperboloid of two sheets)

(3) $\dfrac{x^2}{a^2} + \dfrac{y^2}{b^2} - \dfrac{z^2}{c^2} = 1$　　一葉双曲面 (hyperboloid of one sheet)

(4) $\dfrac{x^2}{a^2} + \dfrac{y^2}{b^2} + \dfrac{z^2}{c^2} = 1$　　楕円面 (ellipsoid)

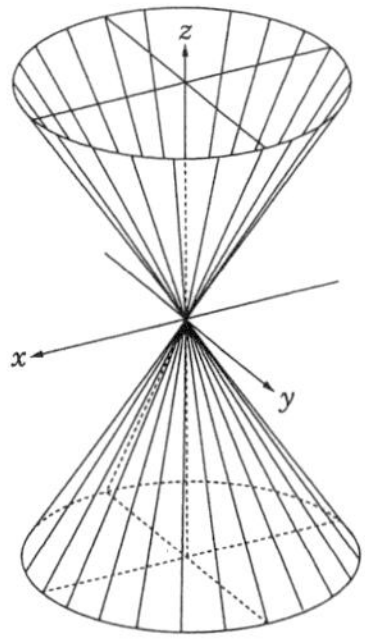

(1)　楕円錐　$\dfrac{x^2}{a^2} + \dfrac{y^2}{b^2} = z^2$

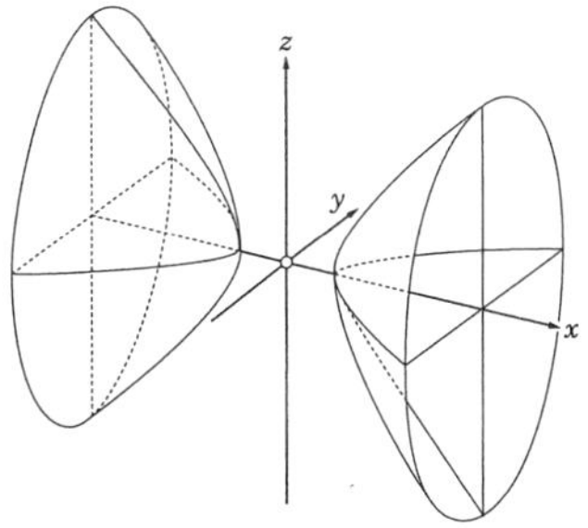

(2)　二様双曲面　$\dfrac{x^2}{a^2} - \dfrac{y^2}{b^2} - \dfrac{z^2}{c^2} = 1$

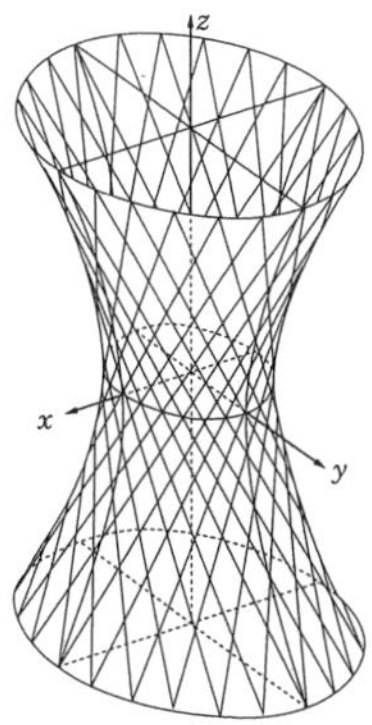

(3)　一葉双曲面　$\dfrac{x^2}{a^2} + \dfrac{y^2}{b^2} - \dfrac{z^2}{c^2} = 1$

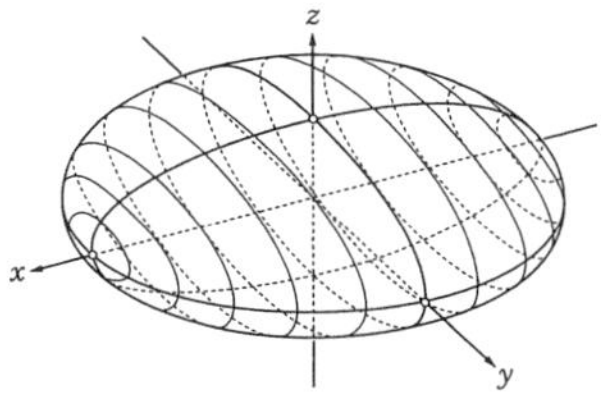

(4)　楕円面　$\dfrac{x^2}{a^2} + \dfrac{y^2}{b^2} + \dfrac{z^2}{c^2} = 1$

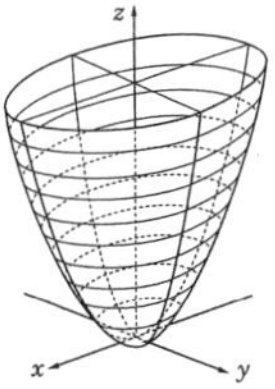

(5)　楕円放物面　$\dfrac{x^2}{a^2} + \dfrac{y^2}{b^2} = 2z$

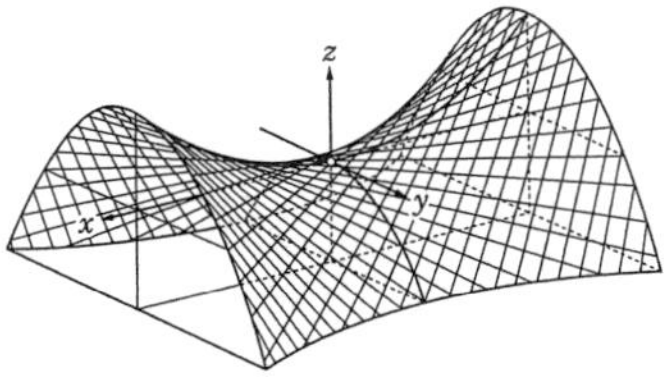

(6)　双曲放物面　$\dfrac{x^2}{a^2} - \dfrac{y^2}{b^2} = 2z$

(5) $\dfrac{x^2}{a^2} + \dfrac{y^2}{b^2} = 2z$　　楕円放物面 (elliptic paraboloid)

(6) $\dfrac{x^2}{a^2} - \dfrac{y^2}{b^2} = 2z$　　双曲放物面 (hyperbolic paraboloid)

注意 1　(1), (3), (4), (5) で $a = b$ ならば z 軸のまわりの回転によって不変，また (2), (4) で $b = c$ ならば x 軸のまわりの回転で不変で回転面となる．もちろん (4) で $a = b = c$ ならば球面で原点のまわりのすべての回転で不変である．

注意 2　(1), (3), (6) はいわゆる**線織面** (ruled surface) である．

これらの曲面の実例がしばしば建造物として見られます．著しい例として神戸ポートタワー (一葉双曲面)，東京カテドラル (双曲放物面) があります．

神戸ポートタワー

東京カテドラル聖マリア大聖堂

線織面としての一葉双曲面

一葉双曲面 $\dfrac{x^2}{a^2} + \dfrac{y^2}{b^2} - \dfrac{z^2}{c^2} = 1$ が線織面であることは以下のように示されます．まず方程式を

$$\left(\frac{y}{b} + \frac{z}{c}\right)\left(\frac{y}{b} - \frac{z}{c}\right) = \left(1 + \frac{x}{a}\right)\left(1 - \frac{x}{a}\right)$$

の形に書けば，パラメーター λ, μ に関して直線

$$\begin{cases} \dfrac{y}{b}+\dfrac{z}{c}=\lambda\left(1+\dfrac{x}{a}\right) \\ \dfrac{y}{b}-\dfrac{z}{c}=\dfrac{1}{\lambda}\left(1-\dfrac{x}{a}\right) \end{cases}, \qquad \begin{cases} \dfrac{y}{b}+\dfrac{z}{c}=\mu\left(1-\dfrac{x}{a}\right) \\ \dfrac{y}{b}-\dfrac{z}{c}=\dfrac{1}{\mu}\left(1+\dfrac{x}{a}\right) \end{cases}$$

がこの曲面に含まれていることがわかります．

これらの直線のパラメーター表示は，$\lambda=\tan\dfrac{\theta}{2}$，$\mu=\cot\dfrac{\theta}{2}$ として計算すれば

$$\begin{pmatrix} x \\ y \\ z \end{pmatrix} = \begin{pmatrix} a\cos\theta \\ b\sin\theta \\ 0 \end{pmatrix} + \begin{pmatrix} \dfrac{a}{c}\sin\theta \\ -\dfrac{b}{c}\cos\theta \\ 1 \end{pmatrix} t$$

$$\begin{pmatrix} x \\ y \\ z \end{pmatrix} = \begin{pmatrix} a\cos\theta \\ b\sin\theta \\ 0 \end{pmatrix} + \begin{pmatrix} -\dfrac{a}{c}\sin\theta \\ \dfrac{b}{c}\cos\theta \\ 1 \end{pmatrix} t$$

となることがわかります．

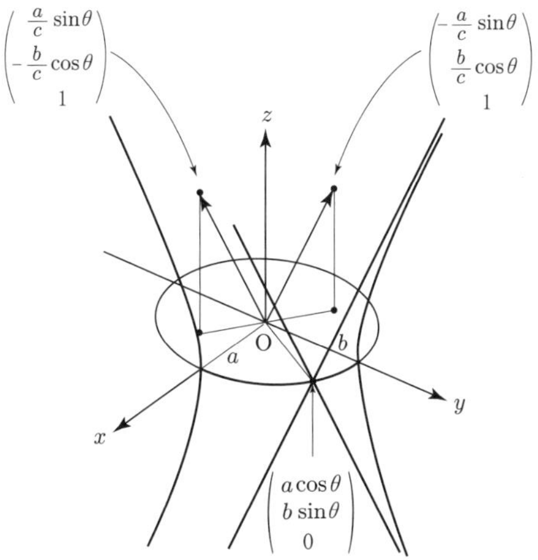

図 23-2

23.4. 円錐曲線

平面の二次曲線：楕円，双曲線，放物線はまた円錐曲線 (正確には円錐切断曲線というべきです．英語で conic sections といいます) という名の起源を線型代数の言葉で説明しましょう．座標系 $\begin{pmatrix} \widetilde{x} \\ \widetilde{y} \\ \widetilde{z} \end{pmatrix}$ で次の円錐を考えます：

$$\widetilde{x}^2 + \widetilde{y}^2 = \widetilde{z}^2.$$

この円錐の平面による切口の曲線を調べるのですが，それを次のように考えます．この座標系が別の座標系 $\begin{pmatrix} x \\ y \\ z \end{pmatrix}$ から y 軸のまわりの負の向きの角 φ の回転によって得られる (図 23-3) とすれば，

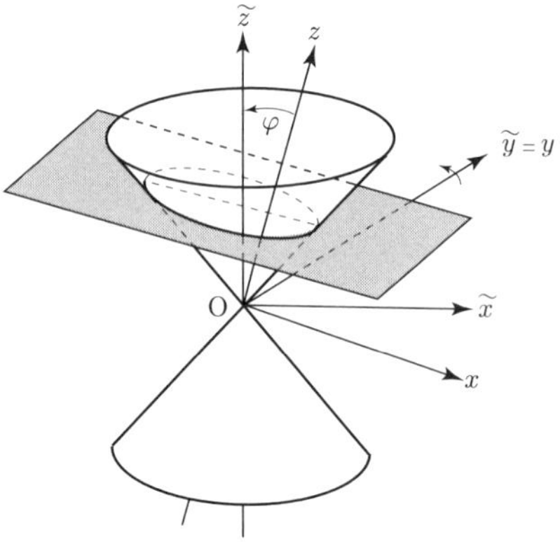

図 23-3

$$\begin{cases} \widetilde{x} = (\cos\varphi)x + (\sin\varphi)z \\ \widetilde{y} = y \\ \widetilde{z} = (-\sin\varphi)x + (\cos\varphi)z \end{cases}$$

したがってこの円錐の座標系 $\begin{pmatrix} x \\ y \\ z \end{pmatrix}$ での方程式は

$$(\cos^2\varphi - \sin^2\varphi)x^2 + 4(\cos\varphi\sin\varphi)xz + y^2 = (\cos^2\varphi - \sin^2\varphi)z^2$$

すなわち

$$(\cos 2\varphi)x^2 + 2(\sin 2\varphi)xz + y^2 = (\cos 2\varphi)z^2$$

そこで，これと平面 $z = c$ との交わりの方程式として，簡単な式の計算のあと

$$(x + c\tan 2\varphi)^2 + \frac{1}{\cos 2\varphi}y^2 = \frac{c^2}{\cos^2 2\varphi}$$

を得ます．

(i)　$0 \leqq \varphi < \dfrac{\pi}{4}$ ならば $0 < \cos 2\varphi \leqq 1$ ですから，$\cos 2\varphi = \alpha^2$ とおくことができて $0 < \alpha \leqq 1$.

$X := x + c\tan 2\varphi$, $Y := y$ と新しい変数にうつれば

$$\frac{X^2}{a^2} + \frac{Y^2}{b^2} = 1 \qquad \left(a = \frac{c}{\alpha^2},\ b = \frac{c}{\alpha}\right)$$

となり，切口はたしかに楕円となっています．

(ii)　$\varphi = \dfrac{\pi}{4}$ のときは $\cos 2\varphi = 0$, $\sin 2\varphi = 1$ ですから，方程式は

$$y^2 + 2cx = 0$$

となって放物線となります．

(iii)　$\dfrac{\pi}{4} < \varphi \leqq \dfrac{\pi}{2}$ のときは $\cos 2\varphi = -\alpha^2 < 0\,(0 < \alpha \leqq 1)$ とおくことができて，

$$\frac{X^2}{a^2} - \frac{Y^2}{b^2} = 1$$

すなわち双曲線となることがわかります．

最後に楕円の一つの特長づけを与える次の結果を紹介しておきましょう．この方法はベルギーの数学者ダンドラン (Dandelin) によるものです (1822 年).

円錐 C の平面 π による切口が楕円 E になっているとして，この円錐 C と平面 π とに内接する球 S, S' を考えて，それぞれの π との接点を F, F′ とすれば

$$d(\mathrm{P},\ \mathrm{F}) + d(\mathrm{P},\ \mathrm{F}') = \text{一定}$$

なぜならば，球面への接線の性質から

$$d(\mathrm{P},\ \mathrm{F}) = d(\mathrm{P},\ \mathrm{Q}), \qquad d(\mathrm{P},\ \mathrm{F}') = d(\mathrm{P},\ \mathrm{Q}')$$

ただし Q, Q′ は P を通る母線 (円錐の頂点と P を通る直線) と S, S' が接する点で，それぞれ，円 $S \cap C$, $S' \cap C$ 上にあります．上の和はしたがって $d(\mathrm{Q}, \mathrm{Q}')$ に等しく P によらないのです．

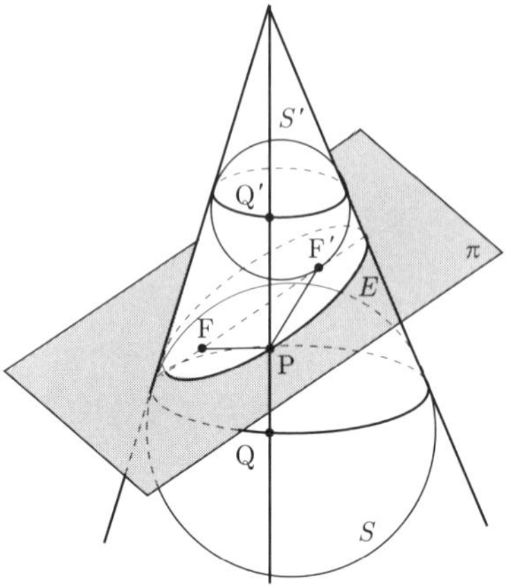

図 23-4

演習問題

1. 双曲放物面 $\dfrac{x^2}{a^2} - \dfrac{y^2}{b^2} = 2z$ の線織面としての構造を調べよ．

2. $\boldsymbol{R}^3$ の曲面 $xy + yz + zx = a$ を主軸変換せよ．

第 III 部

第24章　ローレンツ群の幾何学

三つの空間座標 x, y, z と一つの時間座標 t をもついわゆるミンコフスキー空間 $\boldsymbol{R}^4$ の二次形式

$$x^2 + y^2 + z^2 - c^2t^2 \qquad (c\text{ は光速度})$$

を不変にする線型変換をローレンツ変換とよび，それらの全体の作る変換群をローレンツ群とよびます．その一つの例として

$$x' = \frac{x - vt}{\sqrt{1 - \dfrac{v^2}{c^2}}}, \qquad y' = y, \qquad z' = z, \qquad t' = \frac{-\dfrac{v}{c^2}x + t}{\sqrt{1 - \dfrac{v^2}{c^2}}}$$

があります．これは x 軸の向きに一定の速度 v で移動する座標系 (x', y', z', t') ともとの静止系 (x, y, z, t) との間の関係として，1904 年頃オランダの物理学者 H. A. ローレンツ (1853–1928) によって提案されたもので，アインシュタインの特殊相対性理論に先立つこと十年ほどの先駆的なものでした．そこからローレンツ群の名が出てきたのは当然でしょう．

この章でのわれわれの目標は，このローレンツ群の幾何学の初等的な部分を，いわば線型代数の一つの演習として取り扱おうということです．話を簡単にするために，三次元の空間でなく二次元の平面の場合を考えることとし，また記号も便宜上少し変えて

$$x_0 = ct, \qquad x_1 = x, \qquad x_2 = y$$

と書くこととします (しかし，以下の議論の多くの部分が，n 次元の場合にも成り立つことを一言注意しておきます).

24.1. ローレンツ群 $O(1,2)$

二次形式

$$-x_0^2+x_1^2+x_2^2={}^t\boldsymbol{x}J\boldsymbol{x},\qquad J=\begin{pmatrix}-1&0&0\\0&1&0\\0&0&1\end{pmatrix},\quad \boldsymbol{x}=\begin{pmatrix}x_0\\x_1\\x_2\end{pmatrix}$$

に対応する双線型形式を

$$[\boldsymbol{x},\,\boldsymbol{y}]:=-x_0y_0+x_1y_1+x_2y_2,\qquad \boldsymbol{x}=\begin{pmatrix}x_0\\x_1\\x_2\end{pmatrix},\quad \boldsymbol{y}=\begin{pmatrix}y_0\\y_1\\y_2\end{pmatrix}$$

と書くことにすれば，(平面の) ローレンツ群 $O(1,2)$ は，線型変換 $\boldsymbol{x}'=g\boldsymbol{x}$ でこの二次形式を不変にするものの全体として定義されます：

$$O(1,\,2):=\{g\in M_3(\boldsymbol{R})\,|\,\boldsymbol{x},\,\boldsymbol{y}\in\boldsymbol{R}^3 \text{ に対して } [g\boldsymbol{x},\,g\boldsymbol{y}]=[\boldsymbol{x},\,\boldsymbol{y}]\}$$

この条件は,

$$[g\boldsymbol{x},\,g\boldsymbol{y}]={}^t\boldsymbol{x}{}^tgJg\boldsymbol{y}$$

と書いてみれば，次の条件

(1) $$ {}^tgJg=J,\qquad J=\begin{pmatrix}-1&0&0\\0&1&0\\0&0&1\end{pmatrix}$$

と同値であることがわかります．このとき $(J{}^tgJ)g=J^2=I_3$ (単位行列) ですから，g が正則で

(2) $$g^{-1}=J{}^tgJ$$

であること，また

$$J=({}^tg)^{-1}Jg^{-1}={}^t(g^{-1})Jg^{-1}$$

すなわち $g^{-1}\in O(1,\,2)$ がわかります．$O(1,\,2)$ の元 $g,\,g'$ の積が $O(1,\,2)$ に入ることは

$${}^t(gg')J(gg')={}^tg'({}^tgJg)g'={}^tg'Jg'=J$$

からわかりますから，$O(1,\,2)$ はたしかに行列の積を算法とする群となっていることがわかります．

関係式 (2) から $g(J^tgJ) = I_3$，したがって $gJ^tg = J$，すなわち ${}^t({}^tg)J^tg = J$ となって，

(3)　　$g \in O(1, 2)$　ならば　${}^tg \in O(1, 2)$

が成り立つことがわかります.

関係式 (1) を成分ごとに書けば

(4)
$$-g_{0p}g_{0q} + g_{1p}g_{1q} + g_{2p}g_{2q} = \begin{cases} -1 & (p = q = 0) \\ 1 & (p = q = 1, 2) \\ 0 & (p \neq q) \end{cases}$$

同様に，$gJ^tg = J$ から

(5)
$$-g_{p0}g_{q0} + g_{p1}g_{q1} + g_{p2}g_{q2} = \begin{cases} -1 & (p = q = 0) \\ 1 & (p = q = 1, 2) \\ 0 & (p \neq q) \end{cases}$$

が成り立つことがわかります.

とくに (4) で $p = q = 0$ とおくと

$$-g_{00}^2 + g_{10}^2 + g_{20}^2 = -1$$

すなわち

(6)　　$g_{00}^2 = 1 + g_{10}^2 + g_{20}^2 \geqq 1$

したがって

$$g_{00} \geqq 1 \quad \text{または} \quad g_{00} \leqq -1$$

また，(1) の両辺の行列式を計算すれば $(\det g)^2 = 1$，したがって

$$\det g = \pm 1$$

そこで

$$SO(1, 2) := O(1, 2) \cap SL_3(\boldsymbol{R}) = \{g \mid {}^tgJg = J,\ \det g = 1\}$$
$$SO_0(1, 2) := \{g \mid {}^tgJg = J,\ \det g = 1,\ g_{00} \geqq 1\}$$

とおくと，$O(1, 2)$ の部分群 $SO(1, 2)$，$SO_0(1, 2)$ が得られます．ここで $SO_0(1, 2)$ が実際 $O(1, 2)$ の部分群であることを示すには

$$g,\ g' \in SO_0(1, 2) \quad \text{ならば} \quad g^{-1}g' \in SO_0(1, 2)$$

を示せばよいのですが，まず

$$\det(g^{-1}g') = (\det g^{-1})(\det g') = (\det g)^{-1}(\det g') = 1$$

また $g^{-1}=J^tgJ$ に注意すれば

$$(g^{-1}g')_{00}=g_{00}g'_{00}-g_{10}g'_{10}-g_{20}g'_{20}$$

ところが上の (6) からベクトル $\begin{pmatrix}1\\g_{10}\\g_{20}\end{pmatrix}$, $\begin{pmatrix}1\\g'_{10}\\g'_{20}\end{pmatrix}$ の長さがそれぞれ g_{00}, g'_{00} に等しいから，コーシー－シュワルツの不等式によって

$$1+g_{10}g'_{10}+g_{20}g'_{20}\leqq g_{00}g'_{00}$$

したがって

$$(g^{-1}g')_{00}\geqq 1$$

この部分群 $SO_0(1,2)$ のことを**固有ローレンツ群**とよびます.

24.2. ローレンツ群の作用する二次曲面

実数 α に対して

$$\mathscr{H}(\alpha):=\{\boldsymbol{x}\in\boldsymbol{R}^3\mid[\boldsymbol{x},\boldsymbol{x}]=\alpha\}$$

とおくと，前章の議論から

$$\mathscr{H}(\alpha)=\begin{cases}\text{一葉双曲面} & (\alpha>0)\\ \text{円錐} & (\alpha=0)\\ \text{二葉双曲面} & (\alpha<0)\end{cases}$$

となります.

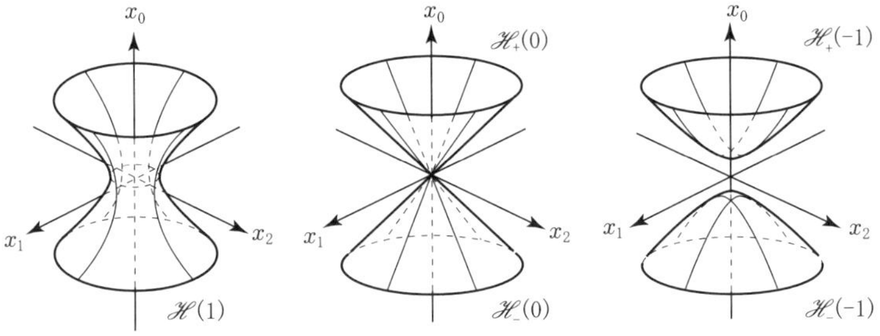

図 24-1

$$\mathscr{H}_+(0) := \{\boldsymbol{x} \mid [\boldsymbol{x}, \boldsymbol{x}] = 0,\ x_0 > 0\}$$
$$\mathscr{H}_-(0) := \{\boldsymbol{x} \mid [\boldsymbol{x}, \boldsymbol{x}] = 0,\ x_0 < 0\}$$
$$\mathscr{H}_+(-1) := \{\boldsymbol{x} \mid [\boldsymbol{x}, \boldsymbol{x}] = -1,\ x_0 \geqq 1\}$$
$$\mathscr{H}_-(-1) := \{\boldsymbol{x} \mid [\boldsymbol{x}, \boldsymbol{x}] = -1,\ x_0 \leqq -1\}$$

とおけば

$$\mathscr{H}(0) = \mathscr{H}_+(0) \cup \{0\} \cup \mathscr{H}_-(0)$$
$$\mathscr{H}(-1) = \mathscr{H}_+(-1) \cup \mathscr{H}_-(-1)$$

さて，$g \in O(1, 2)$, $\boldsymbol{x} \in \mathscr{H}(\alpha)$ ならば $g\boldsymbol{x} \in \mathscr{H}(\alpha)$ となることは $[g\boldsymbol{x}, g\boldsymbol{x}] = [\boldsymbol{x}, \boldsymbol{x}] = \alpha$ から明らかで，群 $O(1, 2)$ は曲面 $\mathscr{H}(\alpha)$ の上に作用する変換群となっています．部分群 $SO_0(1, 2)$ も当然 $\mathscr{H}(\alpha)$ の上に作用しているのですが，たとえば $\alpha = -1$ のとき，$g \in SO_0(1, 2)$, $\boldsymbol{x} \in \mathscr{H}_+(-1)$ ならば $g\boldsymbol{x} \in \mathscr{H}_+(-1)$, $\boldsymbol{x} \in \mathscr{H}_-(-1)$ ならば $g\boldsymbol{x} \in \mathscr{H}_-(-1)$ となって，作用の仕方が半分ずつ $\mathscr{H}_+(-1)$ と $\mathscr{H}_-(-1)$ とに分かれます．これは，$O(1, 2)$ 全体の場合 $J\boldsymbol{e}_0 = -\boldsymbol{e}_0$ となって，$O(1, 2)$ の元 J によって $\mathscr{H}_+(-1)$ と $\mathscr{H}_-(-1)$ とが入れかわるのと対照的です．そこで，この作用をさらにくわしく調べるために以下の部分群を考えます．

以下の議論では簡単のために

$$G := SO_0(1, 2)$$

とおき，

$$K := \{g \in G \mid g\boldsymbol{e}_0 = \boldsymbol{e}_0\} = \{g \in G \mid g_{00} = 1,\ g_{10} = g_{20} = 0\}$$
$$A := \{g \in G \mid g\boldsymbol{e}_2 = \boldsymbol{e}_2\} = \{g \in G \mid g_{02} = g_{12} = 0,\ g_{22} = 1\}$$
$$N := \left\{ g \in G \,\middle|\, g\begin{pmatrix}1\\1\\0\end{pmatrix} = \begin{pmatrix}1\\1\\0\end{pmatrix} \right\}$$

とおきます．これはそれぞれ点 $\boldsymbol{e}_0 = \begin{pmatrix}1\\0\\0\end{pmatrix}$, $\boldsymbol{e}_2 = \begin{pmatrix}0\\0\\1\end{pmatrix}$, $\boldsymbol{e}_0 + \boldsymbol{e}_1 = \begin{pmatrix}1\\1\\0\end{pmatrix}$ の固定化群 (これらの点を動かさないような元からなる部分群) とよばれるものです．

もし $g \in K$ ならば $g\boldsymbol{e}_0 = \boldsymbol{e}_0$，したがって ${}^t gJg = J$ と $J\boldsymbol{e}_0 = -\boldsymbol{e}_0$ に注意して

$$ {}^t g \boldsymbol{e}_0 = \boldsymbol{e}_0 $$

すなわち ${}^{\mathrm{t}}g \in K$．これから $g_{01} = g_{02} = 0$ もわかって，結局

$$ g = \begin{pmatrix} 1 & 0 & 0 \\ 0 & g_{11} & g_{12} \\ 0 & g_{21} & g_{22} \end{pmatrix} $$

となり，$\begin{pmatrix} g_{11} & g_{12} \\ g_{21} & g_{22} \end{pmatrix}$ は $x_1^2 + x_2^2$ を不変に保つことから直交変換で，しかも行列式の条件から実は回転であることがわかり，結局 $\begin{pmatrix} \cos\theta & -\sin\theta \\ \sin\theta & \cos\theta \end{pmatrix}$ の形であることがわかって，

$$ K = \left\{ k_\theta = \begin{pmatrix} 1 & 0 & 0 \\ 0 & \cos\theta & -\sin\theta \\ 0 & \sin\theta & \cos\theta \end{pmatrix} \;\middle|\; \theta \pmod{2\pi} \right\} $$

部分群 A を定義する条件は

$$ g \begin{pmatrix} 0 \\ 0 \\ 1 \end{pmatrix} = \begin{pmatrix} 0 \\ 0 \\ 1 \end{pmatrix} \quad \text{すなわち} \quad g_{02} = g_{12} = 0,\ g_{22} = 1 $$

ここでも $J\boldsymbol{e}_2 = \boldsymbol{e}_2$ を用いて，このとき ${}^t g \boldsymbol{e}_2 = \boldsymbol{e}_2$，すなわち ${}^t g \in A$，したがって $g_{20} = g_{21} = 0$ も成り立ち，

$$ g = \begin{pmatrix} g_{00} & g_{01} & 0 \\ g_{10} & g_{11} & 0 \\ 0 & 0 & 1 \end{pmatrix} $$

となり，

$$ \begin{cases} -g_{00}^2 + g_{01}^2 = -1 = -g_{00}^2 + g_{10}^2 \\ -g_{10}^2 + g_{11}^2 = 1 = -g_{01}^2 + g_{11}^2 \\ g_{00}g_{11} - g_{01}g_{10} = 1 \end{cases} $$

が成り立ちます．これから $g_{00} = \cosh t = \dfrac{e^t + e^{-t}}{2}$，$g_{01} = \sinh t = \dfrac{e^t - e^{-t}}{2}$ となるように t をとることができて，$g_{00}^2 = g_{11}^2$，$g_{11}^2 = g_{10}^2$ より

$$g_{11} = \pm\cosh t, \qquad g_{10} = \pm\sinh t$$

となります．ここで行列式の条件 $g_{00}g_{11} - g_{01}g_{10} = 1$ よりいずれも $+$ でなければならないことが結論されて，われわれの部分群 A は

$$A = \left\{ a_t = \begin{pmatrix} \cosh t & \sinh t & 0 \\ \sinh t & \cosh t & 0 \\ 0 & 0 & 1 \end{pmatrix} \middle|\, t \in \boldsymbol{R} \right\}$$

であることが結論されます．この変換は x_2 座標を不変にするので，$-x_0^2 + x_1^2$ を不変とし，(x_0, x_1) 平面の“双曲的回転”を定めるのですが，それが双曲線三角関数を用いて上のように表されるのです．

最後に，部分群 N に関しては

$$g \in N \Longleftrightarrow g\begin{pmatrix} 1 \\ 1 \\ 0 \end{pmatrix} = \begin{pmatrix} 1 \\ 1 \\ 0 \end{pmatrix} \Longleftrightarrow \begin{cases} g_{00} + g_{01} = 1 \\ g_{10} + g_{11} = 1 \\ g_{20} + g_{21} = 0 \end{cases}$$

この条件と関係式 (4), (5) を用いて

$$N = \left\{ n_\xi = \begin{pmatrix} 1 + \dfrac{\xi^2}{2} & -\dfrac{\xi^2}{2} & \xi \\ \dfrac{\xi^2}{2} & 1 - \dfrac{\xi^2}{2} & \xi \\ \xi & -\xi & 1 \end{pmatrix} \middle|\, \xi \in \boldsymbol{R} \right\}$$

となることが示されます．

> **定理**　任意の $\boldsymbol{x} \in \mathscr{H}_+(-1)$ に対して，$SO_0(1, 2)$ の元 g で
>
> $$g\boldsymbol{e}_0 = \boldsymbol{x}$$
>
> となるものが存在する．もし $g'\boldsymbol{e}_0 = \boldsymbol{x}$ ならば，$g' = gk$ となる $k \in K$ が存在する．

証明　$\boldsymbol{x} = \begin{pmatrix} x_0 \\ x_1 \\ x_2 \end{pmatrix} \in \mathscr{H}_+(-1)$ ならば $x_0^2 = 1 + x_1^2 + x_2^2$, $x_2 \geqq 1$ だから，$t :=$

$\log(x_0 + \sqrt{x_0^2 - 1})$ とすれば，$x_0 = \cosh t$，$\sqrt{x_1^2 + x_2^2} = \sinh t$ となる．したがって

$$\begin{cases} x_1 = \sinh t \cos\theta \\ x_2 = \sinh t \sin\theta \end{cases} \qquad (0 \leqq \theta \leqq 2\pi)$$

と書けて

$$\boldsymbol{x} = (k_\theta a_t)\,\boldsymbol{e}_0$$

となり，$g = k_\theta a_t$ が求める元の一つとなる．

もし $g'\boldsymbol{e}_0 = \boldsymbol{x}$ ならば，$(g^{-1}g')\boldsymbol{e}_0 = g^{-1}(g'\boldsymbol{e}_0) = g^{-1}\boldsymbol{x} = \boldsymbol{e}_0$ だから，$g^{-1}g' = k \in K$. ∎

系 1　固有ローレンツ群 $SO_0(1, 2)$ は $\mathscr{H}_+(-1)$ の上に推移的に作用する．

証明　ここで推移的な作用とは，$\mathscr{H}_+(-1)$ の任意の二点 $\boldsymbol{x}, \boldsymbol{x}'$ に対して，$\boldsymbol{x}' = g_0\boldsymbol{x}$ となるような $SO_0(1, 2)$ の元 g_0 が必ず存在するということを意味する．定理によって

$$\boldsymbol{x} = g\boldsymbol{e}_0, \qquad \boldsymbol{x}' = g'\boldsymbol{e}_0$$

となるような二つの元 g, g' が存在するから，

$$\boldsymbol{x}' = g'\boldsymbol{e}_0 = g'(g^{-1}\boldsymbol{x}) = (g'g^{-1})\boldsymbol{x}$$

と書けば $g_0 = g'g^{-1}$ が求める元となっていることがわかる． ∎

系 2　$SO_0(1, 2)$ の任意の元 g に対して θ, θ', t を適宜とれば

$$g = k_\theta a_t k_{\theta'}$$

となる (カルタン分解).

証明　これを示すには，$\boldsymbol{x} = g\boldsymbol{e}_0$ とおいて，この $\boldsymbol{x}$ に上の定理の証明の推論を用いれば，

$$g\boldsymbol{e}_0 = k_\theta a_t \boldsymbol{e}_0$$

となる $\theta\,(\mathrm{mod}\ 2\pi)$ と t がとれる．しかし，g と $k_\theta a_t$ とは $\boldsymbol{e}_0$ を同一の点にうつすので，定理の後半から，$g = k_\theta a_t k_{\theta'}$ となる． ■

24. 3. $SL_2(\boldsymbol{R})$ との関係

固有ローレンツ群 $SO_0(1, 2)$ は実は 2 次の特殊線型群 $SL_2(\boldsymbol{R})$ とほとんど同じ群であるということを，これから示します．

はじめに，写像

$$\omega : \boldsymbol{x} = \begin{pmatrix} x_0 \\ x_1 \\ x_2 \end{pmatrix} \longmapsto X = \begin{pmatrix} x_0 + x_1 & x_2 \\ x_2 & x_0 - x_1 \end{pmatrix}$$

によって線型空間 $\boldsymbol{R}^3$ が線型空間 $\mathrm{Sym}_2\,(\boldsymbol{R})$ (2 次実係数対称行列の全体) に同型であることに注意します．この写像が線型な単射であることは明らかですし，全射であることも，$X = \begin{pmatrix} x_{11} & x_{12} \\ x_{21} & x_{22} \end{pmatrix}$ ならば $X = \omega(\boldsymbol{x})$, $\boldsymbol{x} = \begin{pmatrix} x_0 \\ x_1 \\ x_2 \end{pmatrix}$，$x_0 = \dfrac{x_{11} + x_{22}}{2}$, $x_1 = \dfrac{x_{11} - x_{22}}{2}$, $x_2 = x_{12}$ となることからわかります．

さて，$A \in SL_2(\boldsymbol{R})$ に対して $\mathrm{Sym}_2(\boldsymbol{R})$ の線型変換

$$X \longmapsto AX{}^tA$$

が定まりますから，これを同型 ω によって $\boldsymbol{R}^3$ にうつしてやれば，$\boldsymbol{R}^3$ の線型変換 (を表す行列) $\sigma(A)$ が定まるわけです：

$$\boldsymbol{x}' = \sigma(A)\boldsymbol{x} \Longleftrightarrow \omega(\boldsymbol{x}') = A\omega(\boldsymbol{x}){}^tA \quad \text{すなわち}$$
$$\begin{pmatrix} x'_0 + x'_1 & x'_2 \\ x'_2 & x'_0 - x'_1 \end{pmatrix} = A \begin{pmatrix} x_0 + x_1 & x_2 \\ x_2 & x_0 - x_1 \end{pmatrix} {}^tA$$

このとき

$$\sigma(AB) = \sigma(A)\sigma(B)$$

であることは，

$$(AB)X{}^t(AB) = A(BX{}^tB){}^tA$$

と書いてみれば明らかです．

実際に計算してみれば，$A = \begin{pmatrix} a & b \\ c & d \end{pmatrix}$ に対して

$$\sigma(A) = \begin{pmatrix} \dfrac{a^2+b^2+c^2+d^2}{2} & \dfrac{a^2-b^2+c^2-d^2}{2} & ab+cd \\ \dfrac{a^2+b^2-c^2-d^2}{2} & \dfrac{a^2-b^2-c^2+d^2}{2} & ab-cd \\ ac+bd & ac-bd & ad+bc \end{pmatrix}$$

となることがわかります.

> **定理**　$A \mapsto \sigma(A)$ は $SL_2(\boldsymbol{R})$ から $SO_0(1,\,2)$ の上への準同型写像で，その核は $\pm I_2$ である.

証明　上の定義の仕方から $A \in SL_2(\boldsymbol{R})$ に対して $\sigma(A) \in O(1,\,2)$ であることは，$X = \omega(\boldsymbol{x})$，$X' = \omega(\boldsymbol{x}')$，$\boldsymbol{x}' = \sigma(A)\boldsymbol{x}$ とすれば

$$\det X = x_0^2 - x_1^2 - x_2^2 = -[\boldsymbol{x},\,\boldsymbol{x}]$$
$$\det X' = {x_0'}^2 - {x_1'}^2 - {x_2'}^2 = -[\boldsymbol{x}',\,\boldsymbol{x}']$$

と

$$\det X' = (\det A)(\det X)(\det {}^tA) = \det X$$

とから明らかである．これが準同型であることは上に示した通り．ここで $\sigma(A) \in SO_0(1,\,2)$ であることを示すには，$\det(\sigma(A)) = 1$ と $\sigma(A)$ の $(0,0)$ 成分が $\geqq 1$ であることを示せばよく，これと核についての主張の証明は演習問題とする.

最後に，これが全射であることを示すために

$$\underline{k}_\theta := \begin{pmatrix} \cos\dfrac{\theta}{2} & -\sin\dfrac{\theta}{2} \\ \sin\dfrac{\theta}{2} & \cos\dfrac{\theta}{2} \end{pmatrix}, \qquad \underline{a}_t := \begin{pmatrix} e^{t/2} & 0 \\ 0 & e^{-t/2} \end{pmatrix}$$

とおけば，これらは共に $SL_2(\boldsymbol{R})$ の 1－パラメーター部分群で，$\sigma(\underline{k}_\theta) = k_\theta$，$\sigma(\underline{a}_t) = a_t$ となることから，カルタン分解を用いて，任意の $g \in SO_0(1,\,2)$ に対して $\sigma(A) = g$ となる $A \in SL_2(\boldsymbol{R})$ の存在が示される ($g = k_\theta a_t k_{\theta'}$ と書いて，$A = \underline{k}_\theta \underline{a}_t \underline{k}_{\theta'}$ ととればよい). ∎

注意　実数 ξ に対して

$$\underline{n}_\xi := \begin{pmatrix} 1 & \xi \\ 0 & 1 \end{pmatrix}$$

とおけば

$$\sigma(\underline{n}_\xi) = n_\xi$$

となっている．これと $SL_2(\boldsymbol{R})$ の岩澤分解：

任意の $\begin{pmatrix} a & b \\ c & d \end{pmatrix} \in SL_2(\boldsymbol{R})$ に対して

$$\begin{pmatrix} a & b \\ c & d \end{pmatrix} = \underline{k}_\theta \underline{a}_t \underline{n}_\xi$$

となるような θ, t, ξ が一意的に存在する (ただし θ は $\bmod 4\pi$),

を用いれば，$SO_0(1, 2)$ の岩澤分解が得られる：

任意の $g \in SO_0(1, 2)$ に対して

$$g = k_\theta a_t n_\xi$$

となる実数 θ, t, ξ が一意的に存在する (ただし θ は $\bmod 2\pi$).

24. 4. $SO_0(1, 2)$ の単位円板上の作用

単位円板 $D := \left\{ \begin{pmatrix} \xi_1 \\ \xi_2 \end{pmatrix} \middle| \xi_1^2 + \xi_2^2 < 1 \right\}$ と $\mathscr{H}_+(-1)$ との (全単射) 対応 ψ を次のように定義することができます：$\mathscr{H}_+(-1)$ の一点 $\boldsymbol{x}$ に対して，この点と原点とを結ぶ直線が平面 $x_0 = 1$ と交わる点を $\begin{pmatrix} 1 \\ \xi_1 \\ \xi_2 \end{pmatrix}$ として $\psi(\boldsymbol{x}) := \xi = \begin{pmatrix} \xi_1 \\ \xi_2 \end{pmatrix}$ とおきます.

このとき

$$\xi_1 = \frac{x_1}{x_0}, \qquad \xi_2 = \frac{x_2}{x_0}$$

となっていることは簡単な比例の計算でわかります (単位円板 D が平面 $x_0 = 1$ の上にのっていると考えています)．逆に，D の一点 ξ に対しては

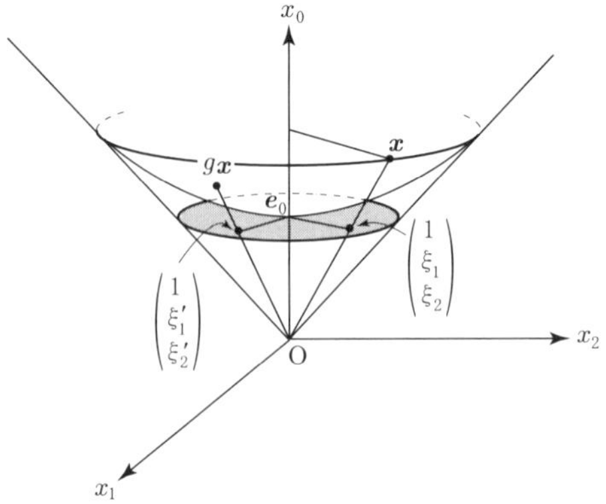

図 24-2

$$x_0 := \frac{1}{\sqrt{1-\xi_1^2-\xi_2^2}}, \quad x_1 := \frac{\xi_1}{\sqrt{1-\xi_1^2-\xi_2^2}}, \quad x_2 := \frac{\xi_2}{\sqrt{1-\xi_1^2-\xi_2^2}}$$

とすれば，$\boldsymbol{x} = \begin{pmatrix} x_0 \\ x_1 \\ x_2 \end{pmatrix}$ は $\mathscr{H}_+(-1)$ の一点で $\psi(\boldsymbol{x}) = \xi$ となっています．

$$\begin{array}{ccc} \mathscr{H}_+(-1) & \xrightarrow[\boldsymbol{x}\mapsto g\boldsymbol{x}]{} & \mathscr{H}_+(-1) \\ \psi\downarrow\ \uparrow\psi^{-1} & & \downarrow\psi \\ D & \xrightarrow[\xi\mapsto g\xi]{} & D \end{array}$$

そこで $SO_0(1,\,2)$ の $\mathscr{H}_+(-1)$ 上の作用を用いて

$$\xi' = g\xi := \psi(g\psi^{-1}(\xi))$$

と定めて，$SO_0(1,\,2)$ の D の上への作用が確定します．この定め方から

$$\xi' = g\xi \iff \begin{cases} \xi_1' = \dfrac{g_{10}+g_{11}\xi_1+g_{12}\xi_2}{g_{00}+g_{01}\xi_1+g_{02}\xi_2} \\ \xi_2' = \dfrac{g_{20}+g_{21}\xi_1+g_{22}\xi_2}{g_{00}+g_{01}\xi_1+g_{02}\xi_2} \end{cases}$$

となります．このとき

$$1 - {\xi_1'}^2 - {\xi_2'}^2 = \frac{1-\xi_1^2-\xi_2^2}{(g_{00}+g_{01}\xi_1+g_{02}\xi_2)^2}$$

が成り立つことが

$$x_0'^2 - x_1'^2 - x_2'^2 = x_0^2 - x_1^2 - x_2^2$$

から容易にみちびかれます．したがって，ξ が単位円周上の点ならば，上の式によって定まる点 $\xi' = g\xi$ も単位円周上の点となることがわかり，同じ式によって $SO_0(1, 2)$ の単位円周上への作用も与えられることがわかります．

このようなことは固有ローレンツ群に関する調和解析で重要な役割を果たすものです．これがいわゆる対称空間の理論のはじまりなのですが，それが物理学にとって重要な群に関してこのように現れてくるのはまことに興味深いことといえるのではないでしょうか．

演習問題

1. $\det(\sigma(A)) = 1$ を確かめよ．

2. 準同型写像 σ の核が $\{I_2, -I_2\}$ であることを示せ．

第25章　シンプレクティク群の幾何学

前の章で考察したローレンツ群は二次形式 $-x_0^2+x_1^2+x_2^2$ を不変にする線型変換の群であり，またユークリッド空間の直交群も二次形式 $x_1^2+\cdots+x_n^2$ を不変にする線型変換の群でした．両者に共通する点は，これらの二次形式が対称な双線型形式に対応するということです．この章では，われわれは交代な双線型形式の場合を考えます．

25.1. 交代双線型形式

前 (§22.2.) に述べた定義を復習すれば，実数体 $\boldsymbol{R}$ 上の有限次元線型空間 V 上の双線型形式 b とは，次の条件

i)　$x, y \in V$ に対して $b(x, y) \in \boldsymbol{R}$

ii)　y_0 を定めると $x \mapsto b(x, y_0)$ は線型

iii)　x_0 を定めると $y \mapsto b(x_0, y)$ は線型

を満たすものでした．ここでさらに条件

iv)　$b(y, x) = -b(x, y) \quad (x, y \in V)$

が満たされているとき，この双線型形式 b は**交代**であるというのでした．このとき

v)　すべての $x \in V$ に対して $b(x, x) = 0$

が成り立ちます．なぜなら，iv) で $x = y$ ととれば $b(x, x) = -b(x, x)$，したがって $2b(x, x) = 0$.

この場合には当然対称な場合のように二次形式 $b(x, x)$ を対応させて議論することはできないわけです．しかしこの場合は，以下に見るように，ある意味でより簡単な状況が現れるのです．

交代双線型形式の例として，$V = \boldsymbol{R}^n$，$A \in \mathrm{Alt}_n(\boldsymbol{R})$ (n 次交代行列，${}^tA = -A$) に対して

$$b_A(\boldsymbol{x}, \boldsymbol{y}) := {}^t\boldsymbol{x}A\boldsymbol{y} \qquad (\boldsymbol{x}, \boldsymbol{y} \in \boldsymbol{R}^n)$$

によって定められるものがあります．もし b が V 上の交代双線型形式で，$\mathscr{B} = (x_1, \cdots, x_n)$ が V の基底ならば，$\boldsymbol{x} = \Phi_{\mathscr{B}}(x)$，$\boldsymbol{y} = \Phi_{\mathscr{B}}(y)$ とするとき

$$A = (b(x_i, x_j))$$

とおけば，${}^tA = -A$ で

$$b(x, y) = {}^t\boldsymbol{x}A\boldsymbol{y} = b_A(\boldsymbol{x}, \boldsymbol{y})$$

となっていることは直ちにわかります．

線型空間 V 上に交代双線型形式 b が与えられているとして，V の部分集合 M に対して

$$M^{\perp} := \{x \in V \,|\, y \in M \text{ に対して } b(x, y) = 0\}$$

と定義します (これを M の b に関する直交補集合とよぶことがあります)．このとき

i) $M \supset N$ ならば $M^{\perp} \subset N^{\perp}$

ii) $M^{\perp}$ は V の線型部分空間である．

iii) $M \subset M^{\perp\perp}$ $(:= (M^{\perp})^{\perp})$

補題　U が V の線型部分空間ならば

$$\dim U + \dim U^{\perp} = \dim V + \dim(U \cap V^{\perp})$$

証明　V の基底 $\mathscr{B} = (x_1, \cdots, x_n)$ を $(x_1, \cdots, x_r)$ が U の基底となるようにとる ($n = \dim V$, $r = \dim U$)．

V から $\boldsymbol{R}^r$ への線型写像 φ と U から $\boldsymbol{R}^n$ への線型写像 ψ を

$$\varphi(x) := \begin{pmatrix} b(x, x_1) \\ \vdots \\ b(x, x_r) \end{pmatrix} \quad (x \in V), \qquad \psi(x) := \begin{pmatrix} b(x, x_1) \\ \vdots \\ b(x, x_n) \end{pmatrix} \quad (x \in U)$$

と定義して，線型写像に対する次元定理を用いれば

$$\dim V = \dim(\operatorname{Ker}\varphi) + \dim(\operatorname{Im}\varphi)$$
$$\dim U = \dim(\operatorname{Ker}\psi) + \dim(\operatorname{Im}\psi)$$

が成り立つ．ところが定義から

$$\operatorname{Ker}\varphi = U^{\perp}, \qquad \operatorname{Ker}\psi = U \cap V^{\perp}$$

であるから，補題の等式を示すには

$$\dim(\operatorname{Im}\varphi) = \dim(\operatorname{Im}\psi)$$

を示せば十分．しかし

$$\dim(\operatorname{Im}\varphi) = \text{行列}\begin{pmatrix} b(x_1,\,x_1) & \cdots & b(x_n,\,x_1) \\ \vdots & \ddots & \vdots \\ b(x_1,\,x_r) & \cdots & b(x_n,\,x_r) \end{pmatrix}\text{の階数}$$

$$\dim(\operatorname{Im}\psi) = \text{行列}\begin{pmatrix} b(x_1,\,x_1) & \cdots & b(x_r,\,x_1) \\ \vdots & \ddots & \vdots \\ b(x_1,\,x_n) & \cdots & b(x_r,\,x_n) \end{pmatrix}\text{の階数}$$

であって，これらが等しいことが結論される． ∎

系 1　もし $V^{\perp} = \{0\}$ ならば

$$\dim U + \dim U^{\perp} = \dim V$$
$$U^{\perp\perp} = U$$

系 2　もし $U \cap U^{\perp} = \{0\}$　ならば　$V = U \oplus U^{\perp}$ (直和).

証明　一般に $U^{\perp\perp} \supset U$．$U^{\perp}$ に対して補題を用いれば，

$$\dim U^{\perp} + \dim U^{\perp\perp} = \dim V = \dim U + \dim U^{\perp}$$

となり，$\dim U^{\perp\perp} = \dim U$，したがって $U^{\perp\perp} = U$．

系 2 を示すには，次元公式によって，もし $U \cap U^{\perp} = \{0\}$ ならば

$$\dim U + \dim U^{\perp} = \dim(U + U^{\perp})$$

したがって

$$\dim(U \cap V^{\perp}) + \dim V = \dim(U + U^{\perp}) \leqq \dim V$$

より $\dim(U \cap V^{\perp}) = 0$ と $\dim(U + U^{\perp}) = \dim V$ が結論されるので，$U + U^{\perp} = V$．$U \cap U^{\perp} = \{0\}$ より，これは直和． ∎

$V^{\perp} = \{0\}$ であるとき，b は**非退化**であるといいます．この条件は，ある基底 $\mathscr{B}$ に関する b の行列 $A = M_{\mathscr{B}}(b)$ を用いて

$$b \text{ 非退化} \iff A = M_{\mathscr{B}}(b) \text{ 正則}$$

といいかえることができます．実際

$$\begin{aligned} y \in V^{\perp} &\iff b(x, y) = 0 \ \ (x \in V) \iff {}^t\boldsymbol{x}A\boldsymbol{y} = 0 \ \ (\boldsymbol{x} \in \boldsymbol{R}^n) \\ &\iff A\boldsymbol{y} = \boldsymbol{0} \iff \boldsymbol{y} \in \operatorname{Ker} A \end{aligned}$$

それゆえ $\dim V^{\perp} = \dim(\operatorname{Ker} A) = n - \dim(\operatorname{Im} A) = n - r(A)$．

25.2. シンプレクティク基底

定理　b が V 上の交代双線型形式ならば，V の基底

$$\mathscr{B} = (x_1, \cdots, x_r, y_1, \cdots, y_r, z_1, \cdots, z_s)$$

が存在して

$$b(x_i, y_i) = 1, \qquad b(y_i, x_i) = -1 \quad (1 \leqq i \leqq r),$$
それ以外のものはすべて 0

となる．すなわち

$$M_{\mathscr{B}}(b) = \left(\begin{array}{c|c|c} 0 & I_r & 0 \\ \hline -I_r & 0 & 0 \\ \hline 0 & 0 & 0 \end{array}\right)$$

このような基底を**シンプレクティク基底**とよぶ．

証明　V の次元に関する帰納法によって示す．まず $\dim V = 1$ ならば $V = \boldsymbol{R}x_1$, $b(x_1, x_1) = 0$ であるから $r = 0$, $s = 1$, $z_1 = x_1$ として成り立つ．

そこで $n = \dim V \geqq 2$ であるとして，$n-1$ 次元まででは定理が示されたものと仮定する．

もし $V = V^\perp$ ならば，$r = 0$, $s = n$ として任意の基底 $(z_1, \cdots, z_n)$ をとればよいので，$V^\perp \subsetneqq V$ であるとする．したがって $x_1 \in V$ で

$$x_1 \notin V^\perp$$

であるものが存在するから，ある $y \in V$ に対して

$$b(x_1, y) \neq 0$$

となるはずである．そこで $y_1 := \dfrac{1}{b(x_1, y)} y$ とおけば

$$b(x_1, y_1) = 1$$

となる．部分空間

$$U := L(x_1, y_1) = \{\lambda x_1 + \mu y_1 \mid \lambda, \mu \in \boldsymbol{R}\}$$

に対して

$$U \cap U^\perp = \{0\}, \qquad V^\perp \subset U^\perp$$

が成り立つ．実際 $\lambda x_1 + \mu y_1 \in U^\perp$ とすれば，$b(\lambda x_1 + \mu y_1, x_1) = 0$ より $-\mu = 0$, $b(\lambda x_1 + \mu y_1, y_1) = 0$ より $\lambda = 0$ だからである．上の系 2 より $V = U \oplus U^\perp$, $\dim U^\perp = n - 2$ となって，$U^\perp$ の上で b を考えれば帰納法の仮定を用いることができて，$U^\perp$ の基底 $(x_2, \cdots, x_r, y_2, \cdots, y_r, z_1, \cdots, z_s)$ で $b(x_i, y_i) = 1\ (2 \leqq i \leqq r)$, それ以外すべて 0 となるものがとれるので，定理が得られる． ∎

系 1　任意の交代行列 A に対して正則行列 P が存在して

$$ {}^tPAP = \left(\begin{array}{c|c|c} 0 & I_r & 0 \\ \hline -I_r & 0 & 0 \\ \hline 0 & 0 & 0 \end{array}\right)$$

が成り立つ．

系 2　非退化な交代双線型形式をもつ線型空間の次元は偶数である．

25. 3. シンプレクティク群 $Sp(n, \boldsymbol{R})$

数ベクトル空間 $\boldsymbol{R}^{2n}$ において非退化な交代双線型形式

$$b(\boldsymbol{x}, \boldsymbol{y}) = {}^t\boldsymbol{x}J\boldsymbol{y} = \sum_{i=1}^{n}(x_i y_{n+i} - x_{n+i} y_i)$$

$$\text{ただし}\quad J = J_n = \begin{pmatrix} 0 & I_n \\ -I_n & 0 \end{pmatrix}$$

を考えます．以下，とくに混乱のおそれがないときは $J = J_n$, $I = I_n$ と書くこととします．

このとき $\boldsymbol{R}^{2n}$ はシンプレクティク構造をもつというのですが，$\boldsymbol{R}^{2n}$ の線型変換でこの双線型形式を不変にするもの (つまりこのシンプレクティク構造を保つもの) を**シンプレクティク変換**，対応する行列をシンプレクティク行列とよびます．そして，それらの全体の作る $GL_{2n}(\boldsymbol{R})$ の部分群を**シンプレクティク群**とよび，記号 $Sp(n, \boldsymbol{R})$ によって表します．

命題　$g = \begin{pmatrix} A & B \\ C & D \end{pmatrix}$, $A, B, C, D \in M_n(\boldsymbol{R})$ とするとき，以下の条件は互いに同値である：

i) $g \in Sp(n, \boldsymbol{R})$

ii) ${}^tgJg = J$ すなわち ${}^tAC = {}^tCA$, ${}^tBD = {}^tDB$, ${}^tAD - {}^tCB = I$

iii) $gJ{}^tg = J$ すなわち $A{}^tB = B{}^tA$, $C{}^tD = D{}^tC$, $A{}^tD - B{}^tC = I$

iv) ${}^tg \in Sp(n, \boldsymbol{R})$

証明はローレンツ群のときと同様で，$J^{-1} = {}^tJ = -J$ を用いれば簡単です．

25.4. $Sp(n,\ \boldsymbol{R})$ の部分群 $K,\ A,\ N$

i) 部分群 K.

条件

$$ {}^tUV = {}^tVU, \qquad {}^tUU + {}^tVV = I $$

を満たす $U,\,V \in M_n(\boldsymbol{R})$ に対して

$$ k_{U,V} := \begin{pmatrix} U & V \\ -V & U \end{pmatrix} $$

は $Sp(n,\ \boldsymbol{R})$ の元となります．上の条件は実は

$$ U + iV \in U(n) $$

と同値で，このことから $k_{U,V}$ の全体 K は $U(n)$ と同型な $Sp(n,\ \boldsymbol{R})$ の部分群となります．

ii) 部分群 A.

対角行列 $T = \begin{pmatrix} t_1 & & 0 \\ & \ddots & \\ 0 & & t_n \end{pmatrix}$ に対して

$$ a_T := \left(\begin{array}{c|c} e^{T/2} & 0 \\ \hline 0 & e^{-T/2} \end{array}\right), \qquad e^{T/2} = \begin{pmatrix} e^{t_1/2} & & 0 \\ & \ddots & \\ 0 & & e^{t_n/2} \end{pmatrix} $$

とおけば

$$ a_T a_{T'} = a_{T+T'} $$

が成り立ち，$A = \{a_T \,|\, T \ \text{対角行列}\}$ は加法群 $\boldsymbol{R}^n$ に同型な可換群となります．a_T がシンプレクティク行列であることも明白で，A は $Sp(n,\ \boldsymbol{R})$ の部分群となります．

iii) 部分群 N.

対角線上の元がすべて 1 であるような上三角行列 $\begin{pmatrix} 1 & & * \\ & \ddots & \\ 0 & & 1 \end{pmatrix}$ はユニポテント行列とよばれ，それらの全体は $SL_n(\boldsymbol{R})$ の部分群 $T_1(n,\ \boldsymbol{R})$ となります．

ユニポテント行列 P に対して

$$v_P := \begin{pmatrix} P & 0 \\ 0 & {}^tP^{-1} \end{pmatrix}$$

とおけば，これはシンプレクティク行列で，この形の行列の全体 N_1 は $Sp(n,\ \boldsymbol{R})$ の部分群となり，$T_1(n,\ \boldsymbol{R})$ と同型です．

また，対称行列 Q に対して

$$w_Q := \begin{pmatrix} I & Q \\ 0 & I \end{pmatrix}$$

とおけば，これもシンプレクティク行列で，これらの全体 N_2 も $Sp(n,\ \boldsymbol{R})$ の部分群となり，対称行列の加法群 $\mathrm{Sym}_n(\boldsymbol{R})$ と同型となります．

$$v_P v_{P'} = v_{PP'}, \qquad w_Q w_{Q'} = w_{Q+Q'}$$
$$(v_P)^{-1} = v_{P^{-1}}, \qquad (w_Q)^{-1} = w_{-Q}$$

また

$$v_P w_Q {v_P}^{-1} = w_{PQ^tP}$$

したがって

$$u_{Q,P} := w_Q v_P$$

とおいて

$$N := \{u_{Q,P} \,|\, P\,\text{ユニポテント},\ Q\,\text{対称}\,\}$$

と定義すると，N は $Sp(n,\ \boldsymbol{R})$ の部分群となることがわかります：

$$u_{Q,P} u_{Q',P'} = u_{Q+PQ'^tP,PP'}$$
$$(u_{Q,P})^{-1} = u_{-P^{-1}Q^tP^{-1},P^{-1}}$$

25. 5. $Sp(n,\ \boldsymbol{R})$ とジーゲル上半空間 $\mathscr{S}_n$

$n=1$ のときは $Sp(1,\ \boldsymbol{R}) = SL_2(\boldsymbol{R})$ であって，上半平面 $\{z \in \boldsymbol{C} \,|\, z = x+iy,$ $y>0\}$ 上への有名な作用があります：

$z = x+iy,\ y>0,\ g = \begin{pmatrix} a & b \\ c & d \end{pmatrix} \in SL_2(\boldsymbol{R})$ に対して

$$z' = gz := \frac{az+b}{cz+d}$$

とすれば，$z' = x' + iy'$ として，

$$y' = \frac{y}{|cz+d|^2} > 0$$

となって，$SL_2(\boldsymbol{R})$ の元 g は上半平面の点 z を上半平面の点 z' にうつしています．以下では，これを一般化して，シンプレクティク群 $Sp(n, \boldsymbol{R})$ がジーゲル上半空間とよばれるものの上に作用することを説明しましょう．

25. 6. 正定値対称行列についての補足

実数を成分とする対称行列 S が**正定値**であるとは

$$\langle \boldsymbol{x}, S\boldsymbol{x} \rangle = {}^t\boldsymbol{x}S\boldsymbol{x} > 0 \qquad (\boldsymbol{x} \in \boldsymbol{R}^n,\ \boldsymbol{x} \neq 0)$$

が成り立つことと定義します．これは S に対応する対称な双線型形式 $b_S(\boldsymbol{x}, \boldsymbol{y}) = {}^t\boldsymbol{x}S\boldsymbol{y}$ が $\boldsymbol{R}^n$ に内積を定義するといっても同じです．このとき記号で $S \gg O$ と書くこととします．

補題　対称行列 S に対して，以下の条件は互いに同値である．

i）$S \gg O$

ii）S の固有値はすべて正である．

iii）正則な A で $S = {}^tAA$ となるものがある．

証明　i）⇒ ii）　λ が S の固有値ならば，$S\boldsymbol{x} = \lambda\boldsymbol{x}$ となる $\boldsymbol{x} \neq \boldsymbol{0}$ が存在して

$$\langle \boldsymbol{x}, S\boldsymbol{x} \rangle = \lambda||\boldsymbol{x}||^2 > 0$$

したがって $\lambda > 0$.

ii）⇒ iii）　対称行列の対角化の定理から，直交行列 C があって

$$S = {}^tC \begin{pmatrix} \lambda_1 & & 0 \\ & \ddots & \\ 0 & & \lambda_n \end{pmatrix} C \qquad (\lambda_1, \cdots, \lambda_n \text{ は } S \text{ の固有値})$$

と書けるから,

$$A = \begin{pmatrix} \sqrt{\lambda_1} & & \\ & \ddots & \\ & & \sqrt{\lambda_n} \end{pmatrix} C$$

とおけば $S = {}^tAA$ となる.

iii) ⇒ i)　${}^t\boldsymbol{x}S\boldsymbol{x} = ||A\boldsymbol{x}||^2 \geqq 0$ であり, $\boldsymbol{x} \neq \boldsymbol{0}$ なら $A\boldsymbol{x} \neq \boldsymbol{0}$ よりこれは正となる. ■

命題　$S \gg O$ ならば平方根が存在する:

$$S = T^2, \qquad T = {}^tT, \qquad T \gg O$$

を満たす T が存在する.

証明　$S = {}^tC \begin{pmatrix} \lambda_1 & & 0 \\ & \ddots & \\ 0 & & \lambda_n \end{pmatrix} C$ と書き, $T := {}^tC \begin{pmatrix} \sqrt{\lambda_1} & & \\ & \ddots & \\ & & \sqrt{\lambda_n} \end{pmatrix} C$ とおけばよい. ■

補題 ($GL_n(\boldsymbol{R})$ の岩澤分解)　任意の正則行列 A に対して, 直交行列 U, 正対角行列 $D = \begin{pmatrix} \lambda_1 & & 0 \\ & \ddots & \\ 0 & & \lambda_n \end{pmatrix}$, $\lambda_1 > 0, \cdots, \lambda_n > 0$, ユニポテント行列 $P = \begin{pmatrix} 1 & & * \\ & \ddots & \\ 0 & & 1 \end{pmatrix}$ が存在して,

$$A = UDP$$

と書ける.

証明　$A = (\boldsymbol{a}_1 \ \cdots \ \boldsymbol{a}_n)$ と列ベクトルに分けて考えれば, $(\boldsymbol{a}_1, \cdots, \boldsymbol{a}_n)$ は $\boldsymbol{R}^n$

の基底だから，これに $\boldsymbol{R}^n$ の標準内積 $\langle \boldsymbol{x}, \boldsymbol{y} \rangle$ に関してシュミットの直交化を施せば，正規直交基底 $(\boldsymbol{u}_1, \cdots, \boldsymbol{u}_n)$ が得られて

$$\begin{cases} \boldsymbol{u}_1 = \alpha_{11}\boldsymbol{a}_1 & (\alpha_{11} > 0) \\ \boldsymbol{u}_2 = \alpha_{12}\boldsymbol{a}_1 + \alpha_{22}\boldsymbol{a}_2 & (\alpha_{22} > 0) \\ \cdots\cdots & \\ \boldsymbol{u}_n = \alpha_{1n}\boldsymbol{a}_1 + \cdots + \alpha_{nn}\boldsymbol{a}_n & (\alpha_{nn} > 0) \end{cases}$$

の形の関係がある．$U = (\boldsymbol{u}_1 \ \cdots \ \boldsymbol{u}_n)$ とすれば，U は直交行列で上の関係は

$$U = A \begin{pmatrix} \alpha_{11} & \alpha_{12} & \cdots & \alpha_{1n} \\ & \alpha_{22} & \cdots & \alpha_{2n} \\ & & \ddots & \vdots \\ 0 & & & \alpha_{nn} \end{pmatrix}$$

と書けるから，この右辺の三角行列の逆行列を対角行列とユニポテント行列の積 DP と書けば結論が得られる． ∎

系 $S \gg O$ ならば正の対角元をもつ対角行列 D とユニポテント行列 $P = \begin{pmatrix} 1 & & * \\ & \ddots & \\ 0 & & 1 \end{pmatrix}$ が存在して，

$$S = {}^tPDP$$

が成り立つ．このような P, D は一意的に定まる．

注意 $S \gg O$ なら S は正則で $S^{-1} \gg O$ だから，S^{-1} に系を用いれば $S = PD{}^tP$ の形の分解も可能なことがわかる (後にこの形が必要となる).

証明 これを示すには，上の命題を用いて，$S = {}^tAA$ と書き，A の岩澤分解を

$$A = UD_1P$$

とすれば

$$S = {}^tP\,{}^tD_1{}^tU \cdot UD_1P = {}^tPD_1^2P$$

となって $D = D_1^2$ ととればよい．一意性を示すには，

$$S = {}^tPDP = {}^tP'D'P' \qquad (P,\ P' \text{ ユニポテント},\ D,\ D' \text{ 対角})$$

ならば，これを

$$DP(P')^{-1} = {}^tP^{-1}\,{}^tP'D'$$

と書くと，左辺は上三角行列，右辺は下三角行列となっているから，実は両辺は対角行列で，$P = P'$, $D = D'$ となることが結論される．■

25.7. ジーゲルの上半空間 $\mathscr{S}_n$ の定義

$$\mathscr{S}_n := \{Z = X + iY \in M_n(\boldsymbol{C}) \mid {}^tZ = Z,\ Y \gg 0\}$$

とくに $n = 1$ のときは，$\mathscr{S}_1 = \{z \in \boldsymbol{C} \mid z = x + iy,\ y > 0\}$ は通常の上半平面です (ポアンカレの上半平面とよばれることもあります)．20 世紀最大の数学者の一人 C. L. ジーゲル (1896–1981) がこの上に彼の名を冠してよばれるモジュラー関数論を展開したのが 1930 年代でした．

補題　$g = \begin{pmatrix} A & B \\ C & D \end{pmatrix} \in Sp(n, \boldsymbol{R})$, $Z \in \mathscr{S}_n$ ならば，

i)　$CZ + D$ は正則．

ii)　$Z' := (AZ + B)(CZ + D)^{-1}$ は対称行列．

iii)　$Z' = X' + iY'$ とすれば $Y' \gg O$.

証明　$P := AZ + B$, $Q := CZ + D$ とおけば，A, B, C, D の満たす関係を用いて，

$$\begin{aligned} {}^tP\overline{Q} - {}^tQ\overline{P} &= (Z^tA + {}^tB)(C\overline{Z} + D) - (Z^tC + {}^tD)(A\overline{Z} + B) \\ &= Z - \overline{Z} = 2iY \end{aligned}$$

となる．これを用いて i), ii), iii) を示す．

i)　$Q\boldsymbol{z} = \boldsymbol{0}\ (\boldsymbol{z} \in \boldsymbol{C}^n)$ ならば $\boldsymbol{z} = \boldsymbol{0}$ を示せばよい．ところが ${}^t\boldsymbol{z}{}^tQ = \boldsymbol{0}$, $\overline{Q}\overline{\boldsymbol{z}} = \boldsymbol{0}$ だから

$$\begin{aligned} 0 &= {}^t\boldsymbol{z}({}^tP\overline{Q} - {}^tQ\overline{P})\overline{\boldsymbol{z}} = 2i({}^t\boldsymbol{z}Y\overline{\boldsymbol{z}}) \\ &= 2i({}^t\boldsymbol{x}Y\boldsymbol{x} + {}^t\boldsymbol{y}Y\boldsymbol{y}) \qquad ({}^t\boldsymbol{x}Y\boldsymbol{y} = {}^t\boldsymbol{y}Y\boldsymbol{x} \text{ に注意}) \end{aligned}$$

より $\boldsymbol{x} = \boldsymbol{y} = \boldsymbol{0}$ すなわち $\boldsymbol{z} = \boldsymbol{0}$.

ii) ${}^tZ' = Z' \iff {}^t(PQ^{-1}) = PQ^{-1} \iff {}^tQP = {}^tPQ$

ところが, A, B, C, D の満たす関係式を用いれば

$${}^tQP - {}^tPQ = O$$

iii) $$\begin{aligned} Z' - \overline{Z}' &= PQ^{-1} - \overline{P}\,\overline{Q}^{-1} = {}^tQ^{-1}\,{}^tP - \overline{P}\,\overline{Q}^{-1} \\ &= {}^tQ^{-1}({}^tP\overline{Q} - {}^tQ\overline{P})\overline{Q}^{-1} \\ &= 2i({}^tQ^{-1}Y\overline{Q}^{-1}) \end{aligned}$$

より

$$Y' = {}^tQ^{-1}Y\overline{Q}^{-1} \gg O$$

実際, もし $Q^{-1} = U + iV$ とおけば

$$\begin{aligned} Y' = {}^tQ^{-1}Y\overline{Q}^{-1} &= ({}^tU + i\,{}^tV)Y(U - iV) \\ &= {}^tUYU + {}^tVYV + i({}^tVYU - {}^tUYV) \end{aligned}$$

ところがすでに ${}^tY' = Y'$ は示されているので, この虚数部分は実は O で

$$Y' = {}^tUYU + {}^tVYV \gg O$$ ∎

この補題から, $g = \begin{pmatrix} A & B \\ C & D \end{pmatrix} \in Sp(n, \boldsymbol{R})$, $Z \in \mathscr{S}_n$ に対して

$$gZ := Z' = (AZ + B)(CZ + D)^{-1}$$

と定義すれば, $gZ \in \mathscr{S}_n$ で, シンプレクティク群のジーゲル上半空間 $\mathscr{S}_n$ への作用が定まります.

$Z_0 = iI_n = \begin{pmatrix} i & & \\ & \ddots & \\ & & i \end{pmatrix}$ は $\mathscr{S}_n$ の点であり, 上の作用に関してこの点の固定化群は先に定めた部分群 K に等しい. 実際 $g = \begin{pmatrix} A & B \\ C & D \end{pmatrix}$ ならば, $AZ_0 = A(iI_n) = iA$ だから

$$\begin{aligned} gZ_0 = Z_0 &\Longleftrightarrow (iA+B)(iC+D)^{-1} = iI_n \\ &\Longleftrightarrow iA+B = -C+iD \\ &\Longleftrightarrow A=D,\ B=-C \Longleftrightarrow \begin{pmatrix} A & B \\ C & D \end{pmatrix} \in K \end{aligned}$$

> **命題**　i）任意の $Z \in \mathscr{S}_n$ に対して，A の元 a_T と N の元 $u_{Q,P}$ で
>
> $$Z = (u_{Q,\,P}a_T)Z_0$$
>
> を満たすものが一意的に存在する.
>
> ii）$Sp(n,\,\boldsymbol{R})$ の $\mathscr{S}_n$ 上の作用は推移的である.

証明　i）$Z = X + iY \in \mathscr{S}_n$ とすれば $Y \gg O$. したがってユニポテント行列 P と実数 $t_1, \cdots, t_n$ が存在して

$$(*)\quad Y^{-1} = {}^tP \begin{pmatrix} e^{t_1} & & \\ & \ddots & \\ & & e^{t_n} \end{pmatrix} P$$

すなわち　$Y = P^{-1} \begin{pmatrix} e^{-t_1} & & 0 \\ & \ddots & \\ 0 & & e^{-t_n} \end{pmatrix} {}^tP^{-1}$

となる．そこで

$$Q := X, \qquad T := \begin{pmatrix} t_1 & & \\ & \ddots & \\ & & t_n \end{pmatrix}$$

として

$$g := u_{Q,P^{-1}}a_{-T}$$

とおけば，$gZ_0 = iP^{-1}e^{-T}\,{}^tP^{-1} + Q = X + iY = Z$.

一意性は，上の表示 $(*)$ の一意性から明らか.

ii）推移的な作用であることは，$Z_1, Z_2 \in \mathscr{S}_n$ ならば $Z_1 = g_1Z_0$，$Z_2 = g_2Z_0$ となる g_1, g_2 をとれば $Z_2 = (g_2g_1^{-1})Z_1$.　∎

系 1 (シンプレクティク群の岩澤分解)　任意の $g \in Sp(n, \boldsymbol{R})$ に対して

$$g = k_{U,V}\, a_T\, u_{Q,P}$$

となるような K, A, N の元が一意的に存在する.

証明　$g \in Sp(n, \boldsymbol{R})$ に対して, $Z = g^{-1}Z_0$ とおいて命題 i) を用いれば

$$g^{-1}Z_0 = (ua)Z_0$$

となるような $u \in N$, $a \in A$ が存在する. したがって $Z_0 = (gua)Z_0$ となって gua は Z_0 の固定化群 K に属し, $gua = k$ すなわち $g = ka^{-1}u^{-1}$.

一意性は, 命題 i) の一意性からわかる. ∎

系 2　$g \in Sp(n, \boldsymbol{R})$　ならば　$\det g = 1$

演習問題

1. 行列

$$A = \begin{pmatrix} 0 & a & b & c \\ -a & 0 & d & e \\ -b & -d & 0 & f \\ -c & -e & -f & 0 \end{pmatrix}$$

は正則であるとする. これに対する交代双線型形式 $b_A(\boldsymbol{x}, \boldsymbol{y}) = {}^t\boldsymbol{x}A\boldsymbol{y}$ に関する $\boldsymbol{R}^4$ のシンプレクティク基底を求め, それを用いて

$$\det A = (af - be + cd)^2$$

となることを証明せよ.

第26章　非負行列とフロベニウスの定理

行列 $A = (a_{ij})$ の各成分が負でないとき (すなわち $a_{ij} \geqq 0$)，A は**非負**であるというのですが，このような行列に対して，負でない固有値が存在し，またそれに属する固有ベクトルとしても各成分がどれも負でないものがあるという著しい性質があります．これに関するペロン，フロベニウスらによるいくつかの結果について解説するのがこの章の主な目的です．

26.1. 非負行列，非負ベクトル

実数を成分とする行列 A の成分がどれも負でないとき，A を**非負行列**といい，$A \geqq O$ と書きます．成分がすべて正のときは，**正行列**であるといって，$A > O$ と書きます (とくに行または列がただ一つのとき非負ベクトル，正ベクトルとなります)．また $A - B \geqq O$ のとき $A \geqq B$，$A - B > O$ のとき $A > B$ と書きます．このとき通常の不等式に対するのとほぼ同様の性質があることはいうまでもないことですが，次のような特別の状況もあることは，しばしば用いられる重要なことです．

$$A > O,\ \boldsymbol{x} \geqq \boldsymbol{0},\ \boldsymbol{x} \neq \boldsymbol{0} \quad \text{ならば} \quad A\boldsymbol{x} > \boldsymbol{0}$$

実際，$\boldsymbol{y} = A\boldsymbol{x}$，$A = (a_{ij})$ とすれば

$$y_i = \sum_{j=1}^{n} a_{ij} x_j \qquad (1 \leqq i \leqq m)$$

$\boldsymbol{x} \neq \boldsymbol{0}$ ならば，少なくとも一つの j_0 に対して $x_{j_0} > 0$ で，$y_i \geqq a_{ij_0} x_{j_0} > 0$.

符号条件が固有値におよぼす影響について次の基本的な結果があります．

命題　$A \in M_n(\boldsymbol{R})$ に対して

$$A \geqq O, \qquad \sum_{j=1}^{n} a_{ij} \leqq \rho \qquad (1 \leqq i \leqq n)$$

が成り立てば，A の任意の固有値 α に対して

$$|\alpha| \leqq \rho$$

となる．

証明　α に属する固有ベクトル $\boldsymbol{x} \neq \boldsymbol{0}$ をとれば

$$A\boldsymbol{x} = \alpha\boldsymbol{x}$$

$|x_i|$ $(1 \leqq i \leqq n)$ の最大を $|x_p|$ とすれば

$$\alpha x_p = \sum a_{pj} x_j$$

より

$$|\alpha||x_p| \leqq \sum_{j=1}^{n} a_{pj}|x_j| \leqq \left(\sum_{j=1}^{n} a_{pj}\right)|x_p| \leqq \rho|x_p|$$

$\boldsymbol{x} \neq \boldsymbol{0}$ だから $x_p \neq 0$ であることに注意すれば

$$|\alpha| \leqq \rho$$ ■

26. 2. 確率行列

n 次の非負行列 $A = (a_{ij})$ がさらに条件

$$\sum_{j=1}^{n} a_{ij} = 1 \qquad (1 \leqq i \leqq n)$$

を満たすとき，**確率行列** (stochastic matrix) であるといいます．すべての成分が 1 に等しいベクトルを $\boldsymbol{1}$ と書くとき，この条件は

$$A\boldsymbol{1} = \boldsymbol{1}$$

(すなわち 1 が固有値で，$\boldsymbol{1}$ が固有ベクトルである) と同値となります．このことから，

$$A, B \text{が確率行列}\quad\text{ならば}\quad AB\text{も確率行列}$$

が成り立つことは明らかです.

また, 上の命題から確率行列 A の他の固有値 α に対して $|\alpha| \leqq 1$ が成り立つことがわかります. もし A が正の確率行列ならば, 実は 1 以外の固有値 α はすべて $|\alpha| < 1$ となることが示されます:

> **定理**　A は確率行列で $A > O$ とする. A の 1 以外の固有値 α に対して
>
> $$|\alpha| < 1$$

証明　固有値 α に対応する固有ベクトルを $\boldsymbol{u}$ とする (一般に α は複素数で, $\boldsymbol{u}$ は複素ベクトル):

$$A\boldsymbol{u} = \alpha\boldsymbol{u} \qquad (\alpha \neq 1, \quad \boldsymbol{u} \neq \boldsymbol{0})$$

ベクトル $\boldsymbol{u}$ の成分がすべて等しいとすれば, $\boldsymbol{u}$ は $\boldsymbol{1}$ に比例し, $\alpha = 1$ となるから,

$$u_k \neq u_l \qquad (1 \leqq k,\ l \leqq n)$$

となる k, l が存在する. $|u_1|, \cdots, |u_n|$ のうち最大のものが $|u_p|$ であるとすると,

$$\alpha u_p = \sum_{j=1}^{n} a_{pj} u_j$$

より, 三角不等式で

$$|\alpha||u_p| = \left|\sum_j a_{pj}u_j\right| \underset{(1)}{\leqq} \sum_j a_{pj}|u_j| \underset{(2)}{\leqq} \left(\sum_j a_{pj}\right)|u_p|$$

となるが, ここで次の二つの場合が起こり得る:

i)　$|u_1| = \cdots = |u_n| = r$. このときは $u_k \neq u_l$ だから $u_k = re^{i\lambda}$, $u_l = re^{i\mu}$ で $\lambda \neq \mu \pmod{2\pi}$.

$$\begin{aligned}|a_{pk}u_k + a_{pl}u_l|^2 &= (a_{pk}^2 + 2a_{pk}a_{pl}\cos(\lambda - \mu) + a_{pl}^2)\, r^2 \\ &< (a_{pk} + a_{pl})^2 r^2\end{aligned}$$

すなわち

$$|a_{pk}u_k + a_{pl}u_l| < a_{pk}|u_k| + a_{pl}|u_l|$$

したがって上の不等式の (1) の部分が $<$ となる.

ii) $|u_q| < |u_p|$ となる q が存在すれば, (2) の部分が $<$ となる.

いずれの場合にも $|\alpha| < 1$ が結論される. ∎

定理 A が正の確率行列ならば, 固有値 1 の重複度は 1 である.

証明 A の特性多項式 $P_A(\lambda) = |A - \lambda I_n|$ の根として $\lambda = 1$ が単一根であることを示せばよく, そのためには $P'_A(1) \neq 0$ を示せばよい. ∎

補題 $F(\lambda) = (f_{ij}(\lambda))$ に対してその第 j 列を微分したものを $G_j(\lambda)$ と書くとき

$$(\det F(\lambda))' = \sum_{j=1}^{n} \det G_j(\lambda)$$

証明 $\det F(\lambda) = \sum_{\sigma \in S_n} (\operatorname{sgn} \sigma) f_{\sigma(1)1} \cdots f_{\sigma(n)n}$ より

$$\begin{aligned}
(\det F(\lambda))' &= \sum_{\sigma \in S_n} (\operatorname{sgn} \sigma) \sum_{j=1}^{n} f_{\sigma(1)1} \cdots f'_{\sigma(j)j} \cdots f_{\sigma(n)n} \\
&= \sum_{j=1}^{n} \left(\sum_{\sigma \in S_n} \operatorname{sgn} \sigma f_{\sigma(1)1} \cdots f'_{\sigma(j)j} \cdots f_{\sigma(n)n} \right) \\
&= \sum_{j=1}^{n} \det G_j(\lambda)
\end{aligned}$$ ∎

この補題から

$$P'_A(\lambda) = -\sum_{j=1}^{n} |B_j - \lambda I_{n-1}|$$

(ただし B_j は行列 A から第 j 行, 第 j 列を取り除いた $n-1$ 次の行列を表すものとします)

補題　A の第 j 行，第 j 列を除いた $n-1$ 次の行列を B_j とするとき，B_j の特性多項式の根の絶対値はすべて 1 より小さい．

証明　簡単のため $j=n$ として証明する．α が根の一つであるとすれば，対応する固有ベクトル $\boldsymbol{u} \neq \boldsymbol{0}$ が $\boldsymbol{C}^{n-1}$ に存在して

$$B_j\boldsymbol{u} = \alpha\boldsymbol{u}$$

となる．$|u_1|, \cdots, |u_{n-1}|$ の最大が $|u_p|$ であるとすれば

$$\alpha u_p = \sum_{j=1}^{n-1} a_{pj}u_j$$

より

$$|\alpha|\,|u_p| \leqq \sum_{j=1}^{n-1} a_{pj}|u_j| \leqq \left(\sum_{j=1}^{n-1} a_{pj}\right)|u_p|$$

$|u_p| \neq 0$, $\sum_{j=1}^{n-1} a_{pj} = 1 - a_{pn} < 1$ より $|\alpha| < 1$. ■

系　B_j の特性多項式を $|B_j - \lambda I_{n-1}| = (-1)^{n-1}Q_j(\lambda)$ とおけば，$Q_j(1) > 0$ である．

証明　特性多項式の根を (重複度も考慮に入れて) $\alpha_1, \cdots, \alpha_r$, $\beta_1, \cdots, \beta_s$, $\overline{\beta}_1, \cdots, \overline{\beta}_s$ (α_i 実根，$\beta_j, \overline{\beta}_j$ 共役複素数根) とすれば

$$Q_j(\lambda) = (\lambda-\alpha_1)\cdots(\lambda-\alpha_r)(\lambda-\beta_1)\cdots(\lambda-\beta_s)(\lambda-\overline{\beta}_1)\cdots(\lambda-\overline{\beta}_s)$$

したがって

$$Q_j(1) = (1-\alpha_1)\cdots(1-\alpha_r)|1-\beta_1|^2\cdots|1-\beta_s|^2 > 0$$ ■

26.3. 正行列のフロベニウス根

> **定理** A が正の正方行列であるとする．実数の集合
>
> $$L := \{\lambda \in \boldsymbol{R} \mid A\boldsymbol{x} \geqq \lambda\boldsymbol{x} \text{ となる } \boldsymbol{x} > \boldsymbol{0} \text{ が存在 }\}$$
>
> を定義すると，
>
> i) L は最大元 α をもつ．
>
> ii) α は正で A の固有値で，正の固有ベクトルが存在する：
>
> $$A\boldsymbol{x}_0 = \alpha\boldsymbol{x}_0, \qquad \boldsymbol{x}_0 > \boldsymbol{0}$$
>
> この α を A の**フロベニウス根**とよぶ．
>
> iii) α の重複度は 1.
>
> iv) α 以外の固有値の絶対値は α より小さい．
>
> v) ${}^tA$ のフロベニウス根は α に等しい．
>
> vi) A の非負の固有ベクトルはすべて固有値 α に属し，スカラー倍を除いて一つしかない (これを A の**フロベニウス・ベクトル**という).

証明 定義から，$\lambda_1 \in L$, $\lambda_2 < \lambda_1$ ならば $\lambda_2 \in L$.

$\varepsilon := \min(a_{11}, \cdots, a_{nn})$ とすれば，$\boldsymbol{x} > \boldsymbol{0}$ のとき $\boldsymbol{y} = A\boldsymbol{x}$ として

$$y_i = \sum_{j=1}^{n} a_{ij}x_j \geqq a_{ii}x_i \geqq \varepsilon x_i \qquad (1 \leqq i \leqq n)$$

したがって

$$A\boldsymbol{x} \geqq \varepsilon\boldsymbol{x}$$

となり，$\varepsilon \in L$ がわかる．また

$$\lambda > \max_{1 \leqq i \leqq n} \sum_{j=1}^{n} a_{ij}$$

とすれば，任意の $\boldsymbol{x} > \boldsymbol{0}$ に対して，$\boldsymbol{y} = A\boldsymbol{x}$ として $x_k = \max_{1 \leqq i \leqq n} x_i$ ならば

$$y_k = \sum_{j=1}^{n} a_{kj}x_j \leqq \left(\sum_{j=1}^{n} a_{kj}\right) x_k < \lambda x_k$$

したがって $A\boldsymbol{x} \geqq \lambda\boldsymbol{x}$ は成り立たず，$\lambda \notin L$.

こうして L は上に有界な実数の集合であることがわかり，その上限 $\alpha = \sup L$ が存在する．$p = 1, 2, \cdots$ に対して $\lambda_p = \alpha - \dfrac{1}{p} \in L$ だから，正のベクトル $\boldsymbol{x}_p$ が存在して

$$A\boldsymbol{x}_p \geqq \lambda_p \boldsymbol{x}_p$$

が成り立つ．ここで $||\boldsymbol{x}_p|| = 1$ と仮定することができて，$\boldsymbol{R}^n$ の単位球面が有界な閉集合であることから，適当な部分列にうつればある $\boldsymbol{x}_0$ に収束することがわかる．そこで記号を変えて，$\boldsymbol{x}_p$ がすでにこの部分列であるとして，極限にうつれば

$$A\boldsymbol{x}_0 \geqq \alpha\boldsymbol{x}_0, \qquad \boldsymbol{x}_0 \geqq \boldsymbol{0}$$

が結論される．

ここで実は $A\boldsymbol{x}_0 = \alpha\boldsymbol{x}_0$, $\boldsymbol{x}_0 > \boldsymbol{0}$ が成り立つことが示される．なぜならば，もし

$$A\boldsymbol{x}_0 \geqq \alpha\boldsymbol{x}_0, \qquad A\boldsymbol{x}_0 \neq \alpha\boldsymbol{x}_0$$

であるとすれば，$\boldsymbol{y}_0 := A\boldsymbol{x}_0$ とおいて §26.1. のはじめに注意したように $\boldsymbol{y}_0 > \boldsymbol{0}$,

$$A\boldsymbol{y}_0 = A(A\boldsymbol{x}_0) = A(A\boldsymbol{x}_0 - \alpha\boldsymbol{x}_0) + \alpha A\boldsymbol{x}_0 > \alpha\boldsymbol{y}_0$$
$$(A > O\,, A\boldsymbol{x}_0 - \alpha\boldsymbol{x}_0 \geqq \boldsymbol{0} \text{ より } A(A\boldsymbol{x}_0 - \alpha\boldsymbol{x}_0) > \boldsymbol{0})$$

したがって $\delta > 0$ を十分小さくとれば

$$A\boldsymbol{y}_0 > (\alpha + \delta)\boldsymbol{y}_0$$

となって $\alpha + \delta \in L$ となり，$\alpha = \sup L$ に矛盾することとなる．

$A\boldsymbol{x}_0 = \alpha\boldsymbol{x}_0$ が示されれば，$\boldsymbol{x}_0 \geqq \boldsymbol{0}$ と $A > O$ とから $\boldsymbol{x}_0 = \dfrac{1}{\alpha}A\boldsymbol{x}_0 > \boldsymbol{0}$ がわかり，ii) が示されたこととなる．

$$\boldsymbol{x}_0 = \begin{pmatrix} \xi_1 \\ \vdots \\ \xi_n \end{pmatrix} \text{ として } D = \begin{pmatrix} \xi_1 & & \\ & \ddots & \\ & & \xi_n \end{pmatrix} \text{ とすれば}$$

$$B := \frac{1}{\alpha}D^{-1}AD = \left(\frac{1}{\alpha}\xi_i^{-1}a_{ij}\xi_j\right)$$

は正の確率行列となる．したがって iii) と iv) とは先の確率行列に関する結果に帰着する．

${}^tA$ のフロベニウス根を β とし，

$$ {}^t\!A\boldsymbol{v} = \beta\boldsymbol{v}, \qquad \boldsymbol{v} > \boldsymbol{0} $$

とすれば

$$ \alpha\langle \boldsymbol{v}, \boldsymbol{x}_0\rangle = {}^t\boldsymbol{v}(\alpha\boldsymbol{x}_0) = {}^t\boldsymbol{v}A\boldsymbol{x}_0 = {}^t({}^t\!A\boldsymbol{v})\boldsymbol{x}_0 = {}^t(\beta\boldsymbol{v})\boldsymbol{x}_0 = \beta\langle \boldsymbol{v}, \boldsymbol{x}_0\rangle $$

ここで $\langle \boldsymbol{v}, \boldsymbol{x}_0\rangle > 0$ だから $\alpha = \beta$.

最後に,

$$ A\boldsymbol{x} = \gamma\boldsymbol{x}, \qquad \gamma \in \boldsymbol{C}, \quad \boldsymbol{x} \geqq \boldsymbol{0}, \quad \boldsymbol{x} \neq \boldsymbol{0} $$

であるとすれば, 上の $\boldsymbol{v}$ を用いて

$$ \gamma\langle \boldsymbol{v}, \boldsymbol{x}\rangle = {}^t\boldsymbol{v}(\gamma\boldsymbol{x}) = {}^t\boldsymbol{v}(A\boldsymbol{x}) = {}^t({}^t\!A\boldsymbol{v})\boldsymbol{x} = \alpha\langle \boldsymbol{v}, \boldsymbol{x}\rangle $$

したがって $\gamma = \alpha$ (ここでも $\boldsymbol{v} > \boldsymbol{0}$, $\boldsymbol{x} \geqq \boldsymbol{0}$, $\boldsymbol{x} \neq \boldsymbol{0}$ より $\langle \boldsymbol{v}, \boldsymbol{x}\rangle > 0$ であることに注意して), そして

$$ \boldsymbol{x} = \frac{1}{\alpha}A\boldsymbol{x} > \boldsymbol{0}. $$

■

以上の議論では A が正の行列であることが本質的な部分で用いられていました. しかし, いくつかの結果は非負行列一般でも多少弱い形で成り立つこと, そしてほとんどの結果は分解不能という性質をもつ非負行列の場合にも成り立つことがわかっています.

演習問題

1. 正の n 次行列 $A = (a_{ij})$ のフロベニウス根 α に対して

$$ \min_{1\leqq i\leqq n}\sum_{j=1}^{n} a_{ij} \leqq \alpha \leqq \max_{1\leqq i\leqq n}\sum_{j=1}^{n} a_{ij} $$

であることを示せ.

2. A, B が正行列で, そのフロベニウス根をそれぞれ α, β とする. $A \geqq B$, $A \neq B$ ならば $\alpha > \beta$ となることを示せ.

[ヒント: B のフロベニウス・ベクトル $\boldsymbol{v}$ と ${}^t\!A$ のフロベニウス・ベクトル $\boldsymbol{w}$ とをとれば $\langle B\boldsymbol{v}, \boldsymbol{w}\rangle \leqq \langle A\boldsymbol{v}, \boldsymbol{w}\rangle$]

第27章　線型不等式

ビタミン $V_1, \cdots, V_n$ の一日あたり必要な摂取量が $c_1, \cdots, c_n$ であって，それを食品 $F_1, \cdots, F_m$ によって補おうとする．F_i の一単位あたりの値段が b_i で，その含む V_j の量が a_{ij} であるとき，食品 $F_1, \cdots, F_m$ をそれぞれ何単位ずつ買えば，必要なビタミンを確保しつつ，食品にかかる費用を最低にとどめることができるか？　F_i を x_i 単位求めるとすると，これは制約条件

$$\begin{cases} x_1a_{11} + x_2a_{21} + \cdots + x_ma_{m1} \geqq c_1 \\ \quad\vdots \qquad\quad \vdots \qquad\qquad\qquad \vdots \qquad\quad \vdots \\ x_1a_{1n} + x_2a_{2n} + \cdots + x_ma_{mn} \geqq c_n \end{cases}$$

$$x_1 \geqq 0, \ \cdots, \ x_m \geqq 0$$

のもとで

$$b_1x_1 + \cdots + b_mx_m$$

を最小とする問題と定式化されます．

また，ある企業が材料 $A_1, \cdots, A_m$ をそれぞれ $b_1, \cdots, b_m$ 単位ずつ保有していて，これを用いて製品 $B_1, \cdots, B_n$ を造ろうとする．B_j 一個につき材料 A_i の a_{ij} 単位を必要とするとき，最大利益をあげるためには，$B_1, \cdots, B_n$ をそれぞれ何個ずつ造ればよいか？　B_j 一個による利益が c_j であるとして，B_j を y_j 個造るとすれば，これは制約条件

$$\begin{cases} a_{11}y_1 + \cdots + a_{1n}y_n \leqq b_1 \\ \quad\vdots \qquad\qquad\qquad \vdots \qquad\quad \vdots \\ a_{m1}y_1 + \cdots + a_{mn}y_n \leqq b_m \end{cases}$$

$$y_1 \geqq 0, \ \cdots, \ y_n \geqq 0$$

のもとに

$$c_1 y_1 + \cdots + c_n y_n$$

を最大にする問題と定式化されます.

このような問題が線型計画法で取り扱われる典型的な例です. 最小または最大を実現する解のことを**最適解** (optimal solution) とよびます. このためには制約条件 —— 連立線型不等式 —— によって定義される集合の幾何学的な性質を知っておく必要があり, ここではそのための必要な用語, 基本的な結果をいくつか学ぶことを目標とします.

27.1. 凸集合, 凸錐, 有限錐

ユークリッド空間 E_n (数ベクトル空間 $\boldsymbol{R}^n$ に標準内積 $\langle \boldsymbol{x}, \boldsymbol{y} \rangle = x_1 y_1 + \cdots + x_n y_n$ を与えたもの) の元 $\boldsymbol{b}_1, \cdots, \boldsymbol{b}_p$ に対して

$$\lambda_1 \boldsymbol{b}_1 + \cdots + \lambda_p \boldsymbol{b}_p, \qquad \lambda_1 \geqq 0, \cdots, \lambda_p \geqq 0$$

の形の元を**非負線型結合**とよび, さらに条件 $\lambda_1 + \cdots + \lambda_p = 1$ が満たされていれば**凸線型結合**とよびます. $\boldsymbol{b}_1, \cdots, \boldsymbol{b}_p$ の非負線型結合の全体を $\langle \boldsymbol{b}_1, \cdots, \boldsymbol{b}_p \rangle$, 凸線型結合の全体を $[\boldsymbol{b}_1, \cdots, \boldsymbol{b}_p]$ によって表すこととします (内積の記号との混乱は文脈から区別できるようにします).

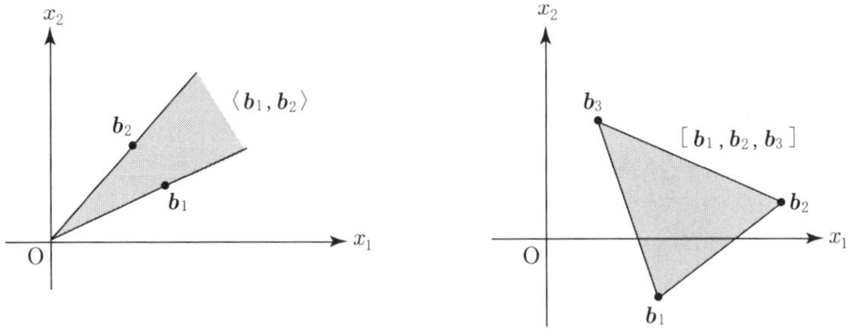

図 27-1

たとえば E_2 の場合は, $\langle \boldsymbol{b}_1, \boldsymbol{b}_2 \rangle$ は原点から出るそれぞれ向き $\boldsymbol{b}_1$, $\boldsymbol{b}_2$ の半直線によって囲まれる範囲であり, $[\boldsymbol{b}_1, \boldsymbol{b}_2]$ は二点 $\boldsymbol{b}_1$, $\boldsymbol{b}_2$ を両端点とする線分, $[\boldsymbol{b}_1, \boldsymbol{b}_2, \boldsymbol{b}_3]$ は三点 $\boldsymbol{b}_1$, $\boldsymbol{b}_2$, $\boldsymbol{b}_3$ を頂点とする三角形を表します.

$\boldsymbol{R}^n$ の部分集合 M に対して, 条件

$$\boldsymbol{b}_1, \cdots, \boldsymbol{b}_p \in M \quad \text{ならば} \quad [\boldsymbol{b}_1, \cdots, \boldsymbol{b}_p] \subset M$$

が満たされているとき，M は**凸**であるといいます．このとき $[\boldsymbol{b}_1, \cdots, \boldsymbol{b}_p]$ 自身がこの定義の意味で凸集合です：$\boldsymbol{c}_1, \cdots, \boldsymbol{c}_q \in [\boldsymbol{b}_1, \cdots, \boldsymbol{b}_p]$ ならば $[\boldsymbol{c}_1, \cdots, \boldsymbol{c}_q] \subset [\boldsymbol{b}_1, \cdots, \boldsymbol{b}_p]$．したがって $[\boldsymbol{b}_1, \cdots, \boldsymbol{b}_p]$ は部分集合 $\{\boldsymbol{b}_1, \cdots, \boldsymbol{b}_p\}$ を含む最小の凸集合となり，$\{\boldsymbol{b}_1, \cdots, \boldsymbol{b}_p\}$ の**凸包** (convex hull) とよばれることがあります．

集合 $\langle \boldsymbol{b}_1, \cdots, \boldsymbol{b}_p \rangle$ も凸集合であることは明らかですが，さらにこれは次の意味での凸錐となります．すなわち条件

$$\boldsymbol{b}_1, \cdots, \boldsymbol{b}_p \in M \quad \text{ならば} \quad \langle \boldsymbol{b}_1, \cdots, \boldsymbol{b}_p \rangle \subset M$$

を満たす集合は**凸錐** (convex cone) とよばれます．ここでも $\langle \boldsymbol{b}_1, \cdots, \boldsymbol{b}_p \rangle$ は $\{\boldsymbol{b}_1, \cdots, \boldsymbol{b}_p\}$ を含む最小の凸錐であることは明らかで，これを $\{\boldsymbol{b}_1, \cdots, \boldsymbol{b}_p\}$ の**張る** (または生成する) 凸錐とよびます．このように有限個の元の張る凸錐のことを**有限錐**とよびます．列ベクトルとして $\boldsymbol{b}_1, \cdots, \boldsymbol{b}_p$ をもつ (n, p) 行列 B を考えれば

$$\langle \boldsymbol{b}_1, \cdots, \boldsymbol{b}_p \rangle = \{B\boldsymbol{x} \mid \boldsymbol{x} \in \boldsymbol{R}^p,\ \boldsymbol{x} \geqq \boldsymbol{0}\}$$

となります．その意味で

$$\langle \boldsymbol{b}_1, \cdots, \boldsymbol{b}_p \rangle = \langle B \rangle$$

という記号を用いることがあります．

> **注意**　$\boldsymbol{b}_1, \cdots, \boldsymbol{b}_p$ によって張られる部分空間 $L(\boldsymbol{b}, \cdots, \boldsymbol{b}_p)$ は，凸錐 $\langle \boldsymbol{b}_1, -\boldsymbol{b}_1, \cdots, \boldsymbol{b}_p, -\boldsymbol{b}_p \rangle$ に等しい．

27. 2.　双対錐 (dual cone)

$\boldsymbol{R}^n$ の部分集合 M に対して，その**双対錐**を

$$M^* := \{\boldsymbol{x} \in \boldsymbol{R}^n \mid \boldsymbol{y} \in M \ \text{ならば}\ {}^t\boldsymbol{x}\boldsymbol{y} = \langle \boldsymbol{x}, \boldsymbol{y} \rangle \geqq 0\}$$

と定めます．これが (M 自身は凸錐でなくとも) 凸錐となること，そして以下の性質も容易に示されます：

i)　$M \supset N$ ならば $M^* \subset N^*$

ii)　$M \subset M^{**} := (M^*)^*$

iii)　M が部分空間ならば $M^* = M^\perp$

実際，もし M が部分空間ならば，$\boldsymbol{x} \in M^*$ に対して $\boldsymbol{y} \in M$ のとき，$-\boldsymbol{y} \in M$ でもありますから

$$\langle \boldsymbol{x},\, \boldsymbol{y} \rangle = \langle \boldsymbol{x},\, -\boldsymbol{y} \rangle = 0$$

したがって $\langle \boldsymbol{x},\, \boldsymbol{y} \rangle = 0$ となって $\boldsymbol{x} \in M^\perp$.

連立線型不等式

$$\begin{cases} a_{11}x_1 + \cdots + a_{1n}x_n \geqq 0 \\ \quad \vdots \qquad\qquad\quad \vdots \qquad \vdots \\ a_{m1}x_1 + \cdots + a_{mn}x_n \geqq 0 \end{cases}$$

(行列記号で，$A\boldsymbol{x} \geqq \boldsymbol{0}$)

の解集合 $\mathscr{D} := \{\boldsymbol{x} \in \boldsymbol{R}^n \mid A\boldsymbol{x} \geqq \boldsymbol{0}\}$ は

$${}^t\boldsymbol{c}_i = (a_{i1} \cdots a_{in}) \qquad (1 \leqq i \leqq m)$$

とすれば，有限錐 $\langle \boldsymbol{c}_1, \cdots, \boldsymbol{c}_m \rangle$ の双対錐にほかならないのですが，後に示すように実は $\mathscr{D}$ 自身一つの有限錐となります.

27. 3. シュティエムケの定理

$(m,\, n)$ 行列 A に対して，

$$\mathscr{D} := \{\boldsymbol{x} \in \boldsymbol{R}^m \mid {}^tA\boldsymbol{x} \geqq \boldsymbol{0}\}$$
$$\mathscr{E} := \{\boldsymbol{y} \in \boldsymbol{R}^n \mid A\boldsymbol{y} = \boldsymbol{0},\ \boldsymbol{y} \geqq \boldsymbol{0}\}$$

と定義します．これらはいずれも凸錐です.

$\Omega = \{1,\, 2,\, \cdots,\, n\}$ として $\boldsymbol{x} \in \mathscr{D}$, $\boldsymbol{y} \in \mathscr{E}$ に対して

$$I(\boldsymbol{x}) := \{j \in \Omega \,|\, ({}^tA\boldsymbol{x})_j > 0\}$$
$$J(\boldsymbol{y}) := \{j \in \Omega \,|\, y_j > 0\}$$

とおきます (ただし $({}^tA\boldsymbol{x})_j$ はベクトル ${}^tA\boldsymbol{x}$ の第 j 成分を示すものとします).

補題	$\boldsymbol{x} \in \mathscr{D}$, $\boldsymbol{y} \in \mathscr{E}$　ならば　$I(\boldsymbol{x}) \cap J(\boldsymbol{y}) = \phi$

証明　$\boldsymbol{x} \in \mathscr{D}$, $\boldsymbol{y} \in \mathscr{E}$ ならば

$$0 = {}^t\boldsymbol{x}A\boldsymbol{y} = \sum_{i,j} a_{ij}x_iy_j = \sum_{j=1}^{n}\left(\sum_{i=1}^{m} a_{ij}x_i\right)y_j$$

ここで $\sum_{i=1}^{m} a_{ij}x_i \geqq 0$, $y_j \geqq 0$ ですから，各 j に対して

$$\left(\sum_{i=1}^{m} a_{ij}x_i\right)y_j = 0$$

でなければならない．もし $j \in I(\boldsymbol{x})$ ならば $\sum_{i=1}^{m} a_{ij}x_i > 0$ だから，必然的に $y_j = 0$, したがって $j \notin J(\boldsymbol{y})$. ∎

この補題から，もし $\mathscr{E}$ の中に正ベクトル $\boldsymbol{y}$ が存在すれば，$J(\boldsymbol{y}) = \Omega$ ですから，$\boldsymbol{x} \in \mathscr{D}$ に対して $I(\boldsymbol{x}) = \phi$，すなわち ${}^tA\boldsymbol{x} \geqq \boldsymbol{0}$ ならば ${}^tA\boldsymbol{x} = \boldsymbol{0}$ となって，次の定理の必要条件の部分が示されます．

> **定理**　連立線型方程式 $A\boldsymbol{y} = \boldsymbol{0}$ が正解 $\boldsymbol{y} > \boldsymbol{0}$ をもつために必要かつ十分な条件は，
>
> $$(\mathrm{S})_n \qquad {}^tA\boldsymbol{x} \geqq \boldsymbol{0} \quad ならば \quad {}^tA\boldsymbol{x} = \boldsymbol{0}$$
>
> が成り立つことである．

証明　十分条件であることを示せばよいのだが，それを n に関する帰納法によって行う．まず $n = 1$ の場合，方程式は

$$a_{11}y_1 = 0, \quad \cdots, \quad a_{m1}y_1 = 0$$

条件 $(\mathrm{S})_1$ は

$$a_{11}x_1 + \cdots + a_{m1}x_m \geqq 0 \quad ならば \quad a_{11}x_1 + \cdots + a_{m1}x_m = 0$$

となる．そこで $x_1 = a_{11}$, $x_2 = \cdots = x_m = 0$ ととってみれば $a_{11}^2 \geqq 0$ であるから $a_{11}^2 = 0$，すなわち $a_{11} = 0$. 同様にして $a_{21} = \cdots = a_{m1} = 0$ となって，任意の $\boldsymbol{y} > \boldsymbol{0}$ が解となる．

そこで定理が $n-1$ まで成り立つと仮定し，条件 $(\mathrm{S})_n$ が満たされているものとする．このとき行列 A を

$$A = (\boldsymbol{a}_1\ A_1)$$

と第1列 $\boldsymbol{a}_1$ と残りの $(m, n-1)$ 行列 A_1 とに分けたとき，A_1 に対して条件 $(\mathrm{S})_{n-1}$ が成り立つ場合 イ) と，そうでない場合 ロ) とに分けて考えることができる．

イ)　A_1 に対して条件 $(\mathrm{S})_{n-1}$ が成り立つ場合，帰納法の仮定によって

$$A_1\boldsymbol{y}_1 = \boldsymbol{0}, \qquad \boldsymbol{y}_1 > \boldsymbol{0}$$

を満たすベクトル $\boldsymbol{y}_1 \in \boldsymbol{R}^{n-1}$ が存在する．他方，$\boldsymbol{R}^n$ のベクトル $\boldsymbol{e}_1 = \begin{pmatrix} 1 \\ 0 \\ \vdots \\ 0 \end{pmatrix}$ は非負 $\boldsymbol{e}_1 \geqq 0$, $\boldsymbol{e}_1 \neq 0$ であるから，${}^t A\boldsymbol{x} = \boldsymbol{e}_1$ となるベクトル $\boldsymbol{x} \in \boldsymbol{R}^m$ は存在しない (A に対しては条件 $(\mathrm{S})_n$ が成り立つと仮定している)．すなわち

$$\boldsymbol{e}_1 \notin \mathrm{Im}({}^t A)$$

ところが $\mathrm{Im}({}^t A) = (\mathrm{Ker}\,A)^{\perp}$ であるから，これは $\boldsymbol{e}_1 \notin (\mathrm{Ker}\,A)^{\perp}$，すなわちある $\boldsymbol{z} \in \mathrm{Ker}\,A$ に対して内積 $\langle \boldsymbol{e}_1, \boldsymbol{z} \rangle \neq 0$，つまり $\boldsymbol{z} = \begin{pmatrix} z_1 \\ \vdots \\ z_n \end{pmatrix}$, $z_1 \neq 0$, $A\boldsymbol{z} = \boldsymbol{0}$ となる $\boldsymbol{z}$ が存在することがわかる．もし $z_1 < 0$ ならば $-\boldsymbol{z}$ を考えればよいので，結局

$$A\boldsymbol{z} = \boldsymbol{0}, \qquad z_1 > 0$$

を満たす $\boldsymbol{z} \in \boldsymbol{R}^n$ の存在が結論される．ここで $\boldsymbol{y} := \boldsymbol{z} + \theta \begin{pmatrix} 0 \\ \boldsymbol{y}_1 \end{pmatrix}$ とすれば $A\boldsymbol{y} = \boldsymbol{0}$, また $\boldsymbol{y}_1 > \boldsymbol{0}$ であるから $\theta > 0$ を十分大きくとれば $\boldsymbol{y} > \boldsymbol{0}$ となる．

ロ)　A_1 に対して $(\mathrm{S})_{n-1}$ が成り立たない場合．この場合は，ある $\boldsymbol{u} \in \boldsymbol{R}^m$ に対して

$${}^t A_1\boldsymbol{u} \geqq \boldsymbol{0} \quad \text{かつ} \quad {}^t A_1\boldsymbol{u} \neq \boldsymbol{0}$$

となるから，

$${}^t A\boldsymbol{u} = \begin{pmatrix} {}^t\boldsymbol{a}_1\boldsymbol{u} \\ {}^t A_1\boldsymbol{u} \end{pmatrix}$$

と書けば ${}^t\boldsymbol{a}_1\boldsymbol{u} < 0$ となるはずである (もし ${}^t\boldsymbol{a}_1\boldsymbol{u} \geqq 0$ ならば，${}^t A\boldsymbol{u} \geqq \boldsymbol{0}$ となり，条件 $(\mathrm{S})_n$ によって ${}^t A\boldsymbol{u} = \boldsymbol{0}$，したがって ${}^t A_1\boldsymbol{u} = \boldsymbol{0}$ となってしまう)．スカラー倍をとって

$$ {}^t\boldsymbol{a}_1\boldsymbol{u} = -1 $$

であると仮定することができる．そこで

$$ \boldsymbol{c} := {}^tA\boldsymbol{u} = \begin{pmatrix} {}^t\boldsymbol{a}_1\boldsymbol{u} \\ {}^tA_1\boldsymbol{u} \end{pmatrix} = \begin{pmatrix} -1 \\ c_2 \\ \vdots \\ c_n \end{pmatrix} $$

とおけば $c_2 \geqq 0, \cdots, c_n \geqq 0$，しかも少なくともある j に対して $c_j > 0$ となっている．

(m, n) 行列 $\boldsymbol{a}_1{}^t\boldsymbol{c}$ の第 1 列は $-\boldsymbol{a}_1$ であるから

$$ A + \boldsymbol{a}_1{}^t\boldsymbol{c} = \begin{pmatrix} 0 & A^* \end{pmatrix} $$

となり，$A + \boldsymbol{a}_1{}^t\boldsymbol{c} = A + \boldsymbol{a}_1{}^t\boldsymbol{u}A = (I_m + \boldsymbol{a}_1{}^t\boldsymbol{u})A$ と書けるので，A^* に対して条件 $(\mathrm{S})_{n-1}$ が成り立つことがわかる：実際，ある $\boldsymbol{x}^* \in \boldsymbol{R}^m$ に対して

$$ {}^tA^*\boldsymbol{x}^* \geqq 0 $$

とすれば，

$$ \boldsymbol{x} := (I_m + \boldsymbol{u}\,{}^t\boldsymbol{a}_1)\boldsymbol{x}^* $$

とおくと

$$ \begin{aligned} {}^tA\boldsymbol{x} &= {}^tA(I_m + \boldsymbol{u}\,{}^t\boldsymbol{a}_1)\boldsymbol{x}^* \\ &= ({}^tA + \boldsymbol{c}\,{}^t\boldsymbol{a}_1)\boldsymbol{x}^* \qquad ({}^tA\boldsymbol{u} = \boldsymbol{c} \text{ に注意}) \\ &= {}^t(A + \boldsymbol{a}_1\,{}^t\boldsymbol{c})\boldsymbol{x}^* \\ &= {}^t(0\ A^*)\boldsymbol{x}^* = \begin{pmatrix} 0 \\ {}^tA^*\boldsymbol{x}^* \end{pmatrix} \geqq 0 \end{aligned} $$

となって，行列 A に対する条件 $(\mathrm{S})_n$ から，${}^tA\boldsymbol{x} = 0$，すなわち ${}^tA^*\boldsymbol{x}^* = 0$ がわかり，A^* に対する条件 $(\mathrm{S})_{n-1}$ が成り立つことがわかる．したがって帰納法の仮定から

$$ A^*\boldsymbol{y}^* = \boldsymbol{0} \quad \text{となる} \quad \boldsymbol{y}^* > \boldsymbol{0} $$

が存在することがわかる．${}^t\boldsymbol{y}^* = (y_2^*, \cdots, y_n^*)$ として $y_1 = c_2y_2^* + \cdots + c_ny_n^*$ とおけば，$y_1 \geqq c_jy_j^* > 0$．そこで

$$\boldsymbol{y} := \begin{pmatrix} y_1 \\ \boldsymbol{y}^* \end{pmatrix}$$

とおけば $\boldsymbol{y} > 0$, $\boldsymbol{y}\,{}^t\boldsymbol{c} = 0$ だから,

$$A\boldsymbol{y} = (-\boldsymbol{a}_1{}^t\boldsymbol{c} + (0\ A^*))\boldsymbol{y} = (0\ A^*\boldsymbol{y}^*) = \boldsymbol{0}$$

となって, $\boldsymbol{y}$ が求める解となる. ∎

この定理はシュティムケによる基本的な結果で, 以下の議論の根幹となるものですが, これを用いて次のタッカーの定理を得ます.

定理　$\widehat{\boldsymbol{x}} \in \mathscr{D}$, $\widehat{\boldsymbol{y}} \in \mathscr{E}$ で

$${}^tA\widehat{\boldsymbol{x}} + \widehat{\boldsymbol{y}} > \boldsymbol{0}$$

となるものが存在する.

証明　$\boldsymbol{x} \in \mathscr{D}$, $\boldsymbol{y} \in \mathscr{E}$ ならば, ${}^tA\boldsymbol{x} + \boldsymbol{y} \geqq \boldsymbol{0}$ で,

$$I(\boldsymbol{x}) \cap J(\boldsymbol{y}) = \phi$$

であると前に注意したが, うまく $\widehat{\boldsymbol{x}}, \widehat{\boldsymbol{y}}$ をとれば

$$\Omega = I(\widehat{\boldsymbol{x}}) \cup J(\widehat{\boldsymbol{y}}), \qquad I(\widehat{\boldsymbol{x}}) \cap J(\widehat{\boldsymbol{y}}) = \phi$$

となることを, この定理は主張している.

有限集合 X の含む元の個数を $\sharp X$ と記すとき, $\boldsymbol{x} \in \mathscr{D}$ に対して $0 \leqq \sharp I(\boldsymbol{x}) \leqq n$ だから

$$k = \sharp I(\widehat{\boldsymbol{x}}) = \max_{x \in \mathscr{D}} \sharp I(\boldsymbol{x})$$

となるものがある.

$k = 0$ ならば, シュティムケの定理の条件が成り立つので, $A\boldsymbol{y} = \boldsymbol{0}$ の正解 $\boldsymbol{y}$ が存在して, $\boldsymbol{x} = \boldsymbol{0}$ として定理が成り立つ.

$k = n$ の場合も, ${}^tA\boldsymbol{x} > \boldsymbol{0}$ となる $\boldsymbol{x}$ が存在するので, $\boldsymbol{y} = \boldsymbol{0}$ ととればよい.

$1 \leqq k \leqq n-1$ の場合を考えればよいのだが, $\sharp J(\widehat{\boldsymbol{y}}) = n - k$ となる $\widehat{\boldsymbol{y}} \in \mathscr{E}$ をみつければよい.

必要に応じて番号をつけかえれば

$$I(\widehat{\boldsymbol{x}}) = \{1,\ 2,\ \cdots,\ k\}$$

であると仮定することができる．したがって

$$A = \Big(\overbrace{A_1}^{k}\ \ \overbrace{A_2}^{n-k}\Big), \qquad {}^tA = \begin{pmatrix} {}^tA_1 \\ {}^tA_2 \end{pmatrix}$$

と分割すれば

$${}^tA_1\widehat{\boldsymbol{x}} > \boldsymbol{0}, \qquad {}^tA_2\widehat{\boldsymbol{x}} = \boldsymbol{0}$$

となっている．

$(m,\ n-k)$ 行列 A_2 に対してシュティムケの定理の条件 $(\mathrm{S})_{n-k}$ が成り立てば，

$$A_2\boldsymbol{y}_2 = \boldsymbol{0}, \qquad \boldsymbol{y}_2 > \boldsymbol{0}$$

を満たす $\boldsymbol{y}_2 \in \boldsymbol{R}^{n-k}$ が存在し，$\widehat{\boldsymbol{y}} = \begin{pmatrix} 0 \\ \boldsymbol{y}_2 \end{pmatrix} \in \boldsymbol{R}^n$ とおけば $A\widehat{\boldsymbol{y}} = A_2\boldsymbol{y}_2 = \boldsymbol{0}$ より $\widehat{\boldsymbol{y}} \in \mathscr{E}$ で，$J(\widehat{\boldsymbol{y}}) = \{k+1,\ \cdots,\ n\}$ となって定理が示される．

そこで $\boldsymbol{x} \in \boldsymbol{R}^n$ に対して ${}^tA_2\boldsymbol{x} \geqq \boldsymbol{0}$ であるとすれば，任意の実数 $\theta > 0$ に対して

$${}^tA(\theta\widehat{\boldsymbol{x}} + \boldsymbol{x}) = \begin{pmatrix} \theta{}^tA_1\widehat{\boldsymbol{x}} + {}^tA_1\boldsymbol{x} \\ {}^tA_2\boldsymbol{x} \end{pmatrix}$$

ここで ${}^tA_1\widehat{\boldsymbol{x}} > \boldsymbol{0}$ だから，$\theta > 0$ を十分大きくとれば $\theta{}^tA_1\widehat{\boldsymbol{x}} + {}^tA_1\boldsymbol{x} > \boldsymbol{0}$ となり，${}^tA(\theta\widehat{\boldsymbol{x}} + \boldsymbol{x}) \geqq \boldsymbol{0}$ すなわち $\theta\widehat{\boldsymbol{x}} + \boldsymbol{x} \in \mathscr{D}$，$k$ のえらび方 (最大値) から $I(\theta\widehat{\boldsymbol{x}} + \boldsymbol{x}) = \{1,\ 2,\ \cdots,\ k\}$ でなくてはならず，${}^tA_2\boldsymbol{x} = \boldsymbol{0}$ となって，A_2 に対して条件 $(\mathrm{S})_{n-k}$ が成り立つことがわかる．∎

27. 4. ミンコフスキー－ファルカスの定理

タッカーの定理を用いて，有限錐の双対錐の双対錐がもとの有限錐となることを示す，有名なミンコフスキー－ファルカスの定理を証明することができます．

> **定理**　方程式 $A\boldsymbol{y} = \boldsymbol{b}$ に非負解 $\boldsymbol{y} \geqq \boldsymbol{0}$ が存在するための必要十分条件は，
>
> $${}^tA\boldsymbol{x} \geqq \boldsymbol{0} \quad \text{ならば} \quad {}^t\boldsymbol{b}\boldsymbol{x} \geqq 0$$
>
> が成り立つことである．

証明　これが必要条件であることは，$A\boldsymbol{y}=\boldsymbol{b}$, $\boldsymbol{y}\geqq\boldsymbol{0}$ ならば

$$ {}^t\boldsymbol{b}\boldsymbol{x}=({}^t\boldsymbol{y}{}^tA)\boldsymbol{x}={}^t\boldsymbol{y}({}^tA\boldsymbol{x})\geqq 0 $$

から簡単である．

十分条件であることを示すために，$(m,\,n+1)$ 行列 $(A\ \ -\boldsymbol{b})$ にタッカーの定理を用いれば，

$$ (A\ \ -\boldsymbol{b})\begin{pmatrix}\boldsymbol{y}\\ y_{n+1}\end{pmatrix}=\boldsymbol{0},\quad \begin{pmatrix}\boldsymbol{y}\\ y_{n+1}\end{pmatrix}\geqq\boldsymbol{0},\quad \begin{pmatrix}{}^tA\\ -{}^t\boldsymbol{b}\end{pmatrix}\boldsymbol{x}\geqq\boldsymbol{0} $$

を満たす $\boldsymbol{y}\in\boldsymbol{R}^n$, $y_{n+1}\in\boldsymbol{R}$, $\boldsymbol{x}\in\boldsymbol{R}^m$ で，さらに

$$ \begin{pmatrix}{}^tA\\ -{}^t\boldsymbol{b}\end{pmatrix}\boldsymbol{x}+\begin{pmatrix}\boldsymbol{y}\\ y_{n+1}\end{pmatrix}>\boldsymbol{0} $$

となるものが存在する．成分を分ければ，これは

$$ \begin{aligned} &A\boldsymbol{y}=y_{n+1}\boldsymbol{b},\quad \boldsymbol{y}\geqq\boldsymbol{0},\quad y_{n+1}\geqq 0,\quad {}^tA\boldsymbol{x}\geqq\boldsymbol{0},\quad -{}^t\boldsymbol{b}\boldsymbol{x}\geqq 0\\ &{}^tA\boldsymbol{x}+\boldsymbol{y}>\boldsymbol{0},\quad -{}^t\boldsymbol{b}\boldsymbol{x}+y_{n+1}>0 \end{aligned} $$

が成り立つことを意味している．ところが，仮定によって ${}^tA\boldsymbol{x}\geqq\boldsymbol{0}$ より ${}^t\boldsymbol{b}\boldsymbol{x}\geqq 0$ が従うので，結局 ${}^t\boldsymbol{b}\boldsymbol{x}=0$．ゆえに $y_{n+1}>0$ となり，$\boldsymbol{y}':=\dfrac{1}{y_{n+1}}\boldsymbol{y}$ とおけば $A\boldsymbol{y}'=\boldsymbol{b}$, $\boldsymbol{y}'\geqq\boldsymbol{0}$. ∎

系 (有限錐の双対定理)　$\boldsymbol{a}_1,\cdots,\boldsymbol{a}_n\in\boldsymbol{R}^m$ に対して

$$ \langle\boldsymbol{a}_1,\cdots,\boldsymbol{a}_n\rangle^{**}=\langle\boldsymbol{a}_1,\cdots,\boldsymbol{a}_n\rangle $$

証明　$A=(\boldsymbol{a}_1\ \cdots\ \boldsymbol{a}_n)$ は $(m,\,n)$ 行列で，ミンコフスキー－ファルカスの定理の仮定は $\boldsymbol{b}\in\langle\boldsymbol{a}_1,\cdots,\boldsymbol{a}_n\rangle$ を意味し，条件は ${}^tA\boldsymbol{x}\geqq\boldsymbol{0}$ ならば ${}^t\boldsymbol{b}\boldsymbol{x}\geqq 0$，すなわち $\boldsymbol{x}\in\langle\boldsymbol{a}_1,\cdots,\boldsymbol{a}_n\rangle^*$ ならば ${}^t\boldsymbol{b}\boldsymbol{x}\geqq 0$，あるいは $\boldsymbol{b}\in\langle\boldsymbol{a}_1,\cdots,\boldsymbol{a}_n\rangle^{**}$ を意味している． ∎

27.5. 連立線型不等式の解集合の構造

連立線型不等式

$$\begin{cases} a_{11}x_1 + \cdots + a_{1n}x_n \geqq b_1 \\ \quad\vdots \qquad\qquad\quad \vdots \qquad \vdots \\ a_{m1}x_1 + \cdots + a_{mn}x_n \geqq b_m \end{cases}$$

の解集合の構造を調べるために，まずはじめ斉次の場合：$b_1 = b_2 = \cdots = b_m = 0$ について考えます．このとき

$$\mathscr{D} := \{\boldsymbol{x} \in \boldsymbol{R}^n \mid A\boldsymbol{x} \geqq \boldsymbol{0}\}$$

がある有限錐の双対錐となっているのですが，$\mathscr{D}$ 自身有限錐であることが示されます．これははじめミンコフスキーによって予測され，一般の場合の証明はファルカスによって与えられたものです．これには次の補題が必要です．

補題　$\boldsymbol{R}^n$ の部分空間 V に対して

$$V^+ := \{\boldsymbol{x} \in V \mid \boldsymbol{x} \geqq \boldsymbol{0}\}$$

は有限錐である．

ひとまずこの補題を認めた上で，$\mathscr{D}$ が有限錐であることを示しましょう．

$$V := \operatorname{Im} A = \{A\boldsymbol{x} \mid \boldsymbol{x} \in \boldsymbol{R}^n\}$$

は $\boldsymbol{R}^m$ の部分空間ですから，補題によって

$$V^+ := \{\boldsymbol{y} \mid \boldsymbol{y} = A\boldsymbol{x},\ \boldsymbol{y} \geqq \boldsymbol{0}\}$$

は有限錐 $\langle \boldsymbol{c}_1, \cdots, \boldsymbol{c}_q \rangle$ に等しい．$\boldsymbol{c}_j \in \operatorname{Im} A$ ですから $\boldsymbol{c}_j = A\boldsymbol{b}_j$，$\boldsymbol{b}_j \in \boldsymbol{R}^n$，$1 \leqq j \leqq q$ となっています．また $\operatorname{Ker} A = \{\boldsymbol{x} \in \boldsymbol{R}^n \mid A\boldsymbol{x} = \boldsymbol{0}\}$ も $\boldsymbol{R}^n$ の部分空間ですから，有限錐 $\langle \boldsymbol{b}_{q+1}, \cdots, \boldsymbol{b}_p \rangle$ に等しいことは前に注意した通りです．

そこで

$$\mathscr{D} = \langle \boldsymbol{b}_1, \cdots, \boldsymbol{b}_q, \boldsymbol{b}_{q+1}, \cdots, \boldsymbol{b}_p \rangle$$

であることが次のように示されます．$\boldsymbol{x} \in \boldsymbol{R}^n$ に対して $A\boldsymbol{x} \geqq \boldsymbol{0}$ ならば，$A\boldsymbol{x} \in V^+$ より

$$\begin{aligned} A\boldsymbol{x} &= \lambda_1 \boldsymbol{c}_1 + \cdots + \lambda_q \boldsymbol{c}_q \\ &= \lambda_1 A\boldsymbol{b}_1 + \cdots + \lambda_q A\boldsymbol{b}_q \\ &= A(\lambda_1 \boldsymbol{b}_1 + \cdots + \lambda_q \boldsymbol{b}_q) \qquad (\lambda_1 \geqq 0,\ \cdots,\ \lambda_q \geqq 0) \end{aligned}$$

$\boldsymbol{x} - (\lambda_1 \boldsymbol{b}_1 + \cdots + \lambda_q \boldsymbol{b}_q) \in \operatorname{Ker} A = \langle \boldsymbol{b}_{q+1}, \cdots, \boldsymbol{b}_p \rangle$ より

$$\boldsymbol{x} = \lambda_1 \boldsymbol{b}_1 + \cdots + \lambda_q \boldsymbol{b}_q + \lambda_{q+1} \boldsymbol{b}_{q+1} + \cdots + \lambda_p \boldsymbol{b}_p$$
$$(\lambda_{q+1} \geqq 0, \cdots, \lambda_p \geqq 0)$$

ゆえに $\mathscr{D} \subset \langle \boldsymbol{b}_1, \cdots, \boldsymbol{b}_p \rangle$. 逆に, $\langle \boldsymbol{b}_1, \cdots, \boldsymbol{b}_p \rangle \subset \mathscr{D}$ は明らかです.

この定理の逆として, 任意の有限錐 $\langle \boldsymbol{b}_1, \cdots, \boldsymbol{b}_p \rangle$ に対して行列 A が存在して

$$\langle \boldsymbol{b}_1, \cdots, \boldsymbol{b}_p \rangle = \{\boldsymbol{x} \mid A\boldsymbol{x} \geqq \boldsymbol{0}\}$$

となることは, 以下のように示されます.

$$\begin{aligned}\langle \boldsymbol{b}_1, \cdots, \boldsymbol{b}_p \rangle^* &= \{\boldsymbol{y} \mid {}^t B \boldsymbol{y} \geqq \boldsymbol{0}\} \qquad (B := (\boldsymbol{b}_1 \cdots \boldsymbol{b}_p) \text{ として}) \\ &= \langle \boldsymbol{c}_1, \cdots, \boldsymbol{c}_p \rangle \qquad (\text{定理によって})\end{aligned}$$

ゆえに

$$\begin{aligned}\langle \boldsymbol{b}_1, \cdots, \boldsymbol{b}_p \rangle^{**} &= \langle \boldsymbol{c}_1, \cdots, \boldsymbol{c}_p \rangle^* \\ &= \{\boldsymbol{x} \mid {}^t C \boldsymbol{x} \geqq \boldsymbol{0}\} \qquad (C := (\boldsymbol{c}_1 \cdots \boldsymbol{c}_p) \text{ として})\end{aligned}$$

すなわち ${}^t C = A$ として

$$\langle \boldsymbol{b}_1, \cdots, \boldsymbol{b}_p \rangle = \{\boldsymbol{x} \mid A\boldsymbol{x} \geqq \boldsymbol{0}\}$$

こうして連立斉次線型不等式の解集合と有限錐が同じであることがわかります.

非斉次の場合には次の定理があります.

定理　連立線型不等式

$$A\boldsymbol{x} \geqq \boldsymbol{b}$$

に解が存在すると仮定する. このとき有限個の解 $\boldsymbol{c}_1, \cdots, \boldsymbol{c}_p$ と $A\boldsymbol{x} \geqq \boldsymbol{0}$ の解 $\boldsymbol{d}_1, \cdots, \boldsymbol{d}_q$ が存在して

$$\{\boldsymbol{x} \mid A\boldsymbol{x} \geqq \boldsymbol{b}\} = [\boldsymbol{c}_1, \cdots, \boldsymbol{c}_p] + \langle \boldsymbol{d}_1, \cdots, \boldsymbol{d}_q \rangle$$

となる.

証明　$\boldsymbol{R}^{n+1}$ において斉次線型不等式

$$\begin{pmatrix} A & -\boldsymbol{b} \\ 0 & 1 \end{pmatrix} \begin{pmatrix} \boldsymbol{x} \\ t \end{pmatrix} \geqq \boldsymbol{0} \qquad \left(\text{すなわち} \quad \begin{matrix} A\boldsymbol{x} \geqq t\boldsymbol{b} \\ t \geqq 0 \end{matrix} \right)$$

を考えれば，前定理によってこれの解集合 $\widetilde{\mathscr{D}}$ は有限錐で

$$\widetilde{\mathscr{D}} = \left\langle \begin{pmatrix} \boldsymbol{x}_1 \\ t_1 \end{pmatrix}, \cdots, \begin{pmatrix} \boldsymbol{x}_r \\ t_r \end{pmatrix} \right\rangle$$

また，与えられた不等式 $A\boldsymbol{x} \geqq \boldsymbol{b}$ の解集合 $\mathscr{D}$ との関係は

$$\boldsymbol{x} \in \mathscr{D} \Longleftrightarrow \begin{pmatrix} \boldsymbol{x} \\ 1 \end{pmatrix} \in \widetilde{\mathscr{D}}$$

によって与えられ，仮定によって $\mathscr{D} \neq \phi$ だから，$t_1, \cdots, t_r$ の中に 0 でないものが少なくとも一つはあり，スカラー倍を用いて結局

$$\widetilde{\mathscr{D}} = \left\langle \begin{pmatrix} \boldsymbol{c}_1 \\ 1 \end{pmatrix}, \cdots, \begin{pmatrix} \boldsymbol{c}_p \\ 1 \end{pmatrix}, \begin{pmatrix} \boldsymbol{d}_1 \\ 0 \end{pmatrix}, \cdots, \begin{pmatrix} \boldsymbol{d}_q \\ 0 \end{pmatrix} \right\rangle$$

$\boldsymbol{x} \in \mathscr{D}$ ならば，

$$\begin{pmatrix} \boldsymbol{x} \\ 1 \end{pmatrix} = \lambda_1 \begin{pmatrix} \boldsymbol{c}_1 \\ 1 \end{pmatrix} + \cdots\cdots + \lambda_p \begin{pmatrix} \boldsymbol{c}_p \\ 1 \end{pmatrix} + \mu_1 \begin{pmatrix} \boldsymbol{d}_1 \\ 0 \end{pmatrix} + \cdots + \mu_q \begin{pmatrix} \boldsymbol{d}_q \\ 0 \end{pmatrix}$$

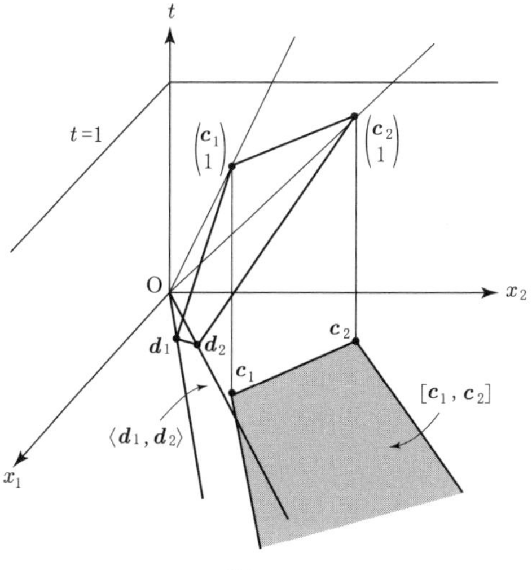

図 27-2

すなわち

$$\begin{aligned} \boldsymbol{x} =& \lambda_1 \boldsymbol{c}_1 + \cdots + \lambda_p \boldsymbol{c}_p + \mu_1 \boldsymbol{d}_1 + \cdots + \mu_q \boldsymbol{d}_q \\ & \lambda_1 \geqq 0,\ \cdots,\ \lambda_p \geqq 0, \quad \mu_1 \geqq 0,\ \cdots,\ \mu_q \geqq 0 \\ & \lambda_1 + \cdots + \lambda_p = 1 \end{aligned}$$

となって，$\boldsymbol{x} \in [\boldsymbol{c}_1, \cdots, \boldsymbol{c}_p] + \langle \boldsymbol{d}_1, \cdots, \boldsymbol{d}_q \rangle$. ∎

補題の証明　$\dim V = d$ について帰納法を用いる．まず $d = 0$ なら明白だから，$d-1$ 次元まで成り立つことを仮定して，$\dim V = d$ の場合を考える．

$$J := \{ j \mid \text{ある } \boldsymbol{x} \in V^+ \text{ に対して } x_j > 0 \}$$

とすれば，$\boldsymbol{x} \in V^+$, $j \notin J$ のときもちろん $x_j = 0$. また各 $j \in J$ に対しては $x_j > 0$ となる $\boldsymbol{x}$ が少なくとも一つ存在するので，このような $\boldsymbol{x}$ の和を $\widehat{\boldsymbol{x}}$ とすれば，その j 成分はすべて正である：

$$\widehat{\boldsymbol{x}} \in V^+, \qquad \widehat{x}_j > 0 \qquad (j \in J)$$

そこで $j \in J$ に対して

$$V_j := \{ \boldsymbol{x} \in V \mid x_j = 0 \}$$

とおけば，V_j は V の部分空間で，$\widehat{\boldsymbol{x}} \notin V_j$ だから $V_j \subsetneqq V$，すなわち $\dim V_j \leqq d-1$ で，帰納法の仮定から

$$V_j^+ = \langle B_j \rangle \qquad B_j \text{は}\ (n,\ k_j)\ \text{行列}$$

となっている．

もし $\boldsymbol{x} \in V^+$ ならば

$$\theta := \min_{j \in J} \frac{x_j}{\widehat{x}_j}$$

とおき，$\boldsymbol{y} := \boldsymbol{x} - \theta \widehat{\boldsymbol{x}}$ とすれば，$\boldsymbol{y} \geqq \boldsymbol{0}$ かつある番号 j に対しては $y_j = x_j - \theta \widehat{x}_j = 0$ だから $\boldsymbol{y} \in V_j$，すなわち $\boldsymbol{y} \in V_j^+ = \langle B_j \rangle$．ゆえに

$$\boldsymbol{x} \in \langle \widehat{\boldsymbol{x}} B_j \rangle$$

したがって

$$V^+ \subset \langle \widehat{\boldsymbol{x}} \cdots B_j \cdots \rangle \qquad (j \in J \text{ に対応する行列 } B_j \text{を並べる})$$

となる．逆に，この右辺が左辺 V^+ に含まれることは $\widehat{\boldsymbol{x}} \in V^+$, $V_j^+ \subset V^+$ より

明らかで，$V^+ = \langle B \rangle$ となる行列 B として $(\widehat{\boldsymbol{x}} \cdots B_j \cdots)$ をとることができる．▮

演習問題

1. $\boldsymbol{R}^n$ の部分集合 M が凸であるためには次の条件が必要十分である：

$$\left.\begin{array}{l} \boldsymbol{b},\ \boldsymbol{c} \in M \\ \lambda \geqq 0,\ \mu \geqq 0,\ \lambda + \mu = 1 \end{array}\right\} \quad \text{ならば} \quad \lambda \boldsymbol{b} + \mu \boldsymbol{c} \in M$$

2. 凸錐が 1 次元以上の線型部分空間を含まないとき**尖凸錐**であるという．

i) 凸錐 C が尖凸錐であるための必要十分条件は，$\boldsymbol{x} \in C$, $\boldsymbol{x} \neq \boldsymbol{0}$ ならば $-\boldsymbol{x} \notin C$ となることである．

ii) $A\boldsymbol{x} \geqq \boldsymbol{0}$ によって定義される凸錐が尖凸錐であるためには，A の階数が n に等しいことが必要十分である (ただし A は (m, n) 行列とする)．

第28章　線型計画法

線型計画問題では，制約条件を満たす解が存在しないこともあり，またたとえ制約条件を満たす解があったとしても，最大値もしくは最小値を与える解 (最適解) の存在が無条件に保証されるわけでもありません．前章の冒頭にかかげた二つの問題は (内容は別として)，数学的な定式化が，これから述べる意味で双対的となっていて，この場合には比較的簡明な議論が進められることを以下に説明しようと思います．その前に，前回のミンコフスキー－ファルカスの定理からみちびかれる結果をあげておかなければなりません．

命題　$A \in M_{m,n}(\boldsymbol{R})$, $\boldsymbol{b} \in \boldsymbol{R}^m$, $\boldsymbol{c} \in \boldsymbol{R}^n$ とする．

i)　$A\boldsymbol{y} \leqq \boldsymbol{b}$, $\boldsymbol{y} \geqq \boldsymbol{0}$ の解が存在するために必要十分な条件は，

$$ {}^tA\boldsymbol{x} \geqq \boldsymbol{0},\ \boldsymbol{x} \geqq \boldsymbol{0} \quad ならば \quad {}^t\boldsymbol{b}\boldsymbol{x} \geqq 0 $$

が成り立つことである．

ii)　${}^tA\boldsymbol{x} \geqq \boldsymbol{c}$, $\boldsymbol{x} \geqq \boldsymbol{0}$ の解が存在するために必要十分な条件は，

$$ A\boldsymbol{y} \leqq \boldsymbol{0},\ \boldsymbol{y} \geqq \boldsymbol{0} \quad ならば \quad {}^t\boldsymbol{c}\boldsymbol{y} \leqq 0 $$

が成り立つことである．

証明　i) については，$\boldsymbol{v} := \boldsymbol{b} - A\boldsymbol{y}$ とおけば

$$ \begin{aligned} A\boldsymbol{y} \leqq \boldsymbol{b},\ \boldsymbol{y} \geqq \boldsymbol{0} &\iff A\boldsymbol{y} + \boldsymbol{v} = \boldsymbol{b},\ \boldsymbol{y} \geqq \boldsymbol{0},\ \boldsymbol{v} \geqq \boldsymbol{0} \\ &\iff (A\ I_m)\begin{pmatrix} \boldsymbol{y} \\ \boldsymbol{v} \end{pmatrix} = \boldsymbol{b},\ \begin{pmatrix} \boldsymbol{y} \\ \boldsymbol{v} \end{pmatrix} \geqq \boldsymbol{0} \end{aligned} $$

ゆえにミンコフスキー－ファルカスの定理から，これは条件

$$\begin{pmatrix} {}^tA \\ I_m \end{pmatrix} \boldsymbol{x} \geqq \boldsymbol{0} \quad \text{ならば} \quad {}^t\boldsymbol{b}\boldsymbol{x} \geqq 0$$

すなわち

$${}^tA\boldsymbol{x} \geqq \boldsymbol{0},\ \boldsymbol{x} \geqq \boldsymbol{0} \quad \text{ならば} \quad {}^t\boldsymbol{b}\boldsymbol{x} \geqq 0$$

と同値となるわけである．

ii) については，i) を $(-{}^tA)\boldsymbol{x} \leqq -\boldsymbol{c}$ に適用すればよい．■

28. 1. 線型計画法の双対定理

$(m,\ n)$ 行列 A, $\boldsymbol{b} \in \boldsymbol{R}^m$, $\boldsymbol{c} \in \boldsymbol{R}^n$ として次の二つの線型計画問題を考えます：

$${}^tA\boldsymbol{x} \geqq \boldsymbol{c},\ \boldsymbol{x} \geqq \boldsymbol{0} \quad \text{のもとで} \quad {}^t\boldsymbol{b}\boldsymbol{x} \ \text{の最小値}$$
$$A\boldsymbol{y} \leqq \boldsymbol{b},\ \boldsymbol{y} \geqq \boldsymbol{0} \quad \text{のもとで} \quad {}^t\boldsymbol{c}\boldsymbol{y} \ \text{の最大値}$$

を求める問題で，これら二つは互いに他の**双対**であるといいます．これについて次の著しい定理 (線型計画法の双対定理) が成り立ちます．

定理　$\mathscr{D} := \{\boldsymbol{x} \in \boldsymbol{R}^m \mid {}^tA\boldsymbol{x} \geqq \boldsymbol{c},\ \boldsymbol{x} \geqq \boldsymbol{0}\}$

$\mathscr{E} := \{\boldsymbol{y} \in \boldsymbol{R}^n \mid A\boldsymbol{y} \leqq \boldsymbol{b},\ \boldsymbol{y} \geqq \boldsymbol{0}\}$

とおく．

i)　$\boldsymbol{x} \in \mathscr{D}$, $\boldsymbol{y} \in \mathscr{E}$ ならば ${}^t\boldsymbol{c}\boldsymbol{y} \leqq {}^t\boldsymbol{b}\boldsymbol{x}$.

ii)　もし $\mathscr{D} \neq \phi$, $\mathscr{E} \neq \phi$ ならば，$\boldsymbol{x}_0 \in \mathscr{D}$, $\boldsymbol{y}_0 \in \mathscr{E}$ で ${}^t\boldsymbol{c}\boldsymbol{y}_0 = {}^t\boldsymbol{b}\boldsymbol{x}_0$ となるものが存在する．

証明　i)　${}^t\boldsymbol{x}A \geqq {}^t\boldsymbol{c}$, $\boldsymbol{y} \geqq \boldsymbol{0}$ より ${}^t\boldsymbol{x}A\boldsymbol{y} \geqq {}^t\boldsymbol{c}\boldsymbol{y}$

${}^t\boldsymbol{x} \geqq \boldsymbol{0}$, $A\boldsymbol{y} \leqq \boldsymbol{b}$ より ${}^t\boldsymbol{x}A\boldsymbol{y} \leqq {}^t\boldsymbol{x}\boldsymbol{b} = {}^t\boldsymbol{b}\boldsymbol{x}$

ゆえに ${}^t\boldsymbol{c}\boldsymbol{y} \leqq {}^t\boldsymbol{b}\boldsymbol{x}$.

ii) を示すためには，連立線型不等式

$${}^tA\boldsymbol{x} \geqq \boldsymbol{c},\ \ \boldsymbol{x} \geqq \boldsymbol{0}\ ;\ A\boldsymbol{y} \leqq \boldsymbol{b},\ \ \boldsymbol{y} \geqq \boldsymbol{0},\ {}^t\boldsymbol{b}\boldsymbol{x} \leqq {}^t\boldsymbol{c}\boldsymbol{y}$$

に解 $\boldsymbol{x}_0$, $\boldsymbol{y}_0$ が存在することを示せば十分．なぜならこのとき，i) によって ${}^t\boldsymbol{c}\boldsymbol{y}_0 \leqq$

${}^t\boldsymbol{b}\boldsymbol{x}_0$ で，${}^t\boldsymbol{b}\boldsymbol{x}_0 \leqq {}^t\boldsymbol{c}\boldsymbol{y}_0$ とあわせて等号が成り立つからである．ところが，この問題はまとめて

$$\begin{pmatrix} 0 & A \\ -{}^tA & 0 \\ {}^t\boldsymbol{b} & -{}^t\boldsymbol{c} \end{pmatrix} \begin{pmatrix} \boldsymbol{x} \\ \boldsymbol{y} \end{pmatrix} \leqq \begin{pmatrix} \boldsymbol{b} \\ -\boldsymbol{c} \\ 0 \end{pmatrix}, \qquad \begin{pmatrix} \boldsymbol{x} \\ \boldsymbol{y} \end{pmatrix} \geqq \boldsymbol{0}$$

と書くことができるので，ミンコフスキー－ファルカスの定理から得た命題の i)を用いれば，条件

$$\begin{pmatrix} 0 & -A & \boldsymbol{b} \\ {}^tA & 0 & -\boldsymbol{c} \end{pmatrix} \begin{pmatrix} \boldsymbol{u} \\ \boldsymbol{v} \\ \omega \end{pmatrix} \geqq \boldsymbol{0}, \quad \begin{pmatrix} \boldsymbol{u} \\ \boldsymbol{v} \\ \omega \end{pmatrix} \geqq \boldsymbol{0} \quad \text{ならば} \quad ({}^t\boldsymbol{b} \;\; -{}^t\boldsymbol{c} \;\; 0) \begin{pmatrix} \boldsymbol{u} \\ \boldsymbol{v} \\ \omega \end{pmatrix} \geqq 0$$

が満足されていることを確かめれば十分である．

成分に分けて書けば，これは

$$\left.\begin{array}{l} -A\boldsymbol{v} + \omega\boldsymbol{b} \geqq \boldsymbol{0},\ {}^tA\boldsymbol{u} - \omega\boldsymbol{c} \geqq \boldsymbol{0} \\ \boldsymbol{u} \geqq \boldsymbol{0},\ \boldsymbol{v} \geqq \boldsymbol{0},\ \omega \geqq 0 \end{array}\right\} \quad \text{のとき} \quad {}^t\boldsymbol{b}\boldsymbol{u} - {}^t\boldsymbol{c}\boldsymbol{v} \geqq 0$$

となることを示せば十分となる．そこで，i) $\omega > 0$ の場合と，ii) $\omega = 0$ の場合に分けて考える．

i)　$\omega > 0$ のとき，$\boldsymbol{x} := \dfrac{1}{\omega}\boldsymbol{u},\ \boldsymbol{y} := \dfrac{1}{\omega}\boldsymbol{v}$ とおけば

$$\boldsymbol{x} \geqq \boldsymbol{0}, \quad \boldsymbol{y} \geqq \boldsymbol{0}, \quad A\boldsymbol{y} \leqq \boldsymbol{b}, \quad {}^tA\boldsymbol{x} \geqq \boldsymbol{c}$$

となり，定理前半 i) より ${}^t\boldsymbol{c}\boldsymbol{y} \leqq {}^t\boldsymbol{b}\boldsymbol{x}$，ゆえに

$${}^t\boldsymbol{c}\boldsymbol{v} \leqq {}^t\boldsymbol{b}\boldsymbol{u}.$$

ii)　$\omega = 0$ のとき，

$$A\boldsymbol{v} \leqq \boldsymbol{0},\ \ \boldsymbol{v} \geqq \boldsymbol{0}\ ;\ {}^tA\boldsymbol{u} \geqq \boldsymbol{0},\ \ \boldsymbol{u} \geqq \boldsymbol{0}$$

となるが，仮定によって $\mathscr{D} \neq \phi,\ \mathscr{E} \neq \phi$ だから

$${}^tA\boldsymbol{x}_0 \geqq \boldsymbol{c}, \quad \boldsymbol{x}_0 \geqq \boldsymbol{0}, \quad A\boldsymbol{y}_0 \leqq \boldsymbol{b}, \quad \boldsymbol{y}_0 \geqq \boldsymbol{0}$$

を満たす $\boldsymbol{x}_0,\ \boldsymbol{y}_0$ が存在し，やはりこの章冒頭の命題 i), ii) を用いて ${}^t\boldsymbol{c}\boldsymbol{v} \leqq 0,\ {}^t\boldsymbol{b}\boldsymbol{u} \geqq 0$ が成り立ち，$-{}^t\boldsymbol{c}\boldsymbol{v} \geqq 0$ より ${}^t\boldsymbol{b}\boldsymbol{u} - {}^t\boldsymbol{c}\boldsymbol{v} \geqq 0$. ∎

> **系**　$\mathscr{D} \neq \phi$, $\mathscr{E} \neq \phi$ ならば最適解が存在して，最小値と最大値は一致する．

証明　実際この場合，ii) で得た $\boldsymbol{x}_0$, $\boldsymbol{y}_0$ に対して，i) を用いて

$$\boldsymbol{x} \in \mathscr{D} \quad \text{ならば} \quad {}^t\boldsymbol{c}\boldsymbol{y}_0 \leqq {}^t\boldsymbol{b}\boldsymbol{x}, \quad \text{すなわち} \quad {}^t\boldsymbol{b}\boldsymbol{x}_0 \leqq {}^t\boldsymbol{b}\boldsymbol{x}$$

となって，$\boldsymbol{x}_0$ は ${}^t\boldsymbol{b}\boldsymbol{x}$ の最小値を与え，同様に $\boldsymbol{y}_0$ は ${}^t\boldsymbol{c}\boldsymbol{y}$ の最大値を与える． ∎

> **定理**　i)　$\mathscr{D} \neq \phi$ かつ $\{{}^t\boldsymbol{b}\boldsymbol{x} \mid \boldsymbol{x} \in \mathscr{D}\}$ が下に有界ならば，$\mathscr{E} \neq \phi$ で最適解が存在する．
>
> ii)　$\mathscr{E} \neq \phi$ かつ $\{{}^t\boldsymbol{c}\boldsymbol{y} \mid \boldsymbol{y} \in \mathscr{E}\}$ が上に有界ならば，$\mathscr{D} \neq \phi$ で最適解が存在する．

証明　命題を用いて

$${}^tA\boldsymbol{u} \geqq \boldsymbol{0},\ \boldsymbol{u} \geqq \boldsymbol{0} \quad \text{ならば} \quad {}^t\boldsymbol{b}\boldsymbol{u} \geqq 0$$

が成り立つことを示せばよい．仮定によって，ある定数 M が存在して

$$\boldsymbol{x} \in \mathscr{D} \quad \text{ならば} \quad {}^t\boldsymbol{b}\boldsymbol{x} \geqq M$$

となっている．$\mathscr{D} \ni \boldsymbol{x}_0$ をとって $\boldsymbol{x} = \boldsymbol{x}_0 + \theta\boldsymbol{u}$, $\theta > 0$ とおけば ${}^tA\boldsymbol{x} = {}^tA\boldsymbol{x}_0 + \theta {}^tA\boldsymbol{u} \geqq {}^tA\boldsymbol{x}_0 \geqq \boldsymbol{c}$ より $\boldsymbol{x} \in \mathscr{D}$．したがって

$${}^t\boldsymbol{b}\boldsymbol{x}_0 + \theta\, {}^t\boldsymbol{b}\boldsymbol{u} \geqq M \qquad (\theta > 0)$$

$\theta > 0$ は任意だから，ここから ${}^t\boldsymbol{b}\boldsymbol{u} \geqq 0$ が結論される．ii) についても同様． ∎

> **系**　${}^tA\boldsymbol{x} \geqq \boldsymbol{c}$, $\boldsymbol{x} \geqq \boldsymbol{0}$ の解で ${}^t\boldsymbol{b}\boldsymbol{x}$ を最小とする解が存在するための必要十分条件は，$A\boldsymbol{y} \leqq \boldsymbol{b}$, $\boldsymbol{y} \geqq \boldsymbol{0}$ の解で ${}^t\boldsymbol{c}\boldsymbol{y}$ を最大とするものが存在することである．

28.2. ミニ・マックス問題への応用

$(m,\, n)$ 行列 $A=(a_{ij})$ に対して

$$K(\boldsymbol{x},\, \boldsymbol{y}) = {}^t\boldsymbol{x}A\boldsymbol{y} = \sum_{i=1}^{m}\sum_{j=1}^{n} a_{ij}x_iy_j$$

とおき，次の双対問題を考えます.

$$\left.\begin{aligned} \sum_{i=1}^{m} a_{ij}x_i \geqq 1 \quad &(1 \leqq j \leqq n) \\ x_i \geqq 0 \quad &(1 \leqq i \leqq m) \end{aligned}\right\} \quad \text{のもとで} \quad \sum_{i=1}^{m} x_i \text{ の最小化}$$

$$\left.\begin{aligned} \sum_{j=1}^{n} a_{ij}y_i \leqq 1 \quad &(1 \leqq i \leqq m) \\ y_j \geqq 0 \quad &(1 \leqq j \leqq n) \end{aligned}\right\} \quad \text{のもとで} \quad \sum_{j=1}^{n} y_j \text{ の最大化}$$

はじめに $a_{ij} > 0\,(1 \leqq i \leqq m,\ 1 \leqq j \leqq n)$ であると仮定します (すなわち $A > O$)．この場合には，$x_i \geqq 1/\min a_{ij}$ ならば $\boldsymbol{x} \in \mathscr{D}$，また $\boldsymbol{y} = \boldsymbol{0}$ は $\mathscr{E}$ に属することが明らかで，$\mathscr{D} \neq \phi,\ \mathscr{E} \neq \phi$ より定理によって最適解 $\widehat{\boldsymbol{x}},\ \widehat{\boldsymbol{y}}$ が存在して

$$\sum_{i=1}^{m} \widehat{x}_i = \sum_{j=1}^{n} \widehat{y}_j$$

となります．この共通の値を ω とおけば $\omega \geqq 0$．しかし，もし $\omega = 0$ なら，$\widehat{x}_1 = \cdots = \widehat{x}_m = 0$ となって $\sum_{i=1}^{m} a_{ij}\widehat{x}_i \geqq 1$ に矛盾しますから，$\omega > 0$.

そこで

$$\widehat{\boldsymbol{p}} := \frac{1}{\omega}\widehat{\boldsymbol{x}}, \qquad \widehat{\boldsymbol{q}} := \frac{1}{\omega}\widehat{\boldsymbol{y}}$$

とおくと，$\widehat{\boldsymbol{p}},\ \widehat{\boldsymbol{q}}$ はそれぞれ m 次元，n 次元の確率ベクトル (成分の和が 1 に等しい非負ベクトル) となり，$\sum_{j=1}^{n} a_{ij}\widehat{y}_j \leqq 1 \leqq \sum_{i=1}^{m} a_{ij}\widehat{x}_i$ より

$$\sum_{j=1}^{n} a_{ij}\widehat{q}_j \leqq \frac{1}{\omega} \leqq \sum_{i=1}^{m} a_{ij}\widehat{p}_i$$

これから任意の $\boldsymbol{p} \in S_m$ (m 次元確率ベクトルの全体)，$\boldsymbol{q} \in S_n$ (n 次元確率ベクトルの全体) に対し

$$K(\boldsymbol{p}, \widehat{\boldsymbol{q}}) = \sum_{i,j} a_{ij}p_i\widehat{q}_j \leqq \frac{1}{\omega} \leqq \sum_{i,j} a_{ij}\widehat{p}_iq_j = K(\widehat{\boldsymbol{p}},\, \boldsymbol{q})$$

これから $\dfrac{1}{\omega} = K(\widehat{\boldsymbol{p}}, \widehat{\boldsymbol{q}})$ で

$$K(\boldsymbol{p}, \widehat{\boldsymbol{q}}) \leqq K(\widehat{\boldsymbol{p}}, \widehat{\boldsymbol{q}}) \leqq K(\widehat{\boldsymbol{p}}, \boldsymbol{q}) \qquad (\boldsymbol{p} \in S_m,\ \boldsymbol{q} \in S_n)$$

が成り立ち，$(\widehat{\boldsymbol{p}}, \widehat{\boldsymbol{q}})$ が鞍点 (saddle point) となっていることが見られます.

これまで $A > O$ と仮定したのですが，一般の場合でも $\alpha > 0$ を十分大きくとって

$$a_{ij} + \alpha > 0 \qquad (1 \leqq i \leqq m, 1 \leqq j \leqq n)$$

であるとしますと，

$$A_\alpha := A + \begin{pmatrix} \alpha & \cdots & \alpha \\ \vdots & \ddots & \vdots \\ \alpha & \cdots & \alpha \end{pmatrix}$$

とおけば $A_\alpha > O$，しかも，$\boldsymbol{p} \in S_m, \boldsymbol{q} \in S_n$ に対して

$$K_\alpha(\boldsymbol{p}, \boldsymbol{q}) := {}^t\boldsymbol{p} A_\alpha \boldsymbol{q} = K(\boldsymbol{p}, \boldsymbol{q}) + \alpha$$

となりますから，上の不等式が任意の A に対して成り立つことがわかります.

定理 (フォン・ノイマンのミニ・マックス定理)

$$\min_{\boldsymbol{q} \in S_n} \big(\max_{\boldsymbol{p} \in S_m} {}^t\boldsymbol{p} A \boldsymbol{q} \big) = \max_{\boldsymbol{p} \in S_m} \big(\min_{\boldsymbol{q} \in S_n} {}^t\boldsymbol{p} A \boldsymbol{q} \big)$$

証明　次の補題を用意する.

補題　i)　$\displaystyle \max_{\boldsymbol{p} \in S_m} \sum_{i=1}^{m} \alpha_i p_i = \max(\alpha_1, \cdots, \alpha_m)$

ii)　$\displaystyle \min_{\boldsymbol{q} \in S_n} \sum_{j=1}^{n} \beta_j q_j = \min(\beta_1, \cdots, \beta_n)$

補題の証明　i) を示す (ii) についても同様). もし

$$\max(\alpha_1, \cdots, \alpha_m) = \alpha_{i_0}$$

であるとすれば,

$$\sum_{i=1}^{m} \alpha_i p_i \leqq \alpha_{i_0} \sum_{i=1}^{m} p_i = \alpha_{i_0}$$

より $\max_{S_m} \sum \alpha_i p_i \leqq \alpha_{i_0}$. 他方, 成分として $p_i = 0\,(i \neq i_0)$, $p_{i_0} = 1$ をもつような $\boldsymbol{p}$ をとれば, $\sum_{i=1}^{m} \alpha_i p_i = \alpha_{i_0}$ だから $\max \sum \alpha_i p_i \geqq \alpha_0$. ゆえに等号が成り立つ.

定理の証明にもどって,

$$F(\boldsymbol{p}) := \min_{\boldsymbol{q} \in S_n} K(\boldsymbol{p}, \boldsymbol{q}), \qquad G(\boldsymbol{q}) := \max_{\boldsymbol{p} \in S_m} K(\boldsymbol{p}, \boldsymbol{q})$$

とおくと, 補題から

$$F(\boldsymbol{p}) = \min_{1 \leqq j \leqq n} \sum_{i=1}^{m} a_{ij} p_i, \qquad G(\boldsymbol{q}) = \max_{1 \leqq i \leqq m} \sum_{j=1}^{n} a_{ij} q_j$$

これから $\boldsymbol{p} \in S_m$, $\boldsymbol{q} \in S_n$ に対して

$$F(\boldsymbol{p}) \leqq K(\boldsymbol{p}, \boldsymbol{q}) \leqq G(\boldsymbol{q})$$

とくに

$$F(\boldsymbol{p}) \leqq K(\boldsymbol{p}, \widehat{\boldsymbol{q}}) \leqq G(\widehat{\boldsymbol{q}})$$
$$F(\widehat{\boldsymbol{p}}) \leqq K(\widehat{\boldsymbol{p}}, \boldsymbol{q}) \leqq G(\boldsymbol{q})$$

が成り立つ. さらに鞍点不等式

$$K(\boldsymbol{p}, \widehat{\boldsymbol{q}}) \leqq K(\widehat{\boldsymbol{p}}, \widehat{\boldsymbol{q}}) \leqq K(\widehat{\boldsymbol{p}}, \boldsymbol{q})$$

から

$$G(\widehat{\boldsymbol{q}}) \leqq K(\widehat{\boldsymbol{p}}, \widehat{\boldsymbol{q}}) \leqq F(\widehat{\boldsymbol{p}})$$

が出る. まとめて

$$F(\boldsymbol{p}) \leqq K(\boldsymbol{p}, \widehat{\boldsymbol{q}}) \leqq G(\widehat{\boldsymbol{q}}) \leqq K(\widehat{\boldsymbol{p}}, \widehat{\boldsymbol{q}}) \leqq F(\widehat{\boldsymbol{p}}) \leqq K(\widehat{\boldsymbol{p}}, \boldsymbol{q}) \leqq G(\boldsymbol{q})$$

ゆえに $F(\widehat{\boldsymbol{p}}) = \max F(\boldsymbol{p}) = \min G(\boldsymbol{q}) = G(\widehat{\boldsymbol{q}}) = K(\widehat{\boldsymbol{p}}, \widehat{\boldsymbol{q}})$. ∎

演習問題

1. 条件 $A\boldsymbol{y} \leqq \boldsymbol{b}$, $\boldsymbol{y} \geqq \boldsymbol{0}$ のもとに ${}^t\boldsymbol{c}\boldsymbol{y}$ の最大値を求める問題で, $\boldsymbol{c} = \boldsymbol{c}_0$ のとき

の任意の最適解を $\boldsymbol{y}_0$, $\boldsymbol{c} = \boldsymbol{c}_1$ のときの任意の最適解を $\boldsymbol{y}_1$ とすれば,

$$ {}^t(\boldsymbol{c}_1 - \boldsymbol{c}_0)(\boldsymbol{y}_1 - \boldsymbol{y}_0) \geqq 0 $$

が成り立つ.

2. 連立線型不等式

$$ \sum_{j=1}^{n} x_{ij} \leqq s_i \qquad (1 \leqq i \leqq m) $$
$$ \sum_{i=1}^{m} x_{ij} \geqq t_j \qquad (1 \leqq j \leqq n) $$

の非負解 $x_{ij} \geqq 0\,(1 \leqq i \leqq m,\ 1 \leqq j \leqq n)$ が存在するための一つの十分条件は,

$$ s_i \geqq 0 \quad (1 \leqq i \leqq m), \qquad t_j \geqq 0 \quad (1 \leqq j \leqq n) $$
$$ \sum_{i=1}^{m} s_i \geqq \sum_{j=1}^{n} t_j $$

が成り立つことである.

［ヒント：${}^t\boldsymbol{y} = (x_{11} \cdots x_{1n} x_{21} \cdots x_{2n} \cdots x_{m1} \cdots x_{mn})$ として変数 $\boldsymbol{y}$ に関する一つの不等式にまとめて考える.］

第29章　誤り訂正符号理論

誤り訂正符号は“雑音”の多い通信回路によって，できる限り信頼のおける情報の伝達をすることを目標として用いられるものです．ここでは有限体上の線型代数がどのようにして符号理論にかかわるかを説明するのが目的です．

たとえば0と1からなるいわゆる2進データによって情報を伝達するときの通信路としては，電話回線，無線通信あるいは人工衛星を用いる写真電送などといくつもの種類があり，そのときの“雑音”もしくは“障害”としては人為的な誤り，落雷，回線の不備などのさまざまなものが考えられ，そのため発信されたものと受信されたものとは必ずしも同じではないことが多いわけです．誤り訂正符号理論の目的は，余分なデータをつけ加えることによって (送信の時間は多少増えても)，誤りの検出と，もし可能ならばその訂正もすることにあります．

簡単な例について説明するために，4種類の情報を2進データに翻訳した次の三つの符号系を考えます．

$$\mathscr{C}_1 \begin{cases} 0 & 0 \\ 0 & 1 \\ 1 & 0 \\ 1 & 1 \end{cases} \qquad \mathscr{C}_2 \begin{cases} 0 & 0 & 0 \\ 0 & 1 & 1 \\ 1 & 0 & 1 \\ 1 & 1 & 0 \end{cases} \qquad \mathscr{C}_3 \begin{cases} 0 & 0 & 0 & 0 & 0 \\ 0 & 1 & 1 & 0 & 1 \\ 1 & 0 & 1 & 1 & 0 \\ 1 & 1 & 0 & 1 & 1 \end{cases}$$

はじめの$\mathscr{C}_1$では，誤りがあって，0が1に変わり，1が0に変わっても，その検出は不可能です．$\mathscr{C}_2$では，もしただ1個だけ誤りが起きたものとすれば (1の個数が偶数から奇数に変わるので) 検出が可能です．しかし，もとのものが何であったかは定まりません．$\mathscr{C}_3$では，もし起きた誤りがただ1個であるとすれば，もとのものが何であったかも判定することができます．たとえば11101が受信された場合，送信されたものは01101以外のものではあり得ないからです (誤りの数がただ 1 個としているので).

29. 1. ハミング距離と符号の最小間隔

われわれは主として 2 進符号を考えます．ある一定の長さ n (それをこの符号の長さとよぶ) の 0, 1 を成分とする行ベクトル $\boldsymbol{x} = x_1x_2\cdots x_n$ (2 進ベクトルとよぶ) の集合 $\mathscr{C}$ を考えます．符号理論では習慣上行ベクトルを用いることが多く，また括弧もつけないで書きます．ここで成分 0, 1 は有限体 $\boldsymbol{F}_2 = GF(2)$ の元であると考えます．その算法は

+	0	1
0	0	1
1	1	0

×	0	1
0	0	0
1	0	1

によって与えられる 2 を法とする (あるいは mod 2 の) 算法です．したがって $\mathscr{C}$ はこのような行ベクトル全体の集合 ${F_2}^n$ の部分集合と考えられます．これを (2 進) **符号**とよび，その各元を**符号語**とよびます．

二つの符号語すなわち 2 進ベクトル $\boldsymbol{x}, \boldsymbol{y}$ に対して，その**ハミング距離** $d(\boldsymbol{x}, \boldsymbol{y})$ を

$$d(\boldsymbol{x}, \boldsymbol{y}) := \sharp\{i \,|\, x_i \neq y_i,\ 1 \leqq i \leqq n\}$$

と定めます．これは $\boldsymbol{x} = x_1x_2\cdots x_n$ を $\boldsymbol{y} = y_1y_2\cdots y_n$ に変えるために，最小何回，成分 x_i を y_i に変える必要があるかの回数です．たとえば

$$\boldsymbol{x} = 01101, \qquad \boldsymbol{y} = 11011$$

ならば $d(\boldsymbol{x}, \boldsymbol{y}) = 3$.

このとき，以下の性質があります．

i) $d(\boldsymbol{x}, \boldsymbol{y}) = 0 \Longleftrightarrow \boldsymbol{x} = \boldsymbol{y}$

ii) $d(\boldsymbol{x}, \boldsymbol{y}) = d(\boldsymbol{y}, \boldsymbol{x})$

iii) $d(\boldsymbol{x}, \boldsymbol{y}) \leqq d(\boldsymbol{x}, \boldsymbol{z}) + d(\boldsymbol{z}, \boldsymbol{y})$

この最後の性質は，$\boldsymbol{x}$ をまず $\boldsymbol{z}$ に変え，ついで $\boldsymbol{z}$ を $\boldsymbol{y}$ に変えるときの回数と，$\boldsymbol{x}$ を直接 $\boldsymbol{y}$ に変えるときの回数とを比較すれば明らかです．

符号 $\mathscr{C}$ の**最小間隔** $d(\mathscr{C})$ を

$$d(\mathscr{C}) := \min\{d(\boldsymbol{x},\, \boldsymbol{y}) \mid \boldsymbol{x},\, \boldsymbol{y} \in \mathscr{C},\, \boldsymbol{x} \neq \boldsymbol{y}\}$$

と定めます．たとえば

$$d(\mathscr{C}_1) = 1, \qquad d(\mathscr{C}_2) = 2, \qquad d(\mathscr{C}_3) = 3$$

定理　i）$d(\mathscr{C}) \geqq s+1$ ならば，$\mathscr{C}$ では s 個以内の誤りの検出が可能．
ii）$d(\mathscr{C}) \geqq 2t+1$ ならば，$\mathscr{C}$ では t 個以内の誤りの訂正が可能．

証明　i）この場合，$\boldsymbol{x}$ に誤り s 個が起きて $\boldsymbol{y}$ となったとすれば $d(\boldsymbol{x},\, \boldsymbol{y}) \leqq s$ であるから，$\boldsymbol{y}$ は他の符号語ではなく，誤りが起きたことがわかる．

ii）この場合には，$\boldsymbol{x}$ 以外の符号語 $\boldsymbol{x}'$ と $\boldsymbol{y}$ との距離

$$\begin{aligned} d(\boldsymbol{x}',\, \boldsymbol{y}) &\geqq d(\boldsymbol{x}',\, \boldsymbol{x}) - d(\boldsymbol{x}, \boldsymbol{y}) \\ &\geqq 2t+1-t = t+1 \end{aligned}$$

で $\boldsymbol{y}$ にもっとも近い $\boldsymbol{x}$ が確定する (つまり 100%確実な誤りの訂正ではなく，もっとも確からしい訂正がなされるということである)．■

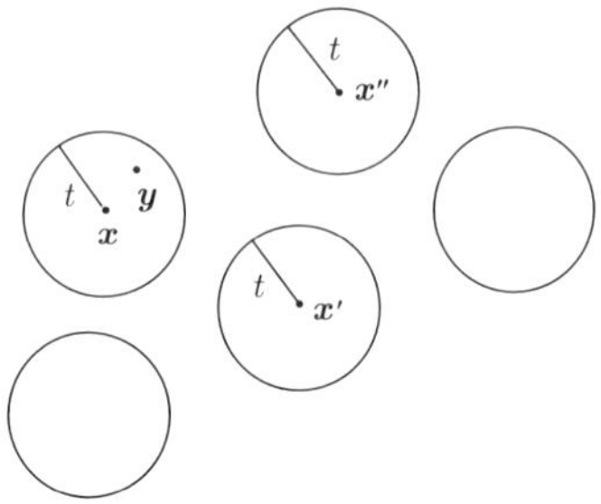

図 29-1

長さ n の符号語総数 M 個を含み，最小間隔 d の符号 $\mathscr{C}$ のことを $(n,\, M,\, d)$ – 符号とよびます．誤りの検出，訂正のために符号 $\mathscr{C}$ の最小間隔 d が重要な量であることが，この定理からすでにわかります．

2 進 $(n,\, M,\, d)$ – 符号の性能は，n はなるべく小さく (発信時間を短くする)，M はなるべく大きく (通信文の数を増やす)，d はなるべく大きく (できるだけ多くの誤りを訂正する) することによって高められるのですが，これはしかしながら連立しない要請で，符号理論の一つの基本的な課題は，どのような $(n,\, M,\, d)$ – 符号

が存在するかを解明することです.

符号語 $\boldsymbol{x} = x_1x_2\cdots x_n$ の**重み** $w(\boldsymbol{x})$ を

$$w(\boldsymbol{x}) := \sharp\{i \mid \boldsymbol{x} = x_1\cdots x_n,\ x_i \neq 0\}$$

と定めます (2進符号の場合は $x_i \neq 0 \Longleftrightarrow x_i = 1$).

補題

$$d(\boldsymbol{x},\,\boldsymbol{y}) = w(\boldsymbol{x}+\boldsymbol{y})$$
$$d(\boldsymbol{x},\,\boldsymbol{y}) = w(\boldsymbol{x}) + w(\boldsymbol{y}) - 2w\,(\boldsymbol{x}\wedge\boldsymbol{y})$$

ただし $\boldsymbol{x}\wedge\boldsymbol{y} = (x_1y_1,\ \cdots,\ x_ny_n)$

定理　d が奇数ならば

$(n,\,M,\,d)$－符号が存在 $\Longleftrightarrow$ $(n+1,\,M,\,d+1)$－符号が存在

証明　$\mathscr{C}$ が $(n,\,M,\,d)$－符号であるとして, $\boldsymbol{x}\in\mathscr{C}$ に対して

$$\widehat{\boldsymbol{x}} := x_1x_2\cdots x_nx_{n+1}, \qquad x_{n+1} = \begin{cases} 1 & w(\boldsymbol{x})\ \text{奇数} \\ 0 & w(\boldsymbol{x})\ \text{偶数} \end{cases}$$

と定義すれば, $\widehat{\mathscr{C}} := \{\widehat{\boldsymbol{x}} \mid \boldsymbol{x}\in\mathscr{C}\}$ は $(n+1,\,M,\,d+1)$－符号となる.

実際

$$d(\widehat{\boldsymbol{x}},\,\widehat{\boldsymbol{y}}) = w(\widehat{\boldsymbol{x}}) + w(\widehat{\boldsymbol{y}}) - 2w\,(\widehat{\boldsymbol{x}}\wedge\widehat{\boldsymbol{y}})$$

より $d(\widehat{\boldsymbol{x}},\,\widehat{\boldsymbol{y}})$ は常に偶数だから $d(\widehat{\mathscr{C}})$ も偶数.

他方, 明らかに $d \leqq d(\widehat{\mathscr{C}}) \leqq d+1$ だから $d(\widehat{\mathscr{C}}) = d+1$.

逆に, $\mathscr{C}$ が $(n+1,\,M,\,d+1)$－符号ならば, $d+1 = d(\boldsymbol{x},\,\boldsymbol{y})$ となる $\boldsymbol{x},\,\boldsymbol{y}\in\mathscr{C}$ をとって, $x_i \neq y_i$ となる番号 i をえらんで各符号語の第 i 成分を除いたものからなる符号 $\mathscr{C}'$ を考えれば $d(\mathscr{C}') = d$ となる. ∎

2進 $(n,\,M,\,d)$－符号のパラメーター $n,\,M,\,d$ の間の双互制約を示すものに**球充填評価**とよばれるものがあります. 2進ベクトル $\boldsymbol{x}$ に対して

$$B(\boldsymbol{x},\,r) := \{\boldsymbol{y}\in {F_2}^n \mid d(\boldsymbol{x},\,\boldsymbol{y}) \leqq r\}$$

とおいて, これを中心 $\boldsymbol{x}$, 半径 r の"球"とよびます.

補題　$\sharp B(\boldsymbol{x}, r) := \binom{n}{0} + \binom{n}{1} + \cdots + \binom{n}{r}$

ただし　$\binom{n}{i} = \dfrac{n!}{i!(n-i)!} = \dfrac{n(n-1)\cdots(n-i+1)}{i!}$

証明　$d(\mathbf{0}, \boldsymbol{y}) = t$ となる $\boldsymbol{y} = y_1 \cdots y_n$ は t 個の 1 をもつから，これらの 1 をおく場所を考えれば，これは n 個から t 個をえらび出す組み合わせの数 $\binom{n}{t}$ となる．∎

定理　2 進 $(n, M, 2t+1)$–符号 $\mathscr{C}$ に対して

$$M\left\{\binom{n}{0} + \binom{n}{1} + \cdots + \binom{n}{t}\right\} \leqq 2^n$$

証明　$d(\mathscr{C}) = 2t+1$ より，各 $\boldsymbol{x} \in \mathscr{C}$ を中心とし半径 t の球は互いに共通点をもたない．∎

ここで等式が成り立つとき，この符号 $\mathscr{C}$ は**完全符号**であるといいます．

符号 $\mathscr{C}$ が与えられたとき，その最小間隔 $d(\mathscr{C})$ を知ることは上に見たように重要な意味をもっていますが，それは場合によってそれほど簡単なことではありません．しかし，線型符号とよばれる特別なものに対しては事情が異なり，これが著しく簡略化されるのです．

29. 2. 線型符号

符号 $\mathscr{C}$ に対して条件

$$\boldsymbol{x}, \boldsymbol{y} \in \mathscr{C} \quad \text{ならば} \quad \boldsymbol{x} + \boldsymbol{y} \in \mathscr{C}$$

が成り立つとき，$\mathscr{C}$ は**線型符号** (linear code) であるといいます．これは $\mathscr{C}$ が行ベクトルの線型空間 F_2^n の部分空間となっていることを意味しています．スカラー倍

に関する条件は，F_2 の場合は自明であることに注意します．また F_2 では $-1=1$ ですから $\boldsymbol{x}-\boldsymbol{y}=\boldsymbol{x}+\boldsymbol{y}$ であることも，前に注意した通りです．

$\mathscr{C}$ が F_2^n の k 次元部分空間となっているとき，2 進 $[n,\,k]$ – 符号であるといいます．前の例 $\mathscr{C}_1,\,\mathscr{C}_2,\,\mathscr{C}_3$ はいずれも線型符号となっています．とくに最小間隔 d を強調したいときは $[n,\,k,\,d]$ – 符号ということもあります．

定理　線型符号 $\mathscr{C}$ に対しては

$$d(\mathscr{C})=w(\mathscr{C})$$

ただし

$$w(\mathscr{C}):=\min\{w(\boldsymbol{x})\,|\,\boldsymbol{x}\in\mathscr{C},\ \boldsymbol{x}\neq\boldsymbol{0}\}$$

証明　$\boldsymbol{x},\,\boldsymbol{y}\in\mathscr{C}$ に対して $d(\mathscr{C})=d(\boldsymbol{x},\,\boldsymbol{y})$ ならば，$\boldsymbol{x}-\boldsymbol{y}\in\mathscr{C}$ だから

$$d(\mathscr{C})=d(\boldsymbol{x},\,\boldsymbol{y})=w(\boldsymbol{x}-\boldsymbol{y})\geqq w(\mathscr{C})$$

逆に，$w(\mathscr{C})=w(\boldsymbol{x})$ ならば $w(\boldsymbol{x})=w(\boldsymbol{x}-\boldsymbol{0})=d(\boldsymbol{x},\,\boldsymbol{0})\geqq d(\mathscr{C})$ だから $d(\mathscr{C})=w(\mathscr{C})$．∎

ある符号 $\mathscr{C}$ を記述するためには，符号語の一覧表を作ることが必要ですが，線型符号の場合には線型空間の基底の概念を利用して，**生成行列** というものを用いることができます．

符号 $\mathscr{C}$ の生成行列とは，$k\times n$ 行列 G

$$G=\begin{pmatrix} g_{11} & g_{12} & \cdots & g_{1n} \\ \vdots & \vdots & \ddots & \vdots \\ g_{k1} & g_{k2} & \cdots & g_{kn} \end{pmatrix}$$

で，その k 個の行ベクトル $\boldsymbol{g}_i=(g_{i1}\ g_{i2}\ \cdots\ g_{in})$ が $\mathscr{C}$ の基底となるもののことと定義します．たとえば

$\mathscr{C}_1$ に対しては　$G=\begin{pmatrix} 0 & 1 \\ 1 & 0 \end{pmatrix}$　または　$\begin{pmatrix} 1 & 0 \\ 0 & 1 \end{pmatrix}$

$\mathscr{C}_2$ に対しては　$G=\begin{pmatrix} 0 & 1 & 1 \\ 1 & 0 & 1 \end{pmatrix}$

$$\mathscr{C}_3 \text{ に対しては} \qquad G = \begin{pmatrix} 1 & 0 & 1 & 1 & 0 \\ 0 & 1 & 1 & 0 & 1 \end{pmatrix}$$

生成行列のとり方はもちろん幾通りもあります.

> **補題**　線型符号 $\mathscr{C}$ が生成行列 G をもてば
>
> $$\boldsymbol{x} \in \mathscr{C} \iff \boldsymbol{x} = \boldsymbol{u}G \qquad (\boldsymbol{u} \in F_2^k)$$
>
> (ここでも F_2^k は k 次元行ベクトルの空間).

この補題を用いて，2^k 個の情報に対応する k 次元 2 進ベクトル $\boldsymbol{u} = u_1 \cdots u_k$ に符号 $\mathscr{C}$ の符号語 $\boldsymbol{x}$ を対応させる“符号化”がなされるわけです．この逆の操作がいわゆる“復号化”で，それをうまく行うことも線型符号のメリットの一つとなっています.

29.3. 双対符号

線型空間 F_2^n に標準内積を

$$\langle \boldsymbol{x}, \boldsymbol{y} \rangle := \boldsymbol{x} \cdot {}^t\boldsymbol{y} = x_1 y_1 + \cdots + x_n y_n$$

とおいて定めます (行ベクトルを考えていることと，体 F_2 で計算することに注意)．$\langle \boldsymbol{x}, \boldsymbol{y} \rangle = 0$ のとき $\boldsymbol{x}, \boldsymbol{y}$ が直交するというのは通常の場合と同様です．またこの内積も**非退化**です：

$$\text{すべての } \boldsymbol{y} \in F_2^n \text{ に対して} \qquad \langle \boldsymbol{x}, \boldsymbol{y} \rangle = 0 \quad \text{ならば} \quad \boldsymbol{x} = \boldsymbol{0}$$

線型符号 $\mathscr{C}$ の双対符号 $\mathscr{C}^\perp$ を

$$\mathscr{C}^\perp := \{\boldsymbol{x} \in F_2^n \mid \boldsymbol{y} \in \mathscr{C} \text{ に対して } \langle \boldsymbol{x}, \boldsymbol{y} \rangle = 0\}$$

と定義します．G が $\mathscr{C}$ の生成行列ならば

$$\boldsymbol{x} \in \mathscr{C}^\perp \iff \boldsymbol{x}\,{}^tG = \boldsymbol{0}$$

これは $\mathscr{C}^\perp$ が独立な k 個の線型方程式系によって定義されることを示していて,

$$\dim \mathscr{C}^\perp = n - k$$

となり，$\mathscr{C}^{\perp}$ は $[n,\, n-k]$ –符号となります．

命題　線型符号 $\mathscr{C}$ に対して $(\mathscr{C}^{\perp})^{\perp} = \mathscr{C}$.

証明　$\mathscr{C} \subset (\mathscr{C}^{\perp})^{\perp}$ で，$\dim (\mathscr{C}^{\perp})^{\perp} = n - \dim \mathscr{C}^{\perp} = n - (n-k) = k$.　■

系　双対符号 $\mathscr{C}^{\perp}$ の生成行列 H に対して

$$\boldsymbol{x} \in \mathscr{C} \Longleftrightarrow \boldsymbol{x}\,{}^{t}H = \boldsymbol{0}$$

この性質から，$\mathscr{C}^{\perp}$ の生成行列のことを $\mathscr{C}$ に対する**パリティ検査行列**とよびます．

定理　線型符号 $\mathscr{C}$ の生成行列 G が

$$G = (I_k A) \qquad (A \text{ は } (k,\, n-k) \text{ 行列})$$

の形をしていれば，

$$H = ({}^{t}A I_{n-k})$$

は $\mathscr{C}$ のパリティ検査行列である．

証明　定義から

$$\boldsymbol{x} \in \mathscr{C} \Longleftrightarrow \boldsymbol{x} = \boldsymbol{u}G(\boldsymbol{u} \in {F_2}^{k}) \Longleftrightarrow \boldsymbol{x} = \Bigl(\overbrace{\boldsymbol{u}}^{k}\ \overbrace{\boldsymbol{u}A}^{n-k}\Bigr)$$

${}^{t}H = \begin{pmatrix} A \\ I_{n-k} \end{pmatrix}$ だから

$$\Longrightarrow \boldsymbol{x}\,{}^{t}H = \boldsymbol{0}$$

となる．逆に

$$\boldsymbol{x}\,{}^{t}H = \boldsymbol{0} \Longrightarrow \boldsymbol{x} = (\boldsymbol{u}\ \boldsymbol{v}), \qquad \boldsymbol{u}A + \boldsymbol{v} = \boldsymbol{0} \Longrightarrow \boldsymbol{x} = (\boldsymbol{u}\ \boldsymbol{u}A)$$　■

パリティ検査行列は，イ) 復号化の操作の簡略化，ロ) 符号の記述，に用いられます．応用として**ハミング符号** $\mathscr{H}_3$ を説明しましょう．

> **定理**　パリティ検査行列として
> $$H = \begin{pmatrix} 0 & 0 & 0 & 1 & 1 & 1 & 1 \\ 0 & 1 & 1 & 0 & 0 & 1 & 1 \\ 1 & 0 & 1 & 0 & 1 & 0 & 1 \end{pmatrix}$$
> をもつ 2 進 $[7,4]$－符号 $\mathscr{H}_3$ は完全符号で，
> $$d(\mathscr{H}_3) = 3$$
> である．

証明　定義から ${\mathscr{H}_3}^{\perp}$ は 2 進 $[7,3]$－符号．ゆえに $\mathscr{H}_3$ は 2 進 $[7,4]$－符号．$d(\mathscr{H}_3) = 3$ を示すためには $w(\mathscr{H}_3) = 3$ を示せば十分．まず，$w(\boldsymbol{x}) = 1$ または 2 となる $\boldsymbol{x}$ が存在しないことを示す．

$$w(\boldsymbol{x}) = 1 \iff \boldsymbol{x} = 0 \cdots 0 \overset{\overset{i}{\smile}}{1} 0 \cdots 0$$

だから，$\boldsymbol{x}{}^tH = \mathbf{0}$ は H の第 i 列が $\mathbf{0}$ となることを意味するので，これは起こり得ない．

$$w(\boldsymbol{x}) = 2 \iff \boldsymbol{x} = 0 \cdots 0 \overset{\overset{i}{\smile}}{1} 0 \cdots 0 \overset{\overset{j}{\smile}}{1} 0 \cdots 0$$

だから，$\boldsymbol{x}{}^tH = \mathbf{0}$ は H の第 i 列と第 j 列が等しいことを示し，これも起こり得ない（H は $\mathbf{0}$ 以外の 3 次列ベクトルを並べたものとなっていることに注意）．

他方，$\boldsymbol{x} = 1110000$ とすれば，$\boldsymbol{x}{}^tH = \mathbf{0}$ より $\boldsymbol{x} \in \mathscr{H}_3$．これから $w(\mathscr{H}_3) = w(\boldsymbol{x}) = 3$．

完全符号であることは，$M = 2^4 = 16$, $n = 7$, $d = 3$ より

$$2^4 \left\{ \binom{7}{0} + \binom{7}{1} \right\} = 2^4 \cdot (1 + 7) = 2^7.$$

■

一般に r 次元の 2 進列ベクトルで $\mathbf{0}$ 以外のものを並べた行列を H として，H をパリティ検査行列とする線型符号 $\mathscr{H}_r$ を r 次**ハミング符号**とよぶと，これは 2 進 $(2^r - 1,\ 2^r - 1 - r,\ 3)$－符号で，完全符号であることが上とまったく同様に示

されます.

$\mathscr{H}_3$ に対する復号は以下のように簡単です. 符号語 $\boldsymbol{x} = x_1x_2\cdots x_7$ が単一の誤りによって $\boldsymbol{y} = y_1y_2\cdots y_7$ と伝達されたとき

$$\boldsymbol{y} = \boldsymbol{x} + \boldsymbol{e}_i, \qquad \boldsymbol{e}_i = (0\cdots 0 \overset{i}{\breve{1}}\ 0\cdots 0)$$

となっています. このとき

$$\boldsymbol{y}^t H = (h_{1i}h_{2i}h_{3i}), \qquad i = 2^2 h_{1i} + 2h_{2i} + h_{3i}$$

となって " シンドローム " $\boldsymbol{y}^t H$ が誤りの起きた個所の番号の 2 進表示と対応しています. たとえば $\boldsymbol{y} = 1101011$ であったとすれば $\boldsymbol{y}^t H = 110$ だから $i = 6$ で, 誤りが第 6 番目に起きていて $\boldsymbol{x} = 1101001$ であったと判定されます.

29. 4. Golay 符号

定理　生成行列として

$$G = (I_{12}\ \ A)$$

$$= \left(\begin{array}{cccccccccccc|cccccccccccc}
1 &&&&&&&&&&& & 0&1&1&1&1&1&1&1&1&1&1&1 \\
& 1 &&&&&&&&&& & 1&1&1&0&1&1&1&0&0&0&1&0 \\
&& 1 &&&&&&&&& & 1&1&0&1&1&1&0&0&0&1&0&1 \\
&&& 1 &&&&&&&& & 1&0&1&1&1&0&0&0&1&0&1&1 \\
&&&& 1 &&&&&&& & 1&1&1&1&0&0&0&1&0&1&1&0 \\
&&&&& 1 &&&&&& & 1&1&1&0&0&0&1&0&1&1&0&1 \\
&&&&&& 1 &&&&& & 1&1&0&0&0&1&0&1&1&0&1&1 \\
&&&&&&& 1 &&&& & 1&0&0&0&1&0&1&1&0&1&1&1 \\
&&&&&&&& 1 &&& & 1&0&0&1&0&1&1&0&1&1&1&0 \\
&&&&&&&&& 1 && & 1&0&1&0&1&1&0&1&1&1&0&0 \\
&&&&&&&&&& 1 & & 1&1&0&1&1&0&1&1&1&0&0&0 \\
&&&&&&&&&&& 1 & 1&0&1&1&0&1&1&1&0&0&0&1
\end{array}\right)$$

をもつ符号 $\mathscr{G}_{24}$ は $[24, 12, 8]$ – 符号である (この符号は無人惑星探査機ボイジャーによる写真伝送に用いられたことで有名).

証明　$d(\mathscr{G}_{24}) = 8$ であること．任意の $\boldsymbol{x} \in \mathscr{G}_{24}$ に対して $w(\boldsymbol{x}) \geqq 8$ であることを示す.

i）　${\mathscr{G}_{24}}^{\perp} = \mathscr{G}_{24}$ (自己双対符号であること)

$\mathscr{G}_{24} \subset {\mathscr{G}_{24}}^{\perp}$ を示せば，次元関係から等号となる.

G の第 3 行以下の第 14, $\cdots$, 24 成分は第 2 行目の第 14, $\cdots$, 24 成分の巡回シフトによって得られていることから，

$$\langle \boldsymbol{x}, \boldsymbol{y} \rangle = 0 \qquad (\boldsymbol{x}, \boldsymbol{y} \in \mathscr{G}_{24})$$

を示すには，$\boldsymbol{x}$ が第 1 行または第 2 行，$\boldsymbol{y}$ が第 3 行，$\cdots$，第 12 行の場合について調べれば十分.

ii）　$(A \,|\, I_{12})$ も $\mathscr{G}_{24}$ の生成行列である.

これは ${\mathscr{G}_{24}}^{\perp} = \mathscr{G}_{24}$ と ${}^{t}A = A$ とからわかる.

iii）　$\boldsymbol{x} \in \mathscr{G}_{24}$ ならば $w(\boldsymbol{x})$ は 4 の倍数.

まず $\boldsymbol{x}, \boldsymbol{y}$ が生成行列 G の 2 行であるとすれば

$$w(\boldsymbol{x}+\boldsymbol{y}) = w(\boldsymbol{x}) + w(\boldsymbol{y}) - 2w(\boldsymbol{x} \wedge \boldsymbol{y})$$

$\langle x, y \rangle = 0$ だから $w(\boldsymbol{x} \wedge \boldsymbol{y}) = \#\{i \,|\, x_i = y_i = 1\}$ は偶数で，$w(\boldsymbol{x}), w(\boldsymbol{y})$ は 4 の倍数 (12 または 8) だから $w(\boldsymbol{x}+\boldsymbol{y})$ も 4 の倍数となる．これから帰納法で G の行の和の重さは 4 の倍数となることが示される.

iv）　$\mathscr{G}_{24}$ は $w(\boldsymbol{x}) = 4$ となる $\boldsymbol{x}$ をもっていない.

$$\boldsymbol{x} = x_1 \cdots x_{24} = LR, \qquad L = x_1 \cdots x_{12}, \qquad R = x_{13} \cdots x_{24}$$

と左右に分けて考えると，$w(\boldsymbol{x}) = 4$ となるのは

$w(L)$	$w(R)$	
0	4	これは起こり得ない
1	3	このとき $\boldsymbol{x}$ は G のある行で, $w(R) \neq 3$
2	2	このとき $\boldsymbol{x}$ は G の 2 行の和で, $w(R) \neq 2$
3	1	} ii) を用いて上に帰着する
4	0	

∎

注意　$\mathscr{G}_{24}$ の最後の成分を取り除いて $[23, 12, 7]$－符号 $\mathscr{G}_{23}$ を作れば完全符

号となる．

$$2^{12}\left\{\binom{23}{0}+\binom{23}{1}+\binom{23}{2}+\binom{23}{3}\right\}=2^{23}$$

演習問題

1. 線型符号 $\mathscr{C}$ がパリティ検査行列 H をもつとき，

$$d(\mathscr{C})=d \Longleftrightarrow \begin{cases} H \text{ の列ベクトルの任意の } d-1 \text{ 個は独立} \\ H \text{ の列ベクトルに } d \text{ 個従属なものがある} \end{cases}$$

第30章　古典群

クラインが「エルランゲンのプログラム」で考察したいくつかの群とその一般化が“古典群”とよばれることになったのですが，これはとくに1939年のワイルの歴史的名著《The Classical Groups》に由来するものと思われます．これらの群のいくつかの代表的なものとはわれわれはこれまでしばしば出会ってきたのですが，この最後の章ではそのまとめとしての記述を試みたいと思います．これらの群の一般論はいわゆるリー群論の主要な部分を占めているのですが，それに先だってこれらの個性に富んだ具体的な群をよく知っておくことが望ましいと私には思われます．

30.1. 古典的な基礎体 $\boldsymbol{R}, \boldsymbol{C}, \boldsymbol{H}$

1次元の直線と実数とを同一視する数直線の概念，2次元の平面上の点と複素数とを同一視するガウスの複素平面の概念を一般化して，3次元の数ベクトル空間 $\boldsymbol{R}^3$ に，その線型空間としての構造と両立する積の演算をもつ代数構造を定義できないかが問題となり，1843年アイルランドの数学者ハミルトンによってそれが意外な形での解決を見て，四元数体 $\boldsymbol{H}$ が発見されます．これは単位元1と三つの虚数単位 i, j, k をもち，$(1, i, j, k)$ を実数体 $\boldsymbol{R}$ 上の基底としてもつ線型空間で，さらに結合法則，分配法則を満たす積

$$\begin{aligned}
&(x_1 + x_2 i + x_3 j + x_4 k)(y_1 + y_2 i + y_3 j + y_4 k) \\
&\quad = (x_1y_1 - x_2y_2 - x_3y_3 - x_4y_4) + (x_1y_2 + x_2y_1 + x_3y_4 - x_4y_3)i \\
&\qquad + (x_1y_3 - x_2y_4 + x_3y_1 + x_4y_2)j + (x_1y_4 + x_2y_3 - x_3y_2 + x_4y_1)k
\end{aligned}$$

が定義されています．とくに

$$ij = k = -ji, \quad jk = i = -kj, \quad ki = j = -ik, \quad i^2 = j^2 = k^2 = -1$$

したがって $\boldsymbol{H}$ は非可換体もしくは division algebra とよばれるものとなります．

$\boldsymbol{x} = \begin{pmatrix} x_1 \\ x_2 \\ x_3 \\ x_4 \end{pmatrix} \longleftrightarrow x_1 + x_2 i + x_3 j + x_4 k$ と対応させることによって $\boldsymbol{H}$ は $\boldsymbol{R}^4$ と同一視されます．

$\boldsymbol{x} = x_1 + x_2 i + x_3 j + x_4 k$ に対して

$$\overline{\boldsymbol{x}} := x_1 - x_2 i - x_3 j - x_4 k$$

を $\boldsymbol{x}$ の共役四元数とよびます．このとき

$$\overline{\boldsymbol{x}\boldsymbol{y}} = \overline{\boldsymbol{y}} \cdot \overline{\boldsymbol{x}}, \qquad \overline{\overline{\boldsymbol{x}}} = \boldsymbol{x}$$
$$\boldsymbol{x}\overline{\boldsymbol{x}} = \overline{\boldsymbol{x}}\boldsymbol{x} = x_1^2 + x_2^2 + x_3^2 + x_4^2$$

が成り立つことが上の積の定義から直ちにわかります．

$||\boldsymbol{x}|| := (x_1^2 + x_2^2 + x_3^2 + x_4^2)^{\frac{1}{2}} = \sqrt{\boldsymbol{x}\overline{\boldsymbol{x}}}$ を $\boldsymbol{x}$ の**ノルム**とよびます (これは実数，複素数の絶対値の拡張となっています)．また $x_1 = \dfrac{\boldsymbol{x} + \overline{\boldsymbol{x}}}{2}$ を $\boldsymbol{x}$ の実数部分とよび，$\mathrm{Re}\,(\boldsymbol{x})$ と記します．したがって

$$\langle \boldsymbol{x}, \boldsymbol{y} \rangle = \mathrm{Re}(\overline{\boldsymbol{x}}\boldsymbol{y}) = x_1 y_1 + x_2 y_2 + x_3 y_3 + x_4 y_4$$

$\boldsymbol{x} \neq \boldsymbol{0}$ ならば $||\boldsymbol{x}|| \neq 0$ で，$\boldsymbol{x}\overline{\boldsymbol{x}} = \overline{\boldsymbol{x}}\boldsymbol{x} = ||\boldsymbol{x}||^2$ より

$$\boldsymbol{x}^{-1} = \frac{1}{||\boldsymbol{x}||^2} \overline{\boldsymbol{x}}$$

が $\boldsymbol{x}$ の逆元を与えます．

$\boldsymbol{H}$ は非可換体ですが，その**中心** ($\boldsymbol{x} \in \boldsymbol{H}$ ですべての $\boldsymbol{y} \in \boldsymbol{H}$ に対して $\boldsymbol{x}\boldsymbol{y} = \boldsymbol{y}\boldsymbol{x}$ となるものの全体) は $\boldsymbol{x} = x_1 + 0i + 0j + 0k$ の形の四元数であることが容易にわかります．このような $\boldsymbol{x}$ と x_1 とを同一視して $\boldsymbol{R} \subset \boldsymbol{H}$ と考えることができます．また $\boldsymbol{x} = x_1 + x_2 i + 0x_3 + 0x_4$ の形の四元数と複素数 $x_1 + x_2\sqrt{-1}$ とを同一視して $\boldsymbol{C} \subset \boldsymbol{H}$ と考えることもできます．このとき

$$\begin{aligned} \boldsymbol{x} = x_1 + x_2 i + x_3 j + x_4 k &= (x_1 + x_2 i) + (x_3 + x_4 i) j \\ &= (x_1 + x_2 i) + j(x_3 - x_4 i) \end{aligned}$$

と書けることから，$\boldsymbol{H}$ はまた $\boldsymbol{C}$ 上の 2 次元の“線型空間”となっていることが

わかります.

これをヒントとして, $\boldsymbol{H}$ を次のように $M_2(\boldsymbol{C})$ の部分代数として構成することができます:

$$M_2^*(\boldsymbol{C}) := \left\{ A = \begin{pmatrix} a & b \\ c & d \end{pmatrix} \in M_2(\boldsymbol{C}) \,\middle|\, \overline{A}J = JA \right\}$$

$$\left(\text{ただし} \quad J = \begin{pmatrix} 0 & 1 \\ -1 & 0 \end{pmatrix} \right)$$

とすれば, $M_2^*(\boldsymbol{C})$ は $\begin{pmatrix} a & b \\ -\bar{b} & \bar{a} \end{pmatrix}$, $a, b \in \boldsymbol{C}$ の形の行列からなり,

$$E = \begin{pmatrix} 1 & 0 \\ 0 & 1 \end{pmatrix}, \quad I = \begin{pmatrix} i & 0 \\ 0 & -i \end{pmatrix}, \quad J = \begin{pmatrix} 0 & 1 \\ -1 & 0 \end{pmatrix}, \quad K = \begin{pmatrix} 0 & i \\ i & 0 \end{pmatrix}$$

を基底とする $\boldsymbol{R}$ 上の 4 次元線型空間で,

$$A, B \in M_2^*(\boldsymbol{C}) \quad \text{ならば} \quad AB \in M_2^*(\boldsymbol{C})$$
$$IJ = -JI = K$$
$$I^2 = J^2 = K^2 = -E$$

したがって $(1, i, j, k)$ と (E, I, J, K) とを対応させて四元数体 $\boldsymbol{H}$ が $M_2^*(\boldsymbol{C})$ として $M_2(\boldsymbol{C})$ の中に実現されることとなります. さらにこのとき

$$A^* := {}^t\overline{A} = \begin{pmatrix} \bar{a} & -b \\ \bar{b} & a \end{pmatrix}$$

が A に対応する四元数の共役に対応していることにも注意しておきます.

さて, われわれの古典群の記述は $\boldsymbol{R}$, $\boldsymbol{C}$ または $\boldsymbol{H}$ の一つを基礎体にもつ線型空間の線型変換群としてなされるので, まず必ずしも可換でない体 $\boldsymbol{F}$ の上の**右**線型空間の話からはじめなければなりません.

30. 2. 非可換体 $\boldsymbol{F}$ 上の右線型空間

基礎体が非可換な場合には, スカラー倍を左側もしくは右側におくことによって 2 通りの理論が可能となりますが, われわれは以下明らかになるいくつかの理

由から右側にスカラー倍をとることとして，$\boldsymbol{F}$ 上の**右**線型空間の概念を次のように定義します．

集合 V に加法群の構造 ($x, y \in V$ に対してその和 $x+y$ が定義されている) と $x \in V, \alpha \in \boldsymbol{F}$ に対してスカラー倍 $x\alpha$ が定義されていて

$$\begin{cases} (x+y)\alpha = x\alpha + y\alpha \\ x(\alpha+\beta) = x\alpha + x\beta \\ x(\alpha\beta) = (x\alpha)\beta \\ x1 = x \quad (1 \text{ は } \boldsymbol{F} \text{ の乗法単位元}) \end{cases}$$

が成り立つとき，V は $\boldsymbol{F}$ 上の**右線型空間**であるといいます．もし $\boldsymbol{F}$ が可換な場合には $\alpha x := x\alpha$ と定めれば，これはこれまでの意味の線型空間とまったく同じものとなります．

部分空間，商空間，独立，従属，生成系，基底，次元などの概念は通常の場合と同様に展開され，有限生成の場合には独立な生成系として基底の含む元の数が一定となり，次元が決定されます．

例として，

$$\boldsymbol{F}^n := \left\{ \boldsymbol{x} = \begin{pmatrix} \xi_1 \\ \vdots \\ \xi_n \end{pmatrix} \;\middle|\; \xi_1, \cdots, \xi_n \in \boldsymbol{F} \right\}$$

和は通常の通り，スカラー倍を

$$\begin{pmatrix} \xi_1 \\ \vdots \\ \xi_n \end{pmatrix} \alpha := \begin{pmatrix} \xi_1\alpha \\ \vdots \\ \xi_n\alpha \end{pmatrix}$$

と定めれば，n 次元右線型空間となります．

n 次元線型空間 V の基底 $\mathscr{B} = (x_1, \cdots, x_n)$ を一つえらべば，

$$x = \sum_{p=1}^{n} x_p \xi_p \longmapsto \Phi(x) = \Phi_{\mathscr{B}}(x) := \begin{pmatrix} \xi_1 \\ \vdots \\ \xi_n \end{pmatrix} \in \boldsymbol{F}^n$$

として，V は $\boldsymbol{F}^n$ と同型となります．

次元公式：U が V の部分空間ならば

$$\dim V = \dim V/U + \dim U$$

したがって $\dim U = \dim V \iff U = V$.

$\boldsymbol{F}$ 上の二つの右線型空間 V, W に対して，V から W への線型写像 u を

$$u(x\alpha + y\beta) = u(x)\alpha + u(y)\beta \qquad (x,\, y \in V,\ \alpha,\, \beta \in \boldsymbol{F})$$

が成り立つものとして定めます．V から W への線型写像の全体を $\mathrm{Hom}\,(V,\, W)$，とくに $V = W$ のとき $\mathrm{End}\,(V) := \mathrm{Hom}\,(V,\, V)$ と記します．線型写像 u に対して次元公式

$$\dim(\mathrm{Ker}\, U) + \dim(\mathrm{Im}\, U) = \dim V$$

が成り立つことも前と同様です．次の命題が成り立つことが，これから直ちにわかります．

命題 $u \in \mathrm{End}\,(V)$ に対して以下の条件は互いに同値．

1) u 全単射
2) u 単射
3) u 全射
4) 逆写像 u^{-1} が存在する．
5) $vu = \mathrm{id}$ となる v が存在．
6) $uv = \mathrm{id}$ となる v が存在．

このとき u は V の**自己同型**とよばれる．

V の自己同型の全体 $\mathrm{Aut}\,(V)$ は $(\mathrm{End}\, V)^{\times}$ (逆写像をもつ V から V への線型変換) に等しく，これを V の線型変換群とよび，とくに $V = \boldsymbol{F}^n$ のとき $\mathrm{Aut}\,(\boldsymbol{F}^n)$ を $\boldsymbol{F}$ 上の n 次**一般線型群**とよびます．

30. 3. 行列による表示

$\boldsymbol{F}$ 上の n 次元右線型空間 V の一つの基底 $\mathscr{B} = (e_1, \cdots, e_n)$ をとれば，V から V への線型変換 u に対して

$$u(e_q) = \sum_{p=1}^{n} e_p \alpha_{pq} \qquad (1 \leqq q \leqq n)$$

によって u の基底 $\mathscr{B}$ に関する行列表示

$$M(u) = M_{\mathscr{B}}(u) := (\alpha_{pq}) \in M_n(\boldsymbol{F})$$

が定まり，

$$M(u+v) = M(u) + M(v), \qquad M(uv) = M(u)M(v),$$
$$M(u(x)) = M(u)\Phi(x) \qquad (x \in V,\ u, v \in \mathrm{End}\,(V))$$

が成り立つことは明らかです．

別の基底 $\mathscr{C} = (f_1, \cdots, f_n)$ に対して

$$N(u) = M_{\mathscr{C}}(u) = (\beta_{ij}), \qquad u(f_j) = \sum_{i=1}^{n} f_i \beta_{ij} \quad (1 \leqq j \leqq n)$$

ならば

$$f_j = \sum e_i \tau_{ij}, \qquad T = (\tau_{ij})$$

として

$$N(u) = T^{-1} M(u) T$$

$\boldsymbol{F}^n$ の標準基底に関する行列表示を用いて $\mathrm{End}\,(\boldsymbol{F}^n)$ と $M_n(\boldsymbol{F})$ とを同一視すれば，$\boldsymbol{F}$ 上の一般線型群 $GL_n(\boldsymbol{F})$ は正則行列の群 $M_n(\boldsymbol{F})^{\times}$ と同一視されます．

$\boldsymbol{F} = \boldsymbol{R}, \boldsymbol{C}$ の場合の $GL_n(\boldsymbol{R})$, $GL_n(\boldsymbol{C})$ はこれまでにすでに何度か登場していました．$\boldsymbol{R} \subset \boldsymbol{C}$ だから $GL_n(\boldsymbol{R})$ は $GL_n(\boldsymbol{C})$ の部分群とも考えられます．

30. 4. $\boldsymbol{F} = \boldsymbol{H}$ の場合

$\boldsymbol{H}$ 上の n 次元右線型空間 V に一つの基底 $\mathscr{B} = (e_1, \cdots, e_n)$ をとれば，$x \in V$ に対して

$$x = \sum_{p=1}^{n} e_p x_p \qquad (x_1, \cdots, x_n \in \boldsymbol{H})$$

となり，

$$x_p = \xi_p + j\xi_{n+p}, \qquad \xi_p,\ \xi_{n+p} \in \boldsymbol{C} \quad (1 \leqq p \leqq n)$$

であるとすれば

$$x = \sum_{1}^{n} e_p x_p = \sum_{1}^{n} e_p(\xi_p + j\xi_{n+p})$$
$$= \sum_{1}^{n} e_p \xi_p + \sum_{1}^{n} (e_p j)\xi_{n+p}$$

だから，$e_{n+p} := e_p j\ (1 \leqq p \leqq n)$ と定めれば

$$x = \sum_{\mu=1}^{2n} e_\mu \xi_\mu$$

すなわち $(e_1, \cdots, e_n,\ e_1 j, \cdots, e_n j)$ は V の $\boldsymbol{C}$ 上の基底となることがわかります．

線型変換 $u \in \mathrm{End}\,(V)$ に対して，それぞれ基底 $(e_1, \cdots, e_n)$ に関する行列

$$M(u) = (a_{pq}), \qquad u(e_q) = \sum_{1}^{n} e_p a_{pq} \quad (a_{pq} \in \boldsymbol{H})$$

と，$\boldsymbol{C}$ 上の基底 $(e_1, \cdots, e_{2n})$ に関する行列

$$M'(u) = (a'_{\mu\nu}), \qquad u(e_\nu) = \sum_{1}^{2n} e_\mu a'_{\mu\nu} \quad (a'_{\mu\nu} \in \boldsymbol{C})$$

とを比較するために

$$a_{pq} = \alpha_{pq} + j\beta_{pq} \qquad (\alpha_{pq}, \beta_{pq} \in \boldsymbol{C})$$

であるとすれば

$$u(e_q) = \sum e_p a_{pq} = \sum e_p \alpha_{pq} + \sum (e_p j)\beta_{pq}$$
$$= \sum e_p \alpha_{pq} + \sum e_{n+p} \beta_{pq}$$
$$u(e_{n+q}) = u(e_q j) = u(e_q) j = \sum e_p \alpha_{pq} j + \sum (e_p j)\beta_{pq} j$$
$$= \sum e_p j \overline{\alpha_{pq}} - \sum e_p \overline{\beta_{pq}}$$
$$= -\sum e_p \overline{\beta_{pq}} + \sum e_{n+p} \overline{\alpha_{pq}}$$

したがって

$$M'(u) = \left(\begin{array}{c|c} a'_{pq} & a'_{p\ n+q} \\ \hline a'_{n+p\ q} & a'_{n+p\ n+q} \end{array}\right) = \left(\begin{array}{c|c} \alpha_{pq} & -\overline{\beta_{pq}} \\ \hline \beta_{pq} & \overline{\alpha_{pq}} \end{array}\right)$$

すなわち $M(u) = A + jB\,(A,\ B \in M_n(\boldsymbol{C}))$ ならば

$$M'(u) = \begin{pmatrix} A & -\overline{B} \\ B & \overline{A} \end{pmatrix}$$

となります．そこで

$$J = J_n := \begin{pmatrix} 0 & I_n \\ -I_n & 0 \end{pmatrix}$$

とおいて

$$M^*_{2n}(\boldsymbol{C}) := \{M' \in M_{2n}(\boldsymbol{C}) \mid \overline{M}'J = JM'\}$$

と定めれば，

$$\overline{M}'J = JM' \Longleftrightarrow M' = \begin{pmatrix} A & -\overline{B} \\ B & \overline{A} \end{pmatrix}$$

ですから，上の計算によって，$u \in \mathrm{End}\,(V)$ に対して $M'(u) \in M^*_{2n}(\boldsymbol{C})$ となります．逆に $M' \in M_{2n}(\boldsymbol{C})$ ならば，$M' = \begin{pmatrix} A & -\overline{B} \\ B & \overline{A} \end{pmatrix}$ の形をしていますから，$M(u) = A + jB$ となる $u \in \mathrm{End}\,(V)$ に対して $M' = M'(u)$ となって，

$$M(u) \longmapsto M'(u) \text{ は } M_n(\boldsymbol{H}) \text{ から } M^*_{2n}(\boldsymbol{C}) \text{ への全単射}$$

ということがわかります．

命題　$M = A + jB \in M_n(\boldsymbol{H})$ に対して

$$\varphi(M) := \begin{pmatrix} A & -\overline{B} \\ B & \overline{A} \end{pmatrix}$$

とおけば，

i）　φ は $M_n(\boldsymbol{H})$ から $M^*_{2n}(\boldsymbol{C})$ への全単射で，

$$M,\, N \in M_n(\boldsymbol{H}) \quad \text{ならば} \quad \varphi(MN) = \varphi(M)\varphi(N)$$

ii）　$M \in GL_n(\boldsymbol{H})$ ならば $\varphi(M) \in GL_{2n}(\boldsymbol{C})$ である．

iii）　$U^*(2n) := M^*_{2n}(\boldsymbol{C})^\times = M^*_{2n}(\boldsymbol{C}) \cap GL_{2n}(\boldsymbol{C})$

とおけば，$U^*(2n)$ は $GL_{2n}(\boldsymbol{C})$ の部分群で，

$$\varphi \text{ は } GL_n(\boldsymbol{H}) \text{ から } U^*(2n) \text{ への同型である．}$$

証明　i)　φ が全単射であることは明らか．もし

$$M = A + jB, \qquad N = C + jD$$

ならば

$$MN = (A + jB)(C + jD) = (AC - \overline{B}D) + j(BC + \overline{A}D)$$

より

$$\begin{aligned}\varphi(MN) &= \begin{pmatrix} AC - \overline{B}D & -\overline{B}\,\overline{C} - A\overline{D} \\ BC + \overline{A}D & \overline{A}\,\overline{C} - B\overline{D} \end{pmatrix} = \begin{pmatrix} A & -\overline{B} \\ B & \overline{A} \end{pmatrix} \begin{pmatrix} C & -\overline{D} \\ D & \overline{C} \end{pmatrix} \\ &= \varphi(M)\varphi(N)\end{aligned}$$

ii)　$MN = I_n$ ならば $\varphi(M)\varphi(N) = I_{2n}$ となるから $\varphi(M) \in GL_{2n}(\boldsymbol{C})$．

iii)　$M', n' \in U^*(2n)$ とすれば，$\overline{M}'J = JM'$，$\overline{N}'J = JN'$ である．したがって

$$\overline{(M'N')}J = \overline{M}'(\overline{N}'J) = \overline{M}'(JN') = (\overline{M}'J)N' = (JM')N' = J(M'N')$$

ゆえに $M'N' \in U^*(2n)$．また左から $\overline{M'}^{\,-1} = \overline{M'^{\,-1}}$，右から M'^{-1} を乗じて

$$\overline{M'}^{\,-1}J = JM'^{\,-1}$$

となるから $M'^{\,-1} \in U^*(2n)$．したがって $U^*(2n)$ は部分群である．　∎

30. 5.　特殊線型群 $SL_n(\boldsymbol{F})$

$\boldsymbol{F} = \boldsymbol{R}$ または $\boldsymbol{C}$ のとき，

$$SL_n(\boldsymbol{F}) := \{A \in GL_n(\boldsymbol{F}) \mid \det A = 1\}$$

とおき，$\boldsymbol{F}$ 上の n 次特殊線型群とよびます．

$\boldsymbol{F} = \boldsymbol{H}$ のときは，行列式を用いることができないので，上の同型 $\varphi : GL_n(\boldsymbol{H}) \to U^*(2n)$ を用いて

$$SL_n(\boldsymbol{H}) := \{A \in GL_n(\boldsymbol{H}) \mid \varphi(A) \in SL_{2n}(\boldsymbol{C})\}$$

と定義します．

30.6. エルミット形式とその直交群

$\boldsymbol{F}$ 上の n 次元右線型空間 V 上のエルミット形式 F とは，$x, y \in V$ に対して $F(x, y) \in \boldsymbol{F}$ を対応させる関数で，以下の条件を満たすものとします．

1)　$F(x+y, z) = F(x, z) + F(y, z)$

2)　$F(x\alpha, y) = \overline{\alpha}F(x, y)$

3)　$F(y, x) = \overline{F(x, y)}$

したがって

1′)　$F(x, y+z) = F(x, y) + F(x, z)$

2′)　$F(x, y\alpha) = F(x, y)\alpha$

また次の条件

$$\text{すべての } y \in V \text{ に対して} \qquad F(x, y) = 0 \quad \text{ならば} \quad x = 0$$

が成り立つとき，F は**非退化**であるといいます．

また

$$F(x, x) \geqq 0\ (x \in V) \quad \text{のとき} \quad F \text{ は}\textbf{正}$$
$$F(x, x) > 0\ (x \in V,\ x \neq 0) \quad \text{のとき} \quad \textbf{正定値}$$

といいます．

> **命題**　エルミット形式 F に対して V の**直交基底** $(e_1, \cdots, e_n)$ が存在する：
>
> $$F(e_p, e_q) = 0 \quad (p \neq q)$$

証明　$F \not\equiv 0$ と仮定してよい．このとき $F(x, x) \neq 0$ となる $x \in V$ が少なくとも一つ存在する．もしすべての $z \in V$ に対して $F(z, z) = 0$ であれば，$x, y \in V$ に対して $F(x+y, x+y) = 0$ より

$$F(x, y) + F(y, x) = 0$$

他方，$F \not\equiv 0$ だから $F(x, y) \neq 0$ となる x, y があるはずで，適当なスカラー倍をとれば $F(x, y) = 1$ となるので，$F(y, x) = \overline{F(x, y)} = 1$ となって矛盾する．

命題の証明は $\dim V$ に関する帰納法を用いる．$F(x_0, x_0) \neq 0$ となる $x_0 \in V$

をとって

$$U := \{y \in V \mid F(x_0, y) = 0\}$$

とおけば $\dim U = n-1$ だから，帰納法の仮定から U の基底 $(e_2, \cdots, e_n)$ で

$$F(e_p, e_q) = 0 \qquad 2 \leqq p, q \leqq n \qquad (p \neq q)$$

を満たすものがとれて，$e_1 = x_0$ とすれば $(e_1, \cdots, e_n)$ が求める直交基底となる.

∎

系　F が V 上非退化なエルミット形式ならば，基底 $(e_1, \cdots, e_n)$ で次の条件を満たすものが存在する.

$$F(e_p, e_q) = \begin{cases} 0 & (p \neq q) \\ 1 & (p = q,\ 1 \leqq p \leqq r) \\ -1 & (p = q,\ r+1 \leqq p \leqq n) \end{cases}$$

(r は基底のえらび方によらない)

とくに F が正定値ならば，V は F に関する正規直交基底をもつ.

F が V 上の非退化エルミット形式であるとき，V の線型変換 u で

$$F(u(x), u(y)) = F(x, y) \qquad (x, y \in V)$$

を満たすものの全体は $\mathrm{Aut}\,(V) = GL(V)$ の部分群で，F の直交群とよばれます. とくに $V = \boldsymbol{F}^n$ のとき

$$F(\boldsymbol{x}, \boldsymbol{y}) = \overline{x_1}y_1 + \cdots + \overline{x_r}y_r - \overline{x_{r+1}}y_{r+1} - \overline{x_n}y_n$$

に対する直交群を $U(r, n-r\,; \boldsymbol{F})$ と書き，さらに $r = n$ のとき $U(r, 0\,; \boldsymbol{F}) = \boldsymbol{U}(n, \boldsymbol{F})$ と書きます.

上のエルミット形式が

$$F(\boldsymbol{x}, \boldsymbol{y}) = {}^t\boldsymbol{x}\boldsymbol{I}_{r,n-r}\boldsymbol{y}, \qquad I_{r,n-r} := \left(\begin{array}{c|c} I_r & 0 \\ \hline 0 & -I_{n-r} \end{array}\right)$$

と書けることから，

$$u \in U(r, n-r\,; \boldsymbol{F}) \Longleftrightarrow {}^t\overline{U}I_{r,n-r}U = I_{r,n-r}$$

となることがわかります. またこれらの群については，$\boldsymbol{R}, \boldsymbol{C}, \boldsymbol{H}$ それぞれの場合

に次のような名前と記号が通常用いられています.

$\boldsymbol{F}$	$U(r,\, n-r\,;\, \boldsymbol{F})$	$U(n,\, \boldsymbol{F})$	
$\boldsymbol{R}$	$O(r,\, n-r)$	$O(n)$	直交群 orthogonal
$\boldsymbol{C}$	$U(r,\, n-r)$	$U(n)$	ユニタリ群 unitary
$\boldsymbol{H}$	$Sp(r,\, n-r)$	$Sp(n)$	シンプレクティク群 symplectic

命題　$\boldsymbol{F}=\boldsymbol{H}$, $r=n$ のとき, $GL_n(\boldsymbol{H})$ から $U^*(2n)$ への同型 φ を用いて, 以下の三条件は互いに同値である：

1)　$U'=\varphi(U)$, $U\in Sp(n)$
2)　$U'\in U(2n)\cap U^*(2n)$
3)　$U'\in U(2n)\cap Sp(n,\, \boldsymbol{C})$

ここに

$$Sp(n,\, \boldsymbol{C}):=\{M\in M_{2n}(\boldsymbol{C})\,|\,{}^tMJM=J\},\qquad J=J_n=\begin{pmatrix}0 & I_n\\ -I_n & 0\end{pmatrix}$$

証明　$U\in Sp(n)$ に対して, $U=A+jB$, $A,\, B\in M_n(\boldsymbol{C})$ とすれば $U':=\varphi(U)=\begin{pmatrix}A & -\overline{B}\\ B & \overline{A}\end{pmatrix}$ で

$$\begin{aligned}{}^t\overline{U}U&=({}^t\overline{A}-{}^t\overline{B}j)(A+jB)\\&={}^t\overline{A}A+{}^t\overline{B}B+j({}^tAB-{}^tBA)\end{aligned}$$

だから

$$U\in Sp(n)\Longleftrightarrow\begin{cases}{}^t\overline{A}A+{}^t\overline{B}B=I_n\\ {}^tAB={}^tBA\end{cases}$$

したがって

$${}^t\overline{U'}U'=\begin{pmatrix}{}^t\overline{A}A+{}^t\overline{B}B & {}^t\overline{B}{}^t\overline{A}-{}^t\overline{A}\,\overline{B}\\ {}^tAB-{}^tBA & {}^tA\overline{A}+{}^tB\overline{B}\end{pmatrix}=\begin{pmatrix}I_n & 0\\ 0 & I_n\end{pmatrix}=I_{2n}$$

$${}^tU'JU'=\begin{pmatrix}{}^tBA-{}^tAB & -{}^tA\overline{A}-{}^tB\overline{B}\\ {}^t\overline{A}A+{}^t\overline{B}B & {}^t\overline{B}\,\overline{A}-{}^t\overline{A}\,\overline{B}\end{pmatrix}=\begin{pmatrix}0 & I_n\\ -I_n & 0\end{pmatrix}=J$$

これから 1) $\Longleftrightarrow$ 2) $\Longrightarrow$ 3) がわかる．また $U' \in U(2n) \cap Sp_n(\boldsymbol{C})$ ならば ${}^t\overline{U'}U' = I_n$ と ${}^tU'JU' = J$ より $\overline{U'}J = JU'$ となって $U' \in U^*(2n)$ がわかるから 3) $\Longrightarrow$ 2).

∎

$\boldsymbol{F} = \boldsymbol{R}, \boldsymbol{C}$ のときには $SU(n, \boldsymbol{F}) := U(n, \boldsymbol{F}) \cap SL_n(\boldsymbol{F}) \subsetneqq U(n, \boldsymbol{F})$ すなわち $SO(n) \subsetneqq O(n)$, $SU(n) \subsetneqq U(n)$ ですが，$\boldsymbol{F} = \boldsymbol{H}$ のときは $Sp(n) \subset SL_n(\boldsymbol{H})$ であることが証明されます．

以上をまとめて表にすれば，

$\boldsymbol{F}$	$\boldsymbol{R}$	$\boldsymbol{C}$	$\boldsymbol{H}$
$GL_n(\boldsymbol{F})$	$GL_n(\boldsymbol{R})$	$GL_n(\boldsymbol{C})$	$GL_n(\boldsymbol{H}) \approx U^*(2n)$
$SL_n(\boldsymbol{F})$	$SL_n(\boldsymbol{R})$	$SL_n(\boldsymbol{C})$	$SL_n(\boldsymbol{H}) \approx SU^*(2n)$
$U(n, \boldsymbol{F})$	$O(n)$	$U(n)$	$Sp(n) \approx U(2n) \cap U^*(2n)$
$SU(n, \boldsymbol{F})$	$SO(n)$	$SU(n)$	

注意　シンプレクティクという形容詞が 3 箇所に出てきた．第 25 章の $Sp(n, \boldsymbol{R})$，上の命題での $Sp(n, \boldsymbol{C})$ と $Sp(n)$．これらは複素リー群 $Sp(n, \boldsymbol{C})$ の二つの実形 (一つはコンパクト) という関係にある．

演習問題解説

第3章　行列

1.　任意の A に対して $A=\dfrac{A+{}^tA}{2}+\dfrac{A-{}^tA}{2}$ によって対称行列と交代行列の和としての一つの表示が得られる．もし $A=S+T$，S 対称，T 交代ならば，${}^tA={}^tS+{}^tT=S-T$ より $S=\dfrac{A+{}^tA}{2}$，$T=\dfrac{A-{}^tA}{2}$.

2.　$\mathrm{tr}\,(AB)=\sum_{i,j}a_{ij}b_{ji}=\mathrm{tr}\,(BA)$

3.　$A^{-1}=A'$ とおくと $A'A=AA'=I$.

　両辺の転置をして

$${}^tA{}^tA'={}^tA'{}^tA={}^tI=I$$

これは ${}^tA$ が ${}^tA'$ を逆行列としてもつことを示している．

4.　三角関数の加法公式

$$\cos(\alpha+\beta)=\cos\alpha\cos\beta-\sin\alpha\sin\beta$$
$$\sin(\alpha+\beta)=\sin\alpha\cos\beta+\cos\alpha\sin\beta$$

によってこの積は $\begin{pmatrix}\cos(\alpha+\beta) & -\sin(\alpha+\beta)\\ \sin(\alpha+\beta) & \cos(\alpha+\beta)\end{pmatrix}$

5.　$\begin{pmatrix}1 & a & c\\ 0 & 1 & b\\ 0 & 0 & 1\end{pmatrix}\begin{pmatrix}1 & a' & c'\\ 0 & 1 & b'\\ 0 & 0 & 1\end{pmatrix}=\begin{pmatrix}1 & a+a' & c+c'+ab'\\ 0 & 1 & b+b'\\ 0 & 0 & 1\end{pmatrix}$

$$A^2 = \begin{pmatrix} 1 & 2a & 2c+ab \\ 0 & 1 & 2b \\ 0 & 0 & 1 \end{pmatrix}, \quad A^3 = \begin{pmatrix} 1 & 3a & 3c+3ab \\ 0 & 1 & 3b \\ 0 & 0 & 1 \end{pmatrix}$$

$$a_{n+1} = a_n + a, \quad b_{n+1} = b_n + b, \quad c_{n+1} = c_n + c + ab_n$$

これから $a_n = na,\ b_n = nb,\ c_n = nc + \dfrac{n(n-1)}{2}ab.$

6. $A(x)A(y) = A(x+y)$ となる.

第4章　線型空間

1. もし $U_1 \supset U_2$ でないとすれば, U_2 の元 x_2 で U_1 に属さないものがある. 任意の $x_1 \in U_1$ に対して, x_1, x_2 は共に $U_1 \cup U_2$ の元だから $x_1 + x_2 \in U_1 \cup U_2$ となる. もし $x_1 + x_2 \in U_1$ とすれば $x_2 = (x_1 + x_2) - x_1 \in U_1$ となるから, $x_1 + x_2$ は U_1 に属さない. したがって $x_1 + x_2 \in U_2$ となり,

$$x_1 = (x_1 + x_2) - x_2 \in U_2$$

すなわち $U_1 \subset U_2$.

2. $\begin{pmatrix} x \\ y \end{pmatrix} \neq \begin{pmatrix} 0 \\ 0 \end{pmatrix}$ ならば, $\begin{pmatrix} x \\ y \end{pmatrix} \in U_1$ でも $-\begin{pmatrix} x \\ y \end{pmatrix} = \begin{pmatrix} -x \\ -y \end{pmatrix}$ は $-y = -x^2 \neq (-x)^2$ だから U_1 に属さない. U_2 についても同様.

3. もし U_α が部分空間なら, $\begin{pmatrix} x_1 \\ x_2 \\ x_3 \end{pmatrix} \in U_\alpha$ なら $-\begin{pmatrix} x_1 \\ x_2 \\ x_3 \end{pmatrix} \in U_\alpha$ だから $-\alpha = -x_1 - x_2 - x_3 = \alpha$ となって $\alpha = 0$.

第5章　線型写像

1. 任意の $x \in V$ に対して

$$\begin{aligned} g(g(x)) &= g(x) - f(g(x)) = x - f(x) - f(x - f(x)) \\ &= x - f(x) - f(x) + f(f(x)) = x - f(x) = g(x) \end{aligned}$$

i）　$y \in \operatorname{Im} f \Longleftrightarrow$ ある $x \in V$ に対して $y = f(x) \Longleftrightarrow y = f(y) \Longleftrightarrow g(y) = 0 \Longleftrightarrow y \in \operatorname{Ker} g$

ii）　$x \in (\operatorname{Im} f) \cap (\operatorname{Ker} f)$ ならば，i) から $x \in (\operatorname{Ker} g) \cap (\operatorname{Ker} f)$ だから $g(x) = f(x) = 0$，したがって $x = g(x) + f(x) = 0$.

iii)　$x = f(x) + (x - f(x)) = f(x) + g(x)$ と書けば $f(x) \in \operatorname{Im} f$，$g(x) \in \operatorname{Im} g = \operatorname{Ker} f$ だから

$$V = (\operatorname{Im} f) + (\operatorname{Ker} f)$$

2.　φ_2 が単射であることを示す．$\varphi_2(v_2) = 0$ とすれば，条件 a) によって

$$\varphi_1(f_2(v_2)) = g_2(\varphi_2(v_2)) = g_2(0) = 0\,;$$

φ_1 が単射だから $f_2(v_2) = 0$，すなわち $v_2 \in \operatorname{Ker} f_2 = \operatorname{Im} f_3$.

ゆえに $v_2 = f_3(v_3)$ となる $v_3 \in V_3$ がある．ところが

$$g_3(\varphi_3(v_3)) = \varphi_2(f_3(v_3)) = \varphi_2(v_2) = 0$$

より $\varphi_3(v_3) \in \operatorname{Ker} g_3 = \operatorname{Im} g_4$．したがって，ある $w_4 \in W_4$ に対して $\varphi_3(v_3) = g_4(w_4)$．さらに φ_4 が全射だから $w_4 = \varphi_4(v_4)$ となる $v_4 \in V_4$ が存在．ゆえに $\varphi_3(v_3) = g_4(\varphi_4(v_4)) = \varphi_3(f_4(v_4))$ となる．φ_3 は単射だから $v_3 = f_4(v_4) \in \operatorname{Im} f_4 = \operatorname{Ker} f_3$，したがって $v_2 = f_3(v_3) = 0$.

φ_2 が全射であることを示すために $w_2 \in W_2$ をとる．まず φ_1 が全射だから $g_2(w_2) = \varphi_1(v_1)$ となる $v_1 \in V_1$ をとる．$g_1(g_2(w_2)) = 0$ だから $\varphi_0(f_1(v_1)) = g_1(\varphi_1(v_1)) = g_1(g_2(w_2)) = 0$ で，φ_0 は単射だから $f_1(v_1) = 0$，すなわち $v_1 \in \operatorname{Ker} f_1 = \operatorname{Im} f_2$，したがって $v_1 = f_2(v_2)$ となる $v_2 \in V_2$ がある．このとき $g_2(w_2) = \varphi_1(v_1) = \varphi_1(f_2(v_2)) = g_2(\varphi_2(v_2))$ だから

$$w_2 - \varphi_2(v_2) \in \operatorname{Ker} g_2 = \operatorname{Im} g_3$$

したがって

$$w_2 - \varphi_2(v_2) = g_3(w_3)$$

となる $w_3 \in W_3$ が存在．φ_3 は全射だから $w_3 = \varphi_3(v_3)$ となる $v_3 \in V_3$ があるから $g_3(w_3) = g_3(\varphi_3(v_3)) = \varphi_2(f_3(v_3))$．結局

$$w_2 = \varphi_2(v_2) + \varphi_2(f_3(v_3)) = \varphi_2(v_2 + f_3(v_3)) \in \operatorname{Im} \varphi_2.$$

第6章　独立と従属

1.　$\alpha=1$ のときは，たとえば $\begin{pmatrix}1\\1\\1\end{pmatrix}$, $\begin{pmatrix}0\\1\\0\end{pmatrix}$, $\begin{pmatrix}0\\0\\1\end{pmatrix}$ が基底となる．

$\alpha\neq 1$ のときは $\begin{pmatrix}1\\1\\1\end{pmatrix}$, $\begin{pmatrix}1\\\alpha\\\alpha^2\end{pmatrix}$, $\begin{pmatrix}0\\0\\1\end{pmatrix}$ が基底となる．

2.　たとえば $\begin{pmatrix}1\\-1\\0\end{pmatrix}$, $\begin{pmatrix}0\\1\\-1\end{pmatrix}$.

3.　もし $c_1e^{\alpha_1 t}+\cdots+c_ne^{\alpha_n t}=0$ ならば，両辺を $e^{-\alpha_n t}$ で割って，$t\to+\infty$ とすれば $c_n=0$ が出る．以下 $c_{n-1}=\cdots=c_1=0$ となる．

4.　$c_1+c_2\cos t+c_3\sin t=0$ ならば微分して $-c_2\sin t+c_3\cos t=0$. $t=0$ として $c_3=0$, 次に $t=\dfrac{\pi}{2}$ として $c_2=0$. はじめの式から $c_1=0$ となる．

$\{1,\cos t,\sin t,\cos^2 t,\sin^2 t\}$ は独立ではない．それは，$\cos^2 t+\sin^2 t=1$ だから，

$$1+0\cdot\cos t+0\cdot\sin t+(-1)\cos^2 t+(-1)\sin^2 t=0$$

という線型関係が成り立つからである．

5.　v_1, v_2, v_3, v_4, v_5 は4個の元 x, y, z, w から生成される線型空間 $L(x, y, z, w)$ に属するから，必然的に従属である．

第7章　線型空間の次元

1.　基底は $E_{ij}-E_{in}(1\leqq i\leqq n,\ 1\leqq j\leqq n-1)$ と $E_{1n}+\cdots+E_{nn}$ によって与えられて，次元は n^2-n+1.

2.　基底は $E_{ij}-E_{in}-E_{nj}+E_{nn}$ $(1\leqq i,\ j\leqq n-1)$ と $E_{1n}+\cdots+E_{1\,n-1}+E_{n1}+\cdots+E_{n\,n-1}+(2-n)E_{nn}$ によって与えられて，次元は $(n-1)^2+1$.

$$
\begin{array}{r}
\\ \\ i) \\ \\ n)
\end{array}
\begin{pmatrix}
 & \overset{j}{\smile} & & \overset{n}{\smile} \\
 & \vdots & & \vdots \\
\cdots & 1 & \cdots & -1 \\
 & \vdots & & \vdots \\
\cdots & -1 & \cdots & 1
\end{pmatrix},\quad
\begin{pmatrix}
 & & & 1 \\
 & 0 & & \vdots \\
 & & & 1 \\
1 & \cdots & 1 & 2-n
\end{pmatrix}
$$

3.　3 次の魔方陣

$$
M = \begin{pmatrix} a & b & c \\ d & e & f \\ g & h & i \end{pmatrix}
$$

が魔方陣であるとすれば

$$
a+e+i = d+e+f, \quad a+d+g = g+h+i
$$

だから　$2a = f+h$

また両対角線と第 2 列の和から第 1 行と第 3 行の和を引けば $3e = \sigma$ となる．

$d+e+f=\sigma$ より　$f = 2e-d$

$b+e+h=\sigma$ より　$h = 2e-b$

したがって　$a = 2e - \dfrac{b+d}{2}$

このようにして M の成分のうち a, c, f, g, h, i は b, d, e を用いて表されて

$$
M = \begin{pmatrix}
2e - \dfrac{b+d}{2} & b & e + \dfrac{d-b}{2} \\
d & e & 2e-d \\
e + \dfrac{b-d}{2} & 2e-b & \dfrac{b+d}{2}
\end{pmatrix} = bB + dD + eE
$$

ただし

$$
B = \begin{pmatrix} -\dfrac{1}{2} & 1 & -\dfrac{1}{2} \\ 0 & 0 & 0 \\ \dfrac{1}{2} & -1 & \dfrac{1}{2} \end{pmatrix}, \quad
D = \begin{pmatrix} -\dfrac{1}{2} & 0 & \dfrac{1}{2} \\ 1 & 0 & -1 \\ -\dfrac{1}{2} & 0 & \dfrac{1}{2} \end{pmatrix}, \quad
E = \begin{pmatrix} 2 & 0 & 1 \\ 0 & 1 & 2 \\ 1 & 2 & 0 \end{pmatrix}
$$

は独立で，基底を与える．次元はしたがって 3.

たとえば

$$\begin{pmatrix} 8 & 1 & 6 \\ 3 & 5 & 7 \\ 4 & 9 & 2 \end{pmatrix} = B + 3D + 5E$$

のように $\{a, b, c, d, e, f, g, h, i\} = \{1, 2, 3, \cdots, 9\}$ となっているものが本来の魔方陣である．

4 次の魔方陣

ここでも同様の方法によって，M の成分を b, c, e, f, g, i, j, k によって線型結合として表すことができる．

$$M = \begin{pmatrix} a & b & c & d \\ e & f & g & h \\ i & j & k & l \\ m & n & o & p \end{pmatrix}$$

それには以下のようにすればよい：

① 両対角線，第 2 列，第 3 列の和から第 1 行と第 4 行の和を引けば

$$f + g + j + k = \sigma$$

② これと $e + f + g + h = \sigma$ から $h = j + k - e$

同様にして

$$l = f + g - i$$

$$n = g + k - b$$

$$o = f + j - c$$

③ 主対角線と第 1 列の和と，第 3 行，第 4 行の和を比較して

$$2a + e + f = j + l + n + o$$

これから

$$a = \frac{1}{2}(-b - c - e - i + f + k) + g + j$$

④ 結果は

$$M = \begin{pmatrix} \frac{1}{2}(-b-c-e-i+f+k)+g+j & b & c & \frac{1}{2}(-b-c+e+i+f+k) \\ e & f & g & j+k-e \\ i & j & k & f+g-i \\ \frac{1}{2}(b+c-e-i+f+k) & g+k-b & f+j-c & \frac{1}{2}(b+c+e+i-f-k) \end{pmatrix}$$

$$= bB + cC + eE + fF + gG + iI + jJ + kK$$

ただし

$$B = \begin{pmatrix} -\frac{1}{2} & 1 & 0 & -\frac{1}{2} \\ 0 & 0 & 0 & 0 \\ 0 & 0 & 0 & 0 \\ \frac{1}{2} & -1 & 0 & \frac{1}{2} \end{pmatrix}, \quad C = \begin{pmatrix} -\frac{1}{2} & 0 & 1 & -\frac{1}{2} \\ 0 & 0 & 0 & 0 \\ 0 & 0 & 0 & 0 \\ \frac{1}{2} & 0 & -1 & \frac{1}{2} \end{pmatrix}$$

$$E = \begin{pmatrix} -\frac{1}{2} & 0 & 0 & \frac{1}{2} \\ 1 & 0 & 0 & -1 \\ 0 & 0 & 0 & 0 \\ -\frac{1}{2} & 0 & 0 & \frac{1}{2} \end{pmatrix}, \quad F = \begin{pmatrix} \frac{1}{2} & 0 & 0 & \frac{1}{2} \\ 0 & 1 & 0 & 0 \\ 0 & 0 & 0 & 1 \\ \frac{1}{2} & 0 & 1 & -\frac{1}{2} \end{pmatrix}$$

$$G = \begin{pmatrix} 1 & 0 & 0 & 0 \\ 0 & 0 & 1 & 0 \\ 0 & 0 & 0 & 1 \\ 0 & 1 & 0 & 0 \end{pmatrix}, \quad I = \begin{pmatrix} -\frac{1}{2} & 0 & 0 & \frac{1}{2} \\ 0 & 0 & 0 & 0 \\ 1 & 0 & 0 & -1 \\ -\frac{1}{2} & 0 & 0 & \frac{1}{2} \end{pmatrix}$$

$$J = \begin{pmatrix} 1 & 0 & 0 & 0 \\ 0 & 0 & 0 & 1 \\ 0 & 1 & 0 & 0 \\ 0 & 0 & 1 & 0 \end{pmatrix}, \quad K = \begin{pmatrix} \frac{1}{2} & 0 & 0 & \frac{1}{2} \\ 0 & 0 & 0 & 1 \\ 0 & 0 & 1 & 0 \\ \frac{1}{2} & 1 & 0 & -\frac{1}{2} \end{pmatrix}$$

これらは独立で，次元は 8.

たとえば

$$\begin{pmatrix} 16 & 3 & 2 & 13 \\ 5 & 10 & 11 & 8 \\ 9 & 6 & 7 & 12 \\ 4 & 15 & 14 & 1 \end{pmatrix} = 3B + 2C + 5E + 10F + 11G + 9I + 6J + 7K$$

はデューラーの版画『メレンコリア I』に現れているものである.

Albrecht Dürer, Melencolia I, 1514

4.　$\mathrm{Sym}_n(\boldsymbol{R})$ の基底は $E_{11}, \cdots, E_{nn}, E_{ij}+E_{ji}$ $(1 \leqq i < j \leqq n)$ によって与えられて，次元は $n + \dfrac{n(n-1)}{2} = \dfrac{n(n+1)}{2}$.

$\mathrm{Alt}_n(\boldsymbol{R})$ の基底は $E_{ij}-E_{ji}$ $(1 \leqq i < j \leqq n)$ によって与えられて，次元は $\dfrac{n(n-1)}{2}$.

第8章　線型写像と行列

1.

$$\begin{pmatrix} q_a(a) & q_a(b) & q_a(c) \\ q_b(a) & q_b(b) & q_b(c) \\ q_c(a) & q_c(b) & q_c(c) \end{pmatrix} = \begin{pmatrix} 1 & 0 & 0 \\ 0 & 1 & 0 \\ 0 & 0 & 1 \end{pmatrix}$$

より，任意の $P(t) \in \mathscr{P}_2$ に対して

$$P(t) = p(a)q_a(t) + p(b)q_b(t) + p(c)q_c(t)$$

(両辺は相異なる 3 点 a, b, c で同じ値をとる)．したがって (q_a, q_b, q_c) は $\mathscr{P}_2$ を生成する．また $\alpha q_a + \beta q_b + \gamma q_c = 0$ ならば $t = a, b, c$ とおいて $\alpha = \beta = \gamma = 0$ が出るから独立でもある．

変換公式は

$$(1\ t\ t^2) = (q_a\ q_b\ q_c) \begin{pmatrix} 1 & a & a^2 \\ 1 & b & b^2 \\ 1 & c & c^2 \end{pmatrix}$$

$$(q_a\ q_b\ q_c) = (1\ t\ t^2) \begin{pmatrix} \dfrac{bc}{(a-b)(a-c)} & \dfrac{ca}{(b-c)(b-a)} & \dfrac{ab}{(c-a)(c-b)} \\ \dfrac{-b-c}{(a-b)(a-c)} & \dfrac{-c-a}{(b-c)(b-a)} & \dfrac{-a-b}{(c-a)(c-b)} \\ \dfrac{1}{(a-b)(a-c)} & \dfrac{1}{(b-c)(b-a)} & \dfrac{1}{(c-a)(c-b)} \end{pmatrix}$$

第9章　線型写像の階数

1.　この写像の階数は行列 $A = \begin{pmatrix} a & b & c \\ c & a & b \\ b & c & a \end{pmatrix}$ の階数に等しい．

1)　$a+b+c \neq 0$ の場合.

i) $a=b=c\,(\neq 0)$ のとき $r(A)=1$.

ii) a, b, c が全部等しくはない．たとえば $a\neq b$ のときは基本変形によって

$$\begin{pmatrix} a & b & c \\ c & a & b \\ b & c & a \end{pmatrix} \longrightarrow \begin{pmatrix} a+b+c & b & c \\ a+b+c & a & b \\ a+b+c & c & a \end{pmatrix} \longrightarrow \begin{pmatrix} 1 & b & c \\ 1 & a & b \\ 1 & c & a \end{pmatrix}$$

$$\longrightarrow \begin{pmatrix} 1 & 0 & c \\ 1 & a-b & b-c \\ 1 & c-b & a-c \end{pmatrix} \longrightarrow \begin{pmatrix} 1 & 0 & 0 \\ 1 & 1 & b-c \\ 1 & \dfrac{c-b}{a-b} & a-c \end{pmatrix}$$

$$\longrightarrow \begin{pmatrix} 1 & 0 & 0 \\ 1 & 1 & 0 \\ 1 & * & \dfrac{a^2+b^2+c^2-ab-bc-ca}{a-b} \end{pmatrix}$$

(第 3 列から第 2 列の $b-c$ 倍を引く)

ここで

$$a^2+b^2+c^2-ab-bc-ca = \frac{1}{2}\{(a-b)^2+(b-c)^2+(c-a)^2\} \neq 0$$

に注意すれば $r(A)=3$.

2) $a+b+c=0$ の場合.

iii) $a=b=c\,(=0)$ のとき $A=0$ で $r(A)=0$.

iv) a, b, c が全部等しくはないとき，少なくとも 1 つは 0 でないから，たとえば $a\neq 0$ と仮定すると，基本変形で

$$\begin{pmatrix} a & b & c \\ c & a & b \\ b & c & a \end{pmatrix} \longrightarrow \begin{pmatrix} a & b & 0 \\ c & a & 0 \\ b & c & 0 \end{pmatrix} \longrightarrow \begin{pmatrix} 1 & 0 & 0 \\ \dfrac{c}{a} & a-\dfrac{bc}{a} & 0 \\ \dfrac{b}{a} & c-\dfrac{b^2}{a} & 0 \end{pmatrix}$$

(第 3 列に第 1 列，第 2 列を足す)

ここで

$$a-\frac{bc}{a} = \frac{a^2-b(-a-b)}{a} = \frac{a^2+ab+b^2}{a} = \frac{\left(a+\dfrac{b}{2}\right)^2+\dfrac{3}{4}b^2}{a} \neq 0$$

に注意すれば，$r(A)=2$.

次元公式からこの写像が単射であるのは $r(A)=3$ のときだから，上の議論から

$$a+b+c\neq 0,\quad (a-b)^2+(b-c)^2+(c-a)^2\neq 0$$

のとき，すなわち

$$a^3+b^3+c^3\neq 3abc$$

のときに限ることがわかる．

［$a^3+b^3+c^3-3abc=(a+b+c)(a^2+b^2+c^2-ab-bc-ca)$ であることを用いる.］

2.　右側からの基本変形によって

$$\begin{pmatrix} 2 & 1 & 11 & 2 \\ 1 & 0 & 4 & -1 \\ 11 & 4 & 56 & 5 \\ 2 & -1 & 5 & -6 \end{pmatrix} \xrightarrow[P_{12}]{} \begin{pmatrix} 1 & 2 & 11 & 2 \\ 0 & 1 & 4 & -1 \\ 4 & 11 & 56 & 5 \\ -1 & 2 & 5 & -6 \end{pmatrix} \xrightarrow[T_{12}(-2)T_{13}(-11)T_{14}(-2)]{}$$

$$\begin{pmatrix} 1 & 0 & 0 & 0 \\ 0 & 1 & 4 & -1 \\ 4 & 3 & 12 & -3 \\ -1 & 4 & 16 & -4 \end{pmatrix} \xrightarrow[T_{23}(-4)T_{24}]{} \begin{pmatrix} \boxed{\begin{matrix} 1 & 0 \\ 0 & 1 \end{matrix}} & \begin{matrix} 0 & 0 \\ 0 & 0 \end{matrix} \\ \begin{matrix} 4 & 3 \\ -1 & 4 \end{matrix} & \begin{matrix} 0 & 0 \\ 0 & 0 \end{matrix} \end{pmatrix}$$

階数は 2.

$$T_{46}(-1)T_{36}(-1)T_{26}(-1)T_{16}(-1)\begin{pmatrix} 2 & 1 & 1 & 1 \\ 1 & 3 & 1 & 1 \\ 1 & 1 & 4 & 1 \\ 1 & 1 & 1 & 5 \\ 1 & 2 & 3 & 4 \\ 1 & 1 & 1 & 1 \end{pmatrix} = \begin{pmatrix} 1 & 0 & 0 & 0 \\ 0 & 2 & 0 & 0 \\ 0 & 0 & 3 & 0 \\ 0 & 0 & 0 & 4 \\ 1 & 2 & 3 & 4 \\ 1 & 1 & 1 & 1 \end{pmatrix}$$

より階数は 4.

3.　この行列を A とおくとき

$$AT_{31}(-1+p)T_{32}(-1)=\begin{pmatrix} 0 & 0 & 1 \\ p & -q & 1 \\ p+r-pr & r & 1-r \end{pmatrix}$$

これが階数 2 となるのは $\begin{pmatrix} p \\ p+r-pr \end{pmatrix}$ と $\begin{pmatrix} -q \\ r \end{pmatrix}$ とが比例するときに限るから

$$pr + q(p+r-pr) = 0$$

すなわち

$$\frac{1}{p} + \frac{1}{q} + \frac{1}{r} = 1$$

のときに限る．$p \leqq q \leqq r$ と仮定すれば

$$\frac{3}{r} \leqq \frac{1}{p} + \frac{1}{q} + \frac{1}{r} \leqq \frac{3}{p}$$

より $p \leqq 3,\ r \geqq 3$．また $\dfrac{1}{p} < 1$ より $p > 1$．

　$p = 2$ とすれば，$\dfrac{1}{q} + \dfrac{1}{r} = 1 - \dfrac{1}{2} = \dfrac{1}{2}$ だから $\dfrac{2}{r} \leqq \dfrac{1}{2} \leqq \dfrac{2}{q}$．すなわち，$q \leqq 4,\ r \geqq 4$ であって $q = 3$ なら $r = 6,\ q = 4$ なら $r = 4$．

　$p = 3$ とすれば $\dfrac{1}{q} + \dfrac{1}{r} = 1 - \dfrac{1}{3} = \dfrac{2}{3}$ より $\dfrac{2}{r} \leqq \dfrac{2}{3} \leqq \dfrac{2}{q}$．すなわち，$r \geqq 3,\ q \leqq 3, 3 = p \leqq q$ より $q = 3$，したがって $r = 3$ も出る．

　結局，この行列が階数 2 となるのは

$$\begin{aligned}(p,\ q,\ r) =&(2,\ 3,\ 6),\ (2,\ 6,\ 3),\ (3,\ 2,\ 6),\ (3,\ 6,\ 2),\ (6,\ 2,\ 3), \\ &(6,\ 3,\ 2),\ (2,\ 4,\ 4),\ (4,\ 2,\ 4),\ (4,\ 4,\ 2),\ (3,\ 3,\ 3)\end{aligned}$$

の 10 通りの場合である．

第 10 章　置換とその符号

1.　番号 i の駒を空所にずらすことは $(i\ 16)$ の形の互換であると考えられるから，この問題は置換 $\begin{pmatrix} 1 & 2 & 3 & \cdots & 14 & 15 \\ 15 & 14 & 13 & \cdots & 2 & 1 \end{pmatrix}$ を $(i\ 16)$ の形の互換の積として表すことができるか否かをきいている．この置換は

$$(1\ 15)\ (2\ 14)\ (3\ 13)\ (4\ 12)\ (5\ 11)\ (6\ 10)\ (7\ 9)$$

に等しく奇置換で，

$$(i\ j) = (i\ 16)\ (j\ 16)\ (i\ 16)$$

を用いて $3\times 7=21$ 個の 16 との互換として表される．この盤を市松模様に色分けしておけば，最初の空所は奇数回の互換のあとはじめと異なる色の場所にいることとなり，このような入れ換えは不可能であることがわかる．

第 11 章　行列式

1.　第 1 行を第 2 行，…，第 n 行から引いて

$$\frac{1}{a_j+b_j}-\frac{1}{a_1+b_j}=\frac{a_1-a_j}{(a_1+b_j)(a_j+b_j)}$$

に注意すると，第 i 行に共通因子 a_1-a_i $(2\leqq i\leqq n)$，第 j 列に共通因子 $\dfrac{1}{a_1+b_j}$ $(1\leqq j\leqq n)$ があるから，それらをくくり出して，この行列式は

$$\frac{(a_1-a_2)\cdots(a_1-a_n)}{(a_1+b_1)(a_1+b_2)\cdots(a_1+b_n)}\begin{vmatrix} 1 & 1 & \cdots & 1 \\ \dfrac{1}{a_2+b_1} & \dfrac{1}{a_2+b_2} & \cdots & \dfrac{1}{a_2+b_n} \\ \vdots & \vdots & \ddots & \vdots \\ \dfrac{1}{a_n+b_1} & \dfrac{1}{a_n+b_2} & \cdots & \dfrac{1}{a_n+b_n} \end{vmatrix}$$

次に第 1 列を第 2 列，…，第 n 列から引いて，第 1 行について展開すれば，上と同様に共通因子 $\dfrac{(b_1-b_2)\cdots(b_1-b_n)}{(a_2+b_1)\cdots(a_n+b_1)}$ をくくり出して，残りは

$$\begin{vmatrix} \dfrac{1}{a_2+b_2} & \cdots & \dfrac{1}{a_2+b_n} \\ \vdots & \ddots & \vdots \\ \dfrac{1}{a_n+b_2} & \cdots & \dfrac{1}{a_n+b_n} \end{vmatrix}$$

となるから，帰納的にこの行列式の値が

$$\frac{\displaystyle\prod_{1\leqq i<j\leqq n}(a_i-a_j)(b_i-b_j)}{\displaystyle\prod_{1\leqq i,j\leqq n}(a_i+b_j)}$$

であることがわかる．

2.　第 1 行の $\dfrac{1}{2}$ 倍を第 2 行から引いて，第 1 列について展開すると

$$2\begin{vmatrix} \frac{3}{2} & 1 & & & & & \\ 1 & 2 & 1 & & & & \\ & 1 & 2 & 1 & & & \\ & & 1 & 2 & 1 & & \\ & & & 1 & 2 & 2 & \\ & & & & 2 & 4 & 1 \\ & & & & & 1 & 2 \end{vmatrix}$$

以下同様に計算して，$2\cdot\dfrac{3}{2}\cdot\dfrac{4}{3}\cdot\dfrac{5}{4}\cdot\dfrac{6}{5}\cdot\dfrac{7}{6}\begin{vmatrix} \frac{4}{7} & 1 \\ 1 & 2 \end{vmatrix}=1.$

(別解)　次の分解を用いることもできる．

$$\begin{pmatrix} 2 & 1 & & & & & & \\ 1 & 2 & 1 & & & & & \\ & 1 & 2 & 1 & & & & \\ & & 1 & 2 & 1 & & & \\ & & & 1 & 2 & 1 & & \\ & & & & 1 & 2 & 2 & \\ & & & & & 2 & 4 & 1 \\ & & & & & & 1 & 2 \end{pmatrix} = \begin{pmatrix} 1 & & & & & & & \\ \frac{1}{2} & 1 & & & & & & \\ & \frac{2}{3} & 1 & & & & & \\ & & \frac{3}{4} & 1 & & & & \\ & & & \frac{4}{5} & 1 & & & \\ & & & & \frac{5}{6} & 1 & & \\ & & & & & \frac{12}{7} & 1 & \\ & & & & & & \frac{7}{4} & 1 \end{pmatrix} \begin{pmatrix} 2 & 1 & & & & & & \\ & \frac{3}{2} & 1 & & & & & \\ & & \frac{4}{3} & 1 & & & & \\ & & & \frac{5}{4} & 1 & & & \\ & & & & \frac{6}{5} & 1 & & \\ & & & & & \frac{7}{6} & 2 & \\ & & & & & & \frac{4}{7} & 1 \\ & & & & & & & \frac{1}{4} \end{pmatrix}$$

第 12 章　連立一次方程式の解法

1.　クラメルの公式によって

$$x_i = \begin{vmatrix} \dfrac{1}{a_1-\alpha_1} & \cdots & 1 & \cdots & \dfrac{1}{a_1-\alpha_n} \\ \vdots & & \vdots & & \vdots \\ \dfrac{1}{a_n-\alpha_1} & \cdots & 1 & \cdots & \dfrac{1}{a_n-\alpha_n} \end{vmatrix} \div \begin{vmatrix} \dfrac{1}{a_1-\alpha_1} & \cdots & \dfrac{1}{a_1-\alpha_n} \\ \vdots & \ddots & \vdots \\ \dfrac{1}{a_n-\alpha_1} & \cdots & \dfrac{1}{a_n-\alpha_n} \end{vmatrix}$$

たとえば $i=1$ のとき，分母の行列式の第 1 列を第 2 列，$\cdots$，第 n 列から引い

て，各行，各列の共通因子をくくり出すと

$$分母 = \frac{(\alpha_2-\alpha_1)\cdots(\alpha_n-\alpha_1)}{(a_1-\alpha_1)(a_2-\alpha_1)\cdots(a_n-\alpha_1)}\begin{vmatrix} 1 & \dfrac{1}{a_1-\alpha_2} & \cdots & \dfrac{1}{a_1-\alpha_n} \\ \vdots & \vdots & \ddots & \vdots \\ 1 & \dfrac{1}{a_n-\alpha_2} & \cdots & \dfrac{1}{a_n-\alpha_n} \end{vmatrix}$$

となるから

$$x_1 = -\frac{(\alpha_1-a_1)\cdots(\alpha_1-a_n)}{(\alpha_1-\alpha_2)\cdots(\alpha_1-\alpha_n)} = -\frac{f(\alpha_1)}{\varphi'(\alpha_1)}$$

と書ける．ただし

$$f(x) := (x-a_1)\cdots(x-a_n), \quad \varphi(x) := (x-\alpha_1)\cdots(x-\alpha_n)$$

同様にして，$i=2,\cdots,n$ に対しても

$$x_i = -\frac{f(\alpha_i)}{\varphi'(\alpha_i)}$$

となる．

第13章　内積空間

1.　$x, y \in V$ に対して

$$||x+y||^2 = ||x||^2 + 2\langle x, y\rangle + ||y||^2$$
$$||x-y||^2 = ||x||^2 - 2\langle x, y\rangle + ||y||^2$$

であるから，差，和をとればよい．

2.　$i=1,2,\cdots,r$ に対して

$$x_j \perp x - \sum_{i=1}^{r}\langle x, x_i\rangle\, x_i$$

だから

$$x - \sum_{i=1}^{r}\lambda_i x_i = \left(x - \sum_{i=1}^{r}\langle x, x_i\rangle x_i\right) + \sum_{j=1}^{r}(\langle x, x_j\rangle - \lambda_j)x_j$$

と書いて，一般化されたピタゴラスの定理を用いる．

3.
$$T_\theta = \begin{pmatrix} \cos\theta & \sin\theta \\ \sin\theta & -\cos\theta \end{pmatrix} = \begin{pmatrix} \cos\theta & -\sin\theta \\ \sin\theta & \cos\theta \end{pmatrix} \begin{pmatrix} 1 & 0 \\ 0 & -1 \end{pmatrix}$$
$$= R_\theta T_0 = \begin{pmatrix} 1 & 0 \\ 0 & -1 \end{pmatrix} \begin{pmatrix} \cos\theta & \sin\theta \\ -\sin\theta & \cos\theta \end{pmatrix} = T_0 R_{-\theta}$$

すなわち　$T_\theta = R_\theta T_0 = T_0 R_{-\theta}$

したがって　$T_\theta^2 = R_\theta T_0 T_0 R_{-\theta} = R_\theta T_0^2 R_{-\theta} = I$

だから　$T_\theta = T_\theta^{-1}$

T_0 は x 軸に関する鏡映で，T_θ は x 軸と角 $\theta/2$ をなす直線に関する鏡映であることがわかる．

$R_\theta R_\varphi = R_{\theta+\varphi}$ は三角関数の加法公式から出る．

$$R_\theta T_\varphi = R_\theta R_\varphi T_0 = R_{\theta+\varphi} T_0 = T_{\theta+\varphi}$$
$$T_\theta R_\varphi = T_0 R_{-\theta} R_\varphi = T_0 R_{-\theta+\varphi} = T_{\theta-\varphi}$$
$$T_\theta T_\varphi = R_\theta T_0 T_0 R_{-\varphi} = R_{\theta-\varphi}$$

第 14 章　固有値と固有ベクトル

1.　特性多項式は $(1-\lambda)\cdots(n-\lambda)$ だから，固有値は $\lambda = 1, 2, \cdots, n$．次数が n で n 個の相異なる固有値をもつから対角可能なことが一般論からわかる．固有値 $\lambda = j\,(1 \leqq j \leqq n)$ に属する固有ベクトルを定める方程式は

$$\begin{pmatrix} 1-j & & & & & & & \\ 1 & 2-j & & & & & & \\ \vdots & \vdots & \ddots & & & & & \\ 1 & 2 & \cdots & -1 & & & & \\ 1 & 2 & \cdots & j-1 & 0 & & & \\ 1 & 2 & \cdots & j-1 & j & 1 & & \\ \vdots & \vdots & & \vdots & \vdots & & \ddots & \\ 1 & 2 & \cdots & j-1 & j & \cdots & n-1 & n-j \end{pmatrix} \begin{pmatrix} x_1 \\ x_2 \\ \vdots \\ x_{j-1} \\ x_j \\ x_{j+1} \\ \vdots \\ x_n \end{pmatrix} = 0$$

すなわち

$$\begin{cases} (1-j)x_1 = 0 \\ \qquad x_1 + (2-j)x_2 = 0 \\ \qquad \cdots\cdots \\ \qquad x_1 + 2x_2 + \cdots - x_{j-1} = 0 \\ \qquad x_1 + 2x_2 + \cdots + (j-1)x_{j-1} = 0 \\ \qquad x_1 + 2x_2 + \cdots + (j-1)x_{j-1} + jx_j + x_{j+1} = 0 \\ \qquad \cdots\cdots\cdots\cdots \\ \qquad x_1 + 2x_2 + \cdots + (j-1)x_{j-1} + jx_j + \cdots \\ \qquad\qquad\qquad + (n-1)x_{n-1} + (n-j)x_n = 0 \end{cases}$$

これから

$$\begin{cases} x_1 = \cdots = x_{j-1} = 0, \\ x_{j+1} = -jx_j, \\ x_{j+2} = \dfrac{-j}{2}x_{j+1} = \dfrac{(-j)^2}{2!}x_j, \\ \cdots\cdots\cdots\cdots \\ x_n = \dfrac{-j}{n-j}x_{n-1} = \dfrac{(-j)^2}{(n-j)(n-j-1)}x_{n-2} = \cdots = \dfrac{(-j)^{n-j}}{(n-j)!}x_j \end{cases}$$

したがって

$$P = (p_{ij}), \quad p_{ij} = \begin{cases} 0 & (i < j) \\ \dfrac{(-j)^{i-j}}{(i-j)!} & (i \geqq j) \end{cases}$$

とおけば

$$P^{-1}\begin{pmatrix} 1 & & & \\ 1 & 2 & & \\ \vdots & \vdots & \ddots & \\ 1 & 2 & \cdots & n \end{pmatrix} P = \begin{pmatrix} 1 & & & \\ & 2 & & \\ & & \ddots & \\ & & & n \end{pmatrix}$$

［なお，この式は

$$\begin{pmatrix} 1 & & & \\ 1 & 2 & & \\ \vdots & \vdots & \ddots & \\ 1 & 2 & \cdots & n \end{pmatrix} P = P \begin{pmatrix} 1 & & & \\ & 2 & & \\ & & \ddots & \\ & & & n \end{pmatrix}$$

と書いて，両辺の (n_j) 成分をくらべれば

$$\sum_{i=j}^{n}\frac{(-j)^{i-j}}{(i-j)!}i=\frac{(-j)^{n-j}}{(n-j)!}j$$

が成り立つことがわかる.]

第 15 章　ガウスのアルゴリズム

1.　A_α の行列式は (第 4 列について展開すれば) $1-\alpha^2$ だから，A_α が逆行列をもつのは $\alpha\neq\pm1$ のときに限る．このときガウスのアルゴリズムに従って計算すると

$$\left(\begin{array}{cccc|cccc} 1 & \alpha & & & 1 & & & \\ \alpha & 1 & & & & 1 & & \\ & \alpha & 1 & & & & 1 & \\ & & \alpha & 1 & & & & 1 \end{array}\right) \underset{\text{②}-\text{①}\times\alpha}{\Longrightarrow} \left(\begin{array}{cccc|cccc} 1 & \alpha & & & 1 & & & \\ 0 & 1-\alpha^2 & & & -\alpha & 1 & & \\ & \alpha & 1 & & & & 1 & \\ & & \alpha & 1 & & & & 1 \end{array}\right)$$

$$\underset{\text{②}\times\frac{1}{1-\alpha^2}}{\Longrightarrow} \left(\begin{array}{cccc|cccc} 1 & \alpha & & & 1 & & & \\ & 1 & & & -\dfrac{\alpha}{1-\alpha^2} & \dfrac{1}{1-\alpha^2} & & \\ & \alpha & 1 & & & & 1 & \\ & & \alpha & 1 & & & & 1 \end{array}\right)$$

$$\underset{\text{③}-\text{②}\times\alpha}{\Longrightarrow} \left(\begin{array}{cccc|cccc} 1 & \alpha & & & 1 & & & \\ & 1 & & & -\dfrac{\alpha}{1-\alpha^2} & \dfrac{1}{1-\alpha^2} & & \\ & 0 & 1 & & \dfrac{\alpha^2}{1-\alpha^2} & -\dfrac{\alpha}{1-\alpha^2} & 1 & \\ & & \alpha & 1 & & & & 1 \end{array}\right)$$

$$\underset{\text{④}-\text{③}\times\alpha}{\Longrightarrow} \left(\begin{array}{cccc|cccc} 1 & \alpha & & & 1 & & & \\ & 1 & & & -\dfrac{\alpha}{1-\alpha^2} & \dfrac{1}{1-\alpha^2} & & \\ & & 1 & & \dfrac{\alpha^2}{1-\alpha^2} & -\dfrac{\alpha}{1-\alpha^2} & 1 & \\ & & 0 & 1 & -\dfrac{\alpha^3}{1-\alpha^2} & \dfrac{\alpha^2}{1-\alpha^2} & -\alpha & 1 \end{array}\right)$$

$$\underset{①-②\times\alpha}{\Longrightarrow}\left(\begin{array}{cccc|cccc} 1 & 0 & & & \dfrac{1}{1-\alpha^2} & -\dfrac{\alpha}{1-\alpha^2} & & \\ & 1 & & & -\dfrac{\alpha}{1-\alpha^2} & \dfrac{1}{1-\alpha^2} & & \\ & & 1 & & \dfrac{\alpha^2}{1-\alpha^2} & -\dfrac{\alpha}{1-\alpha^2} & 1 & \\ & & & 1 & -\dfrac{\alpha^3}{1-\alpha^2} & \dfrac{\alpha^2}{1-\alpha^2} & -\alpha & 1 \end{array}\right)$$

したがって

$$A_\alpha^{-1}=\begin{pmatrix} \dfrac{1}{1-\alpha^2} & -\dfrac{\alpha}{1-\alpha^2} & & \\ -\dfrac{\alpha}{1-\alpha^2} & \dfrac{1}{1-\alpha^2} & & \\ \dfrac{\alpha^2}{1-\alpha^2} & -\dfrac{\alpha}{1-\alpha^2} & 1 & \\ -\dfrac{\alpha^3}{1-\alpha^2} & \dfrac{\alpha^2}{1-\alpha^2} & -\alpha & 1 \end{pmatrix}$$

2.　求める行列式は

$$\frac{1}{6}\begin{pmatrix} 5 & 4 & 3 & 2 & 1 \\ 4 & 8 & 6 & 4 & 2 \\ 3 & 6 & 9 & 6 & 3 \\ 2 & 4 & 6 & 8 & 4 \\ 1 & 2 & 3 & 4 & 5 \end{pmatrix}$$

これを計算するのにはガウスのアルゴリズムによってもよいし，また次の LR 分解によることもできる．

$$\begin{pmatrix} 1 & & & & \\ -\dfrac{1}{2} & 1 & & & \\ & -\dfrac{2}{3} & 1 & & \\ & & -\dfrac{3}{4} & 1 & \\ & & & -\dfrac{4}{5} & 1 \end{pmatrix}\begin{pmatrix} 2 & -1 & & & \\ & \dfrac{3}{2} & -1 & & \\ & & \dfrac{4}{3} & -1 & \\ & & & \dfrac{5}{4} & -1 \\ & & & & \dfrac{6}{5} \end{pmatrix}$$

第17章　複素数

1. $$1-\left|\frac{\alpha-\beta}{1-\overline{\alpha}\beta}\right|^2=\frac{(1-\overline{\alpha}\beta)(1-\alpha\overline{\beta})-(\alpha-\beta)(\overline{\alpha}-\overline{\beta})}{|1-\overline{\alpha}\beta|^2}$$
$$=\frac{(1-|\alpha|^2)(1-|\beta|^2)}{|1-\overline{\alpha}\beta|^2}>0$$

2. z_1, z_2, z_3 の代わりに $z_1/z_1=1$, z_2/z_1, z_3/z_1 を考えれば $z_1=1$, $|z_2|=|z_3|=1$ と仮定できる．

i) ⇒ ii)　$z_2=a+b_i, z_3=c+di$ とすれば $a^2+b^2=c^2+d^2=1$

$$|1-z_2|^2=(1-a)^2+b^2=1-2a+a^2+b^2=2-2a$$
$$|1-z_3|^2=(1-c)^2+d^2=2-2c$$
$$|z_2-z_3|^2=(a-c)^2+(b-d)^2=2-2(ac+bd)$$

したがって $a=c$．したがって $b^2=d^2$, $b=\pm d$．$z_2\neq z_3$ より $b=-d$．これから $a=c=-\dfrac{1}{2}$, $b=-d=\pm\dfrac{\sqrt{3}}{2}$ となり，

$$1+z_2+z_3=1+z_2+\overline{z_2}=1-\frac{1}{2}-\frac{1}{2}=0$$

ii) ⇒ iii)　$0=z_1z_2z_3\overline{(z_1+z_2+z_3)}=z_2z_3+z_1z_3+z_1z_2$．ゆえに $(z-z_1)(z-z_2)(z-z_3)=z^3-z_1z_2z_3$．

iii) ⇒ i)　$z_1=1$ と仮定できるから $c=z_1^3=1$．ゆえに z_2, z_3 は $\dfrac{-1\pm\sqrt{3}\,i}{2}$ となるから，i) が成り立つ．

第18章　商空間，双対空間

1.　i)　${}^t\psi$ は単射であること．${}^t\psi(u_3)=0$, $u_3\in V_3^*$ とすれば

$$\langle\psi(x_2),u_3\rangle=\langle x_2,{}^t\psi(u_3)\rangle=0\quad(x_2\in V_2)$$

より u_3 は $\mathrm{Im}\,\psi$ の上で 0．仮定より ψ は全射だから，u_3 は V_3 上で 0，すなわち $u_3=0$．

ii)　$\mathrm{Im}\,{}^t\psi=\mathrm{Ker}\,{}^t\varphi$ であること．仮定により $\psi\circ\varphi=0$ だから ${}^t\varphi\circ{}^t\psi=0$，したがって

$$\mathrm{Im}\,{}^t\psi\subset\mathrm{Ker}\,{}^t\varphi.$$

逆に，$u_2 \in \operatorname{Ker} {}^t\varphi$ ならば ${}^t\varphi(u_2) = 0$ より

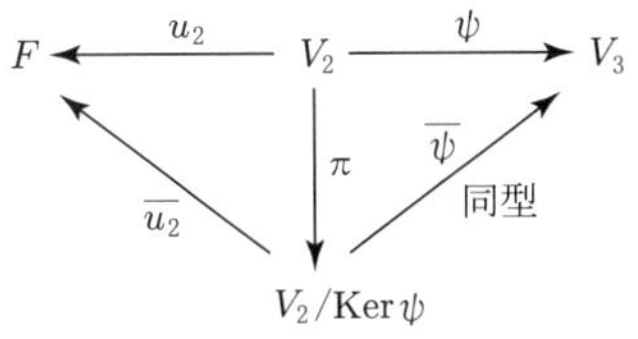

$$\langle \varphi(x_1),\, u_2\rangle = \langle x_1,\, {}^t\varphi(u_2)\rangle = 0 \qquad (x_1 \in V_1)$$

したがって u_2 は $\operatorname{Im}\varphi = \operatorname{Ker}\psi$ の上で 0.
したがって

$$u_2 = \overline{u_2} \circ \pi, \quad \overline{u_2} \in (V_2/\operatorname{Ker}\psi)^*$$

と書くことができる．また ψ は V_2 から V_3 への全射だから，§18.1. 定理の系によって，$V_2/\operatorname{Ker}\psi$ から V_3 への同型 $\overline{\psi}$ があって

$$\psi = \overline{\psi} \circ \pi$$

となる．そこで

$$u_3 := \overline{u_2} \circ \overline{\psi}^{-1}$$

とおけば $u_3 \in V_3^*$ で

$$u_3 \circ \overline{\psi} = \overline{u_2}$$
$${}^t\psi(u_3) = u_3 \circ \psi = u_3 \circ \overline{\psi} \circ \pi = \overline{u_2} \circ \pi = u_2$$

すなわち $u_2 \in \operatorname{Im} {}^t\psi$.

iii)　${}^t\varphi$ が全射であることを示すために $\operatorname{Im} {}^t\varphi$ の次元を調べる．いま $\dim V_i = d_i$ とおけば，$\dim V_i^* = d_i$ で，$\operatorname{Im}\varphi = \operatorname{Ker}\psi$ の次元をくらべて $d_1 = d_2 - d_3$.

ii) で見たように $\operatorname{Im} {}^t\psi = \operatorname{Ker} {}^t\varphi$ だから $d_3 = \dim \operatorname{Im} {}^t\psi = \dim \operatorname{Ker} {}^t\varphi$.

$\operatorname{Im} {}^t\varphi$ は $V_2^*/\operatorname{Ker} {}^t\varphi$ と同型だから

$$\dim \operatorname{Im} {}^t\varphi = d_2 - d_3 = d_1 = \dim V_1^*$$

したがって $\operatorname{Im} {}^t\varphi = V_1^*$，すなわち ${}^t\varphi$ は全射.

2.　i)　$u_x = 0$ ならすべての $y \in V$ に対して $B(x, y) = 0$ より $x = 0$ となって，$x \mapsto u_x$ は V から V^* への単射となるが，$\dim V = \dim V^*$ は有限だから全単射となる.

ii)　$x \in U^0$ に対して u_x は U 上で 0 だから，

$$u_x = \overline{u_x} \circ \pi$$

によって

$$\overline{u_x} \in (V/U)^*$$

$$V \xrightarrow{\ \pi\ } V/U$$

が定まり，写像 $x \mapsto \overline{u_x}$ は U^0 から $(V/U)^*$ への同型である．実際

単射である：$\overline{u_x} = 0$ ならば $u_x = \overline{u_x} \circ \pi = 0$, i) から
$x = 0$

全射である：$\overline{u} \in (V/U)^*$ に対して $u := \overline{u} \circ \pi$

とおけば，i) より $u = u_x$ となる $x \in V$ があって $x \in U^0$ かつ $\overline{u} = \overline{u_x}$ となる．

$$\dim U^0 = \dim (V/U)^* = \dim V/U = \dim V - \dim U$$
$$\dim U^{00} = \dim V - \dim U^0 = \dim U$$

第 19 章　ユニタリ空間

1. $A = \begin{pmatrix} a & b \\ c & d \end{pmatrix}$ ならば $A^* = \begin{pmatrix} \overline{a} & \overline{c} \\ \overline{b} & \overline{d} \end{pmatrix}$

$$A^*A = I_2 \iff \begin{cases} |a|^2 + |c|^2 = 1 \\ \overline{a}b + \overline{c}d = 0 \\ |b|^2 + |d|^2 = 1 \end{cases} \quad \cdots ①$$

$|A| = ab - bc = \varepsilon$ とおけば $\overline{\varepsilon}\varepsilon = 1$ より $|\varepsilon| = 1$.

$$ad - bc = \varepsilon \quad \cdots ②$$

$$① \times a + ② \times (-\overline{c}) \quad より \quad b = -\varepsilon\overline{c}$$
$$① \times c + ② \times \overline{a} \quad より \quad d = \varepsilon\overline{a}$$

したがって $\alpha = a$, $\beta = c$ とおけばよい．

$$|\alpha| = \cos\theta, \quad |\beta| = \sin\theta, \quad 0 \leqq \theta \leqq \frac{\pi}{2}$$
$$\alpha = e^{i\varphi}\cos\theta, \quad \beta = e^{i\psi}\sin\theta, \quad 0 \leqq \varphi, \quad \psi < 2\pi$$

とすれば

$$\lambda = e^{i(\varphi-\psi)/2}, \quad \mu = e^{i(\varphi+\psi)/2}$$

2. $$\boldsymbol{a}_i := A\boldsymbol{e}_i \quad (1 \leqq i \leqq n)$$

とおけば $(\boldsymbol{a}_1, \cdots, \boldsymbol{a}_n)$ は $\boldsymbol{C}^n$ の基底だから，シュミットの直交化をほどこして

$$\begin{cases} \boldsymbol{c}_1 := \dfrac{1}{||\boldsymbol{a}_1||}\boldsymbol{a}_1 \\ \boldsymbol{c}_2 := \dfrac{1}{||\boldsymbol{a}_2'||}\boldsymbol{a}_2', \quad \boldsymbol{a}_2' := \boldsymbol{a}_2 - \langle \boldsymbol{a}_2, \boldsymbol{c}_1\rangle \boldsymbol{c}_1 \\ \boldsymbol{c}_3 := \dfrac{1}{||\boldsymbol{a}_3'||}\boldsymbol{a}_3', \quad \boldsymbol{a}_3' := \boldsymbol{a}_3 - \langle \boldsymbol{a}_3, \boldsymbol{c}_1\rangle \boldsymbol{c}_1 - \langle \boldsymbol{a}_3, \boldsymbol{c}_2\rangle \boldsymbol{c}_2 \\ \quad \cdots\cdots\cdots\cdots\cdots\cdots \\ \boldsymbol{c}_n := \dfrac{1}{||\boldsymbol{a}_n'||}\boldsymbol{a}_n', \quad \boldsymbol{a}_n' := \boldsymbol{a}_n - \langle \boldsymbol{a}_n, \boldsymbol{c}_1\rangle \boldsymbol{c}_1 - \cdots - \langle \boldsymbol{a}_n, \boldsymbol{c}_{n-1}\rangle \boldsymbol{c}_{n-1} \end{cases}$$

このとき $(\boldsymbol{c}_1, \cdots, \boldsymbol{c}_n)$ は正規直交基底だから

$$U := (\boldsymbol{c}_1\ \boldsymbol{c}_2\ \cdots\ \boldsymbol{c}_n)$$

はユニタリ行列で

$$U = A\begin{pmatrix} \alpha_{11} & \alpha_{12} & \cdots & \alpha_{1n} \\ & \alpha_{22} & \cdots & \alpha_{2n} \\ & & \ddots & \vdots \\ & 0 & & \alpha_{nn} \end{pmatrix}, \quad a_{ii} = \frac{1}{||\boldsymbol{a}_i'||} > 0 \quad (1 \leqq i \leqq n)$$

右辺の三角行列を T^{-1} とおけば $A = UT$.

分解の一意性は，ユニタリな三角行列は必然的に対角行列となること (なぜか？) からわかる.

第 20 章　線型写像の分類 (I)

1. $g^2 = (\varphi \circ f \circ \varphi^{-1}) \circ (\varphi \circ f \circ \varphi^{-1}) = \varphi \circ f^2 \circ \varphi^{-1}$

一般に $g^p = \varphi \circ f^p \circ \varphi^{-1}$ だから，$p = 1$ の場合に示せば十分.

$\varphi(f(x)) = g(\varphi(x))$ より

$$\varphi(\operatorname{Ker} f) \subset \operatorname{Ker} g, \qquad \varphi(\operatorname{Im} f) \subset \operatorname{Im} g$$

φ と φ^{-1} の役割を交換すれば，$f = \varphi^{-1} \circ g \circ \varphi$ だから

$$\varphi^{-1}(\operatorname{Ker} g) \subset \operatorname{Ker} f, \qquad \varphi^{-1}(\operatorname{Im} g) \subset \operatorname{Im} f$$

すなわち

$$\operatorname{Ker} g \subset \varphi(\operatorname{Ker} f), \qquad \operatorname{Im} g \subset \varphi(\operatorname{Im} f)$$

これから i) がわかる.

また $f(x) = \alpha x$ ならば, $g(\varphi(x)) = \varphi(f(x)) = \alpha\varphi(x)$ より $\varphi(x)$ は g の固有値 α に属する固有ベクトルとなる.

2. 1 が f^2 の固有値ならば, $f^2(x) = f(f(x)) = x$ となる $x \neq 0$ が存在する.

$$x_1 := \frac{x + f(x)}{2}, \qquad x_2 := \frac{x - f(x)}{2}$$

とすれば

$$(*) \qquad x = x_1 + x_2, \qquad f(x_1) = x_1, \qquad f(x_2) = -x_2$$

が成り立つ. $x \neq 0$ だから x_1 も x_2 も共に 0 ではないから, 1 または -1 の少なくとも一つが f の固有値である. これが i).

もし 1 が固有値で, -1 が固有値でなければ $x_2 = 0$ で, $x = x_1$ となって ii) が出る.

1 も -1 も共に固有値ならば, $(*)$ は iii) の直和分解を与える.

第 21 章　線型写像の分類 (II)

1. A のジョルダン標準形を考えて, 各ジョルダン細胞についてやればよいので, 結局

$$J(\alpha, n) = B_n^2$$

となる B_n の存在を示せばよい. 帰納法を用いる. $n = 1$ のときは明白だから, n のときを仮定する : $J(\alpha, n) = B_n^2$

このとき

$$B_{n+1} := \left(\begin{array}{c|c} B_n & \boldsymbol{b} \\ \hline 0 & \sqrt{\alpha} \end{array}\right) \quad (\boldsymbol{b} \in \boldsymbol{R}^n)$$

とおけば

$$B_{n+1}^2 = \left(\begin{array}{c|c} B_n^2 & (B_n + \sqrt{\alpha})\boldsymbol{b} \\ \hline 0 & \alpha \end{array}\right) = \left(\begin{array}{c|c} J(\alpha, n) & (B_n + \sqrt{\alpha})\boldsymbol{b} \\ \hline 0 & \alpha \end{array}\right)$$

だから

$$\boldsymbol{b} := (B_n + \sqrt{\alpha})^{-1} \begin{pmatrix} 0 \\ \vdots \\ 0 \\ 1 \end{pmatrix}$$

ととれば

$$B_{n+1}^2 = J(\alpha,\, n+1)$$

となる (この証明は B_n の帰納的な構成法も示している．たとえば

$$B_2 = \begin{pmatrix} \sqrt{\alpha} & \dfrac{1}{2\sqrt{\alpha}} \\ 0 & \dfrac{1}{\sqrt{\alpha}} \end{pmatrix}, \quad B_3 = \begin{pmatrix} \sqrt{\alpha} & \dfrac{1}{2\sqrt{\alpha}} & \dfrac{-1}{8\alpha\sqrt{\alpha}} \\ 0 & \sqrt{\alpha} & \dfrac{1}{2\sqrt{\alpha}} \\ 0 & 0 & \sqrt{\alpha} \end{pmatrix}).$$

2.　特性多項式 $P_A(\lambda) = |A - \lambda I_5| = -(\lambda - 1)^3(\lambda + 1)^2$
したがって

$$V = \boldsymbol{R}^5 = V(1) \oplus V(-1), \quad \dim V(1) = 3, \quad \dim V(-1) = 2$$

と分解される．

1)　$$A - I_5 = \begin{pmatrix} 0 & 1 & -1 & 2 & -1 \\ 2 & -1 & 1 & -4 & -1 \\ 0 & 1 & 0 & 1 & 1 \\ 0 & 1 & 2 & -1 & 1 \\ 0 & 0 & -3 & 3 & -2 \end{pmatrix}$$

$$(A - I_5)^2 = \begin{pmatrix} 2 & 0 & 8 & -10 & 2 \\ -2 & 0 & -8 & 10 & -2 \\ 2 & 0 & 0 & -2 & -2 \\ 2 & 0 & -4 & 2 & -2 \\ 0 & 0 & 12 & -12 & 4 \end{pmatrix}$$

$$(A-I_5)^3=\begin{pmatrix}0&0&-28&28&-12\\0&0&28&-28&12\\0&0&0&0&0\\0&0&8&-8&8\\0&0&-36&36&-20\end{pmatrix}$$

したがって，部分空間の列とそれぞれの基底として

$$\begin{array}{ccc}\operatorname{Ker}(A-I_5) & \subset \operatorname{Ker}(A-I_5)^2 & \subset \operatorname{Ker}(A-I_5)^3\\ \begin{pmatrix}1\\-1\\1\\1\\0\end{pmatrix} & \begin{pmatrix}1\\0\\1\\1\\0\end{pmatrix},\begin{pmatrix}0\\1\\0\\0\\0\end{pmatrix} & \begin{pmatrix}1\\0\\0\\0\\0\end{pmatrix},\begin{pmatrix}0\\1\\0\\0\\0\end{pmatrix},\begin{pmatrix}0\\0\\1\\1\\0\end{pmatrix}\end{array}$$

を得る．そこで

$$\boldsymbol{x}_1:=(A-I_5)^2\begin{pmatrix}1\\0\\0\\0\\0\end{pmatrix}=\begin{pmatrix}2\\-2\\2\\2\\0\end{pmatrix},\quad \boldsymbol{x}_2:=(A-I_5)\begin{pmatrix}1\\0\\0\\0\\0\end{pmatrix}=\begin{pmatrix}0\\2\\0\\0\\0\end{pmatrix},\quad \boldsymbol{x}_3:=\begin{pmatrix}1\\0\\0\\0\\0\end{pmatrix}$$

ととれば

$$A\boldsymbol{x}_1=\boldsymbol{x}_1,\quad A\boldsymbol{x}_2=\boldsymbol{x}_1+\boldsymbol{x}_2,\quad A\boldsymbol{x}_3=\boldsymbol{x}_2+\boldsymbol{x}_3$$

2) $$A+I_5=\begin{pmatrix}2&1&-1&2&-1\\2&1&1&-4&-1\\0&1&2&1&1\\0&1&2&1&1\\0&0&-3&3&0\end{pmatrix}$$

$$(A+I_5)^2 = \begin{pmatrix} 6 & 4 & 4 & -2 & -2 \\ 6 & 0 & -4 & -6 & -6 \\ 2 & 4 & 4 & 2 & 2 \\ 2 & 4 & 4 & 2 & 2 \\ 0 & 0 & 0 & 0 & 0 \end{pmatrix}$$

より，部分空間の列とそれぞれの基底

$$\begin{array}{ccc} \mathrm{Ker}\,(A+I_5) & \subset & \mathrm{Ker}\,(A+I_5)^2 \\ \begin{pmatrix} 1 \\ -1 \\ 0 \\ 0 \\ 1 \end{pmatrix} & & \begin{pmatrix} 1 \\ -1 \\ 0 \\ 1 \\ 0 \end{pmatrix}, \begin{pmatrix} 1 \\ -1 \\ 0 \\ 0 \\ 1 \end{pmatrix} \end{array}$$

とを得て，

$$\boldsymbol{x}_4 := (A+I_5)\begin{pmatrix} 1 \\ -1 \\ 0 \\ 1 \\ 0 \end{pmatrix} = \begin{pmatrix} 3 \\ -3 \\ 0 \\ 0 \\ 3 \end{pmatrix}, \quad \boldsymbol{x}_5 := \begin{pmatrix} 1 \\ -1 \\ 0 \\ 1 \\ 0 \end{pmatrix}$$

ととれば

$$A\boldsymbol{x}_4 = -\boldsymbol{x}_4, \quad A\boldsymbol{x}_5 = \boldsymbol{x}_4 - \boldsymbol{x}_5$$

となる．

以上から

$$A(\boldsymbol{x}_1\ \boldsymbol{x}_2\ \boldsymbol{x}_3\ \boldsymbol{x}_4\ \boldsymbol{x}_5) = (\boldsymbol{x}_1\ \boldsymbol{x}_2\ \boldsymbol{x}_3\ \boldsymbol{x}_4\ \boldsymbol{x}_5)\left(\begin{array}{ccc|cc} 1 & 1 & 0 & & \\ 0 & 1 & 1 & & \\ 0 & 0 & 1 & & \\ \hline & & & -1 & 1 \\ & & & 0 & -1 \end{array}\right)$$

すなわち A のジョルダン標準形は $\begin{pmatrix} J(1,\,3) & \\ & J(-1,\,2) \end{pmatrix}$.

第22章　二次形式

1.　$q_A(\boldsymbol{x}) = (x_1 + x_2 + x_3)^2 - x_2^2$ と書けるから，シルヴェスター基底として

$$\boldsymbol{x}_1 = \begin{pmatrix} 1 \\ 0 \\ 0 \end{pmatrix}, \quad \boldsymbol{x}_2 = \begin{pmatrix} -1 \\ 1 \\ 0 \end{pmatrix}, \quad \boldsymbol{x}_3 = \begin{pmatrix} -1 \\ 0 \\ 1 \end{pmatrix}$$

をとることができて，$q_A(\boldsymbol{x}_1) = 1$，$q_A = (\boldsymbol{x}_2) = -1$，$q_A(\boldsymbol{x}_3) = 0$．ゆえに

$$\begin{pmatrix} 1 & 0 & 0 \\ -1 & 1 & 0 \\ -1 & 0 & 1 \end{pmatrix} A \begin{pmatrix} 1 & -1 & -1 \\ 0 & 1 & 0 \\ 0 & 0 & 1 \end{pmatrix} = \begin{pmatrix} 1 & 0 & 0 \\ 0 & -1 & 0 \\ 0 & 0 & 0 \end{pmatrix}$$

2.　A の特別な形から

$$\boldsymbol{e}_1 + \boldsymbol{e}_2 + \boldsymbol{e}_3 + \boldsymbol{e}_4 + \boldsymbol{e}_5 = \begin{pmatrix} 1 \\ 1 \\ 1 \\ 1 \\ 1 \end{pmatrix}$$ は，固有値 5 の固有ベクトル

$\boldsymbol{e}_i - \boldsymbol{e}_j \ (1 \leqq i < j \leqq 5)$ は，固有値 0 の固有ベクトル

であるから，基底 $(\boldsymbol{e}_1 + \cdots + \boldsymbol{e}_5,\ \boldsymbol{e}_2 - \boldsymbol{e}_1,\ \boldsymbol{e}_3 - \boldsymbol{e}_1,\ \boldsymbol{e}_4 - \boldsymbol{e}_1,\ \boldsymbol{e}_5 - \boldsymbol{e}_1)$ にシュミットの直交化をほどこして，固有ベクトル

$$\begin{pmatrix} \frac{1}{\sqrt{5}} \\ \frac{1}{\sqrt{5}} \\ \frac{1}{\sqrt{5}} \\ \frac{1}{\sqrt{5}} \\ \frac{1}{\sqrt{5}} \end{pmatrix}, \quad \begin{pmatrix} \frac{-1}{\sqrt{2}} \\ \frac{1}{\sqrt{2}} \\ 0 \\ 0 \\ 0 \end{pmatrix}, \quad \begin{pmatrix} \frac{-1}{\sqrt{6}} \\ \frac{-1}{\sqrt{6}} \\ \frac{2}{\sqrt{6}} \\ 0 \\ 0 \end{pmatrix}, \quad \begin{pmatrix} \frac{-1}{\sqrt{12}} \\ \frac{-1}{\sqrt{12}} \\ \frac{-1}{\sqrt{12}} \\ \frac{3}{\sqrt{12}} \\ 0 \end{pmatrix}, \quad \begin{pmatrix} \frac{-1}{2\sqrt{5}} \\ \frac{-1}{2\sqrt{5}} \\ \frac{-1}{2\sqrt{5}} \\ \frac{-1}{2\sqrt{5}} \\ \frac{2}{\sqrt{5}} \end{pmatrix}$$

からなる正規直交系を得る．したがってこれらのベクトルを列ベクトルにもつ直交行列を P とすれば

$$
{}^tPAP = \begin{pmatrix} 5 & & & & \\ & 0 & & & \\ & & 0 & & \\ & & & 0 & \\ & & & & 0 \end{pmatrix}
$$

第23章　二次曲線，二次曲面

1.　$\left(\dfrac{x}{a}+\dfrac{y}{b}\right)\left(\dfrac{x}{a}-\dfrac{y}{b}\right)=2z$ と分解して，直線群

$$
\begin{cases} \dfrac{x}{a}+\dfrac{y}{b}=\lambda \\ \dfrac{x}{a}-\dfrac{y}{b}=\dfrac{2z}{\lambda} \end{cases} \quad \text{すなわち} \quad \begin{pmatrix} x \\ y \\ z \end{pmatrix} = \begin{pmatrix} \dfrac{a\lambda}{2} \\ \dfrac{b\lambda}{2} \\ 0 \end{pmatrix} + \begin{pmatrix} \dfrac{a}{\lambda} \\ -\dfrac{b}{\lambda} \\ 1 \end{pmatrix} t
$$

$$
\begin{cases} \dfrac{x}{a}+\dfrac{y}{b}=0 \\ z=0 \end{cases} \quad \text{すなわち} \quad \begin{pmatrix} x \\ y \\ z \end{pmatrix} = \begin{pmatrix} a \\ -b \\ 0 \end{pmatrix} t
$$

と直線群

$$
\begin{cases} \dfrac{x}{a}+\dfrac{y}{b}=\dfrac{2z}{\mu} \\ \dfrac{x}{a}-\dfrac{y}{b}=\mu \end{cases} \quad \text{すなわち} \quad \begin{pmatrix} x \\ y \\ z \end{pmatrix} = \begin{pmatrix} \dfrac{a\mu}{2} \\ -\dfrac{b\mu}{2} \\ 0 \end{pmatrix} + \begin{pmatrix} \dfrac{a}{\mu} \\ \dfrac{b}{\mu} \\ 1 \end{pmatrix} t
$$

$$
\begin{cases} \dfrac{x}{a}-\dfrac{y}{b}=0 \\ z=0 \end{cases} \quad \text{すなわち} \quad \begin{pmatrix} x \\ y \\ z \end{pmatrix} = \begin{pmatrix} a \\ b \\ 0 \end{pmatrix} t
$$

がこの双曲放物面上にある.

2.　方程式を

$$
2xy+2yz+2zx-2a=0
$$

と書けば

$$A = \begin{pmatrix} 0 & 1 & 1 \\ 1 & 0 & 1 \\ 1 & 1 & 0 \end{pmatrix}, \quad \widetilde{A} = \begin{pmatrix} -2a & 0 & 0 & 0 \\ 0 & 0 & 1 & 1 \\ 0 & 1 & 0 & 1 \\ 0 & 1 & 1 & 0 \end{pmatrix}$$

$$P_A(\lambda) = |A - \lambda I_3| = -(\lambda - 2)(\lambda + 1)^2$$

したがって A の固有値は 2 と -1 (重複度 2).

固有ベクトルからなる直交行列として

$$P = \begin{pmatrix} \frac{1}{\sqrt{3}} & \frac{-1}{\sqrt{6}} & \frac{1}{\sqrt{2}} \\ \frac{1}{\sqrt{3}} & \frac{2}{\sqrt{6}} & 0 \\ \frac{1}{\sqrt{3}} & \frac{-1}{\sqrt{6}} & \frac{-1}{\sqrt{2}} \end{pmatrix}$$

をとることができて

$$AP = P \begin{pmatrix} 2 & 0 & 0 \\ 0 & -1 & 0 \\ 0 & 0 & -1 \end{pmatrix}$$

本文の分類から

$a = 0$ ならば　円錐

$a > 0$ ならば　一葉双曲面

$a < 0$ ならば　二葉双曲面.

第 24 章　ローレンツ群の幾何学

1.　$\varDelta = \det \sigma(A)$ とおくとき, $\varDelta$ の第 1 列を第 2 列に加えて

$$\varDelta = \begin{vmatrix} \dfrac{a^2+b^2+c^2+d^2}{2} & a^2+c^2 & ab+cd \\ \dfrac{a^2+b^2-c^2-d^2}{2} & a^2-c^2 & ab-cd \\ ac+bd & 2ac & ad+bc \end{vmatrix}$$

ここで第 2 列の $\dfrac{1}{2}$ 倍を第 1 列から引くと

$$\varDelta=\begin{vmatrix}\dfrac{b^2+d^2}{2} & a^2+c^2 & ab+cd\\[2mm] \dfrac{b^2-d^2}{2} & a^2-c^2 & ab-cd\\[2mm] bd & 2ac & ad+bc\end{vmatrix}$$

この行列式の第 1 行を第 2 行に加え，新しい第 2 行の $\dfrac{1}{2}$ 倍を第 1 行から引くと

$$\varDelta=\begin{vmatrix}\dfrac{d^2}{2} & c^2 & cd\\[2mm] b^2 & 2a^2 & 2ab\\ bd & 2ac & ad+bc\end{vmatrix}$$

これを直接計算して ($ad-bc=1$ に注意して) $\varDelta=1$.

2.　$\sigma(A)=I_3$ ならば ${}^tX=X$ に対して $AX{}^tA=X$ だから，$X=I_2$ ととって，$A{}^tA=I_2$，すなわち A は直交行列で，${}^tA=A^{-1}$．したがって $AX=XA$ がすべての $X={}^tX$ に対して成り立つ．$X=\begin{pmatrix}1&0\\0&0\end{pmatrix}$ ととれば $A=\begin{pmatrix}a&0\\0&d\end{pmatrix}$ となり $A=\pm I_2$.

第 25 章　シンプレクティク群の幾何学

1.　A が正則と仮定されているから，a, b, c の少なくとも一つは 0 でない．$a\neq 0$ と仮定する (b もしくは c が 0 でないときも同様にできる).

$$\boldsymbol{e}_1':=\boldsymbol{e}_1,\quad \boldsymbol{e}_3':=\frac{1}{a}\boldsymbol{e}_2$$

とおけば

$$b(\boldsymbol{e}_1',\,\boldsymbol{e}_3')=1$$

部分空間 $\{\boldsymbol{e}_1',\,\boldsymbol{e}_3'\}^{\perp}=\{\boldsymbol{e}_1,\,\boldsymbol{e}_2\}^{\perp}$ を求める：

$\boldsymbol{x}=x_1\boldsymbol{e}_1+x_2\boldsymbol{e}_2+x_3\boldsymbol{e}_3+x_4\boldsymbol{e}_4$ に対して

$$b(\boldsymbol{x},\,\boldsymbol{e}_1)=0\iff -x_2a-x_3b-x_4c=0\Longrightarrow x_2=-x_3\frac{b}{a}-x_4\frac{c}{a}$$

$$b(\boldsymbol{x},\,\boldsymbol{e}_2)=0\iff x_1a-x_3d-x_4e=0\Longrightarrow x_1=x_3\frac{d}{a}+x_4\frac{e}{a}$$

したがって

$$\{\boldsymbol{e}_1',\,\boldsymbol{e}_3'\}^{\perp}=\{x_3\boldsymbol{f}_3+x_4\boldsymbol{f}_4\,|\,x_3,\,x_4\in\boldsymbol{R}\}$$

$$\boldsymbol{f}_3:=\frac{d}{a}\boldsymbol{e}_1-\frac{b}{a}\boldsymbol{e}_2+\boldsymbol{e}_3,\quad \boldsymbol{f}_4:=\frac{e}{a}\boldsymbol{e}_1-\frac{c}{a}\boldsymbol{e}_2+\boldsymbol{e}_4$$

ここで，$b(\boldsymbol{f}_3,\,\boldsymbol{f}_4)=\dfrac{af-be+cd}{a}$ だから (A 正則，b_A 非退化と仮定したので) $\Delta:=af-be+cd\neq 0$ で

$$\boldsymbol{e}_2':=\boldsymbol{f}_3,\quad \boldsymbol{e}_4':=\frac{a}{\Delta}\boldsymbol{f}_4$$

ととれば，$b(\boldsymbol{e}_2',\,\boldsymbol{e}_4')=1$ となって，$\{\boldsymbol{e}_1',\,\boldsymbol{e}_2',\,\boldsymbol{e}_3',\,\boldsymbol{e}_4'\}$ が求めるシンプレクティク基底となる．

$$\begin{cases}\boldsymbol{e}_1'=\boldsymbol{e}_1\\ \boldsymbol{e}_2'=\dfrac{d}{a}\boldsymbol{e}_1-\dfrac{b}{a}\boldsymbol{e}_2+\boldsymbol{e}_3\\ \boldsymbol{e}_3'=\dfrac{1}{a}\boldsymbol{e}_2\\ \boldsymbol{e}_4'=\dfrac{e}{\Delta}\boldsymbol{e}_1-\dfrac{c}{\Delta}\boldsymbol{e}_2+\dfrac{a}{\Delta}\boldsymbol{e}_4\end{cases}$$

$$\begin{cases}\boldsymbol{e}_1=\boldsymbol{e}_1'\\ \boldsymbol{e}_2=a\boldsymbol{e}_3'\\ \boldsymbol{e}_3=-\dfrac{d}{a}\boldsymbol{e}_1'+\boldsymbol{e}_2'+b\boldsymbol{e}_3'\\ \boldsymbol{e}_4=-\dfrac{e}{a}\boldsymbol{e}_1'+c\boldsymbol{e}_3'+\dfrac{\Delta}{a}\boldsymbol{e}_4'\end{cases}$$

ゆえに

$$A={}^tPJP,\quad J=\begin{pmatrix}0 & I_2\\ -I_2 & 0\end{pmatrix},\quad P=\begin{pmatrix}1 & 0 & -\dfrac{d}{a} & -\dfrac{e}{a}\\ 0 & 0 & 1 & 0\\ 0 & a & b & c\\ 0 & 0 & 0 & \dfrac{\Delta}{a}\end{pmatrix}$$

行列式を計算して

$$\det A=(\det P)^2=(af-be+cd)^2$$

第26章　非負行列とフロベニウスの定理

1.　$\boldsymbol{x} > \mathbf{0}$ が A のフロベニウス・ベクトルであれば，$\boldsymbol{x}$ の成分 x_j の最大を x_k，最小を x_l とすれば，$0 < x_l \leqq x_j \leqq x_k$ で

$$\alpha x_l = \sum_{j=1}^{n} a_{lj} x_j \geqq \sum_{j=1}^{n} a_{lj} x_l \quad \text{より} \quad \sum_{j=1}^{n} a_{lj} \leqq \alpha$$

$$\alpha x_k = \sum_{j=1}^{n} a_{kj} x_j \leqq \sum_{j=1}^{n} a_{kj} x_k \quad \text{より} \quad \sum_{j=1}^{n} a_{kj} \geqq \alpha$$

2.　$\boldsymbol{w}$ が ${}^tA$ のフロベニウス・ベクトルなら ${}^tA\boldsymbol{w} = \alpha\boldsymbol{w}$ だから，$\boldsymbol{v}$ が B のフロベニウス・ベクトルならば

$$\langle A\boldsymbol{v},\, \boldsymbol{w}\rangle = \langle \boldsymbol{v},\, {}^tA\boldsymbol{w}\rangle = \alpha\langle \boldsymbol{v},\, \boldsymbol{w}\rangle$$
$$\langle B\boldsymbol{v},\, \boldsymbol{w}\rangle = \langle \beta\boldsymbol{v},\, \boldsymbol{w}\rangle = \beta\langle \boldsymbol{v},\, \boldsymbol{w}\rangle$$

$A - B \geqq O$, $\boldsymbol{v} > \mathbf{0}$ より $(A-B)\boldsymbol{v} > \mathbf{0}$．ゆえに

$$\langle (A-B)\boldsymbol{v},\, \boldsymbol{w}\rangle > 0 \quad \text{すなわち} \quad (\alpha - \beta)\langle \boldsymbol{v},\, \boldsymbol{w}\rangle > 0$$

$\langle \boldsymbol{v},\, \boldsymbol{w}\rangle > 0$ だから $\alpha - \beta > 0$.

第27章　線型不等式

1.　定義では

$$M \text{ 凸} \iff \boldsymbol{b}_1, \cdots, \boldsymbol{b}_p \in M \ \text{ならば}\ [\boldsymbol{b}_1, \cdots, \boldsymbol{b}_p] \subset M$$

$p = 2$ とすれば問題の条件となる．逆に

$$\lambda_1\boldsymbol{b}_1 + \cdots + \lambda_p\boldsymbol{b}_p = \lambda_1\boldsymbol{b}_1 + (1-\lambda_1)\boldsymbol{b}_2'$$
$$\boldsymbol{b}_2' = \frac{\lambda_2}{1-\lambda_1}\boldsymbol{b}_2 + \cdots + \frac{\lambda_p}{1-\lambda_1}\boldsymbol{b}_p \qquad (1 - \lambda_1 = \lambda_2 + \cdots + \lambda_p)$$

と書けば，帰納法で $[\boldsymbol{b}_1, \cdots, \boldsymbol{b}_p] \subset M$ がわかる．

2.　i）C が部分空間 M を含めば，$\boldsymbol{x} \in M$ のとき $-\boldsymbol{x} \in M \subset C$ となる．

ii）$C := \{\boldsymbol{x} \mid A\boldsymbol{x} \geqq \mathbf{0}\} \supset \operatorname{Ker} A := \{\boldsymbol{x} \mid A\boldsymbol{x} = 0\}$ だから．

もし C が尖凸錐ならば $\operatorname{Ker} A = \{0\}$，したがって $r(A) = n$.

逆に $r(A) = n$ ならば $\operatorname{Ker} A = \{0\}$．$C$ が部分空間 M を含むならば，$\boldsymbol{x} \in M$

のとき $-\boldsymbol{x} \in M$ だから $A\boldsymbol{x} \geqq 0$, $A(-\boldsymbol{x}) \geqq 0$. したがって $A\boldsymbol{x} = 0$, $\boldsymbol{x} \in \operatorname{Ker} A$, ゆえに $\boldsymbol{x} = 0$, すなわち C は $\{0\}$ 以外の部分空間を含まない.

第28章　線型計画法

1. ${}^t\boldsymbol{c}_0\boldsymbol{y}_0 \geqq {}^t\boldsymbol{c}_0\boldsymbol{y}_1$, ${}^t\boldsymbol{c}_1\boldsymbol{y}_1 \geqq {}^t\boldsymbol{c}_1\boldsymbol{y}_0$ だから

$$ {}^t(\boldsymbol{c}_1 - \boldsymbol{c}_0)(\boldsymbol{y}_1 - \boldsymbol{y}_0) = {}^t\boldsymbol{c}_1(\boldsymbol{y}_1 - \boldsymbol{y}_0) + {}^t\boldsymbol{c}_0(\boldsymbol{y}_0 - \boldsymbol{y}_1) \geqq 0. $$

2. ${}^t\boldsymbol{y} = (x_{11} \cdots x_{1n}\ x_{21} \cdots x_{2n}\ \cdots\ x_{m1} \cdots x_{mn})$ として, 与えられた線型不等式を行列式で書けば

$$ A\boldsymbol{y} \leqq \boldsymbol{b}, \quad \boldsymbol{y} \geqq \boldsymbol{0} $$

となる. ただし

$$ A = \left(\begin{array}{c|c|c|c} \begin{matrix}1 & 1 & \cdots & 1\end{matrix} & & & \\ & \begin{matrix}1 & 1 & \cdots & 1\end{matrix} & & \\ & & \ddots & \\ & & & \begin{matrix}1 & 1 & \cdots & 1\end{matrix} \\ \hline \underbrace{\begin{matrix}-1 & & & \\ & -1 & & \\ & & \ddots & \\ & & & -1\end{matrix}}_{n} & \underbrace{\begin{matrix}-1 & & & \\ & -1 & & \\ & & \ddots & \\ & & & -1\end{matrix}}_{n} & \ddots & \underbrace{\begin{matrix}-1 & & & \\ & -1 & & \\ & & \ddots & \\ & & & -1\end{matrix}}_{n} \end{array}\right) \begin{array}{l} \left.\vphantom{\begin{matrix}1\\1\\1\\1\end{matrix}}\right\} m \\ \left.\vphantom{\begin{matrix}1\\1\\1\\1\\1\end{matrix}}\right\} n \end{array} $$

$$ \boldsymbol{b} = \begin{pmatrix} s_1 \\ \vdots \\ s_m \\ -t_1 \\ \vdots \\ -t_n \end{pmatrix} $$

ミンコフスキー－ファルカスの定理から, 解の存在のための必要十分条件は

$$ {}^tA\boldsymbol{x} \geqq \mathbf{0},\ \boldsymbol{x} \geqq \mathbf{0} \text{ ならば } {}^t\boldsymbol{b}\boldsymbol{x} \geqq 0 $$

によって与えられる．ただし ${}^t\boldsymbol{x} = (x_1 \cdots x_m\ y_1 \cdots y_n)$.

ここで

$$ \left.\begin{array}{l} {}^tA\boldsymbol{x} \geqq \mathbf{0} \\ \boldsymbol{x} \geqq \mathbf{0} \end{array}\right\} \iff x_i \geqq y_j \geqq 0 \quad \left(\begin{array}{l} 1 \leqq i \leqq m \\ 1 \leqq j \leqq n \end{array}\right) $$

$$ {}^t\boldsymbol{b}\boldsymbol{x} \geqq 0 \iff \sum_{i=1}^{m} s_i x_i \geqq \sum_{j=1}^{n} t_j y_j $$

もし問題に与えられた条件が満たされていれば，$x_0 = \min(x_1, \cdots, x_m)$，$y_0 = \max(y_1, \cdots, y_n)$ として，$x_0 \geqq y_0$ だから

$$ \sum_{i=1}^{m} s_i x_i \geqq x_0 \sum_{i=1}^{m} s_i \geqq y_0 \sum_{j=1}^{n} t_j \geqq \sum_{j=1}^{n} t_j y_j $$

第29章　誤り訂正符号理論

1.　$H = (\boldsymbol{h}_1 \cdots \boldsymbol{h}_n)$ と列ベクトルに分けて考えれば

$$ \boldsymbol{x} = x_1 \cdots x_n \text{ に対して } \boldsymbol{x}{}^tH = \mathbf{0} \iff x_1\boldsymbol{h}_1 + \cdots + x_n\boldsymbol{h}_n = \mathbf{0} $$

これから $d = d(\mathscr{C})$ ならば，重さ d の符号語 $\boldsymbol{x}$ をとれば $\boldsymbol{x}$ の 0 でない成分の番号をもつ列の和が 0 となることから，d 個の従属な列ベクトルの存在が知られ，重さ $d-1$ の $\boldsymbol{x}$ は存在しないから，任意の $d-1$ 個の列ベクトルは独立である．

線型代数とわたくし

——— あとがきに代えて

ヒルベルト空間論と行列論とを別々に学んだあとで，そこに深い関係があると知ったのは私の年代の数学者に共通のおどろきであった．

——P.R. ハルモス (1948)

今でこそ線型代数はほとんどすべての理工系大学の初年級の講義の二本柱の一つとして確立されているけれども，今から 60 年以上も前のわたくしの学生時代ではそうではなかったのです．1945 年終戦直前に (旧制) 中学 (水泳で当時は有名だった) 浜松一中を卒業して，やはり旧制の静岡高校に進学したわたくしは，そこで東大数学科 OB の湯浅豊五郎 (1908 年卒)，川合一蔵 (1935 卒) の二人の先生から，いわゆる高等数学の洗礼を受けたのでした．湯浅さん (当時は先生をこう呼んでいた) は藤原松三郎の三年後，掛谷宗一の一年前，竹内端三の二年前というわけですから，時代が感じられましょう．川合さんは中山正と同級で，ぐっと身近な年代です．湯浅さんはかなりの年齢と見受けられましたが，黒板の前でのシャキッとした姿はいまだにマザマザと記憶に残っています．彼からは非常に古典的な微分積分学と平面二次曲線 (楕円，双曲線，放物線) の話を聞いたのですが，そこにはいわゆる線型代数的な言葉づかいはまったくなく，現代数学とは無縁な世界でありました．しかし独特の言い回しで発音された theorem という言葉は印象深く，スラスラと板書されたのも共に忘れられません．一方，川合さんは代数の専門家でしたが，“君達の卒業するまでに ε–δ をきっちりと教えなければならぬ” と言うのが口癖で，この先の新しい数学の存在の予感を受けとったのでした．

1948 年東京大学の数学科に進学し，彌永先生の講義ではじめて線型代数に触れたのでした．この講義は後に『幾何学序説』としてまとめられたものですが，わたくしたちは，学年ごとにその一部分に接したのでした．当時の事情を簡潔に説明しているのが，1958 年に初版が刊行された佐武一郎『行列と行列式』(現在は『線型代数学』と改題) の冒頭の序文にある次の文章です：

> 本書は主として大学教養課程の学生諸君を対象に行列と行列式に関する最も基礎的な理論およびその根底に横たわるベクトル空間や一次写像の概念を説明したものである．
>
> この程度のいわゆる‘線型代数学’は現代数学のあらゆる分野において不断に使用されるものであるから，特に理工科方面に進まれる人にとって欠くことのできない数学的教養の一つといえよう．従って教養課程においてそのために十分の講義がなされることが非常に望ましいのであるが，実際には時間数の不足と種々の伝統的制約のために，ごく大ざっぱな説明しかなされていないようである．本書はこのような現状に対する不満 (教師に側からも学生の側からも) を少しでも緩和しようとして企画されたのであった．

この文章のはじめにかかげたハルモスの言葉は当時の線型代数の位置を多少違う面からついたものです．実際わたくしたちの世代の数学者は，いわゆる線型代数の知識は，いろいろな本，理論を通じて何となく trade secrets として身につけていたものでした．たしかにブルバキの線型代数はすでに出版されていたのですが，外的な事情もあって，身近なものではありませんでした．

1953 年わたくしはフランスに留学し，日本では読むことのできなかった多くの本を手にすることができました．その翌年パリの大学都市で京大から来られた山口昌哉さんと知り合って二人でブルバキの線型代数 (代数の第 2 章) のセミナーをしたのが思い出されます．これはその後位相線型空間の章が出版されたこともあって，ノルウェーからの留学生エリック・アルフセンと三人でのセミナーになったのでした．

1962 年帰国して駒場の教養学部に勤めたのでしたが，そこでも講義はもっぱら解析だったと記憶しています．70 年代にふたたびフランスで仕事をすることになったのですが，この頃は本職の表現論の講義のほかにいわば代数学特論の形で，この本の後半のいくつかの章で取り扱った題材について講義をしました．

1982 年ふたたび日本に帰ってからは，解析の講義がもっぱらで，一度線型代数の講義を受け持ってみたいと思っていました．それが意外な形で実現することになりました．1993 年上智大学から放送大学に移ったときに，齋藤正彦さんにお願いして，線型代数の講義をさせていただくことになったのです．定評のある名著

『線型代数入門』の著者に向かって，実に失礼なことであったのですが，齋藤さんはそんなことはまったく気にされずに，承知して下さったのでした．

線型代数の教科書は今では無数に出版されています．佐武，齋藤両氏の有名な二冊をしのぐことは不可能で，残されたのはわずかに多少とも自分の特色を持ったものにするということでした．たくさんの本を参照したのですが，中でも Brieskorn の “Lineare Algebra und Analytische Geometrie”, I, II; Vieweg & Sohn, 1983 からは最も大きく影響を受けました．この講義録は両巻合わせて 1200 頁に近い大作で，数学とは何かという序章にはじまって，詳しく悠然と話を進め，例も豊富で，実に印象的な楽しい本です．

音楽を楽しむのにさまざまな指揮者の演奏を聴き比べるのと同じように，数学もいろいろな展開の仕方を比較し，楽しむことができるのではないでしょうか．

最後に，この本をふたたび世に送ることを企画され，制作にあたられた亀書房のお二人に心から感謝の言葉をお贈りします．

索引

高橋礼司（たかはし・れいじ）
略歴
1927 年　静岡県浜松市に生まれる.
1951 年　東京大学理学部数学科を卒業.
1953 年　フランス政府給費留学生としてナンシー大学に留学.
その後，1962 年より東京大学，ナンシー大学，上智大学，放送大学の教授を歴任.
理学博士．専攻は，群の表現論.
主な著書・訳書
《Analyse Harmonique》（共著）CIMPA.
『複素解析』筑摩書房，のちに『新版 複素解析』東京大学出版会.
『対称性の数学――文様の幾何と群論』放送大学教育振興会.
H. カルタン『複素函数論』岩波書店.
E. ボレル『確率と確実性』(共訳) 白水社.
J. デュドネ『人間精神の名誉のために――数学讃歌』岩波書店.
M. マシャル『ブルバキ――数学者たちの秘密結社』シュプリンガー・ジャパン，のちに丸善出版.
J.-F. ダースほか『謎を解く人びと――数学への旅』シュプリンガー・ジャパン，のちに丸善出版.
など.

線型代数講義（せんけいだいすうこうぎ）――現代数学への誘い

2014 年 7 月 25 日　第 1 版第 1 刷発行
2019 年 4 月 15 日　第 1 版第 2 刷発行

著　者……………………高橋礼司 ©
発行所……………………株式会社 日本評論社
〒170–8474 東京都豊島区南大塚 3–12–4
TEL：03–3987–8621［営業］　https://www.nippyo.co.jp/
企画・制作………………亀書房［代表：亀井哲治郎］
〒 264–0032 千葉市若葉区みつわ台 5–3–13–2
TEL & FAX：043–255–5676
kame-shobo@nifty.com
印刷所……………………三美印刷株式会社
製本所……………………株式会社難波製本
装　訂……………………駒井佑二

ISBN 978–4–535–78569–4　Printed in Japan